電子書籍のダウンロード方法

電子書籍のご案内

「京都廣川 e-book」アプリより本書の電子版をご利用いただけます

【対応端末】iOS/Android/PC（Windows, Mac）

電子書籍のダウンロード方法

〈iOS/Android〉

※既にアプリをお持ちの方は④へ

① ストアから「京都廣川 e-book」アプリをダウンロード

② アプリ開始時に表示されるアドレス登録画面よりメールアドレスを登録

③ 登録したメールアドレスに届いた5ケタのPINコードを入力

　→ 登録完了

④ 下記QRコードを読み取り，チケットコード認証フォームに

　アプリへ登録したメールアドレス・下記チケットコードなど必須項目を入力

　登録したメールアドレスに届いた再認証フォームにチケットコード・メールアドレスを再度入力し

　認証を行う

⑤ アプリを開き画面下タブ「WEB書庫」より該当コンテンツをダウンロード

⑥ アプリ内の画面下タブ「本棚」より閲覧可

〈PC（Windows, Mac）〉

京都廣川書店公式サイト（URL：https://www.kyoto-hirokawa.co.jp/）

⇒ バナー名「PC版 京都廣川 e-book」よりアプリをダウンロード

※詳細はダウンロードサイトにてご確認ください

チケットコード

チケットコード認証フォーム

URL：https://ticket.keyring.net/f01kS0Ea6YND7479XiF9RVDCdKdW8fv1

書籍名：パザパ薬学演習シリーズ2　物理化学演習　第4版

チケットコード：  ←スクラッチしてください

注意事項

・チケットコードは再発行できませんので，大切に保管をお願いいたします

・共有可能デバイス：1

・iOS/Android/PC（Windows, Mac）対応

・チケットコード認証フォームに必須項目を入力してもメールが届かない場合，迷惑メールフォルダに入っていないかご確認ください

・「@keyring.net」のドメインからのメールを受信できるよう設定をお願いいたします

・上記をお試しいただいてもメールが届かない場合は，入力したメールアドレスが間違っている可能性があるため，再度チケットコード認証フォームから正しいメールアドレスでご入力ください

京都廣川"パザパ"薬学演習シリーズ❷

pas à pas

物理化学演習
第4版

元広島国際大学教授　三輪 嘉尚
広島国際大学教授　青木 宏光　共著

KYOTO
HIROKAWA

京都廣川書店
KYOTO HIROKAWA

序　文

　物理化学は，実験によって得られた様々な現象を説明するために，単純なモデルを立て，また，その現象を一般的に説明できる数式を見出そうと試みる．そのモデルや数式から，状態が変化した際にどのようなことが起こるのかを予測する．例えば，温度を一定に保ったまま，一定物質量の気体の体積を変化させながら圧力を測定すると，体積を 1/2 にすると圧力が 2 倍に，体積を 1/3 にすると圧力が 3 倍になるという実験結果が得られる．体積と圧力を掛けると常に一定になるので，

　　p（圧力）$\times V$（体積）$= k$（一定）　　ボイルの法則

という数式が得られる．ここから，体積を 1/10 に圧縮すれば，圧力は 10 倍になるだろうと予測される．気体分子を箱の中を飛び回っている粒子と考え，体積が小さくなったことにより，その粒子が壁に衝突する頻度が高まり，その結果，圧力が高くなったのだろうといったモデルを考えるとこの現象を合理的に説明できる．このように物理化学では，数式に込められたメッセージを読み取り，使いこなすことが大切である．数式を念仏のように唱え，単に覚えるだけでは意味がないし，その必要もないと筆者は考えている．必要なときに，必要な数式を教科書から探し出すことができ，それを使いこなせる能力があれば十分であろう．

　数式を理解するには自ら考えながら，実際に使ってみることである．それには本書のように演習問題に多く当たることが一番である．実際に数式を使ってみようとすれば，どこが理解できていなかったのか，自分の弱点が見つけられ，今後どのように学習していけばよいのか，といった学習方法も見つけられるだろう．

　本書の特徴として，比較的，簡単な問題を多く集めるよう心がけた．

時間をかけて難しい問題を解く（あるいは途中で諦める？）より，簡単な問題を数多く解くことが，上達・理解の近道ではないかと考えている．また，教科書がなくても，内容をほぼ理解できるよう，できる限り説明にスペースを割いたつもりである．ただ，紙面の都合上，どうしても書ききれなかった部分もあるので，分かりにくい場合は，教科書をひもといてほしい．

講義もそうであるが，学生諸君の"分からない"という声があると，我々教員はより分かりやすい説明をしようと努力し，結果，講義内容がより洗練されたものとなっていく．本書の内容で分かり難いところがあれば，メールでもよいので，コメントをお送り頂ければ幸いである．

h-aoki@hirokoku-u.ac.jp（青木 宏光）

本書は広島国際大学薬学部物理化学教室員の皆さんの協力と，京都廣川書店の廣川重男氏のご尽力によって日の目を見ることができたものである．ここに深く感謝申し上げる．

最後に，本書に取り組む諸君に次の言葉を贈りたい．
"自らが語っている事柄を測定し，<u>数値的に表す</u>ことができるのならば，その事柄について何かを知っているといえる．しかし，測定したり，数値的に表現することができないのならば，その知識は貧しく不十分なものであり，知識の萌芽にすぎない．その不十分な思考によって，科学上の進歩を得ることはほとんどない．" William Thomson Kelvin

2025 年 3 月

著　者

目　　　次

第1章　はじめに … 1

- 1-1　物理量と単位 … 2

第2章　平　　　衡 … 27

- 2-1　気　体 … 28
- 2-2　エネルギー，仕事，熱 … 46
- 2-3　エントロピー … 76
- 2-4　ギブズエネルギー … 94
- 2-5　純物質の相平衡 … 108
- 2-6　混合物の性質 … 126
- 2-7　化学平衡 … 164
- 2-8　酸塩基平衡 … 186
- 2-9　電気化学 … 210
- 2-10　界面化学 … 244

第3章　変　　　化 … 265

- 3-1　反応速度 … 266
- 3-2　物質の移動 … 320

第 4 章　物質の成り立ち ・・・・・・・・・・・・・・・・・・・・・・・・・・・・・・ 347

- 4-1　ミクロな世界の物理 ・・・・・・・・・・・・・・・・・・ 348
- 4-2　原子構造と電子状態 ・・・・・・・・・・・・・・・・・・ 364
- 4-3　化学結合と分子構造 ・・・・・・・・・・・・・・・・・・ 392
- 4-4　分子間相互作用 ・・・・・・・・・・・・・・・・・・・・・・ 428

第 5 章　電磁波と分子 ・・・・・・・・・・・・・・・・・・・・・・・・・・・・・・・・ 447

- 5-1　電磁波と遷移 ・・・・・・・・・・・・・・・・・・・・・・・・ 448
- 5-2　磁気共鳴 ・・・・・・・・・・・・・・・・・・・・・・・・・・・・ 470
- 5-3　屈折と回折 ・・・・・・・・・・・・・・・・・・・・・・・・・・ 482

数学公式 ・・ 502

後見返し

　　基本的物理定数／数学的な表記／ギリシャ文字

第1章

はじめに

1-1 物理量と単位

問題 1

次の物理量を表すときに用いられる SI 基本単位を答えなさい.
(a) 長さ　　　(b) 質量　　　(c) 時間　　　(d) 電流
(e) 温度　　　(f) 物質量　　(g) 光度

解答　(a) m(メートル)　(b) kg(キログラム)　(c) s(秒)
(d) A(アンペア)　(e) K(ケルビン)　(f) mol(モル)
(g) cd(カンデラ)

解説

　質量や時間といった,測定対象に固有の性質を表す,客観的に測定できる量を**物理量**という.物理量は,基準となる単位の何倍であるかで表される.

　物理量 = 数値 × 単位

日本では古来,尺貫法という単位で表され,1尺 = 10/33 m,1坪 = 約 3.3 m^2,1匁 = 3.75 g といった単位が用いられてきた.アメリカでは,1 mile(マイル) = 約 1.6 km,1 pound(ポンド) = 約 450 g,100 °F(華氏) = 約 37.8℃ といった単位が用いられている.しかし,このように各国が独自の単位を用いると,データの取り扱いが煩雑となるため,1960 年に国際度量衡総会は,**国際単位系**(略称 **SI**,フランス語の Systéme International d'Unités に由来)を採択し,日本の計量法もこれを基礎とし

ている．SIは次の7つの基本単位から構成される．

基本物理量	記号	SI基本単位	
長さ length	l	メートル meter, metre	m
質量 mass	m	キログラム kilogram	kg
時間 time	t	秒 second	s
電流 electric current	I	アンペア ampere	A
熱力学温度 thermodynamic temperature	T	ケルビン kelvin	K
物質量 amount of substance	n	モル mole	mol
光度 luminous intensity	I_v	カンデラ candela	cd

『角(cd)のマック(m·A·K)でキング(kg)バーガーとスモール(s·mol)サイズのポテトを食べる』と語呂合わせで覚えるとよいだろう．

長さの基準であるメートルmは北極から赤道までの距離の1000万分の1を基準として作られている．ただし，当時の測量技術は不正確であったため，現在の測量技術で測定すると10 002 288 mあるが，当時の長さが優先されている．長さが決まると重さが決まる．1 kgは一辺が10 cmのサイコロのような容器(1 L(リットル))にぴったり収まる身近なもの，すなわち，水の重さが基準となって作られている．

物質量を「モル数」と呼ぶ人がいるかもしれないが，質量を「キログラム数」と呼ばないのと同じで，正式には「モル数」とは呼ばない．

問題2

次の空欄に入る正しい数値を答えなさい．
(1) 1 cm = $\boxed{(a)}$ m　(2) 1 kg = $\boxed{(b)}$ g　(3) 1 mmol = $\boxed{(c)}$ mol

解答　(a) $10^{-2}(0.01)$　(b) $10^{3}(1000)$　(c) $10^{-3}(0.001)$

解説

大きな数値や，小さな数値を取り扱う場合，単位の前に10の累乗の倍数を表す接頭語(SI接頭語)をつけてもよい．SI接頭語は次のように使う．

$0.000000001 \text{ m} = 1 \times 10^{-9} \text{ m} = 1 \text{ nm}$

$0.002 \text{ mol} = 2 \times 0.001 \text{ mol} = 2 \times 10^{-3} \text{ mol} = 2 \text{ mmol}$

$3000 \text{ g} = 3 \times 1000 \text{ g} = 3 \times 10^{3} \text{ g} = 3 \text{ kg}$

$0.0.0.2 = 2 \times 10^{-3}$

小数点を右に3回動かすと指数は−3

$3.0.0.0. = 3 \times 10^{3}$

小数点を左に3回動かすと指数は+3

よく使用されるSI接頭語

10^{-1}	デシ deci	d		10^{1}	デカ deca	da
10^{-2}	センチ centi	c		10^{2}	ヘクト hecto	h
10^{-3}	ミリ milli	m		10^{3}	キロ kilo	k
10^{-6}	マイクロ micro	μ		10^{6}	メガ mega	M
10^{-9}	ナノ nano	n		10^{9}	ギガ giga	G
10^{-12}	ピコ pico	p		10^{12}	テラ tera	T

$1000(10^3)$倍ごとに接頭語があるが，100〜1/100までの接頭語もある．『きょろきょろ(キロ k)とひょっと(ヘクト h)出掛(デカ da)けたメートルが弟子(デシ d)をつれて戦地(センチ c)へ見り見り(ミリ m)』と覚えるとよい．

問題3

次の物理量を表すときに用いられるSI組立単位(SI誘導単位)を答えなさい.
(a) 体積 (b) 密度 (c) 速度 (d) 加速度 (e) モル濃度

解答 (a) m^3(立方メートル)
(b) $kg \cdot m^{-3}$(キログラム/立方メートル)
(c) $m \cdot s^{-1}$(メートル/秒)
(d) $m \cdot s^{-2}$(メートル/(秒)^2)
(e) $mol \cdot m^{-3}$(モル/立方メートル)

解説

SI基本単位以外の物理量はSI基本単位の組合せで表すことができる.
(a) 体積は(長さ)^{3}であるから,$\boxed{m^3}$を単位として,その倍数で表される.
(b) 密度は体積当たりの質量である.

$$\text{密度} = \frac{\text{質量}}{\text{体積}} = \frac{kg}{m^3} = \boxed{kg \cdot m^{-3}}$$

(c) $\text{速度} = \dfrac{\text{移動距離}}{\text{移動時間}} = \dfrac{m}{s} = \boxed{m \cdot s^{-1}}$

(d) $\text{加速度} = \dfrac{\text{速度の変化}}{\text{変化時間}} = \dfrac{m \cdot s^{-1}}{s} = \boxed{m \cdot s^{-2}}$

(e) モル濃度は単位体積当たりにどれくらいの物質量が含まれているかを表す.

$$\text{モル濃度} = \frac{\text{物質量}}{\text{体積}} = \frac{mol}{m^3} = \boxed{mol \cdot m^{-3}}$$

単位の間に点(·)を入れる決まりはないが,本書では単位の切れ目が見やすいように,わざと点(·)を入れている.

問題4

次の空欄に入る正しい数値を答えなさい．
(1) $1\,\text{cm}^2 = \boxed{(a)}\,\text{m}^2$ (2) $1\,\text{dm}^3 = \boxed{(b)}\,\text{m}^3$ (3) $1\,\text{g} = \boxed{(c)}\,\text{kg}$
(4) $1\,\text{g}\cdot\text{cm}^{-3} = \boxed{(d)}\,\text{kg}\cdot\text{m}^{-3}$ (5) $1\,\text{mmol}\cdot\text{dm}^{-3} = \boxed{(e)}\,\text{mol}\cdot\text{m}^{-3}$

解答 (a) 10^{-4} (b) 10^{-3} (c) 10^{-3} (d) 10^{3} (e) 1

解説

接頭語がついた単位は1つの単位とみなされ，かっこなしで累乗してよいことになっている．変換するときは，<u>かっこをつけるとよい</u>．

(1) $1\,\text{cm}^2 = 1 \times (\text{cm})^2 = 1 \times (10^{-2}\,\text{m})^2 = \boxed{10^{-4}}\,\text{m}^2 = \boxed{0.0001}\,\text{m}^2$
　　（誤）$1\,\text{cm}^2 = 1 \times \text{c} \times \text{m}^2 = 10^{-2}\,\text{m}^2$

(2) $1\,\text{dm}^3 = 1 \times (\text{dm})^3 = 1 \times (10^{-1}\,\text{m})^3 = \boxed{10^{-3}}\,\text{m}^3 = \boxed{0.001}\,\text{m}^3$

(3) キロ k は 10^3 倍（1000倍）を表す接頭語

$$1\,\text{g} = \boxed{(c)}\,\text{kg} = \boxed{(c)} \times 10^3\,\text{g}$$

等号が成立するためには 10^3 の逆数である $\boxed{10^{-3}}$ を入れればよい．

(4) 単位を分数の形で表記し，分子と分母をそれぞれ変換して計算すると次のようになる．

$$1\,\text{g}\cdot\text{cm}^{-3} = \frac{1\,\text{g}}{1\,\text{cm}^3} = \frac{1 \times 10^{-3}\,\text{kg}}{1 \times (10^{-2}\,\text{m})^3} = \frac{10^{-3}\,\text{kg}}{10^{-6}\,\text{m}^3}$$

$$= \frac{10^{-3}\,\text{kg}}{10^{-6}\,\text{m}^3} \times \frac{10^6}{10^6} = \boxed{10^3\,\text{kg}\cdot\text{m}^{-3}} = \boxed{1000\,\text{kg}\cdot\text{m}^{-3}}$$

(5) 同様に単位を分数で表記し計算する．

$$1\,\text{mmol}\cdot\text{dm}^{-3} = \frac{1\,\text{mmol}}{1\,\text{dm}^3} = \frac{1 \times 10^{-3}\,\text{mol}}{1 \times (10^{-1}\,\text{m})^3}$$

$$= \frac{10^{-3}\,\text{mol}}{10^{-3}\,\text{m}^3} = \boxed{1\,\text{mol}\cdot\text{m}^{-3}}$$

問題 5

次の物理量を，SI 基本単位を用いて表しなさい．
(a) 1 N(ニュートン)　　(b) 1 J(ジュール)
(c) 1 Pa(パスカル)　　(d) 1 W(ワット)

解答　(a) $1\,\mathrm{kg \cdot m \cdot s^{-2}}$　(b) $1\,\mathrm{kg \cdot m^2 \cdot s^{-2}}$　(c) $1\,\mathrm{kg \cdot m^{-1} \cdot s^{-2}}$
　　　　(d) $1\,\mathrm{kg \cdot m^2 \cdot s^{-3}}$

解説

よく使う物理量は SI 基本単位の組立で表現すると分かりにくい場合があり，固有の名称が与えられている．

(a) N(ニュートン)は力の単位であり，力と物体の質量，加速度の間には次のニュートンの運動の第 2 法則が成立する．

$F(\text{力}) = m(\text{質量}) \times a(\text{加速度})$

つまり，1 N は質量 1 kg の物体に，$1\,\mathrm{m \cdot s^{-2}}$ の加速度を生じさせる力である．SI 基本単位で表すと次のようになる．

$1\,\mathrm{N} = 1\,\mathrm{kg} \times 1\,\mathrm{m \cdot s^{-2}} = \boxed{1\,\mathrm{kg \cdot m \cdot s^{-2}}}$

地表付近の重力加速度は約 $10\,\mathrm{m \cdot s^{-2}}$ なので，約 100 g の物体を支える力が 1 N の力に相当する．

(b) J(ジュール)はエネルギー，熱，仕事の単位である．1 N の力を掛けながら，物体を 1 m 移動させるときのエネルギーが 1 J である．1 J は地表付近で約 100 g の物体を 1 m 持ち上げる仕事に相当する．

$1\,\mathrm{J} = 1\,\mathrm{N} \times 1\,\mathrm{m} = (1\,\mathrm{kg} \times 1\,\mathrm{m \cdot s^{-2}}) \times 1\,\mathrm{m}$
$= \boxed{1\,\mathrm{kg \cdot m^2 \cdot s^{-2}}}$

(c) Pa(パスカル)は圧力の単位であり，$1\,\mathrm{m^2}$ 当たり 1 N の力で押す力が 1 Pa である．

$$1\,\text{Pa} = \frac{1\,\text{N}}{1\,\text{m}^2} = \frac{1\,\text{kg} \times 1\,\text{m} \cdot \text{s}^{-2}}{1\,\text{m}^2} = \boxed{1\,\text{kg} \cdot \text{m}^{-1} \cdot \text{s}^{-2}}$$

(d) W(ワット)は仕事率の単位であり,1秒間当たりに1Jの仕事が行える仕事率が1Wである.

$$1\,\text{W} = \frac{1\,\text{J}}{1\,\text{s}} = \frac{1\,\text{N} \times 1\,\text{m}}{1\,\text{s}}$$

$$= \frac{(1\,\text{kg} \times 1\,\text{m} \cdot \text{s}^{-2}) \times 1\,\text{m}}{1\,\text{s}} = \boxed{1\,\text{kg} \cdot \text{m}^2 \cdot \text{s}^{-3}}$$

よっぽど脳の記憶容量の大きい人でなければ,これらを丸暗記するのはまず不可能であろう.(b)〜(d)の解法を見てもらうと分かるが,全てにN(ニュートン)が含まれている.$F = m \cdot a$ は丸暗記してもらうとして,これ以外はそこから組み立てられる.その組み立て方を理解し,導き方を覚えてほしい.

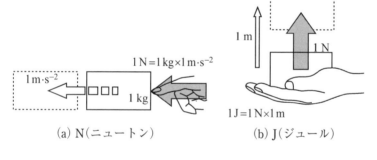

(a) N(ニュートン)

(b) J(ジュール)

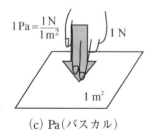

(c) Pa(パスカル)

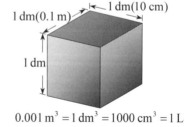

$0.001\,\text{m}^3 = 1\,\text{dm}^3 = 1000\,\text{cm}^3 = 1\,\text{L}$

問題6

次の物理量を，SI基本単位を用いて表しなさい．
(a) 25.00℃（セルシウス度）　　(b) 1 L（リットル）
(c) 1 g·L^{-1}　　(d) 1 mol·L^{-1}　　(e) 1 bar（バール）
(f) 1 Hz（ヘルツ）　　(g) 1 C（クーロン）

解答　(a) 298.15 K　(b) 10^{-3} m^3　(c) 1 kg·m^{-3}　(d) 10^3 mol·m^{-3}
(e) 10^5 kg·m^{-1}·s^{-2}　(f) 1 s^{-1}　(g) 1 A·s

解説

物理化学で用いる単位はSI単位が基本であるが，実験的に使いにくいものもある．例えば，温度はセルシウス温度（℃）で表した方が，感覚的に分かりやすい．また，PETボトルや実験室にあるメスフラスコなどの体積はリットル（L）単位で表現されている．

(a) 物理化学では，温度を表す場合，記号として大文字Tを用い，ケルビン温度で表示する．セルシウス温度（℃）とケルビン温度（K）の間には次の関係がある．

$T/\text{K} = \theta/\text{℃} + 273.15$　　∴ 25.00（℃）+ 273.15 = $\boxed{298.15\,(\text{K})}$

T/K はケルビン温度の数値部分のみを示す．数式の中で，温度が記号Tで表記されている場合，ケルビン温度であることに注意すること．

(b) 1 L（リットル）は一辺が 0.1 m（= 1 dm = 10 cm）のサイコロのような容器の体積である（左の図）．

$1\,\text{L} = (0.1\,\text{m})^3 = \boxed{0.001\,\text{m}^3} = \boxed{10^{-3}\,\text{m}^3}$

である．0.1 m = 1 dm であるので，

$1\,\text{L} = (1\,\text{dm})^3 = \boxed{1\,\text{dm}^3}$（立方デシメートル）

としてもよい．L（リットル）はSI単位ではないことに注意．

(c) 質量のSI基本単位はg(グラム)ではなく、kg(キログラム)である。単位を分数で表記し変換する。

$$1\,\text{g}\cdot\text{L}^{-1} = \frac{1\,\text{g}}{1\,\text{L}} = \frac{1\times 10^{-3}\,\text{kg}}{(0.1\,\text{m})^3} = \frac{10^{-3}\,\text{kg}}{10^{-3}\,\text{m}^3} = \boxed{1\,\text{kg}\cdot\text{m}^{-3}}$$

(d) $1\,\text{mol}\cdot\text{L}^{-1} = \dfrac{1\,\text{mol}}{1\,\text{L}} = \dfrac{1\,\text{mol}}{10^{-3}\,\text{m}^3} = \boxed{10^3\,\text{mol}\cdot\text{m}^{-3}}$

(e) 気象情報などで、「台風○号の中心気圧は950 hPa(ヘクトパスカル)」というのを耳にしたことがあるだろう。このように、低気圧の台風であっても、その気圧は 950 hPa = 950×100 Pa = 95000 Pa もあり、Paという単位がかなり小さな圧力単位であることが分かる。そこで、標準大気圧(1 atm(気圧))に近く、Paの10の累乗倍で表記できる<u>bar(バール)</u>という単位が物理化学ではよく用いられる。

$1\,\text{bar} = 100000\,\text{Pa} = 10^5\,\text{Pa} = \boxed{10^5\,\text{kg}\cdot\text{m}^{-1}\cdot\text{s}^{-2}}$
$1\,\text{atm} = 1.01325\,\text{bar} = 101325\,\text{Pa}$

(f) Hz(ヘルツ)は振動数の単位であり、1 Hzは1秒間当たりに波などが1回上下(振動)することである。

$$1\,\text{Hz} = \frac{1\,[\text{回}]}{1\,\text{s}} = \boxed{1\,\text{s}^{-1}}$$

s^{-1}で表される単位が全てHzになるわけではないことに注意してほしい。Hzを用いるのは周波数のときだけである。

(g) C(クーロン)は電気量、電荷を表す単位であり、1 Cは1 A(アンペア)の電流を1秒間流すことによって移動する電気量である。

$1\,\text{C} = 1\,\text{A} \times 1\,\text{s} = \boxed{1\,\text{A}\cdot\text{s}}$

物理化学では数式を用いて解く問題が多いが、<u>単位</u>についても常に考えながら解くことが必要である。変な単位が導かれた場合、用いた数式自体が間違っている。

問題 7

A さんの体重は 64 kg, B さんの体重は 64.1 kg である. どちらが重いか答えなさい.

解答 わからない.

解説

数学であれば, 64 ＜ 64.1 であるが, 測定に伴う数値は測定機器の精度について考えなくてはならない. 体重計でも 1 kg 単位でしか測定できないものと, 0.01 kg まで測定できるものがある. A さんも B さんが使用した体重計で測定すれば, 64.4 kg となるかもしれないし, 63.6 kg となるかもしれない. つまり, 64 という測定結果の最小の桁には誤差が含まれており, 63.500…＜実際の値＜64.499… と ±0.5 の誤差があると解釈するのが正しい. 測定によって得られた信用できる数値のことを**有効数字**と呼ぶ. 一般に, デジタル表示の測定器の場合, 表示の最小桁まで測定精度があり, 最小桁まで有効数字(信用できる)とみなすことができる. 有効数字の例を見ていこう.

$\quad$ 1.23 g(有効数字 3 桁) $\quad$ 0.00123 kg(有効数字 3 桁)

この 2 つは同じ精度で測定されたことを示している. kg 表記の 0.00… の "0" は桁を表示するために必要(位取りという)なので示しているにすぎず, 1, 2, 3 という 3 つの数字のみが信頼できる.

$\quad$ 1.230 g(有効数字 4 桁)

これは, 上の例とは異なる. 最小桁の 0 も信用できることを示しており, 有効数字は 4 桁である. では 120 g ではどうだろう. 最小桁の 0 が単なる位取りか, 信頼できる数字かはっきりしない. これを明確にするには,

$\quad$ 1.2×10^2 g(有効数字 2 桁) $\quad$ 1.20×10^2 g(有効数字 3 桁)

と表記すればよい. この 1 以上 10 未満の数(○.○○…)と, 10 を累乗した数($10^{\square\square}$)の積で表す表記方法を科学的記数法という.

問題 8

A さんの体重は 64 kg, B さんの体重は 64.1 kg である. 合計するといくらになるか計算しなさい.

解答　128 kg

解説

単純に足し算すれば,

$$64 \text{ kg} + 64.1 \text{ kg} = 128.1 \text{ kg}$$

としてしまいそうだが, 64 kg ということは 63.6 kg かもしれないし, 64.4 kg かもしれない. A さんの方は小数点以下の値はあやしく信頼できないのだから, B さんの方がいくら細かく測定してあっても, 答えも小数点以下は信頼できない. 最下位の桁に誤差が含まれていることを考えながら計算すると次のようになる. ○は確実に信頼できる数字, □は誤差が含まれている数字を表す.

```
         ⑥  ④ . ?
   + )   ⑥  ④ . □
   ─────────────────
      ①  ②  ⑧ . □ + ?
```

1 の位の "8" には誤差が含まれる. 小数第 1 位は不明な数が加わるため, 表示するのは無意味である. そこで, 誤差を含む 1 の位まで表示することとし, 小数第 1 位を概算(四捨五入)する.

$$65 \text{(kg)} + 65.1 \text{(kg)} = 130.\underline{1} \text{(kg)} = 130 \text{(kg)}$$

加減の場合は, 一番粗い項で答えの有効数字が決まる.

長い計算を行うとき, 例えば平均値などを求め, それを使ってさらに計算を行う場合, 平均値を求める段階では有効桁数まで四捨五入したりせず, 桁数の大きな数値のまま計算し, 最後に出てきた答えに対して, 有効桁数を合わせて四捨五入するとよい.

問題 9

縦 1.4 m，横 21.2 m の長方形の面積を求めなさい．

解答　30 m^2

解説

単純に掛け算すれば，

$$1.4 \text{ m} \times 21.2 \text{ m} = 29.68 \text{ m}^2$$

となるが，最後の数に誤差が含まれていることを考慮しながら計算すると次のようになる．

```
              ①. ④
    ×)    ② ①. ②
              ② ⑧
           ①. ④
       ② ⑧.
    ────────────────
       ② ⑨. ⑥ ⑧
```

1の位の"9"が誤差を含んでいるため，それ以下の桁を表示するのは無意味であろう．そこで，小数第1位を四捨五入し，

$$1.4 \text{ m} \times 21.2 \text{ m} = 29.\underline{68} \text{ m}^2 = 30 \text{ m}^2$$

とする（アンダーラインは有効数字ではないことを示している）．乗除の場合，もとの有効数字の中で最も桁数の小さいものに合わせる．つまり，有効桁数が2桁の数値と3桁の数値を用いて計算したら，計算結果の上から2桁が有効桁数となる．

問題 10

機器によって測定された実測値であり，単位があるものと仮定し，有効数字を考えながら次の計算を行いなさい．
(a) 27 + 109.3 (b) 7.8 + 2.2 (c) $1.00 \times 10^3 + 25$
(d) $1.00 \times 10^{-3} - 1.00 \times 10^{-5}$ (e) 0.78×8.31
(f) $0.78 \times 8.31 + 3.97$ (g) $\ln(0.78 \times 8.31 + 3.97)$

解答・解説

(a) 27 + 109.3 = 136.$\underline{3}$ = $\boxed{136}$

"27" に合わせて，1の位まで信用できる．27が2桁だから136.3の3番目の6を四捨五入して140とするのではない．

(b) 7.8 + 2.2 = $\boxed{10.0}$

小数点以下第1位まで信用できるので，加法の結果，有効数字が2桁から3桁に変わる．加法・減法の際には有効数字の桁数が変わることがあるので注意すること．また，10と10.0では意味が異なることにも注意すること．

(c) $1.00 \times 10^3 + 25 = 100\underline{0} + 25 = 1025 = \boxed{1.03 \times 10^3}$

1.00×10^3 より10の位までが有効数字である．1030としてしまうと，有効数字が3桁なのか4桁なのか分からないので，1.03×10^3 とする．

(d) $1.00 \times 10^{-3} - 1.00 \times 10^{-5} = 1.00 \times 10^{-3} - 0.0100 \times 10^{-3}$
$= 0.99\underline{00} \times 10^{-3} = \boxed{9.9 \times 10^{-4}}$

0.00100 − 0.0000100 = 0.0009900 としてもよいが，0をたくさん書くと間違える可能性があるので，累乗の大きな数字(今回の場合は $\times 10^{-3}$)を基準に桁をそろえて計算するとよい．0.00099でも間違いではないが，これだと0がたくさん並んでいて分かりにくい．0.99×10^{-3} あるいは 99×10^{-5} でも間違いではないが，科学的記数

法では 10 の累乗の前には 1 以上 10 未満の数を用いる決まりなので,この場合は,9.9×10^{-4} と書く.

(e) $0.78 \times 8.31 = 6.4\underline{8}18 = \boxed{6.5}$

0.78 の 0 は位取り.有効数字は 2 桁なので,答えも 2 桁に.

(f) $0.78 \times 8.31 + 3.97 = 6.4\underline{8}18 + 3.97 = 10.4\underline{5}18 = \boxed{10.5}$

(e) の続きの問題.掛け算の部分の有効数字は 2 桁なので,6.5 となる.これに +3.97 すればよいが,この場合はそのままにしておいて最後で有効数字を合わせよう.

(g) (f) の続きの問題.( )で表記された真数部分を計算した後に,自然対数の計算(もちろん計算機を使う)を行うわけだが,(g) の答えの 10.5 は計算途中であるので,

$\ln(10.5) = 2.35\underline{1}3\cdots = 2.35$

とするより,

$\ln(10.452) = 2.34\underline{6}7\cdots = \boxed{2.35}$

のように,計算途中ではとりあえず有効数字の +1 桁(できれば 2 桁)まで使って計算しておき,最後に有効数字を合わせるとよい.電卓にメモリ機能があれば,それを使ってもよいだろう.

実際の計算では物理定数などが入るが,これらの桁数は有効数字の判定には直接関係しない.π や物理定数を使う場合には,計算する最大桁の有効数字よりも<u>1 桁以上桁数が多い値</u>を使って計算すること.

Check Point

▶ 計算結果の有効数字の考え方
　加減　有効数字の位が高い方に合わせる
　乗除　有効数字の桁数が少ない方に合わせる
▶ 科学的記数法
　〇.〇〇…(1 以上 10 未満の数値) $\times 10^{\square\square}$

問題11

グルコース(モル質量 $180.16 \text{ g·mol}^{-1}$) 10.0 g の(a)物質量,および(b)分子数を計算しなさい.

解答 (a) 0.0555 mol (b) 3.34×10^{22}

解説

化学では原子,分子,イオンなどの振る舞いに注目するので,試料に含まれている質量よりも<u>粒子の数</u>が分かった方が役に立つ.例えば,水素の燃焼は,

$$2H_2 + O_2 \rightarrow 2H_2O$$

という化学反応式で書けるが,化学反応式は単に反応物(水素,酸素)と生成物(水)を表しているだけでなく,これらの係数から反応に関与する分子の数の関係も表している.上の反応式には2分子の水素と1分子の酸素が反応し,水分子が2分子生成する,という情報が含まれている.ただし,水 10 g の中には,3.3×10^{23} 個もの水分子が含まれている.

そこで,このような大きな数を表すのに,**mol(モル)** という単位が導入された.これは 12 g の ^{12}C に含まれる炭素原子の数が基準となっており,

$$1 \text{ mol} = 6.022 \times 10^{23} (個) \quad (より正確には 6.022\ 140\ 76 \times 10^{23})$$

である.この数(6.022×10^{23})は,イタリアの科学者アボガドロにちなんで,**アボガドロ数**と呼ばれる.「粒子 6.022×10^{23} 個を 1 mol とする」というのは,「12 個を 1 ダースとする」というのと同じ考え方である.また,上式を変形して,

$$N_A = \frac{6.022 \times 10^{23} (個)}{1 \text{ mol}} = 6.022 \times 10^{23} \text{ mol}^{-1}$$

とし,物質 1 mol 当たりの粒子(粒子の種類によらない)の数を表したも

のは**アボガドロ定数** N_A と呼ばれる．アボガドロ数には単位がないが，アボガドロ定数には 1 mol 当たりを意味する mol^{-1} という単位がついていることに注意してほしい．アボガドロ定数を使えば，試料に含まれる粒子数 N とその**物質量** n(mol) を次のように簡単に関係づけることができる．

粒子数 N = 物質量 n(mol) × アボガドロ定数 N_A(mol^{-1})

物質量(粒子の数)を知るには，**モル質量** M，つまり物質 1 mol (6.022 × 10^{23} 個) 当たりの質量の情報が必要になる．これは数値部分だけ見れば原子量，分子量と同じである．ただし，原子量，分子量は ^{12}C = 12 として求めた相対的な質量なので単位はないが，モル質量には 1 mol 当たりの質量を意味する $g \cdot mol^{-1}$ という単位が用いられる．モル質量 M を使えば，次の関係によって，測定した試料の質量 m(g) から，物質量 n(mol) を求めることができる．

$1 \text{ mol}(6.022 \times 10^{23} \text{ 個}) = 1 \times M(g)$

$2 \text{ mol}(2 \times 6.022 \times 10^{23} \text{ 個}) = 2 \times M(g)$

$n \text{ mol}(n \times 6.022 \times 10^{23} \text{ 個}) = n \times M(g) =$ 試料の質量 m(g)

(a) $n = \dfrac{\text{試料の質量} m(g)}{\text{モル質量} M(g \cdot mol^{-1})} = \dfrac{10.0 \text{ g}}{180.16 \text{ g} \cdot mol^{-1}}$

$= 0.0555062\cdots \text{ mol} = \boxed{0.0555 \text{ mol}}$

(b) $N = n \times N_A = 0.05551 \text{ mol} \times 6.022 \times 10^{23} \text{ mol}^{-1}$

$= 3.34281\cdots \times 10^{22} = \boxed{3.34 \times 10^{22}}$

または (a) の計算式自体を用いてもよい．

$N = \dfrac{m}{M} \times N_A = \dfrac{10.0 \text{ g}}{180.16 \text{ g} \cdot mol^{-1}} \times 6.022 \times 10^{23} \text{ mol}^{-1}$

$= 3.34258\cdots \times 10^{22} = \boxed{3.34 \times 10^{22}}$

問題12

29.4 mg のステアリン酸(モル質量 284.5 g·mol^{-1})をベンゼンに溶解し 100 mL の溶液を調製した. この溶液 0.100 mL を水面に滴下したところ, ベンゼンは蒸発し, 円形(半径 6.6 cm)の単分子膜ができた. この実験結果からアボガドロ定数を求めなさい. ただし, ステアリン酸1分子が占める面積を 2.2×10^{-19} m^2 とする.

解答 6.0×10^{23} mol^{-1}

解説

滴下したステアリン酸の物質量 n は, 29.4 mg = 29.4×10^{-3} g に注意して計算すると, 次のようになる.

$$n = \frac{29.4 \times 10^{-3} \text{ g}}{284.5 \text{ g·mol}^{-1}} \times \frac{0.100 \text{ mL}}{100 \text{ mL}} = 1.03339\cdots \times 10^{-7} \text{ mol}$$

m(ミリ)や k(キロ)などの接頭語は 10 の累乗表記に戻してから, 計算するとよい. 単分子膜を構成しているステアリン酸分子の数 N は, 全体の面積と1分子の面積の比から, 次のように求まる.

$$N = \frac{\text{全体の面積}}{1 \text{分子の面積}} = \frac{\pi \cdot r^2}{2.2 \times 10^{-19} \text{ m}^2} = \frac{\pi \times (6.6 \text{ cm})^2}{2.2 \times 10^{-19} \text{ m}^2}$$

$$= \frac{\pi \times (6.6 \times 10^{-2} \text{ m})^2}{2.2 \times 10^{-19} \text{ m}^2} = 6.2203\cdots \times 10^{16}$$

したがって,

$N = n \times N_\text{A}$ より

$$N_\text{A} = \frac{N}{n} = \frac{6.22 \times 10^{16}}{1.033 \times 10^{-7} \text{ mol}}$$

$$= 6.0212\cdots \times 10^{23} \text{ mol}^{-1} = \boxed{6.0 \times 10^{23} \text{ mol}^{-1}}$$

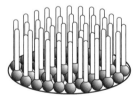

問題 13

0.900 g の NaCl(モル質量 58.44 g·mol^{-1})を水に溶解し,正確に 100 mL とした.NaCl のモル濃度を求めなさい.

解答 154 mmol·L^{-1}(0.154 mol·L^{-1}, 154 mM, 0.154 M なども正解)

解説

ある溶質 J の**モル濃度** [J](濃度 concentration から c_J という記号も使う)は,溶質 J の物質量 n_J をそれが入っている溶液の体積(<u>v</u>olume なので,記号 V を使う)で割ったものである.

$$[\text{J}](\text{mol·L}^{-1}, \text{mol·dm}^{-3}) = \frac{\text{溶質Jの物質量 } n_J (\text{mol})}{\text{溶液の体積 } V (\text{L} = \text{dm}^3)}$$

モル濃度は普通 $\boxed{\text{mol·L}^{-1}}$(正式には mol·dm^{-3})という単位で表す.
1 mol·L^{-1} を 1 M(molar モーラーと読む)と表記することもある.

$$[\text{NaCl}] = \frac{n_{\text{NaCl}}}{V} = \frac{\frac{m_{\text{NaCl}}}{M_{\text{NaCl}}}}{V} = \frac{\frac{0.900 \text{ g}}{58.44 \text{ g·mol}^{-1}}}{100 \text{ mL}} = \frac{\frac{0.900 \text{ g}}{58.44 \text{ g·mol}^{-1}}}{100 \times 10^{-3} \text{ L}}$$

$$= 0.154\underline{004}\cdots \text{ mol·L}^{-1} = \boxed{0.154 \text{ mol·L}^{-1}} = \boxed{154 \text{ mmol·L}^{-1}}$$

この水溶液は体液とほぼ同じ浸透圧をもち(=等張),生理食塩水と呼ばれる.

薬の効果は投与した薬物の質量(または物質量)ではなく,血液内の濃度によって決まる.薬の濃度が低すぎれば効果がないし,濃度が高過ぎると副作用や中毒を起こす.例えば,子供用の薬は投与量を減らしてあるが,これは子供の方が大人に比べて身体が小さいから(他にも理由はありますが…).濃度の概念はとても大切なので,しっかり身につけてほしい.

問題 14

問題 13 で、溶液の密度が 1.004 g·cm^{-3} であった。NaCl の濃度を(a) 質量モル濃度、(b) モル分率で表しなさい。ただし、水のモル質量は 18.02 g·mol^{-1} とする。

解答 (a) $0.155 \text{ mol·kg}^{-1}$ (b) 0.00278

解説

質量モル濃度 b_J は溶質の物質量 n_J を溶媒の質量 m_{solvent} で割ったものである。

$$b_J (\text{mol·kg}^{-1}) = \frac{\text{溶質Jの物質量 } n_J (\text{mol})}{\text{溶媒の質量 } m_{\text{solvent}} (\text{kg})}$$

質量モル濃度は普通溶媒 1 kg 当たりの溶質の物質量で表すので、単位は mol·kg^{-1} が用いられる。

モル分率 x_J とは、混合物の全物質量 $n (= n_A + n_B + \cdots)$ のうち、物質 J の物質量 n_J の割合である。

$$x_J = \frac{\text{物質Jの物質量 } n_J (\text{mol})}{\text{混合物の全物質量 } n (\text{mol})} = \frac{n_J}{n_A + n_B + \cdots}$$

(a) 密度が 1.004 g·cm^{-3} であるから、この溶液 100 mL の質量は 100.4 g である。このうち、0.900 g が NaCl の質量であるから、残りの 99.5 g が溶媒である水の質量である。

$$b_{\text{NaCl}} = \frac{n_{\text{NaCl}}}{m_{\text{H}_2\text{O}}} = \frac{\dfrac{m_{\text{NaCl}}}{M_{\text{NaCl}}}}{m_{\text{H}_2\text{O}}} = \frac{\dfrac{0.900 \text{ g}}{58.44 \text{ g·mol}^{-1}}}{99.5 \text{ g}} = \frac{\dfrac{0.900 \text{ g}}{58.44 \text{ g·mol}^{-1}}}{99.5 \times 10^{-3} \text{ kg}}$$

$$= 0.154\underline{777}\cdots \text{ mol·kg}^{-1} = \boxed{0.155 \text{ mol·kg}^{-1}}$$

溶媒の質量を <u>kg 単位で表す</u>ことに注意すること。

(b) それぞれの質量から物質量に変換し，モル分率を計算する．

$$x_{NaCl} = \frac{n_{NaCl}}{n} = \frac{n_{NaCl}}{n_{NaCl} + n_{H_2O}}$$

$$= \frac{\dfrac{0.900 \text{ g}}{58.44 \text{ g} \cdot \text{mol}^{-1}}}{\dfrac{0.900 \text{ g}}{58.44 \text{ g} \cdot \text{mol}^{-1}} + \dfrac{99.5 \text{ g}}{18.02 \text{ g} \cdot \text{mol}^{-1}}}$$

$$= \frac{0.0154\underline{004}\cdots \text{ mol}}{0.0154\underline{004}\cdots \text{ mol} + 5.52\underline{164}\cdots \text{ mol}}$$

$$= \frac{0.0154\underline{004}\cdots \text{ mol}}{5.53\underline{704}\cdots \text{ mol}} = 0.00278\underline{134}\cdots = \boxed{0.00278}$$

問題 15

あなたの飲んでいる 500 mL の清涼飲料水には，50.0 g のショ糖（モル質量 342.3 g·mol^{-1}）が含まれている．ショ糖濃度をモル濃度で表しなさい．

解答 $0.292 \text{ mol} \cdot \text{L}^{-1}$（$292 \text{ mmol} \cdot \text{L}^{-1}$，0.292 M，292 mM なども正解）

解説

$$[\text{ショ糖}] = \frac{\dfrac{50.0 \text{ g}}{342.3 \text{ g} \cdot \text{mol}^{-1}}}{0.500 \text{ L}} = 0.292\underline{141}\cdots \text{ mol} \cdot \text{L}^{-1}$$

$$= \boxed{0.292 \text{ mol} \cdot \text{L}^{-1}}$$

問題 16

Tris (hydroxymethyl) aminomethane (Trisと略, モル質量 121.14 g·mol^{-1}) を 48.5 g 秤量し, 水を加え正確に 1 L とした. このストック溶液を正確に 100 mL とり, 水を加え正確に 2 L とした. 最終溶液の Tris のモル濃度を求めなさい.

解答
20.0 mmol·L^{-1} (0.0200 mol·L^{-1}, 20.0 mM, 0.0200 M なども正解)

解説

ストック溶液濃度は次式で求まる.

$$[\text{Tris}] = \frac{n_\text{Tris}}{V} = \frac{\dfrac{48.5\ \text{g}}{121.14\ \text{g·mol}^{-1}}}{1\ \text{L}} = 0.400363\cdots\ \text{mol·L}^{-1}$$

分取したストック溶液 (100 mL) に含まれる溶質の物質量と, 希釈後の溶液 (2 L) に含まれる<u>溶質の物質量は同じ</u>であるから, 次式が成立する.

溶質の物質量 = ストック溶液の濃度 × 分取した体積
　　　　　　 = 希釈後の濃度 × 希釈後の体積

$$\begin{aligned}
希釈後の濃度 &= ストック溶液の濃度 \times \frac{分取した体積}{希釈後の体積} \\
&= 0.40036\ \text{mol·L}^{-1} \times \frac{100 \times 10^{-3}\ \text{L}}{2\ \text{L}} \\
&= 0.020018\ \text{mol·L}^{-1} = \boxed{0.0200\ \text{mol·L}^{-1}}
\end{aligned}$$

問題 17

次のリン酸緩衝液を 1 L 調製したい.それぞれ何 g 秤量すればよいか計算しなさい.

試薬	モル質量	濃度
(a) NaCl	58.44 g·mol^{-1}	137 mM
(b) Na$_2$HPO$_4$·12H$_2$O	358.14 g·mol^{-1}	8.10 mM
(c) KCl	74.55 g·mol^{-1}	2.68 mM
(d) KH$_2$PO$_4$	136.09 g·mol^{-1}	1.47 mM

解答 (a) 8.01 g (b) 2.90 g (c) 0.200 g (d) 0.200 g

解説

(a) 137×10^{-3} mol·L^{-1} × 1 L × 58.44 g·mol^{-1} = 8.00<u>628</u> g
(b) 8.10×10^{-3} mol·L^{-1} × 1 L × 358.14 g·mol^{-1} = 2.90<u>0934</u> g
(c) 2.68×10^{-3} mol·L^{-1} × 1 L × 74.55 g·mol^{-1} = 0.199<u>794</u> g
(d) 1.47×10^{-3} mol·L^{-1} × 1 L × 136.09 g·mol^{-1} = 0.200<u>0523</u> g

Check Point

- アボガドロ定数 $N_A = 6.022 \times 10^{23}$ mol^{-1} 単位がある
- 物質量 n(mol) = $\dfrac{\text{試料の質量 } m(\text{g})}{\text{モル質量 } M(\text{g·mol}^{-1})}$
- モル濃度 [J] (mol·L^{-1} = mol·dm^{-3}) = $\dfrac{\text{溶質の物質量 } n_J(\text{mol})}{\text{溶液の体積 } V(\text{L = dm}^3)}$
- 質量モル濃度 b_J (mol·kg^{-1}) = $\dfrac{\text{溶質の物質量 } n_J(\text{mol})}{\text{溶媒の質量 } m_{\text{solvent}}(\text{kg})}$
- モル分率 x_J = $\dfrac{\text{物質Jの物質量 } n_J(\text{mol})}{\text{混合物の全物質量 } n(\text{mol})}$

問題 18

5.22 g のグルコース(モル質量 180.16 g·mol^{-1})を水に溶解し,正確に 100 mL とした.グルコースのモル濃度を求めなさい.

解答・解説

$$c = \frac{n}{V} = \frac{\frac{m}{M}}{V} = \frac{\frac{5.22 \text{ g}}{180.16 \text{ g} \cdot \text{mol}^{-1}}}{100 \text{ mL}} = \frac{\frac{5.22 \text{ g}}{180.16 \text{ g} \cdot \text{mol}^{-1}}}{100 \times 10^{-3} \text{ L}}$$

$$= 0.289742 \cdots \text{ mol} \cdot \text{L}^{-1} = \boxed{0.290 \text{ mol} \cdot \text{L}^{-1}}$$

この水溶液も生理食塩水と同様に体液と等張である.

問題 19

メチルプレドニゾロン($C_{22}H_{30}O_5$,モル質量 374.47 g·mol^{-1})を 10.0 mg 量り,メタノールに溶かし正確に 100 mL とした(試験液1).試験液1を正確に5 mL とり,メタノールを加えて正確に 50 mL とした(試験液2).試験液2に含まれる薬物のモル濃度 c を計算しなさい.

解答・解説

$$c_1 = \frac{n}{V} = \frac{\frac{m}{M}}{V} = \frac{\frac{10.0 \text{ mg}}{374.47 \text{ g} \cdot \text{mol}^{-1}}}{100 \text{ mL}} = \frac{\frac{10.0 \times 10^{-3} \text{ g}}{374.47 \text{ g} \cdot \text{mol}^{-1}}}{100 \times 10^{-3} \text{ L}}$$

$c_1 \times V_1 = n = c_2 \times V_2$ より

$$c_2 = c_1 \times \frac{V_1}{V_2} = \frac{\frac{10.0 \times 10^{-3} \text{ g}}{374.47 \text{ g} \cdot \text{mol}^{-1}}}{100 \times 10^{-3} \text{ L}} \times \frac{5 \text{ mL}}{50 \text{ mL}}$$

$$= 2.67044 \cdots \times 10^{-5} \text{ mol} \cdot \text{L}^{-1} = \boxed{2.67 \times 10^{-5} \text{ mol} \cdot \text{L}^{-1}}$$

問題 20

100 mmol·L^{-1} の酢酸水溶液を 100 mL 調製したい.酢酸(モル質量 60.05 g·mol^{-1})を何 mL 分取すればよいか計算しなさい.ただし,酢酸の密度は 1.049 g·cm^{-3} とする.

解答・解説

$$n = c \times V = 100 \text{ mmol·L}^{-1} \times 100 \text{ mL}$$
$$= 100 \times 10^{-3} \text{ mol·L}^{-1} \times 100 \times 10^{-3} \text{ L} = 1.00 \times 10^{-2} \text{ mol}$$
$$m = n \times M = 1.00 \times 10^{-2} \text{ mol} \times 60.05 \text{ g·mol}^{-1} = 0.600\underline{5} \text{ g}$$

物質の密度 ρ は,質量 m をその体積 V' で除したものである(溶液の体積との混同を避けるため,'(プライム)をつけてある).

$$\text{密度 } \rho = \frac{m}{V'} \quad \rightarrow$$

$$V' = \frac{m}{\rho} = \frac{0.600\underline{5} \text{ g}}{1.049 \text{ g·cm}^{-3}} = 0.572\underline{449}\cdots \text{ cm}^3 = \boxed{0.572 \text{ mL}}$$

Check Point

▶ 数式を解くときのポイント
① 単位を含めて計算式を立てる
　　単位が付いて,初めて物理量として意味をもつ
　　数値が計算できるように,単位も計算できる
　　おかしな単位が導かれれば,用いた式が間違っている
② 接頭語の変換
③ 有効数字

第2章

平　衡

2-1 気体

問題 1

N_2 ガス(モル質量 28.01 g·mol^{-1})3.50 g を 25.0℃ で 2.00 L の容器に充填した.このときの圧力を(a)Pa および(b)atm の単位で求めなさい.ただし,N_2 ガスは完全気体とする.

解答 (a) 1.55×10^5 Pa (b) 1.53 atm

解説

完全気体の状態方程式を用いる.

$$p \cdot V = n \cdot R \cdot T$$

ここで,p は圧力 pressure,V は体積,n は物質量,R は**気体定数**,T は熱力学温度である.用いる気体定数 R の数値,単位と他の物理量の単位の整合性に注意すること.

$R = 8.314$ J·K^{-1}·mol^{-1} $= 0.08206$ L·atm·K^{-1}·mol^{-1}

(a) SI 単位の $R = 8.314$ J·K^{-1}·mol^{-1} を用いる場合,物理量を全て SI 単位で表しておく.温度は,

$T = 25.0 + 273.15 = 298.1\underline{5}$ K

である.また,体積のリットル L を SI 単位の m^3 に変換すると次のようになる.

2.00 L $= 2.00 \times 10^{-3}$ m^3

これを完全気体の状態方程式に代入する.

$$p = \frac{n \cdot R \cdot T}{V}$$

$$= \frac{\dfrac{3.50 \text{ g}}{28.01 \text{ g} \cdot \text{mol}^{-1}} \times 8.314 \text{ J} \cdot \text{K}^{-1} \cdot \text{mol}^{-1} \times 298.1\underline{5} \text{ K}}{2.00 \times 10^{-3} \text{ m}^3}$$

$$= 154\underline{870.8} \cdots \text{Pa} = \boxed{1.55 \times 10^5 \text{ Pa}}$$

この場合,計算結果である圧力も SI 組立単位の Pa の単位で得られる.単位変換は次のようになる. $\dfrac{\text{J}}{\text{m}^3} = \dfrac{\text{N} \cdot \text{m}}{\text{m}^3} = \dfrac{\text{N}}{\text{m}^2} = \text{Pa}$

(b) 体積にリットル L,$R = 0.08206$ L·atm·K^{-1}·mol^{-1} を用いれば,圧力は atm(気圧,アトムと読む)の単位で得られる.

$$p = \frac{n \cdot R \cdot T}{V}$$

$$= \frac{\dfrac{3.50 \text{ g}}{28.01 \text{ g} \cdot \text{mol}^{-1}} \times 0.08206 \text{ L} \cdot \text{atm} \cdot \text{K}^{-1} \cdot \text{mol}^{-1} \times 298.1\underline{5} \text{ K}}{2.00 \text{ L}}$$

$$= 1.52\underline{859} \cdots \text{atm} = \boxed{1.53 \text{ atm}}$$

1 atm = 101325 Pa であるから,(a)の答えを利用して,

$$p = 1.54\underline{87} \times 10^5 \text{ Pa} = 1.54\underline{87} \times 10^5 \text{ Pa} \times \frac{1 \text{ atm}}{101325 \text{ Pa}}$$

$$= 1.52\underline{84} \cdots \text{atm} = \boxed{1.53 \text{ atm}}$$

としてもよい.

いろいろな単位や定数を使用すると混乱するもとなので,(a)のように<u>全てを SI 単位に直した</u>後に,定数も SI 単位のものを使い計算すると間違いが少ない.

問題 2

真空ポンプを用いて，容器内の気体を抜き去り，圧力を 6.7×10^{-2} Pa とした．25.0℃でこの気体 1.0 mL 中に含まれる気体分子の数を計算しなさい．ただし，気体は完全気体であるとする．

解答　1.6×10^{13}（個）

解説

体積，温度を SI 単位に直して，完全気体の状態方程式を用いて計算する．

$25.0℃ = 298.15$ K

1.0 mL $= 1.0 \times 10^{-3}$ L $= 1.0 \times 10^{-6}$ m^3

$$N = n \times N_A = \frac{p \cdot V}{R \cdot T} \times N_A$$

$$= \frac{6.7 \times 10^{-2} \text{ Pa} \times 1.0 \times 10^{-6} \text{ m}^3}{8.314 \text{ J} \cdot \text{K}^{-1} \cdot \text{mol}^{-1} \times 298.15 \text{ K}} \times 6.022 \times 10^{23} \text{ mol}^{-1}$$

$$= 1.6276 \cdots \times 10^{13} = \boxed{1.6 \times 10^{13} \text{（個）}}$$

意外と多くの分子が含まれていることが分かる．真空というと宇宙空間のように，「真に何もない，空っぽな状態」をイメージするだろうが，実際には全く何もない空間を作り出すことはできない．現在，得ることのできる最も高い真空は 10^{-10} Pa 程度といわれているが，これでも 1 mL 中に 10000 個以上の気体分子が含まれる．

なお，単位だけを計算すると以下のようになる．

$$\frac{\text{Pa} \times \text{m}^3 \times \text{mol}^{-1}}{\text{J} \cdot \text{K}^{-1} \cdot \text{mol}^{-1} \times \text{K}} = \frac{\text{Pa} \times \text{m}^3}{\text{J}} = \frac{\dfrac{\text{N}}{\text{m}^2} \times \text{m}^3}{\text{N} \times \text{m}} = 1$$

問題 3

自転車のタイヤに 15.0℃ で圧力が 5.50×10^5 Pa になるように空気を充填した. 35.0℃ のとき, 圧力はいくらになるか求めなさい. ただし, 空気は完全気体とし, また, タイヤの体積は変化しないものとする.

解答 5.88×10^5 Pa

解説

15.0℃(状態1)でも, 35.0℃(状態2)でも完全気体の状態方程式が成立するので,

(状態1) $p_1 \cdot V = n \cdot R \cdot T_1$ (状態2) $p_2 \cdot V = n \cdot R \cdot T_2$

となる. 両辺の比をとると,

$$\frac{p_2 \cdot V}{p_1 \cdot V} = \frac{n \cdot R \cdot T_2}{n \cdot R \cdot T_1} \rightarrow \frac{p_2}{p_1} = \frac{T_2}{T_1}$$

となる. したがって,

$$p_2 = p_1 \times \frac{T_2}{T_1} = 5.50 \times 10^5 \text{ Pa} \times \frac{(273.15 + 35.0) \text{ K}}{(273.15 + 15.0) \text{ K}}$$

$$= 5.50 \times 10^5 \text{ Pa} \times \frac{308.15 \text{ K}}{288.15 \text{ K}} = 588174.5 \cdots \text{ Pa} = \boxed{5.88 \times 10^5 \text{ Pa}}$$

Check Point

▶ 完全気体の状態方程式
$p \cdot V = n \cdot R \cdot T$
気体定数 R (SI単位) $= 8.314 \text{ J} \cdot \text{K}^{-1} \cdot \text{mol}^{-1}$
圧力 p に Pa, 体積 V に m^3, 温度 T に K の単位で表記した値を用いる.

問題4

(a) N_2(モル質量 28.01 g·mol^{-1})75.5 g を 25.0℃で 8.50×10^{-2} m^3 の容器に充填した．このときの圧力を求めなさい．(b) また，O_2(モル質量 32.00 g·mol^{-1})24.5 g を 25.0℃で 8.50×10^{-2} m^3 の容器に充填した．このときの圧力を求めなさい．(c) N_2 75.5 g と O_2 24.5 g を混合し，25.0℃で 8.50 × 10^{-2} m^3 の容器に充填した．このときの圧力を求めなさい．ただし，気体は全て完全気体とする．

解答 (a) 7.86×10^4 Pa (b) 2.23×10^4 Pa (c) 1.01×10^5 Pa

解説

(a) $p_{N_2} = \dfrac{n_{N_2} \cdot R \cdot T}{V}$

$= \dfrac{\dfrac{75.5 \text{ g}}{28.01 \text{ g·mol}^{-1}} \times 8.314 \text{ J·K}^{-1}\text{·mol}^{-1} \times 298.15 \text{ K}}{8.50 \times 10^{-2} \text{ m}^3}$

$= 78606.7\cdots \text{ Pa} = \boxed{7.86 \times 10^4 \text{ Pa}}$

(b) $p_{O_2} = \dfrac{n_{O_2} \cdot R \cdot T}{V}$

$= \dfrac{\dfrac{24.5 \text{ g}}{32.00 \text{ g·mol}^{-1}} \times 8.314 \text{ J·K}^{-1}\text{·mol}^{-1} \times 298.15 \text{ K}}{8.50 \times 10^{-2} \text{ m}^3}$

$= 22327.5\cdots \text{ Pa} = \boxed{2.23 \times 10^4 \text{ Pa}}$

(c) $p = \dfrac{(n_{N_2} + n_{O_2}) \cdot R \cdot T}{V}$

$= \dfrac{\left(\dfrac{75.5 \text{ g}}{28.01 \text{ g·mol}^{-1}} + \dfrac{24.5 \text{ g}}{32.00 \text{ g·mol}^{-1}}\right) \times 8.314 \text{ J·K}^{-1}\text{·mol}^{-1} \times 298.15 \text{ K}}{8.50 \times 10^{-2} \text{ m}^3}$

$= 100934.3\cdots \text{ Pa} = \boxed{1.01 \times 10^5 \text{ Pa}}$

(c)の答えが(a)と(b)の和になっていることが分かるだろう．これは**ドルトンの法則**と呼ばれる．「完全気体の混合物の圧力は，同じ容器に同じ温度で個々の気体成分だけを入れたときの圧力の総和に等しい.」

$$p = p_A + p_B + \cdots$$

ここで，p_J は気体 J（J = A，B，…）の圧力であり，**分圧**と呼ばれる．式の変形からも混合物の圧力が個々の分圧の和になっていることが理解できるだろう．

$$\frac{n_A \cdot R \cdot T}{V} + \frac{n_B \cdot R \cdot T}{V} = \frac{(n_A + n_B) \cdot R \cdot T}{V}$$
$$\downarrow \qquad \downarrow \qquad \qquad \downarrow$$
$$p_A \quad + \quad p_B \quad = \quad p$$

ここで，成分 A のモル分率は次のようになる．

$$x_A = \frac{n_A}{n_A + n_B} \;\;\rightarrow\;\; n_A = x_A \cdot (n_A + n_B)$$

したがって，成分 A の分圧は，

$$p_A = \frac{n_A \cdot R \cdot T}{V} = x_A \cdot \frac{(n_A + n_B) \cdot R \cdot T}{V} = x_A \cdot p \;\;\rightarrow\;\; p_A = x_A \cdot p$$

となることが分かるだろう．すなわち，分圧 p_J は全圧 p にモル分率 x_J を掛けたもので表すことができる．

Check Point

▶ ドルトンの法則
  $p = p_A + p_B + \cdots$
  $p_J = x_J \cdot p$

問題5

25.0℃における酸素(モル質量 32.0 g·mol^{-1})の根平均二乗速さを求めなさい.

解答 482 m·s^{-1}

解説

根平均二乗速さ c は**気体分子運動論**より次のように表される.

$$c = \sqrt{\frac{3 R \cdot T}{M}}$$

モル質量 M は一般に g·mol^{-1} で表記されるが,質量の SI 単位は kg であり,今回の場合は,モル質量 M を SI 単位の kg·mol^{-1} に直して計算する.

$$c = \sqrt{\frac{3 R \cdot T}{M}} = \sqrt{\frac{3 \times 8.314 \text{ J·K}^{-1}\text{·mol}^{-1} \times 298.15 \text{ K}}{32.0 \times 10^{-3} \text{ kg·mol}^{-1}}}$$

$$= 482.067\cdots \text{ m·s}^{-1} = \boxed{482 \text{ m·s}^{-1}}$$

単位の変換だけ見ていくと,次のようになり,モル質量 M を SI 単位で表記しておくことで,得られる速さが SI 単位で表記されたものになる.

$$\sqrt{\frac{\text{J·K}^{-1}\text{·mol}^{-1} \times \text{K}}{\text{kg·mol}^{-1}}} = \sqrt{\frac{\text{J}}{\text{kg}}} = \sqrt{\frac{\text{N·m}}{\text{kg}}}$$

$$= \sqrt{\frac{\text{kg·m·s}^{-2}\text{·m}}{\text{kg}}} = \sqrt{\text{m}^2\text{·s}^{-2}} = \text{m·s}^{-1}$$

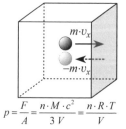

$$p = \frac{F}{A} = \frac{n \cdot M \cdot c^2}{3 V} = \frac{n \cdot R \cdot T}{V}$$

問題6

理論計算によると，完全気体を伝わる音の速さは，
$$v = \sqrt{\frac{\gamma \cdot R \cdot T}{M}}$$
で表される．空気（平均モル質量 28.8 g·mol^{-1}）を完全気体とみなし，25.0℃における音の速さを求めなさい．ただし，熱容量比 $\gamma = C_{p,m}/C_{V,m} = 1.40$ とする．

解答 347 m·s^{-1}

解説

$$v = \sqrt{\frac{1.40 \times 8.314 \text{ J·K}^{-1}\text{·mol}^{-1} \times 298.15 \text{ K}}{28.8 \times 10^{-3} \text{ kg·mol}^{-1}}}$$
$$= 347.\underline{128}\cdots \text{ m·s}^{-1} = \boxed{347 \text{ m·s}^{-1}}$$

1 atm（101325 Pa）の音速の計算方法は，

$v = 331.5 + 0.61 \times \theta$ （θ はセルシウス温度）

ということを習った方もいるとは思うが，これは上の式の 0℃における接線をとった近似式である．

Check Point

▶ 根平均二乗速さ

$$c = \sqrt{\frac{3R \cdot T}{M}} \quad M : \text{kg·mol}^{-1} \text{ で表記する}$$

問題7

25.0℃における酸素1分子の並進運動エネルギーを有効数字3桁で求めなさい.

解答 6.18×10^{-21} J

解説

1分子の質量を m (kg) とする. この分子をアボガドロ数個 (N_A) 集めれば, その質量はモル質量 M (kg·mol^{-1}) に相当する.

$$m(\text{kg}) \times N_A(\text{mol}^{-1}) = M(\text{kg·mol}^{-1}) \quad \rightarrow \quad m(\text{kg}) = \frac{M(\text{kg·mol}^{-1})}{N_A(\text{mol}^{-1})}$$

また, 気体分子運動論を利用すると, 1分子の並進運動エネルギー ε は,

$$\varepsilon = \frac{1}{2} m \cdot c^2 = \frac{1}{2} \times \frac{M}{N_A} \times \frac{3 R \cdot T}{M} = \frac{3}{2} \cdot \frac{R}{N_A} \cdot T = \boxed{\frac{3}{2} k_B \cdot T}$$

となる. ここで $k_B (= R/N_A)$ はボルツマン定数 1.381×10^{-23} J·K^{-1} である.

$$\varepsilon = \frac{3}{2} k_B \cdot T = \frac{3}{2} \times 1.381 \times 10^{-23} \text{ J·K}^{-1} \times 298.15 \text{ K}$$
$$= 6.17617725 \times 10^{-21} \text{ J} = \boxed{6.18 \times 10^{-21} \text{ J}}$$

このように気体分子の並進運動エネルギーは温度にのみ依存し, モル質量には依存しない. つまり温度が同じならば, どの完全気体も同じエネルギーをもっていることになる.

問題 8

25.0℃における酸素 1 mol の並進運動エネルギーを有効数字 3 桁で求めなさい.

解答 $3.72 \text{ kJ} \cdot \text{mol}^{-1}$

解説

問題 7 で 1 分子当たりの並進運動エネルギー ε を求めた. 1 mol 当たりの並進運動エネルギー $E_{\text{K,m}}$ は, これにアボガドロ定数 N_A を掛ければ得られる.

$$E_{\text{K,m}} = \varepsilon \cdot N_\text{A} = \frac{3}{2} \cdot \frac{R}{N_\text{A}} \cdot T \times N_\text{A} = \boxed{\frac{3}{2} R \cdot T}$$

$$E_{\text{K,m}} = \frac{3}{2} R \cdot T = \frac{3}{2} \times 8.314 \text{ J} \cdot \text{K}^{-1} \cdot \text{mol}^{-1} \times 298.15 \text{ K}$$

$$= 3718.22865 \text{ J} \cdot \text{mol}^{-1} = \boxed{3.72 \text{ kJ} \cdot \text{mol}^{-1}}$$

Check Point

▶ 1 個の気体分子がもつ並進運動エネルギー
  $\varepsilon = \frac{3}{2} k_\text{B} \cdot T$

▶ 1 mol 当たりの気体分子がもつ並進運動エネルギー
  $E_{\text{K,m}} = \frac{3}{2} R \cdot T$ モル質量には依存しない

問題 9

気体分子の速さの分布における温度の影響を図示したものとして、正しいものは(a), (b)のどちらか答えなさい.

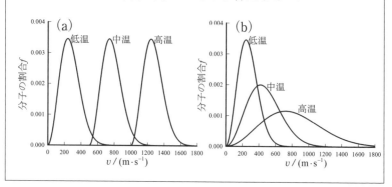

解答 (b)

解説

ここまでは平均の速さだけを考えてきたが、気体分子は全てが同じ速さをもっているわけではない. マクスウェルによれば、N 個の分子のうち、温度 $T(\mathrm{K})$ で速度 $v(\mathrm{m \cdot s^{-1}})$ の速さをもつ分子の数 N_v の割合 f は、

$$f = \frac{N_v}{N} = 4\pi \cdot \left(\frac{M}{2\pi \cdot R \cdot T}\right)^{3/2} \cdot v^2 \cdot \exp\left(-\frac{M \cdot v^2}{2R \cdot T}\right)$$

と表される. この場合のモル質量 M も、気体分子運動論のときと同じく SI 単位の $\mathrm{kg \cdot mol^{-1}}$ で表記する. ここで、$\boxed{\exp(x) = e^x}$ であり、指数部分が複雑な場合、上付にすると小さくて見にくいからという理由で使われる.

速さの範囲 Δv が狭い場合には、分子の割合はほぼ $f \cdot \Delta v$ に等しい. 例えば、$400\,\mathrm{m \cdot s^{-1}}$ から $410\,\mathrm{m \cdot s^{-1}}$ の速さの範囲にある分子の割合を求

める場合，$v = 400 \text{ m·s}^{-1}$，$\Delta v = 10 \text{ m·s}^{-1}$ と考える．300 K の O_2 では，上式から，

$$f = 4\pi \cdot \left(\frac{32.0 \times 10^{-3}}{2\pi \times 8.314 \times 300} \right)^{3/2} \times 400^2 \times \exp\left(-\frac{32.0 \times 10^{-3} \times 400^2}{2 \times 8.314 \times 300} \right)$$
$$= 0.00210\cdots$$

と計算されるので，300 K で，400 m·s^{-1} から 410 m·s^{-1} の速さの範囲にある O_2 分子の割合は $f \cdot \Delta v = 0.0021 \times 10 = 0.021 (2.1\%)$ となる．

これを図示したものが図(b)であり，温度が上がると，最も確率の高い(ピーク)分子の速さが増加するとともに，分布が広がってくる．高温時でも，割合は非常に少ないが，ゆっくりとしか動かない分子もいる，ということである．図(a)のように同じ分布幅のまま，速さが上がるわけではない．

問題 10

50.0 g のメタン(モル質量 16.04 g·mol^{-1})を 300 K で 1.00 L の容器に充填したところ,6.91×10^6 Pa を示した.(a) この状態における圧縮因子を計算しなさい.また,(b) この状態で分子間に引力と反発力のどちらが優勢に働いているか判断しなさい.

解答 (a) 0.889　　(b) 引力

解説

 実際の気体には,引力や反発力といった分子間相互作用があるため,完全気体の状態方程式に従わない.そこで,実在気体の性質を考える上で便利な量に**圧縮因子** Z があり,次のように定義されている.

$$Z = \frac{V_\mathrm{m}(\text{気体のモル体積,実測値})}{V_\mathrm{m}^{\mathrm{Perfect}}(\text{完全気体のモル体積,計算値})} \quad \cdots (1)$$

体積 V に m の記号が添えられているが,これは 1 mol 当たりの体積(**モル体積**と呼ぶ)であることを示す.

$$\text{モル体積}\quad V_\mathrm{m}\,(\mathrm{m^3 \cdot mol^{-1}}) = \frac{V(\text{体積}(\mathrm{m^3}))}{n(\text{物質量}(\mathrm{mol}))}$$

(1)式の分子にある V_m は体積と物質量から求められるモル体積の実測値である.分母の $V_\mathrm{m}^{\mathrm{Prefect}}$ は気体が完全気体であると仮定し,温度,圧力から完全気体の状態方程式を用いて計算によって導かれるモル体積である.

$$V_\mathrm{m}^{\mathrm{Perfect}} = \frac{V^{\mathrm{Perfect}}}{n} = \frac{R \cdot T}{p}$$

つまり圧縮因子は次のように書ける.

$$Z = \frac{\dfrac{V}{n}}{\dfrac{R \cdot T}{p}} = \frac{\dfrac{V}{n}}{\dfrac{R \cdot T}{p}} \times \frac{n \cdot p}{n \cdot p} = \frac{p \cdot V}{n \cdot R \cdot T}$$

圧縮因子 Z が 1 であれば完全気体である．

(a) 体積を SI 単位に変換して計算する．

$$1.00 \text{ L} = 1.00 \times 10^{-3} \text{ m}^3$$

$$\begin{aligned} Z &= \frac{p \cdot V}{n \cdot R \cdot T} \\ &= \frac{6.91 \times 10^6 \text{ Pa} \times 1.00 \times 10^{-3} \text{ m}^3}{\dfrac{50.0 \text{ g}}{16.04 \text{ g} \cdot \text{mol}^{-1}} \times 8.314 \text{ J} \cdot \text{K}^{-1} \cdot \text{mol}^{-1} \times 300 \text{ K}} \\ &= 0.888\underline{5}73\cdots = \boxed{0.889} \end{aligned}$$

(b) 圧縮因子 Z の 1 からのずれが完全気体からのずれの目安となる．分子間に引力が優勢に働いている場合，分子間の距離が縮まるため，計算値よりも実測のモル体積は小さくなる($V_\text{m} < V_\text{m}^\text{Perfect}$)．この場合，$Z < 1$ となる．逆に，分子間に反発力が優勢に働いている場合は分子間距離を広げようとするため，$V_\text{m} > V_\text{m}^\text{Perfect}$ となり，$Z > 1$ となる．今回の場合は，$Z = 0.889$ であるから，$\boxed{\text{引力}}$ が優勢に働いていると判断できる．

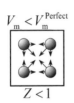
$V_\text{m} < V_\text{m}^\text{Perfect}$
$Z < 1$

$V_\text{m} = V_\text{m}^\text{Perfect}$
$Z = 1$
完全気体

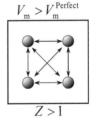
$V_\text{m} > V_\text{m}^\text{Perfect}$
$Z > 1$

Check Point

▶ 圧縮因子　$Z = \dfrac{V_\text{m}}{V_\text{m}^\text{Perfect}} = \dfrac{p \cdot V}{n \cdot R \cdot T}$

$Z = 1$　完全気体, $Z < 1$　引力が優勢, $Z > 1$　反発力が優勢

問題 11

ファン デル ワールスの状態方程式を表しなさい.

解答・解説

完全気体の状態方程式($p \cdot V = n \cdot R \cdot T$)では気体分子を質点と考えているが,実際には気体分子も体積をもっており,自由に飛び回れる空間というのは容器の体積 V ではなく,そこから気体自身のもつ体積を差し引かなければならない.そこで,気体分子 1 mol 当たりの体積を b(排除体積)とすると,容器中で気体分子自身の占める体積は $n \cdot b$ であり,これを容器の体積 V から差し引く.

$$p = \frac{n \cdot R \cdot T}{V} \quad \rightarrow \quad p = \frac{n \cdot R \cdot T}{V - n \cdot b}$$

さらに,完全気体では分子間の相互作用が全くないとしているが,実際の分子間には通常,引力が働いている.分子が接近することによって引力が働くと考えると,この引力は試料中の分子のモル濃度 n/V に比例する.この分子間に働く引力により,気体分子が壁に衝突する力が弱められるのと同時に,その衝突頻度も低下するため,ある比例定数 $a (a > 0)$ を用いて,気体の圧力は $a \cdot (n/V)^2$ だけ減少する.この減少分を考慮するとファン デル ワールスの状態方程式が得られる.

$$p = \frac{n \cdot R \cdot T}{V - n \cdot b} \quad \rightarrow \quad p = \frac{n \cdot R \cdot T}{V - n \cdot b} - a \cdot \left(\frac{n}{V}\right)^2$$

$$\rightarrow \quad \boxed{\left(p + \frac{n^2 \cdot a}{V^2}\right) \cdot (V - n \cdot b) = n \cdot R \cdot T}$$

問題 12

ファン デル ワールスの状態方程式に現れる酸素の定数 b は $3.18 \times 10^{-2}\,\mathrm{dm^3 \cdot mol^{-1}}$ である．酸素分子を球状と仮定して分子半径を求めなさい．

解答 $1.47 \times 10^{-10}\,\mathrm{m}\,(0.147\,\mathrm{nm})$

解説

定数 b は分子が占める体積に基づくパラメーターである．2個の球状分子が接近したとき，図のようにAの中心から点線で示した $2\,r$ の球の内部にはBの中心は入り込むことができない．Bから考えても同じであるか

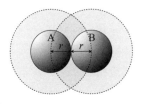

ら，1分子当たりの排除体積はその半分 $\dfrac{1}{2} \times \dfrac{4}{3}\pi \cdot (2\,r)^3$ である．定数 b は分子を 1 mol 集めたときの排除体積に相当する．

$$b = \frac{1}{2} \times \frac{4}{3}\pi \cdot (2\,r)^3 \times N_\mathrm{A} = \frac{16}{3} N_\mathrm{A} \cdot \pi \cdot r^3$$

$$r = \left(\frac{3\,b}{16\,\pi \cdot N_\mathrm{A}}\right)^{1/3} = \left(\frac{3 \times 3.18 \times 10^{-2}\,\mathrm{dm^3 \cdot mol^{-1}}}{16 \times \pi \times 6.022 \times 10^{23}\,\mathrm{mol^{-1}}}\right)^{1/3}$$

$$= \left(\frac{3 \times 3.18 \times 10^{-5}\,\mathrm{m^3 \cdot mol^{-1}}}{16 \times \pi \times 6.022 \times 10^{23}\,\mathrm{mol^{-1}}}\right)^{1/3}$$

$$= 1.46\underline{615}\cdots \times 10^{-10}\,\mathrm{m} = \boxed{1.47 \times 10^{-10}\,\mathrm{m}}$$

接頭語が付いている $\mathrm{dm^3} \to 10^{-3}\,\mathrm{m^3}$ への変換を忘れずに．

問題 13

CO_2 のファン デル ワールスのパラメーターは,
$a = 3.640 \text{ atm}\cdot\text{L}^2\cdot\text{mol}^{-2}$, $b = 4.267\times 10^{-2} \text{ L}\cdot\text{mol}^{-1}$ である.
(a) 臨界圧力, (b) 臨界温度を求めなさい.

解答 (a) 74.04 atm   (b) 308.0 K

解説

実在気体を低温域で温度一定に保ったまま圧縮すると, ある圧力以上で, 気体の凝縮が起こり, 液体が現れる. この状態からさらに圧縮すると, 凝縮が進み, 液体の量が増加するだけで, 圧力の変化は見られない. 全てが凝縮し, 液体になると, 液体は圧縮しにくいので, ごくわずかに体積を減らそうとしても, 非常に大きな圧力が必要になってくる.

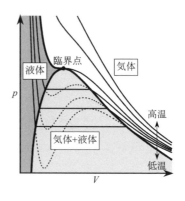

温度を上げると, この液化の範囲が狭くなり, ついにある点で1点になる. この点を**臨界点**と呼び, 臨界点における温度, 圧力, モル体積を**臨界温度** T_c, **臨界圧力** p_c, **臨界モル体積** V_c という. 臨界温度以上ではいくら気体を圧縮しても液体は現れなくなるが, これは分子の運動エネルギーが大きくなり, 自身の分子間力ではもはや分子同士を結びつけ液体状態を保てなくなるためである.

ファン デル ワールスの状態方程式をある条件下で計算して得た等温線は図の曲線になる. これには, 温度が低いときに, 体積が減少すると圧力も減少するという部分があり, 実際には起こりそうにない. しか

し，このループ部分(図の点線)を，水平線で置き換えることによって，ファン デル ワールスの状態方程式は，実在気体の液化現象までもうまく説明できるようになる．臨界定数はファン デル ワールスのパラメーターと次の関係がある．詳しくは物理化学のテキストを参照してほしい．

$$\text{臨界モル体積 } V_c = 3b \qquad \text{臨界圧力 } p_c = \frac{a}{27b^2}$$

$$\text{臨界温度 } T_c = \frac{8a}{27R \cdot b}$$

(a) $p_c = \dfrac{a}{27b^2} = \dfrac{3.640 \text{ atm} \cdot \text{L}^2 \cdot \text{mol}^{-2}}{27 \times \left(4.267 \times 10^{-2} \text{ L} \cdot \text{mol}^{-1}\right)^2}$

$= 74.04\underline{441}\cdots \text{atm} = \boxed{74.04 \text{ atm}}$

(b) $T_c = \dfrac{8a}{27R \cdot b}$

$= \dfrac{8 \times 3.640 \text{ atm} \cdot \text{L}^2 \cdot \text{mol}^{-2}}{27 \times 0.08206 \text{ L} \cdot \text{atm} \cdot \text{K}^{-1} \cdot \text{mol}^{-1} \times 4.267 \times 10^{-2} \text{ L} \cdot \text{mol}^{-1}}$

$= 308.0\underline{161}\cdots \text{K} = \boxed{308.0 \text{ K}}$

パラメーターがL, atmの単位で記載されているので，気体定数もL, atmを使って表記される $0.08206 \text{ L} \cdot \text{atm} \cdot \text{K}^{-1} \cdot \text{mol}^{-1}$ を用いて計算を行った．もちろん，SI単位に変換して計算してもよい．
($1 \text{ atm} = 101325 \text{ Pa}$, $1 \text{ L} = 10^{-3} \text{ m}^3$, $R = 8.314 \text{ J} \cdot \text{K}^{-1} \cdot \text{mol}^{-1}$)

Check Point

▶ ファン デル ワールスの状態方程式

$$\left(p + \frac{n^2 \cdot a}{V^2}\right) \cdot (V - n \cdot b) = n \cdot R \cdot T$$

a：分子間引力　　b：排除体積

2-2 エネルギー，仕事，熱

問題 1

系を外界との物質およびエネルギーの交換が可能かどうかによって，3つのタイプに分類した．(a)〜(c)に適当な言葉を入れなさい．ただし，表の○は交換可能であること，×は交換不可能であることを示す．

	物質	エネルギー
(a)	○	○
(b)	×	○
(c)	×	×

解答　(a) 開放系　(b) 閉鎖系　(c) 孤立系

解説

　食塩水を調製する際，塩を一定量，量り取ってビーカーなどに入れ，そこに水を加えて溶解させる．この場合，このビーカー内で起こる，例えば，塩の溶解といった現象が我々の関心事となる．このように注目している宇宙空間の一部分を**系** system と呼び，それ以外を**外界** surrounding と呼んで区別している．系は地球全体や宇宙全体を取り扱うこともあれば，1人の人間でも，溶液の入ったビーカーでも，あるいは1個の細胞でも構わない．地球温暖化について議論するのであれば，系は地球全体となり，我々もその系の中の一部である．

このようにどこを系と外界の**境界**とするかは，我々の関心や目的に応じ，特定の問題を取り扱うのに便がよいものを自由に決めればよいが，混乱を避けるために，選んだ系を明確にしておく必要がある．ビーカーに入れた水を系と考えると，放置すれば水は蒸発して移動するので**開放系**である．フタをしたメスフラスコに入れた水であれば，水は移動しないが，ガラス壁を通して加熱・冷却することが可能であり，エネルギーは移動する．このような系は**閉鎖系**と呼ばれる．物質もエネルギーも移動しない系は**孤立系**と呼ばれる．

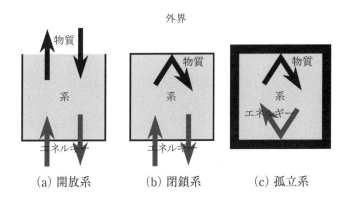

(a) 開放系　　(b) 閉鎖系　　(c) 孤立系

注目している系と外界を合わせれば宇宙全体となる．宇宙全体では物質もエネルギーも一定の孤立系であるから，系と外界を合計したものは孤立系である．

　　系　＋　外界　＝　宇宙全体(孤立系)

Check Point

- ▶ 系　：特別な感心を抱いている部分
  　　　　開放系・閉鎖系・孤立系
- ▶ 外界：系以外の宇宙

問題2

仕事と熱は同じジュール(J)という単位をもつが何が違うのか,分子論的に考察しなさい.

解答・解説

分子の立場からみると,「**熱**」は分子の乱雑な動きを利用したエネルギー輸送である.分子の乱雑な運動を**熱運動**と呼ぶ.外界から系を加熱する場合,外界の熱くて,激しく運動している分子が,冷たい系の中のゆっくりとした分子の動きを刺激し,活発に動くようにする.その結果,系のエネルギーが増加する.

これと対照的に「**仕事**」は組織的な運動を利用するエネルギー輸送である.例えば,気体が膨張し,おもりを持ち上げるような仕事を考えると,仕事によりおもりを構成する原子は一定方向に動くようになる.「船頭多くして船山に上る」というが,全員がバラバラに動いては仕事にならない.一定方向に向かうチームワークが必要となる.

熱と仕事は外界側で区別する.気体を圧縮するという仕事をすれば,気体分子の動きを一定方向に加速するが,分子間の衝突により,その動きはすぐに乱雑化してしまう.結局,仕事により熱運動を刺激していることになるが,外界から見れば組織的な動きを系に与えているので,この場合は仕事と呼ぶ.系に仕事をさせる場合でも,外界に組織的な動きを与える部分だけ,例えばおもりを一定方向に持ち上げてくれた,といった部分だけを評価して仕事と呼んでいるにすぎない.

Check Point

▶ 仕事:分子の規則正しい組織的な運動を利用するエネルギーの移動様式
▶ 熱 :分子の乱雑な運動を利用するエネルギーの移動様式
　　　　仕事と熱は外界で区別する.

問題3

完全気体の状態方程式は $p \cdot V = n \cdot R \cdot T$ である．
(a) この式で状態関数はどれか答えなさい．
(b) 状態関数を示量性と示強性に分類しなさい．

解答 (a) p, V, n, T　　(b) 示量性：V, n　示強性：p, T

解説

(a) 変化の前と後の状態さえ決まれば，途中の経路に関係なく値が決まる関数(物理量)を**状態関数**(状態量)と呼ぶ．これに対して，途中の経路により変わる関数(物理量)は**経路関数**と呼ばれ，熱や仕事などがこれに相当する．例えば，サッカーの試合に2-3で負けたとする．このような勝ち負けは試合終了後の状態でのみ決まるので状態関数である．前半先制していたといったことは関係ない．しかし，2-0で勝っていて2-3で逆転負けした場合と，0-3から2点追いついて2-3となったので，心情的には満足度が違うのではないだろうか．このように満足度には途中の過程が重要で，経路関数といえるだろう．気体の圧力p，体積V，温度T，物質量nは状態が特定されれば一義的に決まるので状態関数である(Rは定数)．

(b) 状態関数は加成性を示す(足し算が成立する)**示量性変数**と，加成性を示さない**示強性変数**に分類される．

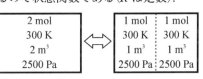

図のように系全体を分割したとき，物質量nと体積Vは，全体の物理量が各部分の和になる(加成性が成り立つ)ので，示量性変数である．一方，圧力pや温度Tは各部分の和にはならない．つまり，系の大きさには依存しない示強性変数である．

問題 4

ヒトは呼吸によりエネルギーを消費する．肺からの呼気は圧力 1.0 bar に逆らって，0.50 L の気体を押し出すと仮定し，1 日に 15000 回呼吸するとすれば，1 日の呼吸でヒトはどれだけの仕事をしているか求めなさい．

解答　-7.5×10^5 J

解説

仕事 w は 仕事 ≡ 外力 × 変位量 と定義され，系が外部の圧力（外圧 external pressure という）に逆らいながら膨張するときの仕事は，

$$w \text{ (J)} = -p_{ex}(\text{外圧 (Pa)}) \times \Delta V (\text{体積変化 (m}^3\text{)})$$

と表される．マイナス（−）の符号は，系が仕事をするためにエネルギーを使用し，その分，系が保有するエネルギーが減少するためである．物体を持ち上げるなどの仕事をすれば，自分自身は疲れるから，マイナスと考えるのである．

単位を SI 単位（bar → Pa，L → m³）に変換してから計算すれば，エネルギーも SI 単位の J（ジュール）の答えが得られる．

$$w \text{(J)} = -1.0 \times 10^5 \text{ Pa} \times 0.50 \times 10^{-3} \text{ m}^3 \times 15000$$
$$= -750000 \text{ J} = \boxed{-7.5 \times 10^5 \text{ J}}$$

単位についても確認しておこう．

$$\text{Pa} \times \text{m}^3 = \frac{\text{N}}{\text{m}^2} \times \text{m}^3 = \text{N} \times \text{m} = \text{J}$$

問題5

25.0℃に保たれた2.00 molの完全気体が2.00 Lから6.00 Lまで可逆的に膨張するときにする仕事を求めなさい.

解答　-5.45×10^3 J（-5.45 kJ も正解）

解説

シリンジに気体を入れて，手で押し込んで気体を圧縮する．この押し込んだ手の力を少し抜くと，気体が少しだけ膨張する．これを繰り返しながら少しずつ膨張させる過程が**可逆過程**である．手で押さえている力に対抗しながら膨張するので，大きな仕事となる（次ページの図(a)）．対して，押し込んだ手を一気に外して，膨張させる過程は**不可逆過程**と呼ばれる．大気圧のみに逆らいながら膨張するので，仕事はそ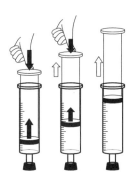れほど大きくならない（図(b)）．仕事はあくまで，どれくらいの力に逆らいながら行うのか，ということで評価されることに注意してほしい．つまり，シリンジ内の気体の圧力 p ではなく，外圧 p_{ex} を用いて計算しなければならない.

圧力を少しずつ変えながら膨張させているので，圧力－体積曲線は図(a)のような曲線になる．このような場合の仕事は，圧力がほぼ一定とみなせる微小変化量 $p_{ex} \cdot dV$ に分割して，それを集めたものから求める．つまり，積分する．可逆過程では外圧 p_{ex} と気体の圧力 p（内圧）が等しいと考える（不可逆過程では外圧 p_{ex} と内圧 p が等しくない）．完全気体なので，内圧の計算には完全気体の状態方程式を用いることができる．さらに，温度一定の条件から，温度 T を積分の外に出すことができる．

体積が V_1 から V_2 へ膨張したとすると,次のようになる.

$$w = -\int_{V_1}^{V_2} p_{\text{ex}} \cdot dV = -\int_{V_1}^{V_2} p \cdot dV$$
$$= -\int_{V_1}^{V_2} \frac{n \cdot R \cdot T}{V} dV = -n \cdot R \cdot T \int_{V_1}^{V_2} \frac{1}{V} \cdot dV$$
$$= -n \cdot R \cdot T \cdot \left[\ln V\right]_{V_1}^{V_2} = -n \cdot R \cdot T \cdot (\ln V_2 - \ln V_1)$$

ここでは積分の公式 $\int \frac{1}{x} \cdot dx = \ln x$ を使った.物理化学ではこの $\frac{1}{x}$ の積分がよく出てくるので,この公式は覚えておいてほしい.

$$\therefore w = -n \cdot R \cdot T \cdot \ln\left(\frac{V_2}{V_1}\right)$$

$$w = -2.00 \text{ mol} \times 8.314 \text{ J} \cdot \text{K}^{-1} \cdot \text{mol}^{-1} \times 298.15 \text{ K} \times \ln\left(\frac{6.00 \text{ L}}{2.00 \text{ L}}\right)$$
$$= -5446.52\cdots \text{ J} = \boxed{-5.45 \times 10^3 \text{ J}} = \boxed{-5.45 \text{ kJ}}$$

本来なら体積も SI 単位に変換(L → m³)して計算すべきだが,自然対数の中は体積比 (V_2/V_1) なので,そのままの単位で計算している.

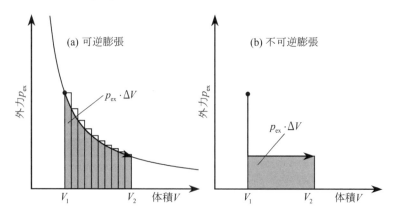

補足：Δとdの違い

変化量を表すのに，Δ（Dのギリシャ文字デルタ）やdといった記号が用いられる．実験的にはΔは測定可能な，ある程度の幅がある変化量を表し，dは測定不可能な微小変化量を示す（**無限小変化**と呼ぶ）．つまり，Δxを無限に小さくしたものがdxである．逆に測定不可能なdxもたくさん集めれば（積分すれば），測定可能な程度の変化量Δxとなる．

$$\lim_{\Delta x \to 0} \Delta x = dx \qquad \int dx = \Delta x$$

図(a)は長方形の幅が見て取れるので，わざと$p_{ex} \cdot \Delta V$と表記してある．これが線のように細くなれば，$p_{ex} \cdot dV$となる．

Check Point

- 状態関数⟷経路関数
- 示量性：加成性が成立
  示強性：系の大きさに依存しない
- 可逆過程：圧力や温度が釣り合った状態を保ちながら変化する理想的な過程
- 仕事＝外力×変位量
- 一定外圧に対する気体の膨張仕事　　$w = -p_{ex} \cdot \Delta V$
- 完全気体の等温可逆膨張による仕事　　$w = -n \cdot R \cdot T \cdot \ln\left(\dfrac{V_2}{V_1}\right)$

問題6

熱力学第一法則を最も適当に表現していることわざは何か，答えなさい．

解答 無から有は生じない

解説

熱力学第一法則は『孤立系の内部エネルギーは一定である』ことを述べたものである．**内部エネルギー**Uとは系に存在する原子，イオン，分子全ての運動エネルギー(並進，回転，振動)とポテンシャルエネルギーの合計であるが，一般的にその絶対量を知ることはできない．物理化学で取り扱うのはその変化量ΔUである．内部エネルギーがどれだけ変化したかは，系に出入りするエネルギーを測定すると求められることが実験的に分かっており，次のように書ける．

$$\Delta U = q + w$$

ここで，qは熱の形で，wは仕事の形で系に出入りするエネルギーを表す．系を外界から加熱する，あるいは圧縮するといった仕事の形で系にエネルギーを与えた場合は$q = +10$ kJ，$w = +20$ kJのように表現し，系が熱を放出したり，外界に対して仕事を行った場合は，$q = -20$ kJ，$w = -10$ kJというように符号をつける．例えば，系で発熱反応が起こった場合，外界で観測している我々が熱を受け取るため，$q = +\bigcirc\bigcirc$ kJと+の符号をつけてしまいそうだが，物理化学では系の状態を記述するのであるから，系の立場でエネルギーの収支を考えなくてはならない．つまり，系が外界に熱を放出する発熱反応では-(マイナス)の符号をつける．

問題 7

あなたは 1100 kcal の食事を摂り，その後，10.0 kg のバーベルを 50.0 cm 持ち上げるトレーニングを 200 回行った．内部エネルギー変化を求めなさい．ただし，体温維持などによるエネルギーの損失は考慮しないとする．

解答　$+4.595 \times 10^6$ J

解説

人を熱力学的な系と考える．1 cal = 4.186 J であるから，

q = 1100 kcal = 1100×10^3 cal
 = $4.186 \times 1100 \times 10^3$ J = $+4.604\underline{6} \times 10^6$ J

高さ h(m)のところにある質量 m(kg)の物質がもつ位置エネルギーは，重力加速度を g(m·s^{-2})とすれば $m \cdot g \cdot h$(J)であるから，バーベルを 200 回持ち上げる仕事は次のようになる．

$w = -m \cdot g \cdot \Delta h \times N$　　（N は回数を表す）
 = -10.0 kg $\times 9.81$ m·s$^{-2} \times 0.500$ m $\times 200$(回)
 = -9.81×10^3 J

$\Delta U = q + w = (+4.604\underline{6} \times 10^6$ J$) + (-9.81 \times 10^3$ J$)$
 = $+4594\underline{790}$ J = $\boxed{+4.595 \times 10^6 \text{ J}}$

仕事による内部エネルギーの変化量はごくわずか．食べる量を減らした方がよさそうである…．熱，仕事の符号の付け方に注意すること．

Check Point

▶ 熱力学第一法則　　$\Delta U = q + w$
▶ 系の立場から符号(+, −)を付ける

問題8

定容条件で系に流入した熱が内部エネルギー変化 ΔU に等しいことを示しなさい。ただし、系は膨張以外の仕事も行わないとする。

解答 定容条件だから体積変化はない（$\Delta V = 0$）ので、膨張仕事も0である（$w_{膨張} = -p_{ex} \cdot \Delta V = 0$）。膨張以外の仕事（例えば電気的な仕事）も行わないので、$w = 0$ とおくことができる。したがって、熱力学第一法則より $\Delta U = q + w = q + 0 = q$

解説

上の関係式は、定容条件での熱の出入りであることが分かるように、熱 q に体積を表す V を添えて、

$$\Delta U = q_V$$

と表される。つまり、<u>内部エネルギー変化 ΔU は定容条件で系に出入りした熱に等しい</u>。

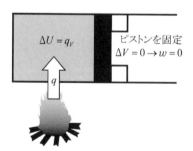

問題 9

エンタルピーHを内部エネルギーU,圧力p,体積Vを使って表しなさい.

解答　$H \equiv U + p \cdot V$

解説

定義($\equiv$)なので,そのまま覚えてしまおう.

語呂『円卓(エンタルピーH)ではユースケ(U)・ビップ($V \cdot p$)で手厚く(定圧)』

「スイミー」の話を知っているだろうか.小魚たちがみんなで集まって大きな魚のふりをして泳ぐことによって,大きなマグロを追い払う,というお話だが,

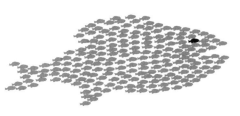

このように粒子も集合することによって,1つひとつの粒子がもつエネルギーや相互作用のエネルギー(内部エネルギーU)以外に,形態によるエネルギー($p \cdot V$)が生じると考えるとよい.この両方を合計したものがエンタルピーHであり,<u>系のもつ全エネルギー</u>を表す.

内部エネルギーUは温度や体積によって決まる関数であり,温度や体積が状態関数であることから,内部エネルギーも状態が決まれば一義的に決まる状態関数である.また,エンタルピーHも状態関数であるU,p,Vによって書き表される.したがって,<u>エンタルピーも状態関数</u>である.

問題 10

定圧条件(圧力 p)でのエンタルピー変化 ΔH を,内部エネルギー変化 ΔU,体積変化 ΔV を使って表しなさい.

解答　$\Delta H = \Delta U + p \cdot \Delta V$

解説

最初の状態は定義に従い,次のように書ける.

$H = U + p \cdot V$

ここから,系の温度,体積,圧力を少しだけ変化させた場合,U は $U + \Delta U$ に,p は $p + \Delta p$ に,V は $V + \Delta V$ にと,変化量を加えた形で表すことができる.その結果,エンタルピーも少しだけ変化し,$H + \Delta H$ となる.

$H + \Delta H = (U + \Delta U) + (p + \Delta p) \cdot (V + \Delta V)$
$ = U + \Delta U + p \cdot V + p \cdot \Delta V + \Delta p \cdot V + \Delta p \cdot \Delta V$

この 2 式の差をとると,

$\Delta H = \Delta U + p \cdot \Delta V + \Delta p \cdot V + \Delta p \cdot \Delta V$

となるが,定圧であれば圧力変化 $\Delta p = 0$ なので,

$\Delta H = \Delta U + p \cdot \Delta V$ (定圧)

となる.

Check Point

- ▶ 内部エネルギー変化=定容条件での熱の出入り
  $\Delta U = q_V$(体積一定)
- ▶ エンタルピー enthalpy:系のもつ全エネルギー
  $H = U + p \cdot V$
- ▶ エンタルピー変化=定圧条件での熱の出入り
  $\Delta H = q_p$(圧力一定)

問題11

定圧条件で系に流入した熱 q がエンタルピー変化 ΔH に等しいことを示しなさい．ただし，系は膨張以外の仕事は行わないとする．

解答 定圧条件でのエンタルピー変化は $\Delta H = \Delta U + p \cdot \Delta V$ である．熱力学第一法則より $\Delta U = q + w$ であり，大気にさらされているような場合，系の圧力 p と外圧 p_{ex} は等しい．

$$\Delta H = q + w + p \cdot \Delta V = q + w + p_{ex} \cdot \Delta V$$

膨張仕事のみを考えればよいから，$w = -p_{ex} \cdot \Delta V$ である．したがって，

$$H = q + (-p_{ex} \cdot \Delta V) + p_{ex} \cdot \Delta V = q$$

解説

今回の場合は，定圧条件であることが分かるように，熱 q に圧力を表す p を添えて，

$$\Delta H = q_p$$

と表記する．このように，<u>エンタルピー変化 ΔH は定圧条件で系に出入りした熱に等しい．</u>

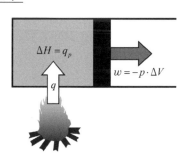

問題12

水（モル質量 18.02 g·mol^{-1}）100 g に 12.0 V の電源から 0.500 A の電流を 300 s それと接触している抵抗に流したところ，水の温度が $4.31℃$ 上昇した．水の(a) 熱容量および(b) モル熱容量を求めなさい．

解答 (a) 418 J·K^{-1} (b) $75.3 \text{ J·K}^{-1}\text{·mol}^{-1}$

解説

熱の形でエネルギー q を物質に加えたとき，物質の温度が ΔT 上昇した場合，物質の**熱容量** C は次式で表される．

$$C(\text{J·K}^{-1}) = \frac{q(\text{J})}{\Delta T(\text{K})}$$

物質量が2倍になれば，物質の熱容量も2倍になる．物質間の比較のためには，物質量に依存しない示強性の性質として表記しておいた方が便利である．そこで，熱容量 C を物質量 n で割った**モル熱容量** C_m が一般に用いられる（モル○○なので，C に記号 m を添える）．

$$C_\text{m}(\text{J·K}^{-1}\text{·mol}^{-1}) = \frac{C(\text{J·K}^{-1})}{n(\text{mol})} = \frac{q(\text{J})}{n(\text{mol})\cdot\Delta T(\text{K})}$$

(a) 供給される熱エネルギーは次のようになる．

$q = 0.500 \text{ A} \times 12.0 \text{ V} \times 300 \text{ s} = 1800 \text{ J}$

単位は次のようになる．

$$\text{A}\times\text{V}\times\text{s} = \text{A}\times\frac{\text{W}}{\text{A}}\times\text{s} = \text{W}\times\text{s} = \frac{\text{J}}{\text{s}}\times\text{s} = \text{J}$$

$$C = \frac{1800 \text{ J}}{4.31 \text{ K}} = 417.\underline{633}\cdots \text{ J·K}^{-1} = \boxed{418 \text{ J·K}^{-1}}$$

(b) $$C_\mathrm{m} = \frac{q}{n \cdot \Delta T} = \frac{1800 \text{ J}}{\dfrac{100 \text{ g}}{18.02 \text{ g} \cdot \text{mol}^{-1}} \times 4.31 \text{ K}}$$

$= 75.2575\cdots \text{ J} \cdot \text{K}^{-1} \cdot \text{mol}^{-1} = \boxed{75.3 \text{ J} \cdot \text{K}^{-1} \cdot \text{mol}^{-1}}$

物質の熱容量は加熱時の条件によって異なる.例えば,アンプルのような密閉容器で一定体積の条件で加熱する場合(**定容熱容量** C_V)と,ビーカーなどの開放容器にいれて大気圧などの一定圧力下で加熱する場合(**定圧熱容量** C_p)では異なる値を示す.定容条件で系に流入した熱は内部エネルギー変化に等しく($q_V = \Delta U$),定圧条件で系に流入した熱はエンタルピー変化に等しいので($q_p = \Delta H$),

定容熱容量　$C_V = \dfrac{q_V}{\Delta T} = \dfrac{\Delta U}{\Delta T}$

定圧熱容量　$C_p = \dfrac{q_p}{\Delta T} = \dfrac{\Delta H}{\Delta T}$

と書くことができる.

Check Point

▶ 定容熱容量　　$C_V = \dfrac{q_V}{\Delta T} = \dfrac{\Delta U}{\Delta T}$　　（体積一定）

　定容モル熱容量　$C_{V,\mathrm{m}} = \dfrac{q_V}{n \cdot \Delta T} = \dfrac{\Delta U}{n \cdot \Delta T}$　（体積一定）

▶ 定圧熱容量　　$C_p = \dfrac{q_p}{\Delta T} = \dfrac{\Delta H}{\Delta T}$　　（圧力一定）

　定圧モル熱容量　$C_{p,\mathrm{m}} = \dfrac{q_p}{n \cdot \Delta T} = \dfrac{\Delta H}{n \cdot \Delta T}$　（圧力一定）

問題 13

2.00 mol の完全気体に加えられた 100 J の熱が，全て分子の並進運動エネルギーに用いられたと仮定すると，(a) 気体の温度は何 K 上昇するか求めなさい．また (b) この気体のモル熱容量 C_m を求めなさい．

解答
(a) 4.01 K (b) 12.5 J·K^{-1}·mol^{-1}

解説

(a) 2-1 節 問題 8 で求めた気体 1 mol 当たりの並進運動エネルギーは，

$$E_{\mathrm{K,m}}(\mathrm{J}\cdot\mathrm{mol}^{-1}) = \frac{3}{2} R(\mathrm{J}\cdot\mathrm{K}^{-1}\cdot\mathrm{mol}^{-1}) \cdot T(\mathrm{K})$$

であった．物質量が n mol であれば並進運動エネルギーは次のようになる．

$$E_{\mathrm{K}}(\mathrm{J}) = \frac{3}{2} n(\mathrm{mol}) \cdot R(\mathrm{J}\cdot\mathrm{K}^{-1}\cdot\mathrm{mol}^{-1}) \cdot T(\mathrm{K})$$

加えられた熱 q は全て並進運動エネルギーに変換されるので，熱 q は加熱前後の並進運動エネルギーの差 ΔE_K に等しい．加熱前後の気体の温度をそれぞれ T_1, T_2 とすると，次式が成立する．

$$q = \Delta E_\mathrm{K} = \frac{3}{2} n \cdot R \cdot T_2 - \frac{3}{2} n \cdot R \cdot T_1 = \frac{3}{2} n \cdot R \cdot (T_2 - T_1)$$

$$= \frac{3}{2} n \cdot R \cdot \Delta T$$

$$\Delta T = \frac{q}{\frac{3}{2} n \cdot R} = \frac{2\,q}{3\,n \cdot R} = \frac{2 \times 100\ \mathrm{J}}{3 \times 2.00\ \mathrm{mol} \times 8.314\ \mathrm{J}\cdot\mathrm{K}^{-1}\cdot\mathrm{mol}^{-1}}$$

$$= 4.00930\cdots\ \mathrm{K} = \boxed{4.01\ \mathrm{K}}$$

(b) (a)で求めた温度変化の値を使えば，

$$C_\mathrm{m} = \frac{q}{n \cdot \Delta T} = \frac{100\ \mathrm{J}}{2\ \mathrm{mol} \times 4.009\ \mathrm{K}}$$
$$= 12.4719\cdots\ \mathrm{J \cdot K^{-1} \cdot mol^{-1}} = \boxed{12.5\ \mathrm{J \cdot K^{-1} \cdot mol^{-1}}}$$

となる．これは次のように記号のまま解いてもよい．

$$C_\mathrm{m} = \frac{q}{n \cdot \Delta T} = \frac{\frac{3}{2} n \cdot R \cdot \Delta T}{n \cdot \Delta T} = \frac{3}{2} R$$
$$= \frac{3}{2} \times 8.314\ \mathrm{J \cdot K^{-1} \cdot mol^{-1}}$$
$$= 12.471\ \mathrm{J \cdot K^{-1} \cdot mol^{-1}} = \boxed{12.5\ \mathrm{J \cdot K^{-1} \cdot mol^{-1}}}$$

この値は，ArやNeといった並進運動エネルギーのみを考慮すればよい単原子分子の定容モル熱容量 $C_{V,\mathrm{m}}$ の値とよく一致する．

問題 14

単原子分子完全気体の(a) 定容モル熱容量 $C_{V,\mathrm{m}}$ および(b) 定圧モル熱容量 $C_{p,\mathrm{m}}$ を，気体定数 R を用いて表しなさい．

解答 (a) $C_{V,\mathrm{m}} = \dfrac{3}{2}R$ (b) $C_{p,\mathrm{m}} = \dfrac{5}{2}R$

解説

(a) 定容条件では膨張仕事を行うことができない．また，単原子分子完全気体は回転エネルギーや振動エネルギーをもたないため，加えられた熱 q_V は全て並進運動エネルギーに用いられる．問題 13 で求めたように，定容モル熱容量 $C_{V,\mathrm{m}}$ は次のようになる．

$$C_{V,\mathrm{m}} = \frac{q_V}{n \cdot \Delta T} = \frac{\dfrac{3}{2} n \cdot R \cdot \Delta T}{n \cdot \Delta T} = \frac{3}{2} R \, (\mathrm{J \cdot K^{-1} \cdot mol^{-1}})$$

(b) 完全気体では状態方程式を用いて，エンタルピーは，

$H = U + p \cdot V = U + n \cdot R \cdot T$

と書き換えられる．したがって，エンタルピー変化は，

$\Delta H = \Delta U + n \cdot R \cdot \Delta T$

となる．両辺を $n \cdot \Delta T$ で割ると，

$$\frac{\Delta H}{n \cdot \Delta T} = \frac{\Delta U}{n \cdot \Delta T} + R$$

$$\downarrow \qquad \downarrow \qquad \downarrow$$

$$\boxed{C_{p,\mathrm{m}} = C_{V,\mathrm{m}} + R} \quad (\text{マイヤーの式})$$

という関係式が得られる．したがって，

$$C_{p,\mathrm{m}} = C_{V,\mathrm{m}} + R = \frac{3}{2}R + R = \frac{5}{2}R$$

問題 15

圧力を一定に保ったまま，100℃，1.00 g の水(モル質量 18.02 g·mol^{-1})を蒸発させ 100℃の蒸気にするとき，2.26 kJ のエネルギーが必要であった．(a) モル蒸発エンタルピー，(b) モル凝縮エンタルピーを求めなさい．

解答 (a) 40.7 kJ·mol^{-1} (b) −40.7 kJ·mol^{-1}

解説

定圧条件であるので，系に出入りした熱＝エンタルピー変化である．

$$\Delta_{\text{vap}} H_{\text{m}} = \frac{\Delta H}{n} = \frac{q_p}{n} = \frac{2.26 \times 10^3 \text{ J}}{\dfrac{1.00 \text{ g}}{18.02 \text{ g} \cdot \text{mol}^{-1}}}$$

$$= 407\underline{25.2} \text{ J} \cdot \text{mol}^{-1} = \boxed{40.7 \text{ kJ} \cdot \text{mol}^{-1}}$$

様々な変化に伴うエンタルピー変化を取り扱う場合，○○エンタルピーと呼ぶ(○○には蒸発，融解，イオン化などが入る)．○○があることによって「変化」であることが明らかなため，後ろの「変化」を省略する．蒸発に伴うエンタルピー変化(蒸発エンタルピー)では，蒸発 vaporization であることが分かるように，Δ と H の間に vap を添えた記号 $\Delta_{\text{vap}} H$ を用いる．

凝縮は蒸発の逆であるから，モル凝縮エンタルピーは，モル蒸発エンタルピーの符号を逆にしたものである．

エンタルピー変化の値は物質間の比較ができるよう，通常 1 mol 当たりの値で報告される．今回はわざわざモル○○エンタルピーと呼んだが，データ表などに記載されている○○エンタルピーは，モル○○エンタルピーのことであり，モルという言葉は単位(mol^{-1})からも明らかなので，省略してある．

問題 16

次の空欄に適当な値を入れなさい．
「物質の標準状態とは，圧力が ☐ のとき，その物質だけが存在する状態である．」

解答　1 bar

解説

エンタルピー($H = U + p \cdot V$)のような状態関数は圧力の影響を受けるため，$\boxed{1\,\text{bar}}$ 下にある純物質を**標準状態**として，そのときに得られた値には土星のような記号 ⊖（プリムソル）を添えるルールになっている．例えば，標準モルエンタルピーは $\Delta H_\text{m}^\ominus$ と表記する．また，標準圧力 1 bar は $p^\ominus$ と書く．標準○○と書いてあったり，記号に $^\ominus$ が付いていたりすれば，それは 1 bar の条件で得られた値である．以前は 1 atm (= 101325 Pa) が用いられていたが，SI 単位の普及に伴い 1 bar (= 100000 Pa) に改められた．

温度は 298.15 K (25.00℃) が慣用的に使用されるが，特に温度を指定したい場合は温度が併記される．$\Delta H_\text{m}^\ominus (373.15\,\text{K})$ と書いてあれば，1 bar，373.15 K (100.00℃) におけるモルエンタルピー変化である．温度について特に記載がなければ 298.15 K (25.00℃) であると思っておけばよい．

Check Point

▶ $\Delta_\text{順過程} H = -\Delta_\text{逆過程} H$

▶ 標準圧力($^\ominus$)：1 bar　　　慣用温度：298.15 K

問題 17

炭素(黒鉛)の標準燃焼エンタルピーは $-394 \text{ kJ} \cdot \text{mol}^{-1}$, 炭素(黒鉛)が不完全燃焼して一酸化炭素に変化したときの標準燃焼エンタルピーは $-111 \text{ kJ} \cdot \text{mol}^{-1}$ である. 一酸化炭素の標準燃焼エンタルピーを求めなさい.

解答 $-283 \text{ kJ} \cdot \text{mol}^{-1}$

解説

ヘスの法則「全体の反応エンタルピーは, 個々の反応のエンタルピーの和である.」を利用すればよい.

$$\text{C(黒鉛)} + \text{O}_2 \to \text{CO}_2 \qquad \Delta H^\ominus = -394 \text{ kJ} \cdot \text{mol}^{-1} \quad \cdots(1)$$

$$\text{C(黒鉛)} + \frac{1}{2}\text{O}_2 \to \text{CO} \qquad \Delta H^\ominus = -111 \text{ kJ} \cdot \text{mol}^{-1} \quad \cdots(2)$$

求めるべき反応式が再現できるように, (1)式 − (2)式をする. エンタルピー変化も同じように(1)式 − (2)式を行う.

$$\frac{1}{2}\text{O}_2 \to \text{CO}_2 - \text{CO}$$

$$\Delta H^\ominus = (-394 \text{ kJ} \cdot \text{mol}^{-1}) - (-111 \text{ kJ} \cdot \text{mol}^{-1}) = -283 \text{ kJ} \cdot \text{mol}^{-1}$$

両辺に CO を足せば, 求めるべき反応式になる.

$$\text{CO} + \frac{1}{2}\text{O}_2 \to \text{CO}_2 \qquad \Delta H^\ominus = \boxed{-283 \text{ kJ} \cdot \text{mol}^{-1}}$$

熱化学方程式($A + B = C + \bigcirc\bigcirc \text{ kJ}$)では, 等号を用いて両辺のエネルギーが等しいこと示すが, 物理化学では,

$$A + B \to C \qquad \Delta H = -\bigcirc\bigcirc \text{ kJ}$$

と通常の矢印を用いて反応式を表記し, 反応に伴うエンタルピー変化を別に記載する. エンタルピーの符号が熱化学方程式の熱エネルギーの符号と逆になるので注意すること.

問題 18

298.15 K における以下の熱力学データを用いて,二酸化炭素と水からグルコースを生じる光合成の標準反応エンタルピーを計算しなさい.

$$6\,CO_2(g) + 6\,H_2O(l) \to C_6H_{12}O_6(s) + 6\,O_2(g)$$

	$CO_2(g)$	$H_2O(l)$	$C_6H_{12}O_6(s)$	$O_2(g)$
$\Delta_f H^{\ominus}/(\text{kJ}\cdot\text{mol}^{-1})$	−393.51	−285.83	−1268	0

解答 2808 kJ·mol^{-1}

解説

我々が知りたいのは反応に伴うエンタルピー変化(反応エンタルピー)である.エンタルピーは状態関数なので,反応物と生成物のエンタルピーの絶対値のデータがあれば,その差(エンタルピー変化)を容易に求めることができるだろう.しかし,エンタルピーの真の値を測定することは困難であるため,ある状態(基準状態)におけるエンタルピーを便宜的に 0 とみなす方法が用いられている.例えば,ある建物の 1 階と 2 階の高低差を見積もるのに,それぞれの床面が海抜何 m であるかが分からなくても,とりあえず 1 階を基準として 0 m にして,2 階が何 m か測りましょう,という具合である.

基準状態とは,普通の状態で元素が最も安定に存在する形態のことをいう.例えば,酸素であれば,標準圧力 1 bar,慣用温度 25℃ では気体の 2 原子分子が最も安定な状態なので,$O_2(g)$ を基準状態として 0 とする.

この基準状態にある元素から生成したときの物質 1 mol 当たりの標準反応エンタルピーを**標準生成エンタルピー**(生成 formation:$\Delta_f H^{\ominus}$)と呼ぶ.例えば,$H_2(g)$ と $O_2(g)$ が反応して水ができるが,$H_2(g)$ と $O_2(g)$ は基準状態なので,それらの 25℃ における標準生成エンタルピーは 0 で

ある.この反応に伴う標準状態でのエンタルピー変化,すなわち**標準反応エンタルピー**(反応 reaction：$\Delta_r H^\ominus$)を測定することにより,

$$H_2(g) + \frac{1}{2}O_2(g) \rightarrow H_2O(l) \qquad \Delta_r H^\ominus = -285.83 \text{ kJ}\cdot\text{mol}^{-1}$$

水の標準生成エンタルピー $\Delta_f H^\ominus(H_2O, l) = -285.83 \text{ kJ}\cdot\text{mol}^{-1}$ という値が割り当てられている.

標準反応エンタルピーは,ヘスの法則を応用して,反応物と生成物の標準生成エンタルピーの差から求められる.反応物をいったんそれらの構成元素に戻して,生成物を作り上げるといった仮想的な反応経路(図の点線の矢印)を考えるのである.つま

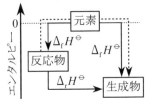

り反応物の $\Delta_f H^\ominus$ にマイナスの符号を付けて,生成物の $\Delta_f H^\ominus$ を加えればよい.

$$\Delta_r H^\ominus = \sum(\nu \cdot \Delta_f H^\ominus)(\text{生成物}) - \sum(\nu \cdot \Delta_f H^\ominus)(\text{反応物})$$

ここで ν(ニューと読む)は反応式に現れる量論係数である.

$$\begin{aligned}\Delta_r H^\ominus &= \{1 \times (-1268 \text{ kJ}\cdot\text{mol}^{-1}) + 6 \times (0 \text{ kJ}\cdot\text{mol}^{-1})\} \\ &\quad -\{6 \times (-393.51 \text{ kJ}\cdot\text{mol}^{-1}) + 6 \times (-285.83 \text{ kJ}\cdot\text{mol}^{-1})\} \\ &= 2808.04 \text{ kJ}\cdot\text{mol}^{-1} = \boxed{2808 \text{ kJ}\cdot\text{mol}^{-1}}\end{aligned}$$

反応物と生成物は我々の都合で分類しているだけで,反応式の→の左に書いた物質を反応物,→の右に書いた物質を生成物と呼ぶ決まりになっている.

Check Point

▶ 標準生成エンタルピー $\Delta_f H^\ominus$：基準状態にある元素から生成したときの物質 1 mol 当たりの標準反応エンタルピー

▶ ヘスの法則：ある反応の反応エンタルピーは,その反応をいくつかに分けたとき,個々の反応の反応エンタルピーの和で表される.

問題 19

298.15 K における問題 18 および以下の熱力学データを用いて，グルコースが酸化され，(a) エタノールあるいは(b) 酢酸に変化するときの標準反応エンタルピーを計算しなさい．また，これらの反応が発熱反応であるか，吸熱反応であるか答えなさい．

(a) $C_6H_{12}O_6(s) \rightarrow 2\ C_2H_5OH(l) + 2\ CO_2(g)$

(b) $C_6H_{12}O_6(s) + 2\ O_2(g) \rightarrow$
$\qquad 2\ CH_3COOH(l) + 2\ CO_2(g) + 2\ H_2O(l)$

	$C_2H_5OH(l)$	$CH_3COOH(l)$
$\Delta_f H^{\ominus}/(kJ \cdot mol^{-1})$	-277.6	-484.3

解答

(a) $-74\ kJ \cdot mol^{-1}$，発熱反応

(b) $-1059\ kJ \cdot mol^{-1}$，発熱反応

解説

(a) $\Delta_r H^{\ominus} = \{2 \times (-277.6\ kJ \cdot mol^{-1}) + 2 \times (-393.51\ kJ \cdot mol^{-1})\}$
$\qquad\qquad - \{1 \times (-1268\ kJ \cdot mol^{-1})\}$
$\qquad = -74.\underline{22}\ kJ \cdot mol^{-1} = \boxed{-74\ kJ \cdot mol^{-1}}$

(b) $\Delta_r H^{\ominus} = \{2 \times (-484.3\ kJ \cdot mol^{-1}) + 2 \times (-393.51\ kJ \cdot mol^{-1})$
$\qquad\qquad + 2 \times (-285.83\ kJ \cdot mol^{-1})\} - \{1 \times (-1268\ kJ \cdot mol^{-1})$
$\qquad\qquad + 2 \times (0\ kJ \cdot mol^{-1})\} = -1059.\underline{28}\ kJ \cdot mol^{-1}$
$\qquad = \boxed{-1059\ kJ \cdot mol^{-1}}$

ΔH がマイナスだと熱を奪い取られるような錯覚に陥りやすいが，エンタルピーはもともと系のエネルギー状態を記述したものであり，その変化量がマイナスということは，「系のエネルギーレベルが下がった」と解釈する．余ったエネルギーは外界に熱として放出するしかなく，外界で観測している我々から見れば，系が熱を発している，すなわち，発熱反応ということになる．逆に $\Delta H > 0$ であれば吸熱反応である．

問題 20

携帯用カイロは鉄が錆びるときに出す酸化熱を利用したものである.

$$Fe(s) + \frac{3}{4}O_2(g) + \frac{3}{2}H_2O(l) \to Fe(OH)_3(s)$$

以下の熱力学データを用いて, 標準反応エンタルピーを求めなさい.

	$Fe(s)$	$O_2(g)$	$H_2O(l)$	$Fe(OH)_3(s)$
$\Delta_f H^\ominus/(kJ \cdot mol^{-1})$	0	0	−285.83	−832

解答 $-403 \text{ kJ} \cdot \text{mol}^{-1}$

解説

$$\begin{aligned}
\Delta_r H^\ominus &= \left\{1 \times (-832 \text{ kJ} \cdot \text{mol}^{-1})\right\} \\
&\quad - \left\{1 \times (0 \text{ kJ} \cdot \text{mol}^{-1}) + \frac{3}{4} \times (0 \text{ kJ} \cdot \text{mol}^{-1}) + \frac{3}{2} \times (-285.83 \text{ kJ} \cdot \text{mol}^{-1})\right\} \\
&= -403.\underline{255} \text{ kJ} \cdot \text{mol}^{-1} = \boxed{-403 \text{ kJ} \cdot \text{mol}^{-1}}
\end{aligned}$$

これもマイナスの値であり, 発熱反応である.

Check Point

▶ 標準生成エンタルピーを用いて標準反応エンタルピーが求められる.
　(反応物) → (生成物)
　$\Delta_r H^\ominus = \sum(\nu \cdot \Delta_f H^\ominus)(\text{生成物}) - \sum(\nu \cdot \Delta_f H^\ominus)(\text{反応物})$
▶ $\Delta H > 0$ → 吸熱反応　　　$\Delta H < 0$ → 発熱反応

問題 21

水の 25.0℃ での蒸発エンタルピーは 44.01 kJ·mol^{-1} である．37.0℃ における蒸発エンタルピーを求めなさい．ただし，水の定圧モル熱容量は 75.29 J·K^{-1}·mol^{-1}，水蒸気の定圧モル熱容量は 33.58 J·K^{-1}·mol^{-1} とする．

解答 43.51 kJ·mol^{-1}

解説

物理化学のデータは一般に 25℃ で報告されるが，生体内 37℃ での値を知りたいという場合がある．これにはキルヒホフの法則を利用する．

$$\Delta_r H(T_2) = \Delta_r H(T_1) + \Delta_r C_p \times (T_2 - T_1)$$

物質のエンタルピーは温度と共に増加し，その傾きは定圧熱容量に相当する．

$$C_p = \frac{q_p}{\Delta T} = \frac{\Delta H}{\Delta T}$$

逆に，熱容量が求めてあれば，

$$\Delta H = C_p \cdot \Delta T$$

より，別の温度における物質のエンタルピーを見積もることができる．反応物と生成物の熱容量が異なれば，反応エンタルピーは温度により変化するが，温度 T_2 における反応エンタルピー $\Delta_r H(T_2)$ は，図より次式で求められることが分かるだろう．

$$\begin{aligned}
\Delta_r H(T_2) &= \Delta_r H(T_1) - C_p(\text{反応物}) \cdot \Delta T + C_p(\text{生成物}) \cdot \Delta T \\
&= \Delta_r H(T_1) + (C_p(\text{生成物}) - C_p(\text{反応物})) \cdot \Delta T \\
&= \Delta_r H(T_1) + \Delta_r C_p \cdot \Delta T
\end{aligned}$$

ここで，$\Delta_r C_p = C_p(\text{生成物}) - C_p(\text{反応物})$である．

$$\Delta H = 44.01 \times 10^3 \, \text{J} \cdot \text{mol}^{-1} + (33.58 - 75.29) \, \text{J} \cdot \text{K}^{-1} \cdot \text{mol}^{-1} \times 12.0 \, \text{K}$$
$$= 44010 \, \text{J} \cdot \text{mol}^{-1} - 500.52 \, \text{J} \cdot \text{mol}^{-1} = 43509.48 \, \text{J} \cdot \text{mol}^{-1}$$
$$= \boxed{43.51 \, \text{kJ} \cdot \text{mol}^{-1}}$$

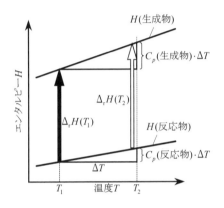

Check Point

▶ キルヒホフの法則 $\Delta_r H^\ominus(T_2) = \Delta_r H^\ominus(T_1) + \Delta_r C_p^\ominus \times (T_2 - T_1)$

問題 22

人は代謝活動により，1日に 10 MJ のエネルギーを熱として放出しており，主に水の蒸発によって体温を一定に保っている．
(a) 仮に水の蒸発のみによって体温が維持されていると考えた場合，1日にどれだけの質量の水(モル質量 18.02 g·mol^{-1})が蒸発しているか計算しなさい．
(b) 仮に人体(60 kg とする)を水のみからなる孤立系と考えた場合，1日で体温は何度上昇するか計算しなさい．

解答・解説

(a) 問題 21 から 37℃ での水の蒸発エンタルピーは 43.51 kJ·mol^{-1} である．

$$m = n \times M = \frac{10 \text{ MJ}}{43.51 \text{ kJ} \cdot \text{mol}^{-1}} \times 18.02 \text{ g} \cdot \text{mol}^{-1}$$

$$= \frac{10 \times 10^6 \text{ J}}{43.51 \times 10^3 \text{ J} \cdot \text{mol}^{-1}} \times 18.02 \text{ g} \cdot \text{mol}^{-1}$$

$$= 4141.5 \cdots \text{ g} = \boxed{4.1 \text{ kg}}$$

(b) 水の定圧モル熱容量は 75.29 J·K^{-1}·mol^{-1} であるから，

$$\Delta T = \frac{q}{n \cdot C_{p,m}} = \frac{10 \text{ MJ}}{\dfrac{60 \text{ kg}}{18.02 \text{ g} \cdot \text{mol}^{-1}} \times 75.29 \text{ J} \cdot \text{K}^{-1} \cdot \text{mol}^{-1}}$$

$$= \frac{10 \times 10^6 \text{ J}}{\dfrac{60 \times 10^3 \text{ g}}{18.02 \text{ g} \cdot \text{mol}^{-1}} \times 75.29 \text{ J} \cdot \text{K}^{-1} \cdot \text{mol}^{-1}}$$

$$= 39.890 \cdots \text{ K} = \boxed{40 \text{ K}}$$

問題23

以下のデータを用いて,問題19の反応が好熱菌によって80.0℃で行われる場合の標準反応エンタルピーを求めなさい.

(a) $C_6H_{12}O_6(s) \rightarrow 2\,C_2H_5OH(l) + 2\,CO_2(g)$
(b) $C_6H_{12}O_6(s) + 2\,O_2(g)$
$\qquad \rightarrow 2\,CH_3COOH(l) + 2\,CO_2(g) + 2\,H_2O(l)$

$C_{p,m}^{\ominus}/(\mathrm{J\cdot K^{-1}\cdot mol^{-1}})$	$C_6H_{12}O_6(s)$	$C_2H_5OH(l)$	$CH_3COOH(l)$
	225	112.3	124.3
	$H_2O(l)$	$CO_2(g)$	$O_2(g)$
	75.29	37.11	29.36

解説・解説

(a) $\Delta_r C_p^{\ominus} = 2 \times C_{p,m}^{\ominus}(C_2H_5OH) + 2 \times C_{p,m}^{\ominus}(CO_2) - C_{p,m}^{\ominus}(C_6H_{12}O_6)$
$\qquad = 2 \times 112.3 + 2 \times 37.11 - 225 = 73.\underline{82}\,\mathrm{J\cdot K^{-1}\cdot mol^{-1}}$

$\Delta_r H^{\ominus}(T_2) = \Delta_r H^{\ominus}(T_1) + \Delta_r C_p^{\ominus} \times (T_2 - T_1)$
$\qquad = -74.\underline{22} \times 10^3\,\mathrm{J\cdot mol^{-1}} + 73.\underline{82}\,\mathrm{J\cdot K^{-1}\cdot mol^{-1}} \times 55.0\,\mathrm{K}$
$\qquad = -70\underline{159}.9\,\mathrm{J\cdot mol^{-1}} = \boxed{-70\,\mathrm{kJ\cdot mol^{-1}}}$

(b) $\Delta_r C_p^{\ominus} = \{2 \times C_{p,m}^{\ominus}(CH_3COOH) + 2 \times C_{p,m}^{\ominus}(CO_2) + 2 \times C_{p,m}^{\ominus}(H_2O)\}$
$\qquad\qquad - \{C_{p,m}^{\ominus}(C_6H_{12}O_6) + 2 \times C_{p,m}^{\ominus}(O_2)\}$
$\qquad = (2 \times 124.3 + 2 \times 37.11 + 2 \times 75.29) - (225 + 2 \times 29.36)$
$\qquad = 189.\underline{68}\,\mathrm{J\cdot K^{-1}\cdot mol^{-1}}$

$\Delta_r H^{\ominus}(T_2) = \Delta_r H^{\ominus}(T_1) + \Delta_r C_p^{\ominus} \times (T_2 - T_1)$
$\qquad = -1059.\underline{28} \times 10^3\,\mathrm{J\cdot mol^{-1}} + 189.\underline{68}\,\mathrm{J\cdot K^{-1}\cdot mol^{-1}} \times 55.0\,\mathrm{K}$
$\qquad = -1048\underline{847}.6\,\mathrm{J\cdot mol^{-1}} = \boxed{-1049\,\mathrm{kJ\cdot mol^{-1}}}$

2-3 エントロピー

問題 1

図のように同じ体積をもつ区画 A, B に分け, 同温, 同圧の2種類の完全気体をそれぞれ5個ずつ入れた. しきりを外すと, この2種類の分子は拡散

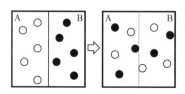

し, 右図のように混合した. 元の状態に戻っている(○が全て左の区画 A に, ●が全て右の区画 B に存在する)確率を有効数字2桁で計算しなさい.

解答　9.8×10^{-4}

解説

○分子1個が全体の半分の体積, 区画 A に存在する確率 probability は $\dfrac{1}{2}$ である. ○分子は全部で5個だから $P(○) = \left(\dfrac{1}{2}\right)^5$, 同様に●分子も $P(●) = \left(\dfrac{1}{2}\right)^5$. したがって,

$$P = \left(\dfrac{1}{2}\right)^5 \times \left(\dfrac{1}{2}\right)^5 = \dfrac{1}{1024} = \boxed{9.765\cdots \times 10^{-4}}$$

である.

2-3 エントロピー

　わずか 10 個の粒子についての計算であるが，偶然に各分子が全てそれぞれの区画に戻っている確率は 0.1％もなく，非常に小さいことが分かるだろう．このように混合前の状態は混合後の状態から見ると，非常に小さな確率でしかないから，しきりを外した直後の成分が混じり合っていない状態は確率的に極めて不安定な状態ということができる．そこで系はより確率の大きい混合状態に向かって変化する．熱力学ではこのような安定化が生じたとき，**エントロピー**が増加したと表現する．エントロピーは記号 S で表され，その状態が実現する確率によって定まる量である．確率 P_1 の状態 1 から確率 P_2 の状態 2 に変化するときのエントロピー変化は，

$$\Delta S = k_B \cdot \ln\left(\frac{P_2(\text{状態 2 の確率})}{P_1(\text{状態 1 の確率})}\right)$$

と表される．ここで，$k_B (= R/N_A)$ はボルツマン定数である．

問題2

図のように白黒の碁石を一直線に並べていく場合，区別できる異なった並べ方の数は何通りあるか求めなさい．

解答　252通り

解説

仮に10個全ての碁石が区別できるとすれば，10! = 3628800通りの並べ方があるが，そのうち黒の碁石同士は区別がつかない(5! = 120通り)．また，白の碁石同士も区別がつかない(5! = 120通り)．したがって，

$$W = \frac{10!}{5! \times 5!} = \boxed{252}$$

である．(! は階乗を示し，$n! = 1 \times 2 \times 3 \times \cdots \times (n-1) \times n$)

このような分子配置の1つひとつを(分子配置に関する)**微視的状態**と呼び，記号 W で表す．問題では252通りの異なった微視的状態をもつといえる．微視的状態を用いると，エントロピー変化は問1の式から以下のように変形できる．

$$\Delta S = k_B \cdot \ln\left(\frac{P_2}{P_1}\right) = k_B \cdot \ln\left(\frac{\dfrac{\text{状態2の組合せ}}{\text{全ての組合せ}}}{\dfrac{\text{状態1の組合せ}}{\text{全ての組合せ}}}\right)$$

$$= k_B \cdot \ln\left(\frac{\text{状態2の組合せ}}{\text{状態1の組合せ}}\right) = k_B \cdot \ln\left(\frac{W_2}{W_1}\right)$$

エントロピーが増加しようとする傾向は，微視的状態数の多い状態へ移ろうとする傾向であるともいえる．

問題 3

問題 2 でしきりを用いて，(○○○○○ ¦ ●●●●●)と分割した状態が混合前である仮定する．しきりを外した際，混合に伴うエントロピー変化を有効数字 3 桁で計算しなさい．

解答 $7.64 \times 10^{-23}\,\mathrm{J \cdot K^{-1}}$

解説

混合前の状態では，微視的状態は 1 通りしかなく(W_1)，混合により 252 通りの微視的状態がとれるようになった(W_2)のであるから，

$$\Delta S = k_\mathrm{B} \cdot \ln\left(\frac{W_2}{W_1}\right) = 1.381 \times 10^{-23}\,\mathrm{J \cdot K^{-1}} \times \ln\left(\frac{252}{1}\right)$$

$$= 7.6361\cdots \times 10^{-23}\,\mathrm{J \cdot K^{-1}} = \boxed{7.64 \times 10^{-23}\,\mathrm{J \cdot K^{-1}}}$$

と表される．ここまでの問題から推察されるように，エントロピーは微視的状態を用いて次のように定義される．

$$\boxed{S = k_\mathrm{B} \cdot \ln W}$$

$$\Delta S = k_\mathrm{B} \cdot \ln W_2 - k_\mathrm{B} \cdot \ln W_1 = k_\mathrm{B} \cdot \ln\left(\frac{W_2}{W_1}\right)$$

このように，エントロピーはその状態が取りうる微視的状態数によって決まる関数であるから，状態関数といえる．

例えば，図書室の本は項目毎に分類され，決まった棚の決まった場所に置かれる．つまり許容される状態数は少なく，整理整頓されており，おかげですぐに本が探せる．しかし，仮に本棚のどこに置いてもよいとしたらどうだろうか，あるいは床に置いてもよいとしたら…．とてもではないが，目的の本を探すのは困難になってくるだろう．このようにルールを緩めて許容される状態の数が多くなるほど，図書室は乱雑になっていく．エントロピーが**乱雑さ**のパラメーターといわれる所以ゆえんである．

問題 4

定温定圧下,1.00 mol の完全気体 A と 2.00 mol の完全気体 B を混合させるときのエントロピー変化を求めなさい.

解答 $15.9 \, \text{J} \cdot \text{K}^{-1}$

解説

問題 1 のモデルを使用する.全体の体積を V,区画 A の体積を V_A,区画 B の体積を V_B とする.○の物質量を n_A mol とすれば,○分子の数は $n_A \cdot N_A$ となり,●分子の数も同様に,物質量を n_B mol とすれば,$n_B \cdot N_A$ となる.確率に基づくエントロピー変化は次のようになる.ただし,混合後の確率 (P_2) は 1 である.

$$\Delta S = k_B \cdot \ln \frac{P_2}{P_1} = k_B \cdot \ln P_1^{-1} = k_B \cdot \ln \left\{ \left(\frac{V_A}{V} \right)^{n_A \cdot N_A} \times \left(\frac{V_B}{V} \right)^{n_B \cdot N_A} \right\}^{-1}$$

$$= -\frac{R}{N_A} \cdot \left\{ n_A \cdot N_A \cdot \ln \left(\frac{V_A}{V} \right) + n_B \cdot N_A \cdot \ln \left(\frac{V_B}{V} \right) \right\}$$

$$= -R \cdot \left\{ n_A \cdot \ln \left(\frac{V_A}{V} \right) + n_B \cdot \ln \left(\frac{V_B}{V} \right) \right\}$$

「同じ温度と圧力で同体積の気体は同数の分子を含む.」というアボガドロの原理から,体積比は物質量比に等しい.

$$\Delta S = -R \cdot \left\{ n_A \cdot \ln \left(\frac{n_A}{n_A + n_B} \right) + n_B \cdot \ln \left(\frac{n_B}{n_A + n_B} \right) \right\}$$

$$\Delta S = -8.314 \, \text{J} \cdot \text{K}^{-1} \cdot \text{mol}^{-1} \times \left\{ 1.00 \, \text{mol} \times \ln \left(\frac{1.00}{3.00} \right) + 2.00 \, \text{mol} \times \ln \left(\frac{2.00}{3.00} \right) \right\}$$

$$= 15.8759 \cdots \, \text{J} \cdot \text{K}^{-1} = \boxed{15.9 \, \text{J} \cdot \text{K}^{-1}}$$

問題5

水の標準蒸発エンタルピー $\Delta_{vap}H^{\ominus}$ (100℃) は 40.7 kJ·mol^{-1} である.水の標準蒸発エントロピー $\Delta_{vap}S^{\ominus}$ を求めなさい.

解答 109 J·K^{-1}·mol^{-1}

解説

エントロピー変化 ΔS は熱の形で系に可逆的 reversibly に移動させたエネルギー q_{rev} を,移動が起こったときの熱力学温度 T で割ったものと定義されている.

$$\Delta S (\text{J·K}^{-1}) = \frac{\text{熱 } q_{rev}(\text{J})}{\text{熱力学温度 } T(\text{K})}$$

語呂『多分(T 分の)くしゃみ(q)が出たぞ(ΔS)』

エントロピー変化は乱雑さの度合いの変化であるから,元々の系がどれだけ乱れていたかということを考慮にいれるために分母に系の温度が入っている.静まり返った図書館(T が小)でくしゃみをすれば(q),非常に気になるが(ΔS が大),工事現場のような騒がしい場所(T が大)でくしゃみをしても(q),気にならない(ΔS が小)のと同じである.

液体→気体のような相転移に伴い移動した熱(q_{rev})は一定圧力下で起こっているので転移エンタルピー(ΔH)と等しい.したがって,

$$\begin{aligned}\Delta_{vap}S^{\ominus} &= \frac{q_{rev}}{T} = \frac{\Delta_{vap}H^{\ominus}}{T} \\ &= \frac{40.7 \text{ kJ·mol}^{-1}}{(273.15+100.0) \text{ K}} = \frac{40.7 \times 10^3 \text{ J·mol}^{-1}}{373.15 \text{ K}} \\ &= 109.071\cdots \text{ J·K}^{-1}\text{·mol}^{-1} = \boxed{109 \text{ J·K}^{-1}\text{·mol}^{-1}}\end{aligned}$$

問題6

リゾチームは75.5℃で変位し,その標準転移エンタルピー $\Delta_{trs}H^{\ominus}$ は 509 kJ·mol^{-1} である.リゾチームの標準転移エントロピー $\Delta_{trs}S^{\ominus}$ を求めなさい.

解答 1.46 kJ·K^{-1}·mol^{-1}

解説

$$\Delta_{trs}S^{\ominus} = \frac{\Delta_{trs}H^{\ominus}}{T} = \frac{509 \times 10^3 \text{ J·mol}^{-1}}{(273.15 + 75.5) \text{ K}}$$
$$= 1459.\underline{91}\cdots \text{ J·K}^{-1}\cdot\text{mol}^{-1} = \boxed{1.46 \text{ kJ·K}^{-1}\cdot\text{mol}^{-1}}$$

エントロピー変化がプラスということは,分子レベルで考えると,元のコンパクトな三次元構造が破壊され,様々な構造をとることができる柔軟な鎖へ変化したと解釈できる.

Check Point

- エントロピー S:乱雑さを表す状態関数
  $S = k_B \cdot \ln W$
- 熱力学第二法則
  孤立系のエントロピーは自発変化に伴い増加する
- エントロピー変化
  $\Delta S = \dfrac{q_{rev}}{T}$(温度一定,可逆過程)

  $\Delta S = \dfrac{\Delta H}{T}$(相転移,定圧)

問題7

熱力学第二法則を最も適当に表現している諺(ことわざ)は何か，答えなさい．

解答　覆水盆に返らず

解説

　熱力学第二法則はエントロピー，すなわち乱雑さを表すパラメーターを用いて『**孤立系では自発的に起こる変化に伴い，エントロピーは増加する**』と表現される．別の言い方をすれば，「外界と接触していない系では，物質とエネルギーは秩序化されたものから，無秩序化されたものへ変化する」とも言える．これは日常的に感じる現象であろう．家庭や仕事場でも片づけや掃除の手を少しでも抜けば，すぐに整理がつかず雑然とした状態になる．机の上に置いたコップに肘が当たれば，落ちて割れてしまうが，その逆は起こらない．このように，エントロピー(乱雑さ)が増加するように変化するのが自然な変化なのである．このような状況を最も的確に表現した諺(意味は別として…)は「覆水盆に返らず」である．

部屋が散らかるのは自然な変化(エントロピー症候群)

問題8

1.00 bar を保ったまま，500 g の水(モル質量 18.02 g·mol^{-1})を 25.0℃ から 100.0℃ まで加熱した．水のエントロピー変化を求めなさい．ただし，水の定圧熱容量 $C_{p,m}$ は 75.3 J·K^{-1}·mol^{-1} とする．

解答 469 J·K^{-1}

解説

加熱に伴い温度が $T_1 \to T_2$ と変化した際のエントロピー変化 ΔS は，温度がほとんど変化しない程度の微小な熱 dq を加えたときの微小なエントロピー変化 dS の積分から求められる(q に付いている d は無限小変化量を表すわけではなく，測定できないほどわずかな量，という意味で用いている)．ここで，熱容量 C は加えた熱と次のような関係があり，微小な熱であれば，可逆過程とみなせる．

$$C = \frac{q}{\Delta T} \quad \to \quad C = \frac{dq}{dT} = \frac{dq_{\text{rev}}}{dT} \quad \to \quad dq_{\text{rev}} = C \cdot dT$$

熱容量 C が一定として積分すると次のようになる．

$$\Delta S = \int_{T_1}^{T_2} dS = \int_{T_1}^{T_2} \frac{dq_{\text{rev}}}{T} = \int_{T_1}^{T_2} \frac{C \cdot dT}{T} = C \cdot \int_{T_1}^{T_2} \frac{dT}{T}$$

$$= C \cdot \ln\left(\frac{T_2}{T_1}\right) = n \cdot C_m \cdot \ln\left(\frac{T_2}{T_1}\right)$$

定圧条件であれば，モル熱容量 C_m は定圧モル熱容量 $C_{p,m}$ を用いる．

$$\Delta S = \frac{500 \text{ g}}{18.02 \text{ g·mol}^{-1}} \times 75.3 \text{ J·K}^{-1} \cdot \text{mol}^{-1} \times \ln\left(\frac{373.15 \text{ K}}{298.15 \text{ K}}\right)$$

$$= 468.\underline{8}15\cdots \text{ J·K}^{-1} = \boxed{469 \text{ J·K}^{-1}}$$

問題 9

1.00 bar を保ったまま，500 g の水(モル質量 18.02 g·mol^{-1})を 25.0℃ から 5.0℃ まで冷却した．水のモルエントロピー変化を求めなさい．ただし，水の定圧熱容量 $C_{p,m}$ は 75.3 J·K^{-1}·mol^{-1} とする．

解答 -5.23 J·K^{-1}·mol^{-1}

解説

モルエントロピー変化なので，問題8の式を物質量 n で割ればよい．

$$\Delta S_m = \frac{\Delta S}{n} = C_{p,m} \cdot \ln\left(\frac{T_2}{T_1}\right)$$

$$= 75.3 \text{ J·K}^{-1}\cdot\text{mol}^{-1} \times \ln\left(\frac{278.15 \text{ K}}{298.15 \text{ K}}\right)$$

$$= -5.22854\cdots \text{ J·K}^{-1}\cdot\text{mol}^{-1} = \boxed{-5.23 \text{ J·K}^{-1}\cdot\text{mol}^{-1}}$$

このように他の物質と混合したり(問題4)，加熱する(問題8)と系のエントロピーが増加する．逆に冷却すると，エントロピーは減少する．

Check Point

▶ 温度変化($T_1 \to T_2$)に伴うエントロピー変化

$$\Delta S = n \cdot C_m \cdot \ln\left(\frac{T_2}{T_1}\right)$$

加熱：エントロピー増加 　　　冷却：エントロピー減少

問題 10

圧力一定で 30.0℃の水 1.00 kg と 60.0℃の水 2.00 kg を混合した．このときのエントロピー変化を求めなさい．ただし，水の定圧熱容量 $C_{p,m}$ は 75.3 J·K^{-1}·mol^{-1} とし，容器による熱の吸収は無視してよい．

解答 $12\,\mathrm{J\cdot K^{-1}}$

解説

混合後の温度は次式より，50.0℃になる．

$$\theta = \frac{30.0\,℃ \times 1.00\,\mathrm{kg} + 60.0\,℃ \times 2.00\,\mathrm{kg}}{1.00\,\mathrm{kg} + 2.00\,\mathrm{kg}} = 50.0\,℃$$

(1) 水 1.00 kg が 30.0℃→50.0℃に変化するときのエントロピー変化 ΔS_1 と，(2) 水 2.00 kg が 60.0℃→50.0℃に変化するときのエントロピー変化 ΔS_2 を合計する．

$$\Delta S_1 = \frac{1.00 \times 10^3\,\mathrm{g}}{18.02\,\mathrm{g \cdot mol^{-1}}} \times 75.3\,\mathrm{J \cdot K^{-1} \cdot mol^{-1}} \times \ln\left(\frac{323.15\,\mathrm{K}}{303.15\,\mathrm{K}}\right)$$

$$\Delta S_2 = \frac{2.00 \times 10^3\,\mathrm{g}}{18.02\,\mathrm{g \cdot mol^{-1}}} \times 75.3\,\mathrm{J \cdot K^{-1} \cdot mol^{-1}} \times \ln\left(\frac{323.15\,\mathrm{K}}{333.15\,\mathrm{K}}\right)$$

$$\Delta S = \Delta S_1 + \Delta S_2 = (266.\underline{971}\cdots\,\mathrm{J \cdot K^{-1}}) + (-254.\underline{701}\cdots\,\mathrm{J \cdot K^{-1}})$$
$$= 12.\underline{270}\cdots\,\mathrm{J \cdot K^{-1}} = 12\,\mathrm{J \cdot K^{-1}}$$

Check Point

▶ 定温下，体積変化($V_1 \to V_2$)または圧力変化($p_1 \to p_2$)に伴う完全気体のエントロピー変化

$$\Delta S = n \cdot R \cdot \ln\left(\frac{V_2}{V_1}\right) = n \cdot R \cdot \ln\left(\frac{p_1}{p_2}\right)$$

問題11

3.50 mol の完全気体を 25.0℃ に保ったまま，5.00 L から 50.00 L まで可逆的に膨張させた．エントロピー変化を求めなさい．

解答 $67.0 \, \mathrm{J \cdot K^{-1}}$

解説

完全気体の等温可逆膨張 $(p_1, V_1, T \to p_2, V_2, T)$ に伴うエントロピー変化は以下のように導出される．温度が一定なので，$\mathrm{d}U = 0$ である．熱力学第一法則と可逆条件 $(p_{\mathrm{ex}} = p)$ を用いて，

$$\mathrm{d}q_{\mathrm{rev}} = \mathrm{d}U - \mathrm{d}w = 0 - \mathrm{d}w = p_{\mathrm{ex}} \cdot \mathrm{d}V = p \cdot \mathrm{d}V$$

と変形できる．完全気体の状態方程式を用いて変換する．

$$\Delta S = \int_{V_1}^{V_2} \frac{\mathrm{d}q_{\mathrm{rev}}}{T} = \int_{V_1}^{V_2} \frac{p \cdot \mathrm{d}V}{T} = \int_{V_1}^{V_2} \frac{\frac{n \cdot R \cdot T}{V} \cdot \mathrm{d}V}{T}$$

$$= n \cdot R \cdot \int_{V_1}^{V_2} \frac{\mathrm{d}V}{V} = n \cdot R \cdot \ln\left(\frac{V_2}{V_1}\right)$$

$$\Delta S = 3.50 \, \mathrm{mol} \times 8.314 \, \mathrm{J \cdot K^{-1} \cdot mol^{-1}} \times \ln\left(\frac{50.00 \, \mathrm{L}}{5.00 \, \mathrm{L}}\right)$$

$$= 67.0029\cdots \, \mathrm{J \cdot K^{-1}} = \boxed{67.0 \, \mathrm{J \cdot K^{-1}}}$$

これを圧力で表せば，$p_1 \cdot V_1 = p_2 \cdot V_2 (= n \cdot R \cdot T)$ より，

$$\Delta S = n \cdot R \cdot \ln\left(\frac{p_1}{p_2}\right)$$

と書ける．このように，定温下，膨張して体積が増加する（圧力が低下する）と $\Delta S > 0$ となる．

問題12

完全気体 2.00 mol を 1.00 bar, 300 K から 5.00 bar, 400 K まで状態を変化させた. エントロピー変化を計算しなさい. ただし, 定圧モル熱容量 $C_{p,\mathrm{m}} = \dfrac{7}{2} R$ とする.

解答 $-10.0 \, \mathrm{J \cdot K^{-1}}$

解説

エントロピーは状態関数なので, 経路には依存しない. 状態の変化を,
(1) 定温条件での圧力変化 (1.00 bar, 300 K → 5.00 bar, 300 K)
(2) 定圧条件での温度変化 (5.00 bar, 300 K → 5.00 bar, 400 K)
の2段階によって変化したと考え, 各過程のエントロピー変化を合計して, 全エントロピー変化を求めればよい.

$$\Delta S_1 = n \cdot R \cdot \ln\left(\frac{p_1}{p_2}\right)$$

$$= 2.00 \, \mathrm{mol} \times 8.314 \, \mathrm{J \cdot K^{-1} \cdot mol^{-1}} \times \ln\left(\frac{1.00 \, \mathrm{bar}}{5.00 \, \mathrm{bar}}\right)$$

$$\Delta S_2 = n \cdot C_{p,\mathrm{m}} \cdot \ln\left(\frac{T_2}{T_1}\right) = n \times \frac{7}{2} R \times \ln\left(\frac{T_2}{T_1}\right)$$

$$= 2.00 \, \mathrm{mol} \times \frac{7}{2} \times 8.314 \, \mathrm{J \cdot K^{-1} \cdot mol^{-1}} \times \ln\left(\frac{400 \, \mathrm{K}}{300 \, \mathrm{K}}\right)$$

$$\Delta S = \Delta S_1 + \Delta S_2 = (-26.7617\cdots \, \mathrm{J \cdot K^{-1}}) + (16.7425\cdots \, \mathrm{J \cdot K^{-1}})$$

$$= -10.0192\cdots \, \mathrm{J \cdot K^{-1}} = \boxed{-10.0 \, \mathrm{J \cdot K^{-1}}}$$

2-3 エントロピー

問題 13

次の熱力学第三法則に関する文章中の空欄に適当なものを入れなさい．

「 (a) の物質は，0 K で同じエントロピーをもつ．そこで，便宜上，0 K でのエントロピーを (b) とする．」

解答 (a) 完全結晶　(b) 0

解説

実験結果から，完全結晶の物質のエントロピーは，0 K で同じ値になることが分かっている．そこで，この値を便宜上，0とする($S(0\,\mathrm{K}) = 0$)方法が用いられている．加熱に伴うエントロピー変化は計算できるので，$S(0\,\mathrm{K}) = 0$ を基準とし，例えば，慣用温度 298.15 K での値を求めることができる．これを**第三法則エントロピー**と呼ぶ（単に**標準エントロピー**と呼ばれることが多い）．物質が温度 T で標準状態（1 bar）のときの標準エントロピーは $S^{\ominus}(T)$ と書く．通常は 1 mol 当たりのデータで報告されるので，標準モルエントロピー $S_{\mathrm{m}}^{\ominus}(T)$ と表記される．

完全結晶とは，欠陥や不純物のない完全な（理想的な）結晶のことをいい，分子論的解釈からすると，完全結晶では微視的状態が1つしかない．したがって，$S = k_{\mathrm{B}} \cdot \ln W = k_{\mathrm{B}} \cdot \ln 1 = 0$ である．

Check Point

- **熱力学第三法則**　完全結晶の $S(0\,\mathrm{K}) = 0$
- **標準モルエントロピー $S_{\mathrm{m}}^{\ominus}(T)$**：$S(0\,\mathrm{K}) = 0$ として，温度 T で標準状態にある物質の，計算によって求められた 1 mol 当たりのエントロピー

問題 14

298.15 K における以下の熱力学データを用いて,二酸化炭素と水からグルコースを生じる光合成の標準反応エントロピーを計算しなさい.

$$6\,CO_2(g) + 6\,H_2O(l) \rightarrow C_6H_{12}O_6(s) + 6\,O_2(g)$$

	$CO_2(g)$	$H_2O(l)$	$C_6H_{12}O_6(s)$	$O_2(g)$
$S_m^\ominus/(J\cdot K^{-1}\cdot mol^{-1})$	213.79	69.95	212.1	205.15

解答 $-259.4\,J\cdot K^{-1}\cdot mol^{-1}$

解説

1 bar における反応に伴うエントロピー変化を**標準反応エントロピー** $\Delta_r S^\ominus$ という.エントロピーは状態関数であるから,標準反応エントロピーは,標準反応エンタルピー $\Delta_r H^\ominus$ のときと同様に,反応物と生成物の標準モルエントロピーの差から求められる.

$$\Delta_r S^\ominus = \sum\left(\nu\cdot S_m^\ominus\right)(\text{生成物}) - \sum\left(\nu\cdot S_m^\ominus\right)(\text{反応物})$$

$$\Delta_r S^\ominus = \{1\times S_m^\ominus(C_6H_{12}O_6) + 6\times S_m^\ominus(O_2)\} - \{6\times S_m^\ominus(CO_2) + 6\times S_m^\ominus(H_2O)\}$$

$$= (1\times 212.1 + 6\times 205.15) - (6\times 213.79 + 6\times 69.95)$$

$$= -259.44\,J\cdot K^{-1}\cdot mol^{-1} = \boxed{-259.4\,J\cdot K^{-1}\cdot mol^{-1}}$$

大気中に散らばっている CO_2 や根から吸収した H_2O を集めてきて,1 つのグルコースという物質を作り出す過程であるから,エントロピー(乱雑さ)は減少する.逆にこれを燃やして,大気中に CO_2 と H_2O を放出すればエントロピーは増加する.

2-3 エントロピー

問題 15

298.15 K における問題 14 と以下の熱力学データを用いて，$CH_4(g)$，$NH_3(g)$，$O_2(g)$ から固体のアラニン $CH_3CHNH_2COOH(s)$ と $H_2O(l)$ を作る反応の標準反応エントロピーを計算しなさい．

$3\ CH_4(g) + NH_3(g) + 3\ O_2(g) \rightarrow CH_3CHNH_2COOH(s) + 4\ H_2O(l)$

	$CH_4(g)$	$NH_3(g)$	$Ala(s)$
$S_m^\ominus/(J \cdot K^{-1} \cdot mol^{-1})$	186.3	192.77	129.2

解答 $-958.1\ J \cdot K^{-1} \cdot mol^{-1}$

解説

$$\Delta_r S^\ominus = \{1 \times S_m^\ominus(Ala) + 4 \times S_m^\ominus(H_2O)\}$$
$$\quad - \{3 \times S_m^\ominus(CH_4) + 1 \times S_m^\ominus(NH_3) + 3 \times S_m^\ominus(O_2)\}$$
$$= (1 \times 129.2 + 4 \times 69.95) - (3 \times 186.3 + 1 \times 192.77 + 3 \times 205.15)$$
$$= -958.1\underline{2}\ J \cdot K^{-1} \cdot mol^{-1} = \boxed{-958.1\ J \cdot K^{-1} \cdot mol^{-1}}$$

Check Point

▶ $\Delta_r S^\ominus = \sum (\nu \cdot S_m^\ominus)(\text{生成物}) - \sum (\nu \cdot S_m^\ominus)(\text{反応物})$

問題16

外界から系に熱の形でエネルギー q が移動した．外界のエントロピー変化 ΔS_{sur} を表しなさい．ただし，外界の熱力学温度は T とする．

解答

$$\Delta S_{\text{sur}} = -\frac{q}{T}$$

解説

系に熱として出入りしたエネルギーが q ということは，外界 surrounding に熱として出入りしたエネルギーは $-q$ である．外界は系に比べて非常に大きいので，熱の移動に伴う外界の温度変化はほとんどなく（T は一定），可逆過程であるとみなせる．したがって，

$$\Delta S_{\text{sur}} = -\frac{q}{T}$$

となる．また，系の状態変化が圧力一定で起これば，q は系のエンタルピー変化 ΔH に等しいので，系のエンタルピー変化を用いて以下のように表すこともできる．

$$\Delta S_{\text{sur}} = -\frac{\Delta H}{T} \text{（定圧）}$$

問題 17

自発変化が起こる条件を，系のエントロピー変化 ΔS と外界のエントロピー変化 ΔS_{sur} を使って表しなさい．

解答
$\Delta S_{total} = \Delta S + \Delta S_{sur} > 0$

解説

熱力学第二法則によれば「孤立系では自発変化に伴いエントロピーが増加する」．つまり，エントロピーが増加するように変化するのが自然な変化の方向である．ただし，第二法則は孤立系でなければ成立しない．2-2 節 問題 1 で見たように，系と外界を合わせれば宇宙全体＝孤立系なので，熱力学第二法則を正しく適用するには，系のエントロピー変化 (ΔS) と外界のエントロピー変化 (ΔS_{sur}) を調べ，その合計 (ΔS_{total}) が増加する方向に変化すると考えなくてはならない．

$$\Delta S_{total} = \Delta S + \Delta S_{sur} > 0$$

例えば，冷蔵庫に物質を入れればその温度が下がり，エントロピーは減少するだろう．しかし，冷蔵庫を動かすために電気エネルギーが必要となり，石油を燃焼するなど，より大きなエントロピーの増加を同時に生み出している．合計すれば，エントロピーは増加しているのである．問題 16 の定圧条件でのエンタルピー変化を用いれば，以下のように式を変形できる．

$$\Delta S_{total} = \Delta S + \Delta S_{sur} = \Delta S - \frac{\Delta H}{T} > 0 \text{（定圧）}$$

Check Point

▶ 自発変化の方向　　$\Delta S_{total} = \Delta S + \Delta S_{sur} > 0$

2-4 ギブズエネルギー

pas à pas

問題 1

1 atm, 20℃の水を 1 atm, −2℃の状態に変化させた．水はどうなるか答えなさい．

解答 氷になる．

解説

水の凝固点は 1 atm で 0℃．−2℃では氷である．なんてつまらない問題なんだと思ったことだろう．しかし，ここではなぜ水が氷に変化するのか，ということを考えることが必要である．−2℃では水(液体)でいるよりも，氷(固体)でいることの方がエネルギー的に安定だ．だから，水はエネルギー的により安定な氷に変化するのだ，と解釈することが重要である．−2℃でも過冷却の状態の水を作ることはできる．しかし，これは不安定な状態(過冷却)であり，ちょっとした刺激を与えれば，氷に変わる．−2℃では水は氷に変化しようとする<u>傾向</u>をもち，これを**自発変化**と呼ぶ．この節では自発変化の方向を予測するのに有用なギブズエネルギーを取り扱う．

問題2

ギブズエネルギーGをエンタルピーH，エントロピーS，熱力学温度Tを使って表しなさい．

解答　$G \equiv H - T \cdot S$

解説

定義である．**ギブズエネルギー**（ギブズ自由エネルギー，あるいは単に自由エネルギーと呼ばれることもある）Gは系に蓄えられた全エネルギー（エンタルピーH）から，仕事としては取り出せない乱れの中に蓄

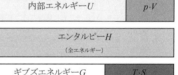

えられたエネルギー（$T \cdot S$）を引いたものであり，<u>仕事して利用できるエネルギー</u>を表している．

語呂『ギブズ（G）はエッチ（H）でまいった（$-T$）っす（S）』

エンタルピーH，熱力学温度T，エントロピーSは全て状態関数であるから，ギブズエネルギーGも系の状態が決まれば一義的に決まる状態関数である．また，ギブズエネルギーは系の大きさに依存する示量性変数であり，1 mol 当たりのギブズエネルギーは**化学ポテンシャル**と呼ばれ，記号μで表す．純物質の場合は単に系のギブズエネルギーGを物質量nで割ったモルギブズエネルギーG_mである．

$$\mu = G_\mathrm{m} = \frac{G}{n} \quad (純物質)$$

これは，モルエンタルピーH_m，熱力学温度T，モルエントロピーS_mを用いて次のように表すこともできる．

$$\mu = H_\mathrm{m} - T \cdot S_\mathrm{m}$$

問題3

一定温度，一定圧力で系が自発変化するとき，ギブズエネルギーはどのように変化するか説明しなさい．

解答 ギブズエネルギーは自発変化に伴い減少する．

解説

定温におけるギブズエネルギー変化は，

$$\Delta G = \Delta H - T \cdot \Delta S \quad (定温)$$

となるが，圧力が一定であれば，2-3節 問題17から，ΔS_{total} と次のような関係にあることが分かる．

$$\Delta G = \Delta H - T \cdot \Delta S = T \cdot \left(\frac{\Delta H}{T} - \Delta S\right) = -T \cdot \Delta S_{\text{total}} \quad (定温・定圧)$$

自発変化に伴い $\Delta S_{\text{total}} > 0$ であるから，$\Delta G < 0$ である．変化量が負ということは，<u>自発変化に伴いギブズエネルギーが減少する</u>ことを意味する．

ギブズエネルギーは状態関数であるから，状態1のギブズエネルギーを G_1，状態2のギブズエネルギーを G_2 とすれば，状態1→状態2の変化に伴うギブズエネルギー変化 $\Delta G_{1 \to 2}$ は，

$$\Delta G_{1 \to 2} = G_2 - G_1$$

と表せる．ここで $G_1 > G_2$ であれば，$\Delta G_{1 \to 2} < 0$ であるから，この変化（状態1 → 状態2）は自発的に進行すると判断できる．逆に $G_1 < G_2$（$\Delta G_{1 \to 2} > 0$）であれば，状態2 → 状態1のギブズエネルギー変化 $\Delta G_{2 \to 1}$（$= G_1 - G_2$）< 0 であるから，逆方向への変化（状態2 → 状態1）が自発的に進行する．このように，生体内での反応のような温度も圧力も一定の条件で進行する変化は，系の性質だけに注目することができ，自発変化の基準を系のギブズエネルギーが減少する方向（$\Delta G < 0$）とすることができる．

問題 4

一定温度,一定圧力で $\Delta G = 0$ のとき,系はどのような状態にあるか説明しなさい.

解答 平衡状態にある.

解説

自発変化に伴い系のギブズエネルギーは減少し,いずれ<u>最小</u>になる.このとき系はそれ以上変化しなくなる.ただし,これは正方向の変化と,逆方向の変化が同じ速さで起こっており(反応速度が同じ),見かけ上,どちらの変化も起こっていない状態であると解釈する.このような状態を**(動的)平衡状態**という.

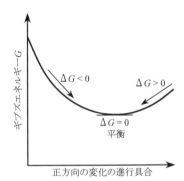

状態1 ⇄ 状態2

ギブズエネルギーは系に注目し,変化の方向と平衡状態を判断できる熱力学的関数である.

Check Point

- ギブズエネルギー　　　　$G = H - T \cdot S$
- ギブズエネルギー変化　　$\Delta G = \Delta H - T \cdot \Delta S$ (定温)
- 定温,定圧下では,系はギブズエネルギー G が減少する方向 ($\Delta G < 0$) に変化する傾向をもち,ギブズエネルギーが最小になったとき平衡状態になる ($\Delta G = 0$).

問題5

どのような温度域であっても,正反応が自発的に進行するエンタルピー変化 ΔH とエントロピー変化 ΔS の符号の正しい組合せを次の①〜④から選びなさい.

① $\Delta H > 0$, $\Delta S > 0$　　② $\Delta H > 0$, $\Delta S < 0$
③ $\Delta H < 0$, $\Delta S > 0$　　④ $\Delta H < 0$, $\Delta S < 0$

解答　③ $\Delta H < 0$, $\Delta S > 0$

解説

自発変化の条件は $\Delta G < 0$ である.これは ΔH と ΔS を用いて,
$$\Delta G = \Delta H - T \cdot \Delta S < 0$$
と表すことができる.引き算だと分かりにくいので,足し算で表すと,
$$\Delta G = \Delta H + (-T \cdot \Delta S) < 0$$
である.第1項 $\Delta H < 0$,かつ,第2項 $-T \cdot \Delta S < 0$ であれば,その合計は必ず負になり,自発的に正反応が進行すると判断できる.$T > 0$ であるから,$\Delta S > 0$ であれば第2項 $(-T \cdot \Delta S)$ が負となる.つまり,エンタルピー(エネルギーレベル)が低下しつつ($\Delta H < 0$),乱雑さが増加する($\Delta S > 0$)ような反応は,どのような温度域であっても正反応が自発的に進行する傾向をもつ.

問題6

298.15 K において，二酸化炭素と水からグルコースを生じる光合成の標準反応エンタルピー $\Delta_r H^\ominus$ は 2808 kJ·mol^{-1} (2-2節 問題18)，標準反応エントロピー $\Delta_r S^\ominus$ は -259.4 J·K^{-1}·mol^{-1} (2-3節 問題14) である．
(a) ギブズエネルギー変化を計算しなさい．また，(b) この反応は自発反応か非自発反応のいずれか，答えなさい．

$$6\,CO_2(g) + 6\,H_2O(l) \to C_6H_{12}O_6(s) + 6\,O_2(g)$$

解答 (a) 2885 kJ·mol^{-1}　(b) 非自発反応

解説

$$\begin{aligned}
\Delta_r G^\ominus &= \Delta_r H^\ominus - T \cdot \Delta_r S^\ominus \\
&= 2808\ \text{kJ·mol}^{-1} - 298.15\ \text{K} \times (-259.4\ \text{J·K}^{-1}\text{·mol}^{-1}) \\
&= 2808 \times 10^3\ \text{J·mol}^{-1} - 298.15\ \text{K} \times (-259.4\ \text{J·K}^{-1}\text{·mol}^{-1}) \\
&= 2808\underline{000}\ \text{J·mol}^{-1} + 77340\underline{.11}\ \text{J·mol}^{-1} \\
&= 2885340.11\ \text{J·mol}^{-1} = \boxed{2885\ \text{kJ·mol}^{-1}}
\end{aligned}$$

標準状態 (1 bar，記号 $\ominus$) での反応 <u>reaction</u> に伴うギブズエネルギー変化であるから，**標準反応ギブズエネルギー** $\Delta_r G^\ominus$ と呼ばれる．$\Delta_r G^\ominus > 0$ であるから，この反応は自発的には起こらない．

問題7

298.15 K における以下の熱力学データを用いて,光合成の標準反応ギブズエネルギーを計算しなさい.

$$6\,CO_2(g) + 6\,H_2O(l) \rightarrow C_6H_{12}O_6(s) + 6\,O_2(g)$$

	$CO_2(g)$	$H_2O(l)$	$C_6H_{12}O_6(s)$	$O_2(g)$
$\Delta_f G^\ominus/(\mathrm{kJ\cdot mol^{-1}})$	−394.37	−237.14	−917	0

解答 2872 kJ·mol^{-1}

解説

問題6では,標準反応エンタルピー $\Delta_r H^\ominus$ と標準反応エントロピー $\Delta_r S^\ominus$ から標準反応ギブズエネルギー $\Delta_r G^\ominus$ を求めたが,これだと面倒である.そこで,**標準生成ギブズエネルギー** $\Delta_f G^\ominus$ という関数が導入されている.標準生成エンタルピー $\Delta_f H^\ominus$ のときと同様に,標準生成ギブズエネルギー $\Delta_f G^\ominus$ も,基準状態の元素を0として,それらの元素から物質を生成するときの標準反応ギブズエネルギーである.標準生成ギブズエネルギー $\Delta_f G^\ominus$ は標準生成エンタルピー $\Delta_f H^\ominus$ と標準モルエントロピー $S_m^\ominus$ から求められているのではない($\Delta_f G^\ominus \neq \Delta_f H^\ominus - T \cdot S_m^\ominus$)ことに注意してほしい.例えば,298.15 K の $O_2(g)$ の $\Delta_f H^\ominus = 0$ kJ·mol^{-1},$S_m^\ominus = 205.14$ J·K^{-1}·mol^{-1} であるから,単純に計算すれば,$\Delta G^\ominus = \Delta_f H^\ominus - T \cdot S_m^\ominus = -61$ kJ·mol^{-1} となるが,基準状態なのでこれを再度0と定義し直して,種々の物質の標準生成ギブズエネルギーを求めている.解法は同じである.

$$\Delta_r G^\ominus = \sum \left(\nu \cdot \Delta_f G^\ominus\right)(\text{生成物}) - \sum \left(\nu \cdot \Delta_f G^\ominus\right)(\text{反応物})$$

$$\Delta_r G^\ominus = \{1 \times (-917) + 6 \times (0)\} - \{6 \times (-394.37) + 6 \times (-237.14)\}$$
$$= 2872.\underline{0}6 \text{ kJ·mol}^{-1} = \boxed{2872 \text{ kJ·mol}^{-1}}$$

問題 8

298.15 K における以下の熱力学データを用いて, $CH_4(g)$, $NH_3(g)$, $O_2(g)$ からアラニンと水を合成する際の標準反応ギブズエネルギーを計算しなさい. また, この反応は自発的に起こるか判断しなさい.

$3\,CH_4(g) + NH_3(g) + 3\,O_2(g) \rightarrow CH_3CHNH_2COOH(s) + 4\,H_2O(l)$

	$CH_4(g)$	$NH_3(g)$	Ala(s)	$H_2O(l)$
$\Delta_f G^\ominus/(kJ \cdot mol^{-1})$	−50.5	−16.41	−367.3	−237.14

解答 $-1148.0\ kJ \cdot mol^{-1}$, 自発的に起こる

解説

$$\Delta_r G^\ominus = \{1 \times (-367.3) + 4 \times (-237.14)\}$$
$$- \{3 \times (-50.5) + 1 \times (-16.41) + 3 \times (0)\}$$
$$= -1147.95\ kJ \cdot mol^{-1} = \boxed{-1148.0\ kJ \cdot mol^{-1}}$$

ギブズエネルギーを取り扱う際, 注意すべき点がある. それは速度に関しては何も言っていない点である. 例えば, C(グラファイト)の $\Delta_f G^\ominus = 0$, C(ダイヤモンド)の $\Delta_f G^\ominus = 2.86\ kJ \cdot mol^{-1}$ であるから, ダイヤモンドはグラファイトに変化する傾向をもつ. しかし, それには非常に長い時間が掛かる.「ダイヤモンドは永遠に」ではないが, 我々の生きている時間内にダイヤモンドがグラファイトに変化することはない.

Check Point

▶ 標準生成ギブズエネルギー $\Delta_f G^\ominus$:基準状態にある元素から生成したときの物質 1 mol 当たりの標準反応ギブズエネルギー
▶ $\Delta_r G^\ominus = \sum (\nu \cdot \Delta_f G^\ominus)$(生成物)$- \sum (\nu \cdot \Delta_f G^\ominus)$(反応物)

問題 9

ギブズエネルギーの無限小変化 dG を体積 V, 圧力 p, 熱力学温度 T, エントロピー S あるいはそれらの無限小変化量を使って表しなさい. ただし, 系は膨張以外の仕事を行わないとする.

解答 $dG = V \cdot dp - S \cdot dT$

解説

状態の変化により, 全てのパラメーターが少しずつ変化したとする.

$G = H - T \cdot S$

$G + dG = (H + dH) - (T + dT) \cdot (S + dS)$
$= H + dH - T \cdot S - T \cdot dS - S \cdot dT - dT \cdot dS$

この2式の差をとり, $dT \cdot dS$ は無限小変化同士の掛け算であり, 他に比べて非常に小さいので無視すると,

$dG = dH - T \cdot dS - S \cdot dT$

となる. エンタルピー($H = U + p \cdot V$)の変化も同様に,

$dH = dU + p \cdot dV + V \cdot dp \, (+ \, dp \cdot dV)$ ( )内は無視

となる. これを上式に代入すれば, 次のようになる.

$dG = (dU + p \cdot dV + V \cdot dp) - T \cdot dS - S \cdot dT$

ここで, 熱力学第一法則($dU = dq + dw$)より, さらに変形すると,

$dG = dq + dw + p \cdot dV + V \cdot dp - T \cdot dS - S \cdot dT$

となる. ここで, この無限小変化が可逆過程であるとすれば, エントロピー変化に関する定義($dS = dq_{rev}/T \rightarrow dq = dq_{rev} = T \cdot dS$)と, 仕事が気体の膨張仕事のみであること($dw = -p_{ex} \cdot dV = -p \cdot dV$)を用いると, 以下のようになる.

$dG = T \cdot dS - p \cdot dV + p \cdot dV + V \cdot dp - T \cdot dS - S \cdot dT$

$\boxed{dG = V \cdot dp - S \cdot dT}$

問題 10

系が温度,圧力が一定で電気化学的仕事 w' を行った.ギブズエネルギー変化 dG とどのような関係にあるか示しなさい.

解答 $dG = dw'$

解説

問題 9 の解説の途中から扱おう.

$$dG = dq + dw + p \cdot dV + V \cdot dp - T \cdot dS - S \cdot dT$$

温度,圧力が一定である ($dT = 0$, $dp = 0$) から,

$$dG = dq + dw + p \cdot dV - T \cdot dS$$

となる.ここで,系の行う仕事 dw を膨張仕事 $-p_{ex} \cdot dV$ と膨張以外の仕事 dw' に分けて考えてみよう.そうすると,

$$dG = dq + (-p_{ex} \cdot dV + dw') + p \cdot dV - T \cdot dS$$

となるが,問題 9 と同様に可逆過程であるとすれば,$dq = T \cdot dS$, $p_{ex} = p$ とおくことができるので,

$$dG = T \cdot dS - p \cdot dV + dw' + p \cdot dV - T \cdot dS = dw'$$

という式が得られる.この式は,<u>温度一定,圧力一定の条件下で起こる可逆過程から取り出すことのできる膨張以外の仕事がギブズエネルギー変化に等しいこと</u>を意味している.可逆変化では,系から最大限の仕事を取り出すことができるので,

$$dG = dw' = dw'_{max}$$

と書くこともできる.

Check Point

- ギブズエネルギーの無限小変化 $dG = V \cdot dp - S \cdot dT$
- ギブズエネルギー変化は膨張以外の仕事の最大値に等しい
  $dG = dw'_{rev} = dw'_{max}$

問題 11

次の文章中の正しい選択肢を選びなさい.
「定圧条件下ではギブズエネルギーは温度上昇に伴い
〔(a) 増加・減少〕し, 定温条件下ではギブズエネルギーは
圧力上昇に伴い〔(b) 増加・減少〕する.」

解答 (a) 減少　(b) 増加

解説

ギブズエネルギーの無限小変化は問題 9 より,
$$dG = V \cdot dp - S \cdot dT$$
である. ここで, 圧力一定($dp = 0$)とすれば,
$$dG = -S \cdot dT$$
となる. エントロピー $S > 0$ であるから, 温度が高くなれば($dT > 0$), ギブズエネルギーは減少する($dG < 0$). 温度が高くなればエントロピー(乱雑さ)が増加し, その分, 仕事として取り出せるエネルギーは減少する. ギブズエネルギーは仕事に使えるエネルギーであるから, 温度上昇とともに減少する.

また, 温度一定($dT = 0$)とすれば,
$$dG = V \cdot dp$$
となる. 体積 $V > 0$ であるから, 圧力が増加すれば($dp > 0$), ギブズエネルギーは増加する($dG > 0$). 気体を圧縮し, 圧力を高めてやれば, 膨張する際により多くの仕事ができるようになる. つまり, より大きなギブズエネルギーをもつことになる. 定量的には次の問題で取り扱う.

ギブズエネルギーは,
$$G = H - T \cdot S = (U + p \cdot V) - T \cdot S = U \underline{+ V \times p} - S \times T$$
と書ける. したがって, ギブズエネルギーは圧力増加に伴い, 傾き V

で増加し，温度が上昇すると傾き $-S$ で減少するのだ，くらいに考えてもらえればよい．

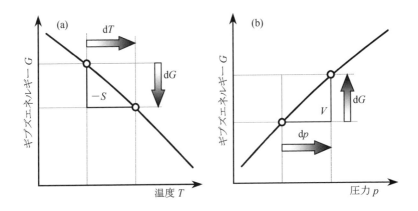

Check Point

- ギブズエネルギーは圧力が高くなると増加する． 傾き $= V$
- ギブズエネルギーは温度が高くなると減少する． 傾き $= -S$

問題 12

2.00 mol の完全気体を，25.0 ℃ に保ったまま，1.00 bar から 5.00 bar まで圧縮した．ギブズエネルギー変化 ΔG を求めなさい．

解答 $7.98\,\mathrm{kJ}\,(7.98 \times 10^3\,\mathrm{J})$

解説

温度一定 ($dT = 0$) では，ギブズエネルギーの無限小変化は，
$$dG = V \cdot dp - S \cdot dT = V \cdot dp$$
となる．圧力が p_1 から p_2 まで変化した際のギブズエネルギー変化 ΔG は，これを積分すればよい．

$$G(p_2) - G(p_1) = \Delta G = \int_{p_1}^{p_2} dG = \int_{p_1}^{p_2} V \cdot dp$$

ここで，完全気体の状態方程式を用い，さらに温度一定という条件から T は定数であり，積分の外に出して計算すると，以下の式が得られる．

$$\Delta G = \int_{p_1}^{p_2} V \cdot dp = \int_{p_1}^{p_2} \frac{n \cdot R \cdot T}{p} \cdot dp = n \cdot R \cdot T \cdot \int_{p_1}^{p_2} \frac{dp}{p}$$

$$\boxed{\Delta G = n \cdot R \cdot T \cdot \ln\left(\frac{p_2}{p_1}\right)} \quad \text{(完全気体の等温膨張)}$$

$$\Delta G = 2.00\,\mathrm{mol} \times 8.314\,\mathrm{J \cdot K^{-1} \cdot mol^{-1}} \times 298.15\,\mathrm{K} \times \ln\left(\frac{5.00\,\mathrm{bar}}{1.00\,\mathrm{bar}}\right)$$

$$= 7979.01 \cdots\,\mathrm{J} = \boxed{7.98 \times 10^3\,\mathrm{J}} = \boxed{7.98\,\mathrm{kJ}}$$

となる．完全気体のギブズエネルギー変化は圧力比の対数に比例する．

2-4 ギブズエネルギー

問題 13

37.0℃において,グルコース(モル質量 180.16 g·mol^{-1})が酸化反応によって二酸化炭素と水蒸気に変化するときのギブズエネルギー変化は -2828 kJ·mol^{-1} である.この演習本 pas à pas に取り組んでいる君の脳は 25 W のエネルギーを消費している.1 時間にどれくらいのグルコースを摂取すべきか計算しなさい.

解答 5.7 g

解説

問題 10 で dG = dw' ということを示した.この問題のギブズエネルギー変化はマイナスの符号が付いており,系のギブズエネルギーが減少することを意味するが,それによって外界に対して膨張以外の仕事を行うことができる.つまり,外界にとってはプラスとなる.25 W = 25 J·s^{-1} だから,1 時間 = 3600 秒では,

w' = 25 J·s^{-1} × 3600 s = 90000 J = 90 kJ

の「考える=膨張以外の仕事」という仕事を君の脳は行う.1 mol = 180.16 g で 2828 kJ の膨張以外の仕事を系から取り出せるのだから,90 kJ の仕事を行うためには,

$$180.16 \text{ g} \times \frac{90 \text{ kJ}}{2828 \text{ kJ}} = 5.7335\cdots \text{ g} = \boxed{5.7 \text{ g}}$$

のグルコースが必要であろう.

Check Point

▶ 完全気体の等温膨張($p_1 \to p_2$)に伴うギブズエネルギー変化
$\Delta G = n \cdot R \cdot T \cdot \ln\left(\dfrac{p_2}{p_1}\right)$

2-5 純物質の相平衡

問題 1

図はある物質の状態図（相図）である．図中の(a)〜(c)の領域における物質の状態，曲線 AO，曲線 BO，曲線 CO，点 B，点 O の名称を答えなさい．

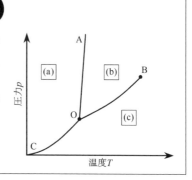

解答 (a) 固相（固体）　(b) 液相（液体）　(c) 気相（気体）
曲線 AO：融解曲線，曲線 BO：蒸気圧曲線
曲線 CO：昇華（圧）曲線，点 B：臨界点，点 O：三重点

解説

物質の**相**とは，ものの形の1つで，全体にわたって化学組成と物理的状態が一様なものを指し，固相，液相，気相などがある．また，ある相から別の相に変化することを**相転移**といい，ある圧力が与えられれば物質

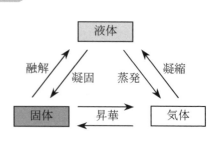

固有の温度で起こる．例えば，氷(固相)が水(液相)に変化する相転移は融解といい，1 atm の条件では0℃で起こる．外圧が1 atmのときの融点を通常融点と呼ぶ．

固相は1つだけとは限らない．例えば，グラファイト(黒鉛)もダイヤモンドもどちらも炭素の"固体"ではあるが，炭素原子の並び方(結晶構造)が違うため，それらの性質は大きく異なる．このように同じ固体であっても物理的な状態が異なるときには，「相」という言葉を使ってより細かい分類を行う．

水の**三重点**は273.16 K(0.01℃)，612 Pa(0.00604 atm，4.59 Torr)であり，この状態にしたときだけ，水，氷，水蒸気3相が共存できる．凍結乾燥(フリーズドライ)は，水を含む物質を凍らせ，この三重点よりも低い圧力とし，昇華により水を除去して乾物を作る方法である．インスタントコーヒーなどがこの製法で作られる．

水の**臨界点**は，647 K，218 atm．この温度・圧力以上になると水蒸気と水の界面はなくなる．この状態を**超臨界状態**といい特殊な性質を示す．水でこの状態を作り出すのは大変なので，実際にはCO_2が用いられている．CO_2の臨界点は304 K(31.1℃)，7.38 MPa(72.8 atm)である．超臨界状態では，液体のような溶解力と，気体のような高浸透・高拡散性(粘度が小さく微細部分へ浸透しやすい)を併せもつため，食品から特定の成分を抽出する(例えば，コーヒー豆からカフェインの抽出)のに利用されている．

Check Point

▶ 相：化学組成と物理的状態が一様なもの

問題2

気温が10℃以下になると,吐いた息が白く見えるようになる.10℃における水の蒸気圧は1.23 kPaである.呼気1.00 Lに含まれる水の質量を計算しなさい.ただし,水のモル質量は18.02 g·mol^{-1},気体は全て完全気体であるとする.

解答 9.42×10^{-3} g (9.42 mg)

解説

空気は全く水を含まないわけではなく,湿度何%と表されるように,いくらかの水を含んでいる.つまり水は25℃では液体が最も安定であるが,25℃の水蒸気というのも同時に存在する.

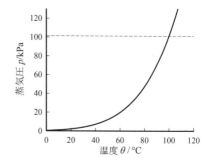

液体の中には,一部大きなエネルギーをもつ分子があり,このような分子が表面に存在すると,分子間力を振り切って気相中に飛び出していく.これが蒸発である.蓋のない容器に入れておくと,徐々に大気中に拡散して,いずれ液体はなくなるが,アンプルのような密封容器に液体を入れて放置すると,蒸発する分子数と,凝縮する分子数が等しくなり,平衡状態になる.これを**気液平衡**といい,このときの蒸気の圧力を**蒸気圧**という.高温になると,大きなエネルギーをもつ分子が増えるので,蒸発する分子も増える.そのため図のように蒸気圧は温度上昇に伴い増加する.この蒸気圧以上の圧力を外部から加えると,蒸気は凝縮し,全て液体となるので,**蒸気圧曲線**は液相と気相の境界線を与え

る(問題1).

　温度が高くなり，蒸気圧が外圧と等しくなると，液体内部で生じた蒸気も外圧を押しのけてどんどん膨張できるようになるので，液中に気泡が観察される．これが**沸騰**である．図は水の蒸気圧の温度依存性を示したものであるが，水は100℃で101.325 kPa(= 1 atm)の蒸気圧をもつので，1 atmの条件では100℃で沸騰する(通常沸点)．

　ある温度で大気中に含まれる水蒸気の圧力(水蒸気分圧p)を，その温度の水の蒸気圧(飽和水蒸気圧p^*)で割り，%で表したものが相対湿度(湿度)である．つまり図の蒸気圧曲線は，相対湿度100%の曲線でもある．

$$相対湿度 = \frac{p(H_2O)}{p^*(H_2O)} \times 100\%$$

水蒸気を含んだ温かい息が外の空気に触れ，冷却されたとき，呼気に飽和水蒸気以上の水が含まれていると，水蒸気は凝縮し，水となって見えるようになる(実際には水が空気中の塵や埃などに吸着して見える)．

　呼気中に含まれる水蒸気は10℃で飽和蒸気圧1.23 kPaに達すると考え，完全気体の状態方程式を用いると，次のようになる．1.00 L = 1.00×10^{-3} m^3 の単位変換を忘れずに．

$$p \cdot V = n \cdot R \cdot T = \frac{m}{M} \cdot R \cdot T$$

$$\begin{aligned} m &= \frac{M \cdot p \cdot V}{R \cdot T} \\ &= \frac{18.02 \text{ g} \cdot \text{mol}^{-1} \times 1.23 \times 10^3 \text{ Pa} \times 1.00 \times 10^{-3} \text{ m}^3}{8.314 \text{ J} \cdot \text{K}^{-1} \cdot \text{mol}^{-1} \times 283.15 \text{ K}} \\ &= 9.41\underline{5}28\cdots \times 10^{-3} \text{ g} = \boxed{9.42 \times 10^{-3} \text{ g}} = \boxed{9.42 \text{ mg}} \end{aligned}$$

問題3

次の文章中の空欄に適当な語句を入れなさい．
「平衡状態では，物質の化学ポテンシャルは相がいくつあっても，試料全体を通じて 　　　　 である．」

解答 同じ

解説

系はギブズエネルギーが減少する方向に変化する傾向をもつが，融点や沸点のように，固相と液相，液相と気相が同時に存在する状況（共存という）ではどうなっているであろうか．ここで，ギブズエネルギーと密接な関係にあり，平衡に関する議論で中心的な役割を果たす**化学ポテンシャル**に話題を移す．2-4節 問題2でみたように，純物質の場合，1 mol 当たりのギブズエネルギーを化学ポテンシャルと呼ぶ．

$$\mu = G_{\mathrm{m}} = \frac{G}{n} \quad \text{（純物質）}$$

仮に系の中に相1（氷などの固相）と相2（水などの液相）が共存する場合，相1のギブズエネルギー G_1 は相1の物質量 n_1 と化学ポテンシャル μ_1 を用いて，$n_1 \cdot \mu_1$ と表される．同様に，相2のギブズエネルギー G_2

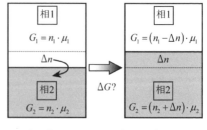

は $n_2 \cdot \mu_2$ と書くことができ，系のギブズエネルギー G は次のようになる．

$$G = G_1 + G_2 = n_1 \cdot \mu_1 + n_2 \cdot \mu_2$$

この状態から物質を少量 Δn だけ，相1から相2へ移した場合，系のギブズエネルギー G' は，

$$G' = (n_1 - \Delta n) \cdot \mu_1 + (n_2 + \Delta n) \cdot \mu_2$$

に変化する．したがって，系のギブズエネルギー変化は，

$$\Delta G = G' - G = -\Delta n \cdot \mu_1 + \Delta n \cdot \mu_2 = (\mu_2 - \mu_1) \cdot \Delta n$$

となる．ここで $\mu_1 > \mu_2$ であれば，$\Delta G < 0$ となるため，物質は相1から相2に自発的に変化する傾向をもつ．つまり，物質は相1から相2に相転移を起こす傾向をもつ．逆に $\mu_1 < \mu_2$ であれば，$\Delta G > 0$ となり，物質は相2から相1に相転移を起こす．このように各相の化学ポテンシャルに差があれば，<u>物質はより化学ポテンシャルの低い相へと変化する傾向をもつ</u>．

$\mu_1 = \mu_2$ のとき，$\Delta G = 0$ であり，自発的な変化は起こらず，2相が同時に存在できる．このように2相が共存するためには，それぞれの相の<u>化学ポテンシャルが同じ</u>でなければならない．

Check Point

▶ 純物質の化学ポテンシャル　　　$\mu = G_m = \dfrac{G}{n}$

▶ 物質はより化学ポテンシャルの低い相へと変化する傾向をもつ．
　　$\mu_J(\alpha 相) < \mu_J(\beta 相)$ であれば　　$\beta 相 \Rightarrow \alpha 相$

▶ 平衡状態では，物質の化学ポテンシャルはどの相中でも同じ値をもつ．
　　$\mu_J(\alpha 相) = \mu_J(\beta 相)$　　　　　$\alpha 相と \beta 相が共存$

問題 4

化学ポテンシャルの無限小変化 $d\mu$ をモル体積 V_m, 圧力 p, 熱力学温度 T, モルエントロピー S_m あるいはそれらの無限小変化量を使って表しなさい.

解答 $d\mu = V_m \cdot dp - S_m \cdot dT$

解説

2-4 節 問題 9 でギブズエネルギーの微小変化量は,

$dG = V \cdot dp - S \cdot dT$

であることをみた. 純物質の場合, 化学ポテンシャルは 1 mol 当たりのギブズエネルギーであるから, 上式を物質量 n で割れば, 化学ポテンシャルの微小変化量が得られる.

$$d\mu = \frac{V}{n} \cdot dp - \frac{S}{n} \cdot dT = V_m \cdot dp - S_m \cdot dT$$

Check Point

▶ 化学ポテンシャルの温度, 圧力依存性　　$d\mu = V_m \cdot dp - S_m \cdot dT$

問題 5

純物質を温度一定条件(図中の点線)でA〜Eのように圧力を変化させた.化学ポテンシャルの圧力依存性を図示しなさい.

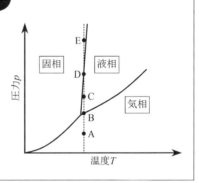

解答・解説

温度一定($dT = 0$)では,化学ポテンシャルの無限小変化は,

$$d\mu = V_m \cdot dp - S_m \cdot dT = V_m \cdot dp$$

である.モル体積$V_m > 0$であるから,<u>圧力が増加すれば($dp > 0$),化学ポテンシャルは増加する($d\mu > 0$).</u>

2-4節 問題12でやったように,圧力がp_1からp_2まで変化した際の完全気体のギブズエネルギー変化は次の通りである.

$$\Delta G = n \cdot R \cdot T \cdot \ln\left(\frac{p_2}{p_1}\right)$$

純物質の場合,化学ポテンシャル変化は上の式を物質量nで割って,

$$\Delta \mu = \frac{\Delta G}{n} = R \cdot T \cdot \ln\left(\frac{p_2}{p_1}\right)$$

となる.気体の化学ポテンシャルは圧力に対して対数的に変化する.

気体の場合は圧力による体積変化が大きいが,固体や液体では圧力による体積変化は非常に小さい.そこでモル体積V_mを一定とみなせば,

$$\mu(p_2) = \mu(p_1) + \int_{p_1}^{p_2} V_m \cdot dp = \mu(p_1) + V_m \cdot (p_2 - p_1) \quad \text{(固体・液体)}$$

という式が得られる．$V_m > 0$ であるから，圧力増加と共に直線的に化学ポテンシャルは増加する．水は例外であるが，ほとんどの物質は液体の体積の方が，固体よりも大きい．したがって，液体の方が固体よりも勾配が急である．これを図示すると下のようになる．

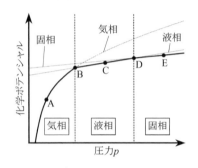

気相状態の点Aから加圧していくと，点Bで気相と液相の化学ポテンシャルが等しくなり，点Cでは，液相の化学ポテンシャルが気相の化学ポテンシャルよりも下になる．さらに加圧すると，点Dでは液相の化学ポテンシャルと固相の化学ポテンシャルが等しくなる．点Eでは固相の化学ポテンシャルが最も小さい．

物質はより化学ポテンシャルの低い相へと変化する傾向をもつのだから，化学ポテンシャルの最も低い相が安定である．つまり，圧力変化に伴い，図の太線のように相が変化する．

例えば，水を考えてみると，1 mol = 18 g ≈ 18 cm^3 であるから，水のモル体積は 1.8×10^{-5} m$^3 \cdot$mol^{-1} である．したがって，圧力が 5.5×10^7 Pa (550 bar)大きくなれば，化学ポテンシャルが約 1 kJ$\cdot$mol^{-1} 増加する計算になる．つまり，実際には上の液相や固相の線はほとんど平らに近いものであり，普通に取り扱う程度の圧力範囲内であれば，固体や液体の化学ポテンシャルの圧力依存性は無視できることが多い．

水の相図に少しふれておこう．製氷皿に水を入れ，凍らせて氷を作ると分かるように，固相である氷の体積の方が液相の水よりも大きい．つ

まり，氷の方が化学ポテンシャルの圧力依存性の勾配が急である．実際，水の相図の融解曲線は他の物質と異なり，左上がりである．図の点線に沿って水蒸気を加圧すると，水蒸気→氷→水と変化する．

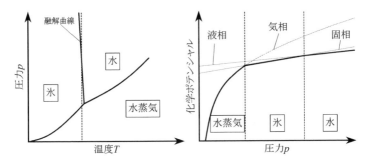

問題6

純物質の圧力一定条件(図中の点線(a)および(b))での化学ポテンシャルの温度変化を,問題5に倣(なら)って,図示しなさい.

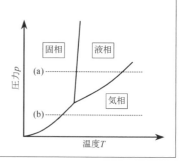

解答・解説

圧力一定($d p = 0$)では,化学ポテンシャルの無限小変化は,

$$d\mu = V_m \cdot dp - S_m \cdot dT = -S_m \cdot dT$$

となる.横軸に温度,縦軸に化学ポテンシャルをとれば,傾きが$-S_m$の曲線が得られる.モルエントロピーは常に正であるから,温度上昇に伴い,化学ポテンシャルは減少する.ここで,固相(s),液相(l),気相(g)といった物質の三態について考えてみよう.固相では,容器の形とは無関係にその形状を保持し,空間のある決まった位置に粒子が存在している.液相は界面をもち,重力のもとでは容器の下部を占め,流動性を示すことから,ある一定の範囲内で,粒子同士が互いの位置を自由に変えることができる.気相は流動性をもち,容器一杯に広がることができる.つまり,粒子は容器内であれば,どのような位置にも広がることができる.したがって,配置に関する微視的状態数は$W(s) < W(l) < W(g)$であるから,モルエントロピーも$S_m(s) < S_m(l) < S_m(g)$である.すなわち,固相の勾配が最も緩やかで,気相の勾配が最も急である.

(a) 低温で化学ポテンシャルが最も低いのは固相であり,固相が熱力学的に最も安定である.温度が上昇すれば,液相の化学ポテンシャルの方が固相よりも低くなり,物質はそこで融解する.さらに温度が

上がれば，気相の化学ポテンシャルがさらに下にもぐり込むことによって，気相が最も安定となる．

(b) 問題5の図のように，圧力が低下することによって各相の化学ポテンシャルは低くなるが(図(a)の各線が下側にずれる)，気相はその影響が最も大きい．三重点よりも低い圧力では，液相の化学ポテンシャルが最小になる温度領域が存在しない．このような状態では，固相はいきなり気相に変化する．すなわち，昇華が起こる．

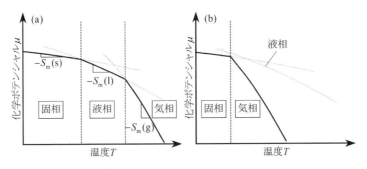

今回は縦軸を化学ポテンシャルとしたが，ギブズエネルギーでも同じような図になる．ただし，ギブズエネルギーの場合は傾きが$-S$となる．

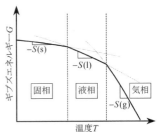

Check Point

- 化学ポテンシャルは圧力が高くなると増加する．　　傾き$= V_m$
- 化学ポテンシャルは温度が高くなると減少する．　　傾き$= -S_m$

問題 7

あなたはスケートを楽しんでいる．スケート靴の接地面積を 5.0 cm² とすると，スケート靴で踏まれている部分の氷の融点は何℃になるか計算しなさい．ただし，大気圧は 1.00 atm，スケート靴を履いたあなたの質量は 50 kg，水の融解エンタルピー $\Delta_{fus}H(0℃) = 6.01$ kJ·mol⁻¹，水の密度 1.00 g cm⁻³，氷の密度 0.917 g cm⁻³ とする．

解答 −0.073℃

解説

次の**クラペイロンの式**を用いる．正しくは次問で取り扱うように，dp/dT とすべきだが，簡易的に $\Delta p/\Delta T$ としている．

$$\frac{\Delta p\,(\text{Pa})}{\Delta T\,(\text{K})} = \frac{\Delta_{trs}S_m\,(\text{J}\cdot\text{K}^{-1}\cdot\text{mol}^{-1})}{\Delta_{trs}V_m\,(\text{m}^3\cdot\text{mol}^{-1})} = \frac{\Delta_{trs}H_m\,(\text{J}\cdot\text{mol}^{-1})}{T\,(\text{K})\cdot\Delta_{trs}V_m\,(\text{m}^3\cdot\text{mol}^{-1})}$$

これは次のように導出される．問題4でみたように，化学ポテンシャルの無限小変化は，$d\mu = V_m \cdot dp - S_m \cdot dT$ と表される．相1(例えば固相)と相2(例えば液相)の化学ポテンシャルの無限小変化量は，

$$d\mu(1) = V_m(1)\cdot dp - S_m(1)\cdot dT \quad d\mu(2) = V_m(2)\cdot dp - S_m(2)\cdot dT$$

となる．相1と相2が平衡状態にあるとき，$\mu(1) = \mu(2)$ である．平衡を保ったまま温度，圧力を変化させると，変化後の化学ポテンシャルも同じであるから($\mu(1) + d\mu(1) = \mu(2) + d\mu(2)$)，化学ポテンシャルの変化量も同じである($d\mu(1) = d\mu(2)$)．

$$V_m(1)\cdot dp - S_m(1)\cdot dT = V_m(2)\cdot dp - S_m(2)\cdot dT$$
$$\{V_m(2) - V_m(1)\}\cdot dp = \{S_m(2) - S_m(1)\}\cdot dT$$

$S_m(2) - S_m(1)$ は相1から相2への相変化に伴うモルエントロピー変化 $\Delta_{trs}S_m$ である．体積変化も同様に相変化に伴うモル体積変化 $\Delta_{trs}V_m$ と考

2-5 純物質の相平衡

えれば，$\Delta_{\text{trs}}V_{\text{m}} \cdot dp = \Delta_{\text{trs}}S_{\text{m}} \cdot dT$ と書き換えることができ，上のクラペイロンの式が得られる．

スケート靴で踏まれることによる圧力変化は次の通り．

$$\Delta p = \frac{50 \text{ kg} \times 9.81 \text{ m} \cdot \text{s}^{-2}}{5.0 \text{ cm}^2} = \frac{50 \text{ kg} \times 9.81 \text{ m} \cdot \text{s}^{-2}}{5.0 \times 10^{-4} \text{ m}^2} = 9.81 \times 10^5 \text{ Pa}$$

また，氷→水に伴う 1 mol 当たりの体積変化 $\Delta_{\text{trs}}V_{\text{m}}$ は，

$$\Delta_{\text{trs}}V_{\text{m}} = V_{\text{m}}(\text{水}) - V_{\text{m}}(\text{氷}) = \frac{18.02 \text{ g} \cdot \text{mol}^{-1}}{1.00 \text{ g} \cdot \text{cm}^{-3}} - \frac{18.02 \text{ g} \cdot \text{mol}^{-1}}{0.917 \text{ g} \cdot \text{cm}^{-3}}$$

$$= \frac{18.02 \text{ g} \cdot \text{mol}^{-1}}{1.00 \times 10^6 \text{ g} \cdot \text{m}^{-3}} - \frac{18.02 \text{ g} \cdot \text{mol}^{-1}}{0.917 \times 10^6 \text{ g} \cdot \text{m}^{-3}}$$

$$= -1.6\underline{310}\cdots \times 10^{-6} \text{ m}^3 \cdot \text{mol}^{-1}$$

となる．1 atm (101325 Pa) では 0℃ = 273.15 K で凍るのだから，

$$\frac{9.81 \times 10^5 \text{ Pa}}{\Delta T} = \frac{6.01 \times 10^3 \text{ J} \cdot \text{mol}^{-1}}{273.15 \text{ K} \times (-1.6\underline{31} \times 10^{-6} \text{ m}^3 \cdot \text{mol}^{-1})}$$

$$\therefore \Delta T = -0.072\underline{719}\cdots \text{ K} = -0.073 \text{ K}$$

温度変化が -0.073K であるので，融点は $\boxed{-0.073℃}$ に変化する．

一般的な物質の場合，固相→液相の相変化が起こると，体積は大きくなり，($\Delta_{\text{trs}}V > 0$)，エントロピー変化も正である ($\Delta_{\text{trs}}S > 0$) ため，

$$\Delta p / \Delta T = \Delta_{\text{trs}}S / \Delta_{\text{trs}}V > 0$$

となり，圧力が高くなると，融点は高くなる．しかし，水の場合，固相である氷の体積の方が液相である水の体積よりも大きい．そのため，

（水）$\Delta p / \Delta T = \Delta_{\text{trs}}S / \Delta_{\text{trs}}V < 0$

となり，<u>水の融解曲線は他の物質と異なり，負の傾きをもつ</u>．氷に圧力を掛けると，融点が下がり水になる．その溶けた水が潤滑油のような役割をしてくれるので，スケートを楽しめるのである．

問題 8

富士山の頂上(大気圧は 6.37×10^4 Pa とする)では水は何℃で沸騰するか計算しなさい.ただし,$\Delta_{vap}H = 41.0$ kJ·mol^{-1} であり,温度によらず一定であるとする.

解答　87.3℃

解説

クラウジウス-クラペイロンの式を用いる.これは問題 7 のクラペイロンの式から導出できる.気体のモル体積は液体のモル体積に比べてずっと大きいので,体積変化を気体のモル体積で近似し,蒸気を完全気体と見なすと,次のようになる.

$$\Delta_{vap}V_m = V_m(g) - V_m(l) \approx V_m(g) = \frac{V}{n} = \frac{R \cdot T}{p}$$

$$\frac{dp}{dT} = \frac{\Delta_{trs}H_m}{T \cdot \Delta_{trs}V_m} = \frac{\Delta_{vap}H_m}{T \cdot \dfrac{R \cdot T}{p}} = \frac{p \cdot \Delta_{vap}H_m}{R \cdot T^2}$$

$$\frac{dp}{p} = \frac{\Delta_{vap}H_m}{R} \cdot \frac{dT}{T^2}$$

これを状態 1 (T_1, p_1) から状態 2 (T_2, p_2) まで,蒸発エンタルピー $\Delta_{vap}H_m$ が一定として積分する.

$$\int_{p_1}^{p_2} \frac{dp}{p} = \int_{T_1}^{T_2} \frac{\Delta_{vap}H_m}{R} \cdot \frac{dT}{T^2} = \frac{\Delta_{vap}H_m}{R} \cdot \int_{T_1}^{T_2} \frac{dT}{T^2}$$

$$\left[\ln p\right]_{p_1}^{p_2} = \frac{\Delta_{vap}H_m}{R} \cdot \left[-\frac{1}{T}\right]_{T_1}^{T_2}$$

$$\boxed{\ln\left(\frac{p_2}{p_1}\right) = -\frac{\Delta_{vap}H_m}{R} \cdot \left(\frac{1}{T_2} - \frac{1}{T_1}\right)}$$

通常沸点は 1 atm = 101325 Pa，100.0℃ = 373.15 K であるから，

$$-\frac{R}{\Delta_{\mathrm{vap}}H_{\mathrm{m}}} \cdot \ln\left(\frac{p_2}{p_1}\right) = \frac{1}{T_2} - \frac{1}{T_1}$$

$$\frac{1}{T_2} = \frac{1}{T_1} - \frac{R}{\Delta_{\mathrm{vap}}H_{\mathrm{m}}} \cdot \ln\left(\frac{p_2}{p_1}\right)$$

$$= \frac{1}{373.15\ \mathrm{K}} - \frac{8.314\ \mathrm{J \cdot K^{-1} \cdot mol^{-1}}}{41.0 \times 10^3\ \mathrm{J \cdot mol^{-1}}} \times \ln\left(\frac{6.37 \times 10^4\ \mathrm{Pa}}{101325\ \mathrm{Pa}}\right)$$

$$= 2.67988\cdots \times 10^{-3}\ \mathrm{K^{-1}} - (-9.4120\cdots \times 10^{-5}\ \mathrm{K^{-1}})$$

$$= 2.77400\cdots \times 10^{-3}\ \mathrm{K^{-1}}$$

$T_2 = 360.489\cdots\ \mathrm{K} = 87.339\cdots\ ℃ = \boxed{87.3℃}$

また，クラウジウス－クラペイロンの式は次のように変形できる．

$$\ln p_2 = \left(\ln p_1 + \frac{\Delta_{\mathrm{vap}}H_{\mathrm{m}}}{R} \cdot \frac{1}{T_1}\right) - \frac{\Delta_{\mathrm{vap}}H_{\mathrm{m}}}{R} \cdot \frac{1}{T_2}$$

ここで，p_1，T_1 を通常沸点（水であれば 101325 Pa，373.15 K）のような物質固有の値と考えると，右辺の（　）内は定数となるので，次のように書くこともできる．

$$\ln p_2 = A - \frac{B}{T_2} \qquad A,\ B\ \text{は定数}$$

Check Point

▶ クラペイロンの式（相境界の予測）
$$\frac{\mathrm{d}p}{\mathrm{d}T} = \frac{\Delta_{\mathrm{trs}}S_{\mathrm{m}}}{\Delta_{\mathrm{trs}}V_{\mathrm{m}}} = \frac{\Delta_{\mathrm{trs}}H_{\mathrm{m}}}{T \cdot \Delta_{\mathrm{trs}}V_{\mathrm{m}}}$$

▶ クラウジウス－クラペイロンの式（液相－気相の境界線の予測）
$$\ln\left(\frac{p_2}{p_1}\right) = -\frac{\Delta_{\mathrm{vap}}H_{\mathrm{m}}}{R} \cdot \left(\frac{1}{T_2} - \frac{1}{T_1}\right)$$

問題 9

水は圧力鍋（1.70×10^5 Pa とする）の中では何℃で沸騰するか計算しなさい．ただし，$\Delta_{vap}H_m = 41.0$ kJ·mol^{-1} であり，温度によらず一定であるとする．

解答・解説

$$\ln\left(\frac{p_2}{p_1}\right) = -\frac{\Delta_{vap}H_m}{R} \cdot \left(\frac{1}{T_2} - \frac{1}{T_1}\right)$$

$$\frac{1}{T_2} = \frac{1}{T_1} - \frac{R}{\Delta_{vap}H_m} \cdot \ln\left(\frac{p_2}{p_1}\right)$$

$$= \frac{1}{373.15 \text{ K}} - \frac{8.314 \text{ J·K}^{-1}\text{·mol}^{-1}}{41.0 \times 10^3 \text{ J·mol}^{-1}} \times \ln\left(\frac{1.70 \times 10^5 \text{ Pa}}{101325 \text{ Pa}}\right)$$

$$= 2.57495\cdots \times 10^{-3} \text{ K}^{-1}$$

$T_2 = 388.356\cdots$ K $= 115.206\cdots$ ℃ $= \boxed{115.2℃}$

問題 10

次の文章中の空欄に適当な数値を入れなさい．
「純物質では，相が1つしか存在しないとき，その自由度は (a) であり，固相と液相が共存するとき，その自由度は (b) である．また，三重点での自由度は (c) である．」

解答　(a) 2　(b) 1　(c) 0

解説

相を指定したときに，相の数を変えることなく，自由に変えられる

2-5 純物質の相平衡

示強変数(圧力,温度,モル分率など)の数を**自由度**(または可変度)と呼び,次の関係(**ギブズの相律**)がある.

$$F = C - P + 2$$

ここで,F:自由度の数 number of degree of <u>f</u>reedom,C:成分の数 number of <u>c</u>omponent,P:相の数 number of <u>p</u>hase である.

語呂『自由(自由度)に(2)し(C)まって($-$)ぴっちり(P)と』

$$自由度 = 2 + C - P$$

例えば,水のような純物質を考える($C = 1$)と,液体状態の水($P = 1$)がほしい場合,圧力を 1 bar,温度を 25℃ のように,温度,圧力という2つの変数を,ある一定範囲内であるが,同時に指定することができる($F = 2$).これに対して,水と氷の2相が同時にほしい場合($P = 2$),例えば,圧力を 1 atm とすれば,温度を 0℃ に設定するしかなく,圧力を指定すると,温度は物質固有のある値に決まってしまう($F = 1$).つまり,2相が同時にほしい場合には,相図の境界線(融解曲線)に沿って変化させるしかなく,2つの変数を同時に,任意に指定することはできない.3相(氷,水,水蒸気,$P = 3$)が同時にほしい場合は,三重点の状態にするしかなく,我々が自由に決められる変数はない.

$$F = C - P + 2 = 1 - 3 + 2 = 0$$

神様が決めた温度,圧力に従うしかない($F = 0$).

相の数 P	自由度 F	変えられる変数
1	2	温度および圧力の2つ
2	1	温度または圧力のいずれか1つ
3(三重点)	0	なし

Check Point

▶ ギブズの相律 $F = C - P + 2$

2-6 混合物の性質

pas à pas

問題 1

水(モル質量 18.02 g·mol^{-1},密度 0.997 g·cm^{-3})50.0 g とエタノール(モル質量 46.07 g·mol^{-1},密度 0.789 g·cm^{-3})50.0 g を混合した.(a) 混合前のそれぞれの体積,(b) 混合後の体積を求めなさい.ただし,混合後の部分モル体積は水 17.6 cm^3·mol^{-1},エタノール 55.9 cm^3·mol^{-1} とする.

解答 (a) 水 50.2 cm^3,エタノール 63.4 cm^3 (b) 109.5 cm^3

解説

(a) 水:$V = \dfrac{50.0 \text{ g}}{0.997 \text{ g}\cdot\text{cm}^{-3}} = 50.1\underline{504}\cdots \text{ cm}^3 = \boxed{50.2 \text{ cm}^3}$

エタノール:$V = \dfrac{50.0 \text{ g}}{0.789 \text{ g}\cdot\text{cm}^{-3}} = 63.3\underline{713}\cdots \text{ cm}^3 = \boxed{63.4 \text{ cm}^3}$

(b) 混合物では各成分が占める体積は純物質のときと異なる.純粋な水であれば,1 mol 当たり 18 cm^3 の体積を占める.しかし,水1分子が周囲を全てエタノール分子で囲まれていると,エタノール分子の中に水分子が効率よく詰め込まれるため,水分子が占める体積は純物質のときに比べて小さくなる.このような状況では,水分子 1 mol 当たり 14 cm^3 の体積しかもたないことが分かっている.このような混合物中での体積を**部分モル体積**という.もう少し,分かりやすい例をあげよう.大豆 1 L と米 1 L を量り取って,混合すると

2-6 混合物の性質

全量は2Lになるだろうか，と考えてみてほしい．大豆の粒のすき間に，小さな米粒が入り込むため全量は2Lよりも小さくなるだろう．大豆だけのときは大豆1粒が占める体積として計算されていた粒子間の空間に，米粒が入り込む．そのため混合すると大豆1粒が占める体積が小さくなる．これが部分モル体積の考え方である．

具体的には次のように測定される．成分Bを一定量用意しておき，温度，圧力を一定に保ったまま，そこに成分Aを少しずつ加えながら体積を測定する．部分モル体積はその曲線の勾配から求められる．式では次のように表される．

$$\bar{V}_J \equiv \left(\frac{\partial V}{\partial n_J}\right)_{p,T,n'}$$

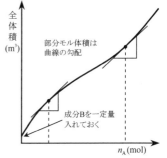

部分モル体積は1 mol 当たりの体積で表記されているので，まず各成分の物質量から体積を求めて，合計し混合物の体積を求める．

$$V = n_水 \times \bar{V}_水 + n_{エタノール} \times \bar{V}_{エタノール}$$

$$= \frac{50.0 \text{ g}}{18.02 \text{ g}\cdot\text{mol}^{-1}} \times 17.6 \text{ cm}^3\cdot\text{mol}^{-1} + \frac{50.0 \text{ g}}{46.07 \text{ g}\cdot\text{mol}^{-1}} \times 55.9 \text{ cm}^3\cdot\text{mol}^{-1}$$

$$= 48.8346\cdots \text{ cm}^3 + 60.6685\cdots \text{ cm}^3 = 109.5031\cdots \text{ cm}^3 = \boxed{109.5 \text{ cm}^3}$$

混合後の体積が純物質の体積の<u>合計</u>になっていないことに注意すること．

化学ポテンシャルも混合物の場合は**部分モル量**の概念で表される．どのような相手と一緒になるかによってエネルギーが変わるのである．混合物の場合，化学ポテンシャルは次のように定義される．

$$\mu_J \equiv \left(\frac{\partial G}{\partial n_J}\right)_{T,p,n'}$$

問題2

2.00 mol の完全気体を，25.0℃ に保ったまま，1.00 bar から 5.00 bar まで圧縮した．化学ポテンシャルの変化を求めなさい．

解答 $3.99 \text{ kJ} \cdot \text{mol}^{-1} (3.99 \times 10^3 \text{ J} \cdot \text{mol}^{-1})$

解説

2-4節 問題12の類似問題である．2-5節 問題5でみたように，完全気体の圧力変化に伴う化学ポテンシャル変化は次のようになる．

$$\mu(p_2) - \mu(p_1) = \Delta\mu = \frac{\Delta G}{n} = R \cdot T \cdot \ln\left(\frac{p_2}{p_1}\right)$$

$$= 8.314 \text{ J} \cdot \text{K}^{-1} \cdot \text{mol}^{-1} \times 298.15 \text{ K} \times \ln\left(\frac{5.00 \text{ bar}}{1.00 \text{ bar}}\right)$$

$$= 3989.\underline{50}\cdots \text{ J} \cdot \text{mol}^{-1} = 3.99 \times 10^3 \text{ J} \cdot \text{mol}^{-1} = \boxed{3.99 \text{ kJ} \cdot \text{mol}^{-1}}$$

変化量が分かれば，圧力 p_2 における化学ポテンシャル $\mu(p_2)$ は，圧力 p_1 における化学ポテンシャル $\mu(p_1)$ を用いて次のように表せる．

$$\mu(p_2) = \mu(p_1) + R \cdot T \cdot \ln\left(\frac{p_2}{p_1}\right)$$

ここで，$p_1 = p^{\ominus} = 1 \text{ bar}$，$p_2 = p$ とすると，

$$\mu(p) = \mu(p^{\ominus}) + R \cdot T \cdot \ln\left(\frac{p}{p^{\ominus}}\right)$$

となる．$\mu(p^{\ominus})$ は 1 bar における純物質の化学ポテンシャルであるから，気体Jの**標準化学ポテンシャル** $\mu_J^{\ominus}$ と呼ぶことにし，さらに，相対圧という考え $\dfrac{p(\text{bar})}{p^{\ominus}} = \dfrac{p(\text{bar})}{1 \text{ bar}} = p_J$ (bar 単位で表記し，単位を除いたもの) を用いると，気体Jの圧力 p_J における化学ポテンシャル μ_J は簡単に $\mu_J = \mu_J^{\ominus} + R \cdot T \cdot \ln p_J$ と書くことができる．

問題3

純物質 J が温度 T において液相と気相の平衡状態にある．液相の化学ポテンシャル $\mu_J^*(l)$ を，気相の標準化学ポテンシャル $\mu_J^\ominus(g)$ および気相の相対圧 p_J^*，温度 T を用いて表しなさい．

解答 $\mu_J^*(l) = \mu_J^\ominus(g) + R \cdot T \cdot \ln p_J^*$

解説

今後，混合物を取り扱うことが多くなる．そこで，混合物と純物質を区別するために，純物質に関する量は*（アスタリスク）をつけることとする．例えば，純物質 J の化学ポテンシャルであれば μ_J^* とし，物質 J が液体であることを強調する場合には，さらに $\mu_J^*(l)$ とする．混合物中における物質 J の化学ポテンシャルは μ_J と記載する．

液相と気相が平衡状態にある場合，この2相の化学ポテンシャルは等しい．また，気相の化学ポテンシャルは 1 bar のときの標準化学ポテンシャルと相対圧を用いて表すことができるから，次のようになる．

$$\mu_J^*(l) = \mu_J^*(g, p_J^*) = \mu_J^\ominus(g) + R \cdot T \cdot \ln p_J^*$$

(p_J^* は相対圧 $\dfrac{p_J^*(\text{bar})}{p^\ominus [= 1\,\text{bar}]}$)

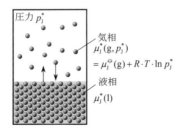

問題4

混合物中で，ある物質 J が温度 T において液相と気相の平衡状態にある．液相の化学ポテンシャル $\mu_J(l)$ を，気相の標準化学ポテンシャル $\mu_J^{\ominus}(g)$ および気相の相対分圧 p_J，温度 T を用いて表しなさい．

解答

$\mu_J(l) = \mu_J^{\ominus}(g) + R \cdot T \cdot \ln p_J$

解説

混合物の場合であっても，平衡状態であれば，各相における成分 J の化学ポテンシャルは等しい．

$$\mu_J(l) = \mu_J(g, p_J) = \mu_J^{\ominus}(g) + R \cdot T \cdot \ln p_J$$

となる．問題3の答えから*（アスタリスク）を外しただけである．問題3の答えと合わせると，次の式が得られる．

純物質 $\quad \mu_J^*(l) = \mu_J^{\ominus}(g) + R \cdot T \cdot \ln p_J^*$

混合物 $\quad \mu_J(l) = \mu_J^{\ominus}(g) + R \cdot T \cdot \ln p_J$

$$\mu_J(l) - \mu_J^*(l) = R \cdot T \cdot \ln p_J - R \cdot T \cdot \ln p_J^*$$

$$\mu_J(l) = \mu_J^*(l) + R \cdot T \cdot \ln\left(\frac{p_J}{p_J^*}\right)$$

これは混合液中の液体 J の化学ポテンシャル $\mu_J(l)$ を，純液体 J の化学ポテンシャル $\mu_J^*(l)$ と蒸気圧比 p_J/p_J^* を用いて表した式である．

問題 5

純ベンゼンの蒸気圧は 25℃で 12.6 kPa である．純トルエン（メチルベンゼン）の蒸気圧は 25℃で 3.80 kPa である．ベンゼン 2.00 mol とトルエン 3.00 mol を混合した．混合物の蒸気圧を計算しなさい．

解答 7.32 kPa

解説

ベンゼンとトルエンの混合物は**ラウールの法則**に従う．ラウールの法則は次のように表され，全組成域にわたってラウールの法則に従うような溶液を**理想溶液**という．

p_J(蒸気分圧) $= p_J^*$(純物質の蒸気圧) $\times x_J$(溶液中のモル分率)

$$p_{ベンゼン} = 12.6 \text{ kPa} \times \frac{2.00 \text{ mol}}{2.00 \text{ mol} + 3.00 \text{ mol}} = 5.04 \text{ kPa}$$

$$p_{トルエン} = 3.80 \text{ kPa} \times \frac{3.00 \text{ mol}}{2.00 \text{ mol} + 3.00 \text{ mol}} = 2.28 \text{ kPa}$$

$p = p_{ベンゼン} + p_{トルエン} = 5.04 \text{ kPa} + 2.28 \text{ kPa} = \boxed{7.32 \text{ kPa}}$

ラウールの法則は次のように解釈するとよい．平衡状態では蒸発速度（溶液の表面を離れる速度は，表面にある分子の数に比例し，これはモル分率に比例する）$= k \cdot x_J$ と凝縮速度（気相中の濃度に比例し，これはその分圧に比例する）$= k' \cdot p_J$ が等しい．

$$k \cdot x_J = k' \cdot p_J \rightarrow p_J = \frac{k}{k'} \cdot x_J$$

純物質($x_J = 1$)の蒸気圧は p_J^* であるから，

$$p_J^* = \frac{k}{k'} \times 1 \qquad \therefore \boxed{p_J = p_J^* \cdot x_J}$$

問題6

混合溶液中の物質Jの化学ポテンシャル $\mu_J(l)$ を，液体純物質の化学ポテンシャル $\mu_J^*(l)$ および混合溶液中のモル分率 x_J を用いて表しなさい．ただし，混合溶液は理想溶液とする．

解答

$\mu_J(l) = \mu_J^*(l) + R \cdot T \cdot \ln x_J$

解説

問題4と問題5を組み合わせると，次の重要な式が得られる．

$$\mu_J(l) = \mu_J^*(l) + R \cdot T \cdot \ln\left(\frac{p_J}{p_J^*}\right)$$

ラウールの法則　　$p_J = p_J^* \cdot x_J$ → $x_J = \dfrac{p_J}{p_J^*}$

∴ $\mu_J(l) = \mu_J^*(l) + R \cdot T \cdot \ln x_J$　（理想溶液）

溶液が理想溶液の場合，その化学ポテンシャルは純物質の化学ポテンシャル $\mu_J^*(l)$ とモル分率 x_J を組み合わせて表すことができる．$0 < x_J < 1$ であるから，$\ln x_J < 0$ である．つまり，溶液中の溶媒の化学ポテンシャル $\mu_J(l)$ は，純物質よりも低くなる（$\mu_J < \mu_J^*$）．溶液が 1 bar（標準圧力）の条件下にあれば，次のように書ける（$* \rightarrow {}^\ominus$）．

$\mu_J(l) = \mu_J^\ominus(l) + R \cdot T \cdot \ln x_J$　（理想溶液，1 bar）

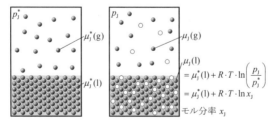

問題 7

活量 a をモル分率 x と活量係数 γ を用いて表しなさい.

解答 $a = \gamma \cdot x$

解説

成分 A, 成分 B からなる 2 成分系非理想溶液について考えてみよう. A 分子は, 周りにいる z 個の B 分子と相互作用を行っており, 純 A 状態の A に比べエネルギーが $z \cdot w$ だけ高いとすると, このときの化学ポテンシャルは次のように書ける.

$$\mu_A(l) = \mu_A^*(l) + R \cdot T \cdot \ln x_A + x_B^2 \cdot z \cdot w$$

ここで, $R \cdot T \cdot \ln \gamma_A = x_B^2 \cdot z \cdot w$ とおくと,

$$\begin{aligned} \mu_A(l) &= \mu_A^*(l) + R \cdot T \cdot \ln x_A + R \cdot T \cdot \ln \gamma_A \\ &= \mu_A^*(l) + R \cdot T \cdot \ln(\gamma_A \cdot x_A) \end{aligned}$$

となる. さらに次のように新しい関数 a を導入する.

$$a_J = \gamma_J \cdot x_J$$

ここで a_J は成分 J の**活量** activity, γ_J は**活量係数**と呼ばれる. この式を用いると, 化学ポテンシャルは次のようになる.

$$\mu_A(l) = \mu_A^*(l) + R \cdot T \cdot \ln(\gamma_A \cdot x_A) = \mu_A^*(l) + R \cdot T \cdot \ln a_A$$

活量を用いることによって, 非理想溶液の場合も, 同じ形の式で表すことができる (モル分率 x が活量 a に変わっただけ).

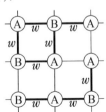

問題 8

活量係数 γ は理想状態に近づくと，どのような値に近づくか答えなさい．

解答　1

解説

問題 7 で A, B の 2 成分系の活量係数を次のように定義した．

$$R \cdot T \cdot \ln \gamma_A = x_B^2 \cdot z \cdot w \qquad \ln \gamma_A = \frac{x_B^2 \cdot z \cdot w}{R \cdot T}$$

活量係数は<u>理想状態からのずれを表わす</u>．理想状態では，A－A 間も，A－B 間もエネルギーが同じであるので余分なエネルギーはない（$z \cdot w = 0$）．したがって，理想状態に近いほど活量係数は $\boxed{1}$ に近づき，活量とモル分率は等しくなる．

$$z \cdot w \to 0 \text{ のとき } \quad \gamma_A = \exp\left(\frac{x_B^2 \cdot z \cdot w}{R \cdot T}\right) \to 1, \quad a_A = \gamma_A \cdot x_A \to x_A$$

実在する溶液のほとんどは非理想溶液なのだから，活量 a を用いるのが一般的であり，理想的な場合にのみ活量係数 γ を 1 とし，活量 a の代わりにモル分率 x を用いればよいといえる．

また，この混合系がほとんど成分 A で占められており，成分 B がごくわずかにしか入っていない場合，$x_B \approx 0 \, (x_A \approx 1)$ であるから，

$$\gamma_A = \exp\left(\frac{x_B^2 \cdot z \cdot w}{R \cdot T}\right) \approx \exp\left(\frac{0^2 \cdot z \cdot w}{R \cdot T}\right) = e^0 = 1$$

となる．逆に $x_A \approx 0 \, (x_B \approx 1)$ のときは，$\gamma_B \approx 1$ となる．一般的な混合物の場合，<u>純物質に近づくほどその物質の活量係数は 1 に近づく</u>．

問題 9

クロロホルム(C)とアセトン(A)の混合物の蒸気分圧を35℃で測定したところ，次のような結果が得られた．

x_C	0	0.20	0.40	0.60	0.80	1.0
p_C/Torr	0	25	82	142	219	293
p_A/Torr	347	270	185	102	37	0

(a) ラウールの法則を示す直線は①〜④のうちどれか答えなさい．

(b) ヘンリーの法則を示す直線は①〜④のうちどれか答えなさい．

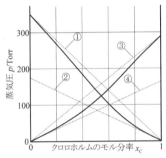

(c) $x_C = 0.40$ におけるクロロホルムの活量を求めなさい．

(d) $x_C = 0.40$ におけるクロロホルムの活量係数を求めなさい．

(e) この混合溶液は，溶液の状態で安定化しているか，それとも不安定化しているか答えなさい．

解答 (a) ①，③ (b) ②，④ (c) 0.28 (d) 0.70 (e) 安定

解説

(a) 問題5で見たように，ラウールの法則は次のように表される．
$$p_j(蒸気分圧) = p_j^*(純物質の蒸気圧) \cdot x_j(溶液中のモル分率)$$
すなわち，純物質の蒸気圧と原点を結ぶような直線(①，③)がラウールの法則である．ドルトンの法則と似ているので比較しておこ

う．ドルトンの法則は次のように表される．

p_J(分圧) $= p$(全圧)$\cdot x_J$(気体中のモル分率)

ラウールの法則は<u>溶液中のモル分率</u>と蒸気分圧の間の関係式であり，ドルトンの法則は<u>気体中のモル分率</u>と分圧の間の関係式である．

(b) **ヘンリーの法則**は次のように表される．

p_J(蒸気分圧) $= K_J$(ヘンリーの法則の定数)$\cdot x_J$(溶液中のモル分率)

ある成分 J が他の成分で囲まれている，すなわち，成分 J の濃度が非常に低い状況で成り立つ式であり，その定数 K_J も<u>実験的に求められる値</u>である．図では，各成分のモル分率が 0 近辺の実測値に接する直線②，④となる．それぞれの法則に合致する部分は右図のようなイメージになる．

(c) 活量は<u>実効的なモル分率</u>であるから，蒸気分圧の実測値はラウールの法則を応用して，次のように書ける（x を a に変える）．

(理想状態)　　　$p_J^{id} = p_J^* \cdot x_J$
(非理想状態)　　$p_J^{actual} = p_J^* \cdot a_J = p_J^* \cdot \gamma_J \cdot x_J$

したがって，活量 a は次式のように，純物質の蒸気圧と混合物中における蒸気分圧の実測値との比から求められる．

$$a_J = \frac{p_J^{actual}}{p_J^*} = \frac{82 \text{ Torr}}{293 \text{ Torr}} = 0.27986\cdots = \boxed{0.28}$$

なお，Torr は圧力の単位であり，1 atm = 760 Torr = 101325 Pa である．

(d) $a_J = \gamma_J \cdot x_J$ であるから，(c) の答えを用い，

$$\gamma_J = \frac{a_J}{x_J} = \frac{0.2799}{0.40} = 0.69975 = \boxed{0.70}$$

となる．これは次のように書き換えることもできる．

$$\gamma_J = \frac{a_J}{x_J} = \frac{p_J^{actual}}{p_J^*} \cdot \frac{1}{x_J} = \frac{p_J^{actual}}{p_J^{id}}$$

つまり，理想状態であると仮定し，ラウールの法則から得られる蒸気分圧の計算値 p_J^{id} と実測の蒸気分圧 p_J^{actual} の比から活量係数を求めることもできる．

$$\gamma_J = \frac{p_J^{actual}}{p_J^*} \cdot \frac{1}{x_J} = \frac{82 \text{ Torr}}{293 \text{ Torr} \times 0.40} = 0.69965\cdots = \boxed{0.70}$$

問題の図のように実測値がラウールの法則（直線①，③）よりも下にずれている（**負のずれ**という）とき，活量係数 γ は 1 より小さくなる．逆にラウールの法則（直線①，③）よりも上にずれているとき（**正のずれ**），活量係数 γ は 1 より大きくなる．

(e) 蒸気圧はその成分が溶液から逃散して気体になろうとする傾向の尺度である．異なる成分同士の仲がよい場合，溶液中で他の成分と接触していると居心地がいいため，気体になって逃げようとはしない．つまり気体分子の数が減るので，蒸気分圧がラウールの法則よりも低くなる．つまり，負のずれを示す場合，溶液状態で理想溶液よりも（理想混合エントロピーの効果以上に）安定化されていると解釈される．逆に，異なる成分同士の仲が悪い場合，溶液中で他の成分との接触を避けようとして，気体になって逃げようとする．結果，気体分子の数が増え，蒸気分圧がラウールの法則よりも高くなる（正のずれ）．

問題 10

20℃で水 100 g(モル質量 18.02 g·mol^{-1})にスクロース(モル質量 342.3 g·mol^{-1})135 g を溶解させたところ,蒸気圧が 2.34 kPa から 2.12 kPa に減少した.このときの水の活量係数を求めなさい.

解答 0.970

解説

まずは水のモル分率を求める.

$$x_\text{水} = \frac{\dfrac{100 \text{ g}}{18.02 \text{ g·mol}^{-1}}}{\dfrac{100 \text{ g}}{18.02 \text{ g·mol}^{-1}} + \dfrac{135 \text{ g}}{342.3 \text{ g·mol}^{-1}}}$$

$$= \frac{5.54938\cdots}{5.54938\cdots + 0.394390\cdots} = 0.933646\cdots$$

スクロースは不揮発性なので,蒸気圧は全て水蒸気によるものである.後は問題 9 と同じ.

$$\gamma = \frac{p}{p^\text{id}} = \frac{p}{p_\text{水}^* \cdot x_\text{水}} = \frac{2.12 \text{ kPa}}{2.34 \text{ kPa} \times 0.93365} = 0.970366\cdots = \boxed{0.970}$$

問題11

次の文章中の空欄に適当なものを入れなさい.
「溶液における溶質の標準化学ポテンシャルは,濃度が _____ のときの化学ポテンシャルである.」

解答 $1\,\mathrm{mol \cdot L^{-1}}$ ($1\,\mathrm{mol \cdot dm^{-3}}$, $1\,\mathrm{M}$)

解説

通常,混合物の組成はモル分率 x_J で表記するが,溶液における溶質の組成を表す場合,**モル濃度** c_J ($\mathrm{mol \cdot L^{-1}}$) をよく用いる.そこで,モル分率をモル濃度に変換する際の係数を k_J とすると,次のようになる.

$$\mu_J = \mu_J^* + R \cdot T \cdot \ln x_J = \mu_J^* + R \cdot T \cdot \ln(k_J \cdot c_J)$$
$$= \mu_J^* + R \cdot T \cdot \ln k_J + R \cdot T \cdot \ln c_J$$

ここで,第1項と第2項をまとめて1つの定数,標準化学ポテンシャルとすれば,溶質の化学ポテンシャルのモル濃度依存性を表す式が得られる.

$$\mu_J^* + R \cdot T \cdot \ln k_J = \mu_J^\ominus$$
$$\mu_J = \mu_J^\ominus + R \cdot T \cdot \ln c_J \quad (\text{理想状態})$$

$c_J = 1\,\mathrm{mol \cdot L^{-1}}$ のとき $\mu_J = \mu_J^\ominus$ であるから,溶質では $1\,\mathrm{mol \cdot L^{-1}}$ のときの化学ポテンシャルが標準化学ポテンシャルである.実際には相対圧と同様に,式中の c_J は相対濃度として表記され,$\ln$ の中はモル分率,活量と同様に無次元である.

$$\text{相対濃度} c_J = \frac{c_J(\mathrm{mol \cdot L^{-1}})}{c^\ominus(=1\,\mathrm{mol \cdot L^{-1}})}$$

非理想状態の場合は,同様に活量 a を用いて次のように表す.

$$\mu_J = \mu_J^\ominus + R \cdot T \cdot \ln(\gamma_J \cdot c_J) = \mu_J^\ominus + R \cdot T \cdot \ln a_J \quad (\text{非理想状態})$$
$$a_J = \gamma_J \cdot c_J$$

問題 12

次の文章中の空欄に適当なものを入れなさい.
「溶液における溶質の活量係数 γ は,溶質の濃度が [ ] に近づくと,1 に近づく.」

解答　0

解説

溶媒 A と溶質 B からなる混合溶液を考える.問題 8 で説明したが,一般的な混合系では純物質に近づくほど,その物質は理想状態に近づく(活量係数 γ が 1 に近づく).つまり,溶媒 A は $x_A \to 1$ につれて $\gamma_A \to 1$ となる.溶質 B に関しては,溶媒の中に溶解した純溶質というのは考えにくい(溶質 B が溶媒 A に溶解していれば,必ず $x_B \neq 1$ だし,$x_B = 1$ だと溶媒に溶けていないということだから,溶質とは呼べない).そこで,溶媒 A が理想状態に近づいたとき,同時に溶質 B も理想状態に近づく,と考える.つまり,$c_B \to \boxed{0} \ (x_A \to 1)$ につれて $\gamma_B \to 1 \ (a_B \to c_B)$ となると考える.言い換えると,溶質の挙動がヘンリーの法則に従うようになるにつれ,$\gamma_B \to 1$ としておくのである.これは溶質 B に関しては,常に溶媒 A に取り囲まれて相互作用している状態を理想状態としているものであり,**理想希薄溶液**と呼ばれる.

溶質では $1 \ \mathrm{mol \cdot L^{-1}}$ のときの化学ポテンシャルを標準化学ポテンシャルとするとしたが,実際にはこの濃度では溶質同士の接触が頻繁に起こると考えられるため,理想状態とはいえない.溶質の標準状態とは,希薄溶液の特性をもった $1 \ \mathrm{mol \cdot L^{-1}}$ の状態であり,実際の溶液というよりは,むしろ仮想的な状態を示している.

2-6 混合物の性質

Check Point

▶ 化学ポテンシャルは部分モルギブズエネルギー

$$\mu_J \equiv \left(\frac{\partial G}{\partial n_J}\right)_{T,p,n'}$$

▶ ラウールの法則(理想溶液)　　　$p_J = p_J^* \cdot x_J$　　p_J^*：純物質の蒸気圧
▶ ヘンリーの法則　　　　　　　　$p_J = K_J \cdot x_J$　　K_J：実験定数
▶ 完全気体の化学ポテンシャル　　$\mu_J(g) = \mu_J^\ominus(g) + R \cdot T \cdot \ln p_J$
　　　　　　　　　　　　　　　　p_J は相対圧(単位なし)
▶ 理想溶液の化学ポテンシャル　　$\mu_J(l) = \mu_J^*(l) + R \cdot T \cdot \ln x_J$
　　　(1 bar のとき)　　　　　　$\mu_J(l) = \mu_J^\ominus(l) + R \cdot T \cdot \ln x_J$
▶ 非理想溶液の化学ポテンシャル　$\mu_J(l) = \mu_J^*(l) + R \cdot T \cdot \ln a_J$
　　　(1 bar のとき)　　　　　　$\mu_J(l) = \mu_J^\ominus(l) + R \cdot T \cdot \ln a_J$
▶ 活量(実効組成)　　　　　　　　$a_J = \gamma_J \cdot x_J$

$$a_J = \frac{p_J^{\text{actual}}}{p_J^*}$$

▶ 活量係数 γ は理想状態からのずれを表す．
　　$\gamma = 1$：理想状態　　　$\gamma < 1$：安定化　　　$\gamma > 1$：不安定化

▶ 活量係数の求め方　　　　　　　$\gamma_J = \dfrac{p_J^{\text{actual}}}{p_J^{\text{id}}} = \dfrac{p_J^{\text{actual}}}{p_J^* \cdot x_J}$

▶ 理想溶液の溶質の化学ポテンシャル　　$\mu_J = \mu_J^\ominus + R \cdot T \cdot \ln c_J$
　　　　　　　　　　　　　　　　　　　c_J は相対濃度(単位なし)
▶ 非理想溶液の溶質の化学ポテンシャル　$\mu_J = \mu_J^\ominus + R \cdot T \cdot \ln a_J$
▶ 溶質の活量　　　　　　　　　　　　　$a_J = \gamma_J \cdot c_J$
　　　　　　　　　　　　　　　　　　　$c_J \to 0$ のとき，$\gamma_J \to 1$

問題13

スクロース(モル質量 342.3 g·mol^{-1}) 3.00 g を 100 g の水に溶解した.この水溶液の凝固点降下度を求めなさい.ただし,水の凝固点降下定数を $1.86 \text{ K·kg·mol}^{-1}$ とする.

解答 0.163 K

解説

希薄溶液における沸点上昇や凝固点降下といった**束一的性質**はいずれも溶質Jの質量モル濃度 b_J に比例する.

沸点上昇度 　　　$\Delta T_b = K_b \cdot b_J$ 　K_b:溶媒の沸点上昇定数

凝固点降下度 　　$\Delta T_f = K_f \cdot b_J$ 　K_f:溶媒の凝固点降下定数

束一的性質は<u>溶質の種類には関係せず</u>,その溶質粒子の濃度のみに依存する性質である.したがって,これらの定数も<u>溶媒固有の値</u>である.

$$\Delta T(\text{K}) = K_f \cdot b_J = K_f (\text{K·kg·mol}^{-1}) \cdot \frac{n(\text{mol})}{m_{\text{solvent}}(\text{kg})}$$

$$= 1.86 \text{ K·kg·mol}^{-1} \times \frac{\dfrac{3.00 \text{ g}}{342.3 \text{ g·mol}^{-1}}}{0.100 \text{ kg}}$$

$$= 0.163\underline{014}\cdots \text{ K} = \boxed{0.163 \text{ K}}$$

凝固点降下は通常マイナスの値をもつので,正しくは $\Delta T = -0.163 \text{ K}$ とすべきだが,凝固点降下"度"といえば,変化量の絶対値を指すことが多く,式も絶対値で表した形になっている.

薬液を投与する際には,血清と浸透圧を同じ(等張)にする必要がある.そこで,血清の束一的性質に関するデータを以下に示す.

浸透圧	沸点上昇度	凝固点降下度	蒸気圧降下
7.7 atm	0.15~0.16 K	0.52 K	4.2 mmHg

問題 14

ある非電解質高分子 3.00 g を 100 g の水に溶解した．この水溶液の凝固点を測定したところ，−0.00465℃であった．この高分子のモル質量を計算しなさい．ただし，水の凝固点降下定数を $1.86 \text{ K}\cdot\text{kg}\cdot\text{mol}^{-1}$ とする．

解答 $1.20 \times 10^4 \text{ g}\cdot\text{mol}^{-1}$

解説

問題 13 と逆で，凝固点降下度から，モル質量を求める問題である．

$$\Delta T(\text{K}) = K_\text{f} \cdot b_\text{J} = K_\text{f}(\text{K}\cdot\text{kg}\cdot\text{mol}^{-1}) \cdot \frac{n(\text{mol})}{m_\text{solvent}(\text{kg})}$$

$$M = \frac{m_\text{solute}(\text{g})}{n(\text{mol})} = m_\text{solute}(\text{g}) \cdot \frac{K_\text{f}(\text{K}\cdot\text{kg}\cdot\text{mol}^{-1})}{m_\text{solvent}(\text{kg}) \times \Delta T(\text{K})}$$

$$= 3.00 \text{ g} \times \frac{1.86 \text{ K}\cdot\text{kg}\cdot\text{mol}^{-1}}{0.100 \text{ kg} \times 0.00465 \text{ K}}$$

$$= 12000 \text{ g}\cdot\text{mol}^{-1} = \boxed{1.20 \times 10^4 \text{ g}\cdot\text{mol}^{-1}}$$

束一的性質は<u>不揮発性溶質</u>の存在のため，液体溶媒の化学ポテンシャルのみが減少する（$R\cdot T\cdot \ln x_\text{J} < 0$，図のように，液体の化学ポテンシャルだけが下にずれる）ことから生じる．

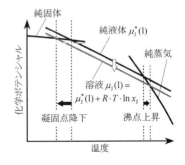

問題 15

0.900 g NaCl（モル質量 58.44 g·mol^{-1}）/100 mL 水溶液の 37.0℃における浸透圧を求めなさい．ただし，NaCl は完全に電離し，溶液は理想溶液とする．

解答　7.94×10^5 Pa

解説

浸透圧を表すファントホッフの式(2)は，完全気体の式(1)とよく似ている．

完全気体の圧力 p　　$p \cdot V = n \cdot R \cdot T$　→　$p = \dfrac{n \cdot R \cdot T}{V}$ ⋯(1)

浸透圧 Π　　　　　$\Pi \cdot V = n \cdot R \cdot T$　→　$\Pi = \dfrac{n \cdot R \cdot T}{V}$ ⋯(2)

注意しなければならないのが，n が<u>粒子</u>単位で表現されていることである．今回の場合，NaCl → Na$^+$ + Cl$^-$ と電離するため系の中に存在する粒子数は 2 倍になる．また，気体定数 R に 8.314 J·K^{-1}·mol^{-1} を用いる場合，全ての物理量（体積，温度，物質量）を SI 単位で表すことが必要である．これであれば答えの圧力も SI 単位の Pa になる．容積を SI 単位に変換すると，

100 mL = 100 × 10^{-3} L = 100 × 10^{-3} × 10^{-3} m^3 = 1.00 × 10^{-4} m^3

$$\Pi = \dfrac{n \cdot R \cdot T}{V} = \dfrac{2 \times \dfrac{0.900 \text{ g}}{58.44 \text{ g·mol}^{-1}} \times 8.314 \text{ J·K}^{-1}\text{·mol}^{-1} \times 310.15 \text{ K}}{1.00 \times 10^{-4} \text{ m}^3}$$

$= 794\underline{226.0}\cdots$ Pa = $\boxed{7.94 \times 10^5 \text{ Pa}}$

別の考え方として，0.900 g NaCl/100 mL の溶液は 9.00 g NaCl/1 L，あるいは 9000 g NaCl/1 m^3 と濃度が同じと考えて計算を行ってもよい．

問題 16

KCl 補正液キットは，50.0 mL 中に 1.49 g の KCl（モル質量 74.56 g·mol^{-1}）を含み，その密度は 1.045 g·mL^{-1} である．凝固点を測定したところ，−1.34℃ であった．(a) KCl の電離度を求め，(b) 25.0℃ における浸透圧を計算しなさい．ただし，電離度は温度によらず一定とする．

解答 (a) $\alpha = 0.83$　　(b) 1.81×10^6 Pa

解説

問題 15 は電解質が完全に電離したものとして計算したが，NaCl や KCl などの電解質は電離したのち，静電的相互作用により陽イオンと陰イオンが一緒に挙動する<u>イオン対</u>を形成しており，見かけ上，一部が電離していないように振る舞う．そこで，KCl の質量モル濃度を b，電離度を α とすると，電離平衡および濃度関係は次のようになる．

$$\text{K}^+ \cdot \text{Cl}^- （イオン対） \rightleftarrows \text{K}^+ + \text{Cl}^-$$
$$b \cdot (1 - \alpha) \qquad\qquad b \cdot \alpha \quad b \cdot \alpha$$

したがって，その粒子濃度は $b \cdot (1 - \alpha) + b \cdot \alpha + b \cdot \alpha = b \cdot (1 + \alpha)$ となる．この $1 + \alpha$ をファントホッフ係数といい，記号 i で表す．問題 15 は $\alpha = 1$ と仮定した場合である．CaCl$_2$ では Ca^{2+} と 2Cl$^-$ の 3 つのイオンに電離するため，$i = (1 - \alpha) + 3 \times \alpha = 1 + 2\alpha$ となる．つまり，溶質が N 個のイオンに電離し，その電離度が α の場合，ファントホッフ係数 i は次のようになる．

$$i = (1 - \alpha) + N \times \alpha = 1 + (N - 1) \cdot \alpha$$

問題に戻ろう．まず，溶媒の質量を求めると，次のようになる．

$$m_{溶媒} = m_{溶液} - m_{溶質} = 50.0 \text{ mL} \times 1.045 \text{ g·mL}^{-1} - 1.49 \text{ g}$$
$$= 52.2\underline{5} \text{ g} - 1.49 \text{ g} = 50.7\underline{6} \text{ g}$$

したがって，凝固点降下度を表す式は次のようになる．

$\Delta T = K_f \cdot i \cdot b \quad \rightarrow$

$$1.34 \text{ K} = 1.86 \text{ K} \cdot \text{kg} \cdot \text{mol}^{-1} \times (1+\alpha) \times \frac{\dfrac{1.49 \text{ g}}{74.56 \text{ g} \cdot \text{mol}^{-1}}}{50.7\underline{6} \times 10^{-3} \text{ kg}}$$

これを解くと，電離度は次のように求まる．

$i = 1 + \alpha = 1.82992\cdots = 1.83 \qquad \therefore \alpha = \boxed{0.83}$

次に，この電離度を利用して，浸透圧を計算する．問題 15 と同様に SI 単位に変換して計算する．

$$\Pi = \frac{(1+\alpha) \cdot n \cdot R \cdot T}{V}$$

$$= \frac{1.82992\cdots \times \dfrac{1.49 \text{ g}}{74.56 \text{ g} \cdot \text{mol}^{-1}} \times 8.314 \text{ J} \cdot \text{K}^{-1} \cdot \text{mol}^{-1} \times 298.15 \text{ K}}{50.0 \times 10^{-3} \times 10^{-3} \text{ m}^3}$$

$= 1812960.3\cdots \text{ Pa} = \boxed{1.81 \times 10^6 \text{ Pa}}$

Check Point

▶ 束一的性質：溶質の種類には関係せず，その溶質粒子の濃度のみに依存する性質

沸点上昇　　$\Delta T_b = K_b \cdot i \cdot b_J$　　K_b：溶媒の沸点上昇定数

凝固点降下　$\Delta T_f = K_f \cdot i \cdot b_J$　　K_f：溶媒の凝固点降下定数

浸透圧（ファントホッフの式）　$\Pi = \dfrac{i \cdot n_J \cdot R \cdot T}{V} = i \cdot [\text{J}] \cdot R \cdot T$

ファントホッフ係数　$i = (1 - \alpha) + N \cdot \alpha$

2-6 混合物の性質

問題 17

次の表は KCl(モル質量 74.56 g·mol^{-1}) の飽和水溶液 100.0 g 中に存在する KCl の量を表している．KCl の溶解エンタルピーを求めなさい．ただし，水のモル質量 18.02 g·mol^{-1} とする．

温度	20.0℃	60.0℃
質量	25.5 g	31.4 g

解答 $5.38 \text{ kJ·mol}^{-1} (5.38 \times 10^3 \text{ J·mol}^{-1})$

解説

固体の溶質を溶媒と接触させておくと溶液が飽和するまで溶け込む．溶け残りがある状態では，溶けていない固体状態の溶質 B と溶けた溶質 B が平衡状態にあり，これらの化学ポテンシャルが等しい．

$$\mu_B^*(s) = \mu_B(l) = \mu_B^*(l) + R \cdot T \cdot \ln x_B \quad \rightarrow \quad \ln x_B = -\frac{\mu_B^*(l) - \mu_B^*(s)}{R \cdot T}$$

ここで，$\mu_B^*(l) - \mu_B^*(s)$ は固体から液体への相変化に伴う化学ポテンシャル変化(モル融解ギブズエネルギー $\Delta_{fus}G_m$)であるから，

$$\ln x_B = -\frac{\mu_B^*(l) - \mu_B^*(s)}{R \cdot T} = -\frac{\Delta_{fus}G_{m,B}}{R \cdot T} = -\frac{\Delta_{fus}H_{m,B} - T \cdot \Delta_{fus}S_{m,B}}{R \cdot T} \cdots (1)$$

となる．溶質 B の融点 $T_{m,B}^*$ では $\Delta_{fus}G_{m,B} = \Delta_{fus}H_{m,B} - T_{m,B}^* \cdot \Delta_{fus}S_{m,B}$ だから，

$$\frac{\Delta_{fus}G_{m,B}}{R \cdot T_{m,B}^*} = \frac{\Delta_{fus}H_{m,B} - T_{m,B}^* \cdot \Delta_{fus}S_{m,B}}{R \cdot T_{m,B}^*} = 0$$

となる．0 なので，これを (1) 式の右辺に加えても等号は変わらない．

$$\ln x_B = -\frac{\Delta_{fus}H_{m,B} - T \cdot \Delta_{fus}S_{m,B}}{R \cdot T} + \frac{\Delta_{fus}H_{m,B} - T^*_{m,B} \cdot \Delta_{fus}S_{m,B}}{R \cdot T^*_{m,B}}$$

$$\boxed{\therefore \ln x_B = -\frac{\Delta_{fus}H_{m,B}}{R} \cdot \left(\frac{1}{T} - \frac{1}{T^*_{m,B}}\right)}$$

　固体の溶解度を取り扱う場合,溶質の融点以下の温度域について論じる.また,$x_B < 1$ であるから,$\ln x_B$ は負の値をもつので,上式は図のようなグラフになる.温度が上がる($1/T$ が下がる)と $\ln x_B$ が増える(溶解度が増す).融点が低い物質ほど,溶解度が大きい.また,融解エンタルピーが小さい物質ほど,溶解度が大きくなる.

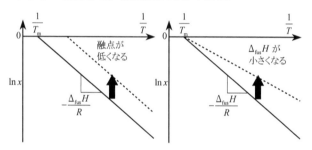

ただし,これは理想溶液に関する式であり,融解エンタルピーを溶媒和に伴う熱の出入りも含めた溶解エンタルピー $\Delta_{sol}H$ に代えて用いる.異なる温度の溶解度(モル分率)の値を使うと,次のようになる.

$$\ln x_1 = -\frac{\Delta_{sol}H}{R} \cdot \left(\frac{1}{T_1} - \frac{1}{T^*_m}\right) \qquad \ln x_2 = -\frac{\Delta_{sol}H}{R} \cdot \left(\frac{1}{T_2} - \frac{1}{T^*_m}\right)$$

$$\ln x_2 - \ln x_1 = \ln\left(\frac{x_2}{x_1}\right) = -\frac{\Delta_{sol}H}{R} \cdot \left(\frac{1}{T_2} - \frac{1}{T_1}\right)$$

溶解度をモル分率で表すと，実験条件から次のようになる．

温度	KCl	水	x_{KCl}
20.0℃ = 293.15K	25.5 g	74.5 g	0.0764037…
60.0℃ = 333.15K	31.4 g	68.6 g	0.0996063…

$$\ln\left(\frac{0.099606}{0.07604}\right) = -\frac{\Delta_{\text{sol}}H}{8.314\ \text{J}\cdot\text{K}^{-1}\cdot\text{mol}^{-1}} \times \left(\frac{1}{333.15\ \text{K}} - \frac{1}{293.15\ \text{K}}\right)$$

$$\therefore \Delta_{\text{sol}}H = 5383.10\cdots\ \text{J}\cdot\text{mol}^{-1} = \boxed{5.38\times10^3\ \text{J}\cdot\text{mol}^{-1}} = \boxed{5.38\ \text{kJ}\cdot\text{mol}^{-1}}$$

Check Point

▶ 溶解度　　$\ln x_{\text{B}} = -\dfrac{\Delta_{\text{sol}}H_{\text{m,B}}}{R}\cdot\left(\dfrac{1}{T} - \dfrac{1}{T^{*}_{\text{m,B}}}\right)$

問題 18

次の文章中の空欄(1)〜(5)内に適当な数値(1の位まで)を入れなさい．また，(6)の選択肢から正しいものを選びなさい．

「図は水－フェノール(PhOH)の一定圧力下の相図である．横軸はPhOHの質量分率wを示す．水55 gとPhOH 45 gを混合し，45℃にしたところ，2相に分離した．このとき相図より，上層には水が (1) g，PhOHが (2) g含まれる．また，下層には水が (3) g，PhOHが (4) g含まれる．この混合物を加熱すると， (5) ℃で1相となる．このように高温で1相になる系の混合熱は一般に (6) 〔①吸熱・②発熱〕である．」

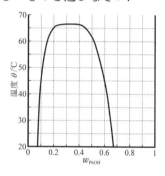

解答 (1) 27 (2) 3 (3) 28 (4) 42 (5) 65 (6) ①吸熱

解説

あらゆる組成で混ざるわけではないが，ある限られた組成域では混ざるような液体を**部分可溶液体**という．分液ロートの操作を思い浮かべてもらうとよい．水にエーテルを加えた場合，エーテルが少量であれば，完全に溶けて1相となるが，エーテルをもっと加えるとそれ以上は溶けないという点に達し，2相に分離する．このとき試料は，エーテルで飽和した水の相と，水で飽和したエーテルの相の2相が共存状態となる．この組成が相図の境界線(**相互溶解度曲線**)となって現れる．

問題は，PhOH が質量分率 0.45 で仕込んであり，温度が 45℃ なので，図の点 a の状態であることが分かる．ここは 2 相に分離する領域である．各相の組成を求めるには，点 a を通る**タイライン（連結線）**を境界線まで引く（線分 bc）．境界線とタイラインの交点（点 b と点 c）が各相の組成を表している．すなわち，今回の場合，$w = 0.10$ の相と $w = 0.60$ の相に分離する．どちらが上層で，どちらが下層になるかは，液体の密度から考える．PhOH の密度（25℃ で 1.07 g·cm^{-3}）は，水の密度より大きいため，PhOH を多く含む相，すなわち，$w = 0.60$ の相が下層になる．

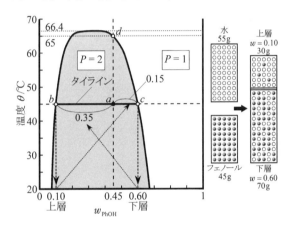

（問題の都合上，実際のデータとは若干異なります）

各相の質量比は，**てこの規則**から求められる．すなわち，

上層($w = 0.10$)：下層($w = 0.60$) = 線分 ac：線分 ba
$$= 0.15 : 0.35 = 3 : 7$$

となる．前ページの図のようにタスキがけして相と数値を対応させる（てこの規則はあくまで「比」を示しているだけなので注意すること）．系の合計質量が 100 g なので，各相の質量は次のように求まる．

上層($w = 0.10$)の質量 = 100 g × 3/(3 + 7) = 30 g

下層($w = 0.60$)の質量 = 100 g × 7/(3 + 7) = 70 g

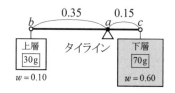

各相の組成は分かっているから，例えば，上層に含まれる PhOH は 30 g × 0.10 = 3 g と求まる．残りが水だから，上層に含まれる水は 27 g となる．まとめると，次のようになる．

仕込みの質量	全質量	仕込みの組成
水 55 g PhOH 45 g	100 g	$w_\text{PhOH} = 0.45$

相	組成	線分長比	質量	各成分の質量
上層	$w_\text{PhOH} = 0.10$	0.15 (3)	30 g	水 27 g
				PhOH 3 g
下層	$w_\text{PhOH} = 0.60$	0.35 (7)	70 g	水 28 g
				PhOH 42 g

最後に各相に含まれる成分の質量の合計が，仕込みの質量と同じになっていることを確認する（PhOH なら 3 g + 42 g = 45 g）．

この仕込み組成 0.45 の混合系は，加熱していくと 65℃で 1 相領域に入る（P.151 の図の点 d）．水 − PhOH 混合系は 66.4℃を超えると，どのような組成でも 1 相になるが，この温度を**上部臨界完溶温度** T_{uc} という．温度を上げると熱運動が活発になり，混合が推進されるためである．

2 相に分離するということは，成分同士の仲が悪いということだから，混合エンタルピーは正となる（$\Delta_{mix}H > 0$）．つまり，吸熱である．混合ギブズエネルギーを用いて考えると，

$$\Delta_{mix}G = \Delta_{mix}H - T \cdot \Delta_{mix}S$$

であり，温度 T が低いときには $\Delta_{mix}H$ の項の影響が大きいため，$\Delta_{mix}G > 0$ となり，混合過程が進まない．つまり，2 相に分離する．温度が高くなると混合エントロピー（$T \cdot \Delta_{mix}S$）の効果が大きくなるため，ある温度で $\Delta_{mix}G < 0$ となる．この温度以上では混合過程が進行し，1 相となる．

逆に低温で 1 相になる**下部臨界完溶温度** T_{lc} をもつものもある．これは弱い<u>錯体</u>を形成するためであり，高温では錯体が壊れて 2 相になる．

Check Point

▶ 液体−液体の相図（部分可溶液体）
　相互溶解度曲線の内側では 2 相に分離
　熱運動により 1 相 → 上部臨界完溶温度
　錯体形成により 1 相 → 下部臨界完溶温度
▶ タイラインと境界線の交点 → 各相の組成
▶ てこの規則：タイラインの線分長比 → 各相の量比
　$n(\alpha) : n(\beta) = l(\beta) : l(\alpha)$（タスキがけ）

問題 19

図は水－メタノールの一定圧力下での気体－液体の相図である．横軸はメタノールのモル分率を表す．空欄に入る正しいものを答えなさい．

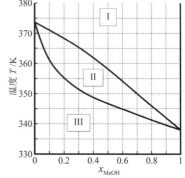

(a) 領域Ⅰでは混合物は (1) として存在する．領域Ⅱでは (2) として存在し，領域Ⅲでは (3) として存在する．

(b) 領域Ⅰと領域Ⅱの境界線は (4) 線，領域Ⅱと領域Ⅲの境界線は (5) 線と呼ばれる．

(c) 領域Ⅰにおける自由度は (6) である．また，領域Ⅱにおける自由度は (7) である．ただし，自由度における圧力変数は除く．

(d) 水 4.20 mol，メタノール 6.30 mol を混合し，350 K で平衡状態にした．このとき得られる気体の組成は x_{MeOH} = (8) であり，液体の組成は x_{MeOH} = (9) である．また，気体の物質量は (10) mol，液体の物質量は (11) mol である．したがって，気体に含まれる水は (12) mol，メタノールは (13) mol であり，液体に含まれる水は (14) mol，メタノールは (15) mol である（小数第 2 位まで）．

解答 (1) 気体 (2) 気体と液体 (3) 液体 (4) 気相 (5) 液相
(6) 2 (7) 1 (8) 0.70 (9) 0.35 (10) 7.50 (11) 3.00
(12) 2.25 (13) 5.25 (14) 1.95 (15) 1.05

解説

　沸点の異なる2成分の混合液体を加熱すると，沸点の低い成分（今回はメタノール）が気化しやすいため，気体にはメタノールが多く含まれるようになる．逆に，液体には沸点の高い成分（今回は水）が残る．そのため，気体と液体で組成が異なり，図のような相図が得られる．

(a)　まず，縦軸をチェックしよう．気体－液体の相図には，圧力一定条件での温度変化，または，温度一定条件での圧力変化の2種類の相図があるので注意しよう．今回の場合，温度変化の相図であるから，高温域である領域Ⅰでは気体，低温域の領域Ⅲでは液体として存在する．領域Ⅱはその両方の相（気体と液体）が共存する領域である．

(b)　（気体）と（気体＋液体）の境界線は**気相線**と呼ばれる．また，（液体）と（気体＋液体）の境界線は**液相線**と呼ばれる．

(c)　領域Ⅰでは，混合物は全て気体として存在する．成分 $C = 2$，相 $P = 1$ なので，**ギブズの相律**より $F = C - P + 2 = 2 - 1 + 2 = 3$ である．すなわち，圧力 p，温度 T，組成 x の3つを自由に決めることができる．実際には，図は圧力一定で描かれたものであるから，すでに圧力を決めている．平面上の図の上では，温度，組成の2つを変化させることができる．

$$F' = F - 1(\text{圧力}) = 2$$

上式で′（プライム）がついているのは自由度の1つ，圧力をすでに使っていることを示している．

　領域Ⅱは気体と液体が共存する（$P = 2$）．したがって，$F = C - P + 2 = 2 - 2 + 2 = 2$ である．圧力を除けば，温度，気体の組成，液体の組成のいずれかを1つ（$F' = F - 1(\text{圧力}) = 1$）を決めることができる．例えば，温度を指定すると，そのときに存在する気体，液体の組成は自動的に決まる．領域Ⅲは領域Ⅰと同じように考えればよい．

(d) 水 4.20 mol, メタノール 6.30 mol で混合しているので, 仕込みのメタノールのモル分率は 0.60 である. そこで, $x_{\mathrm{MeOH}} = 0.60$, 温度 350 K の所に点 a を打ち, 境界線まで**タイライン**(線分 bc)を引く.

タイラインと気相線の交点(点 c)から気体の組成は $x_{\mathrm{MeOH}} = 0.70$, 液相線の交点(点 b)から液体の組成は $x_{\mathrm{MeOH}} = 0.35$ と読める.

タイラインの線分長比は $0.25 : 0.10 (5 : 2)$ となる. 問題 18 では横軸が質量分率だったので, **てこの規則**は各相の質量比を表したが, この問題は横軸がモル分率(物質量分率)なので, てこの規則は物質量比になる. タスキがけして対応させればよいのだが, 迷ったときは温度を上げたり, 下げたりしてタイラインの線分長がどう変化するかを見てみるとよい. 温度を下げたときに, 長くなる線分の方, つまり右側の線分長が液体に対応する. 系全体の物質量が 10.50 mol なので, 各相の物質量は,

気体の物質量 = 10.50 mol × 5 / (5 + 2) = 7.50 mol

液体の物質量 = 10.50 mol × 2 / (5 + 2) = 3.00 mol

となる. 後は, 次のように各成分の物質量が求まる.

MeOH(気)の物質量 = 7.50 mol × 0.70 = 5.25 mol

まとめたものが下の表である.

仕込みの物質量	全物質量	仕込みの組成
水 4.20 mol MeOH 6.30 mol	10.50 mol	$x_{\mathrm{MeOH}} = 0.60$

相	組成	線分長比	物質量	各成分の物質量
気体	$x_{\mathrm{MeOH}} = 0.70$	0.25(5)	7.50 mol	水 2.25 mol
				MeOH 5.25 mol
液体	$x_{\mathrm{MeOH}} = 0.35$	0.10(2)	3.00 mol	水 1.95 mol
				MeOH 1.05 mol

最後に, 各相に含まれる成分の物質量の合計が, 仕込みの物質量と同じになっていることを確認する.

2-6 混合物の性質

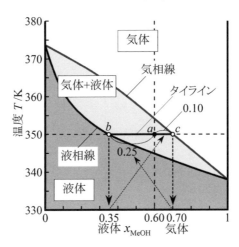

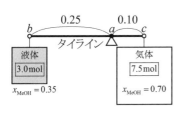

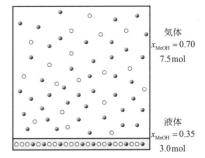

問題 20

図は成分 A, 成分 B からなる混合物の一定圧力下での液体 – 固体の相図である. 領域 I 〜 IV および点 e では成分 A, B がどのような状態で存在するか説明しなさい. また各領域および点 e における自由度について説明しなさい.

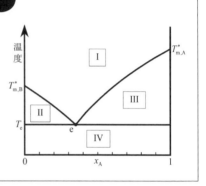

解答・解説

このような相図は液体では混合するが固体では混合しない 2 成分系で見られる.

(領域 I) <u>成分 A, 成分 B とも液体</u>として存在している. 液体状態では互いに混ざり合うので, 〔液体 A + 液体 B〕の <u>1 相</u>となる. $P = 1$ であるから, $F = C - P + 2 = 2 - 1 + 2 = 3$ であるが, 圧力一定より $F' = F - 1(圧力) = 2$ となり, 温度, 組成の 2 つの自由度がある.

(領域 II) 成分 B が一部固体として析出しており, 〔固体 B〕と〔液体 A + 液体 B〕の 2 相が共存している. 自由度 F' は 1 である. 固体は純 B であるから固体の組成に関する自由度はない(常に $x_B = 1$). 残る変数は温度と液体の組成の 2 つであるが, 温度を指定すると, そのときのタイラインが固定され, 液体の組成は自動的に決まる. 逆に液体の組成を指定すると, それが実現する温度も自動的に決まる. つまり圧力を除く自由度 F' は 1 つである.

(領域 III) 成分 A の一部が固体として析出しており, 〔固体 A〕と〔液体 A + 液体 B〕の 2 相が共存している. 圧力を除くと自由度 F' は 1 であり, 温度または液体の組成のうち 1 つを決めることができる.

(領域Ⅳ) 両成分とも固体として存在する．固体状態では互いに混ざり合わないから，〔固体A〕と〔固体B〕の2つの固相が共存する．相とは化学組成と物理的状態が一様なものであるから，粉末の砂糖と塩を混ぜたようなものは1相ではなく，2相と考える．自由度は圧力を除くと$F'=1$となる．この領域では均一に混ざり合った混合物というものは存在しないので，組成に関して考慮する必要がない．したがって，残りの自由度は温度のみである．

(点e) e点を通る垂線は**共融混合物組成**を示しており，この共融混合物組成の液体は，温度T_e(**共融点**または**共融温度**)で凝固し，それ以前にAやBの固体が析出することはないため，相変化前後の組成の変化が見られない．点eは〔固体A〕，〔固体B〕，〔液体A＋液体B〕の3相が共存できるただ1つの状態を示しており，$F'=0$であるから，圧力が決まれば，系固有の値となる．

ある組成aでの温度による変化を模式的に表すと下図のようになる．○が液体，□が固体の状態を示す．

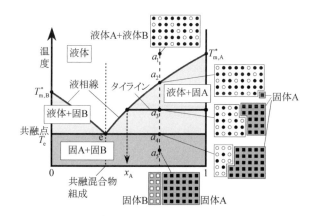

問題 21

図はミリスチン酸(My) – ステアリン酸(St)の一定圧力下での液体 – 固体の相図である．横軸はステアリン酸のモル分率を表す．空欄に入る正しい値を答えなさい．

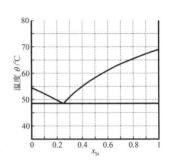

「0.63 mol の My と 1.17 mol の St を混合した系を 80℃まで加熱した後，冷却すると，(1) ℃で固体が析出し始めた．さらに冷却し，55℃にすると，相図から液体には My が (2) mol，St が (3) mol 含まれており，固体には My が (4) mol，St が (5) mol 含まれていると考えられる．さらに冷却すると (6) ℃で全て固体となった．また，相図よりこの My – St 混合系の共融混合物組成は $x_{St} =$ (7) と読み取れる．」

解答　(1) 62.5　(2) 0.63　(3) 0.42　(4) 0　(5) 0.75　(6) 48.5　(7) 0.25

解説

仕込みの St のモル分率 x_{St} は 1.17 mol /(0.63 mol + 1.17 mol) = 0.65 である．この組成の混合物を 80℃から冷却していくと 62.5℃（点 d）で液相線に達するので，ここで固体が析出し始める．

$x_{St} = 0.65$，55℃の所に点 a を打ち，タイライン（線分 bc）を引くと，タイラインと液相線の交点（点 b）から液体の組成は $x_{St} = 0.40$ と読める．もう一方の端（点 c）は $x_{St} = 1$ となるが，これが固体の組成を示している．つまり，固体は 100%ステアリン酸である．

タイラインの線分長の比は 0.25 : 0.35 (5 : 7) なので，タスキがけして

2-6 混合物の性質

対応させ,液体：固体＝7：5となる．横軸がモル分率なので,これは物質量比である．あとは問題18, 19と同じように解けばよい．

仕込みの物質量	全物質量	全組成
My　0.63 mol	1.80 mol	$x_{St} = 0.65$
St　1.17 mol		

相	組成	線分長比	物質量	各成分の物質量
液体	$x_{St} = 0.40$	0.35(7)	1.05 mol	My　0.63 mol
				St　0.42 mol
固体	$x_{St} = 1$	0.25(5)	0.75 mol	My　0 mol
				St　0.75 mol

図の点 e の組成は 0.25（共融組成），温度は 48.5℃（共融点）である（目盛の間を 1/10 まで読んでいる）．

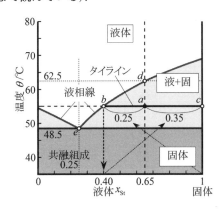

2相領域（気体－液体，液体－液体，液体－固体）の各相に,各成分がどれくらい含まれているかを見積もる方法はどれも同じである．

問題 22

図はアセトン－二硫化炭素の一定圧力下での気体－液体の相図である．横軸は二硫化炭素のモル分率を表す．二硫化炭素のモル分率 0.10 の混合物を蒸留し，蒸気を集めて冷却して液化したものを再度蒸留する．この分留操作を繰り返したとき，蒸気はどのような組成に近づくか答えなさい．

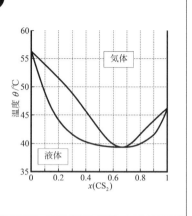

解答 0.67

解説

各成分が溶液中で不安定化しやすい傾向をもつとき，各成分の溶液からの逃散傾向が大きくなり，蒸気圧が大きくなる（正のずれ→問題 9）．このような場合，低い温度で蒸気圧と外圧が等しくなるため，溶液の沸点が低くなる．このような不安定化傾向が非常に大きくなると，液相線は図のように凹型となり，ある組成で極小値をもつ．このような組成の混合物を**共沸混合物**と呼び，この組成で気相線と液相線が接する．

モル分率 0.10 の液体を加熱すると点 a（約 49℃）で沸騰が始まり，そのとき得られる気体のモル分率は，タイラインと気相線の交点（点 b）より 0.30 である．この気体を集めて冷却し，液体とした後，再度加熱すると，点 c（約 41℃）で沸騰が始まり，モル分率 0.53 の気体（点 d）が得られる．このようにして，気体の組成は徐々に共沸組成（0.67）に近づいていく（左図）．共沸組成に達すると，得られる気体の組成は液体と同じに

なるため，それ以上の組成変化はなくなる．

水－エタノールもこれと同じになり，エタノール95.57％で最低沸点78.15℃を示す．そのため，分留によって得られるのは95.57％エタノールであり，純粋なエタノールを得るためには別の方法が必要となる．

逆に凸型になるものもあり，アセトン－クロロホルムなどはこの例である(右図)．この場合は，共沸組成(0.65)よりも小さい組成のものを分留すると蒸気の組成はアセトンに，共沸組成よりも大きい組成のものを分留すると蒸気の組成はクロロホルムに近づく．

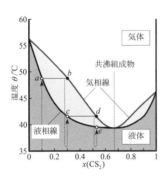
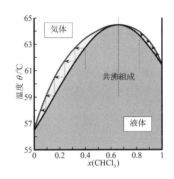

Check Point

▶ ギブズの相律 $F = C - P + 2$
▶ 気体－液体の相図
　タイラインと気相線の交点 → 気体の組成
　タイラインと液相線の交点 → 液体の組成
　気体には沸点の低い成分が多く含まれ，液体には沸点の高い成分が多く含まれる → 分留に応用
　共沸混合物　蒸発や凝縮による組成変化がない
▶ 液体－固体の相図
　2相領域ではタイラインの両端の組成の液体と固体が共存
　共融混合物　凝固や融解による組成変化がない

2-7 化学平衡

pas à pas

問題 1

系が n_A(mol) の成分 A と n_B(mol) の成分 B からなり，成分 A，B の化学ポテンシャルをそれぞれ μ_A, μ_B とする．系のギブズエネルギー G を表しなさい．

解答 $G = n_A \cdot \mu_A + n_B \cdot \mu_B$

解説

混合物の場合，化学ポテンシャルは混合物のギブズエネルギーに対する物質 1 mol 当たりの寄与(部分モル量)である．

$$\mu_J \equiv \left(\frac{\partial G}{\partial n_J}\right)_{T,p,n'}$$

混合物のギブズエネルギーは，2-5 節 問題 3 で行った純物質の 2 相共存系の場合と同じである．成分 A のギブズエネルギー G_A は $n_A \cdot \mu_A$ と表され，成分 B のギブズエネルギー G_B は $n_B \cdot \mu_B$ と表される．したがって，系のギブズエネルギーは次のようになる．

$$G = G_A + G_B = n_A \cdot \mu_A + n_B \cdot \mu_B$$

問題2

物質Aは反応により物質Bに変化し,物質Bは反応により物質Aに変化する.つまり,次のような関係にある.

　　　A(反応物) ⇄ B(生成物)

ここで成分Aの化学ポテンシャルを μ_A,成分Bの化学ポテンシャルを μ_B とする.物質Aが dn (mol) だけ物質Bに変化したときの系のギブズエネルギー変化 dG を求めなさい.

解答 $dG = (\mu_B - \mu_A) \cdot dn$

解説

変化前のギブズエネルギー G_1 は問題1の通り.

$$G_1 = n_A \cdot \mu_A + n_B \cdot \mu_B$$

変化後のギブズエネルギー G_2 は成分A,Bの物質量変化を考慮すると,次のように書ける.

$$G_2 = (n_A - dn) \cdot \mu_A + (n_B + dn) \cdot \mu_B$$

したがって,系のギブズエネルギー変化 dG は,

$$dG = G_2 - G_1 = -dn \cdot \mu_A + dn \cdot \mu_B = (\mu_B - \mu_A) \cdot dn$$

である.反応における物質の変化量 dn は,反応の進行の目安となるものであるから反応進行度と呼ばれる.

問題3

問題2の反応における反応ギブズエネルギー $\Delta_r G$ を,成分A,成分Bの化学ポテンシャル μ_A, μ_B を使って表しなさい.

　　A(反応物)　⇄　B(生成物)

解答　$\Delta_r G = \mu_B - \mu_A$

解説

反応ギブズエネルギー $\Delta_r G$ は反応式の量論係数に等しい物質量(今回の場合は $1 \cdot A \to 1 \cdot B$ なので,1 mol)が反応するときのギブズエネルギー変化として表されるので,次のようになる.

$$\Delta_r G = \frac{dG}{dn} = \frac{(\mu_B - \mu_A) \cdot dn}{dn} = \mu_B - \mu_A$$

例えば,物質Aが2 molだけ反応し,物質Bが2 molできたときの系のギブズエネルギー変化 ΔG が測定できれば,1 mol当たりの変化量は $\Delta G / 2$ となるから,ΔG を Δn で割ればよい(測定可能な変化なので,dG, dn ではなく ΔG, Δn と表現している).

化学ポテンシャルは物質の組成により変化する.例えば,活量を使って $\mu_J = \mu_J^\ominus + R \cdot T \cdot \ln a_J = \mu_J^\ominus + R \cdot T \cdot \ln(\gamma_J \cdot x_J)$ と表される.反応の進行に伴い,組成が変化していくので,<u>反応ギブズエネルギーは,反応混合物中での現在の組成における化学ポテンシャルの差</u>である.あるいは横軸に物質量 n,縦軸に系のギブズエネルギー G をプロットしたときの傾き dG/dn と考えることもできる.これは上式の分子,分母を全物質量 $(n_A + n_B)$ で割れば,

$$\Delta_r G = \frac{dG}{dn} = \frac{\dfrac{dG}{n_A + n_B}}{\dfrac{dn}{n_A + n_B}} = \frac{dG_m}{dx}$$

となるから，横軸にモル分率x，縦軸にモルギブズエネルギーG_mをとったときの傾きが反応ギブズエネルギーである．反応が進行するにつれて物質Bが増えてくるので，反応進行度はBの物質量変化であり（$dn = dn_\mathrm{B}$），したがって，そのモル分率の変化はBのモル分率の変化である．この反応混合物が標準条件下の理想混合系（$\gamma = 1$）であるとすれば，系のモルギブズエネルギーG_mは次のように表される．

$$G_\mathrm{m} = \frac{G}{n} = \frac{n_\mathrm{A} \cdot \mu_\mathrm{A} + n_\mathrm{B} \cdot \mu_\mathrm{B}}{n_\mathrm{A} + n_\mathrm{B}} = x_\mathrm{A} \cdot \mu_\mathrm{A} + x_\mathrm{B} \cdot \mu_\mathrm{B}$$
$$= x_\mathrm{A} \cdot (\mu_\mathrm{A}^\ominus + R \cdot T \cdot \ln x_\mathrm{A}) + x_\mathrm{B} \cdot (\mu_\mathrm{B}^\ominus + R \cdot T \cdot \ln x_\mathrm{B})$$

これを温度一定としてプロットしたものが下図である．$x_\mathrm{B} = 0 (x_\mathrm{A} = 1)$は純物質Aを表しているので，この点における系のモルギブズエネルギーはAの標準化学ポテンシャル$\mu_\mathrm{A}^\ominus$に相当し，同様に$x_\mathrm{B} = 1$のときのモルギブズエネルギーはBの標準化学ポテンシャル$\mu_\mathrm{B}^\ominus$である．モルギブズエネルギーはちょうどこの2点の間にヒモを垂らしたような形になる．この曲線上の接線と両縦軸の交点は，その組成における各成分の化学ポテンシャルを表しており，反応が進行して混合物の組成が変化すると，各成分の化学ポテンシャルが変化していく様子が分かる．

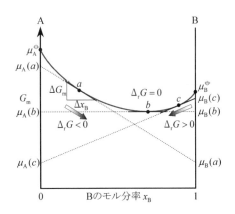

問題4

問題2の反応で系が平衡状態になったとき，成分A，成分Bの化学ポテンシャルの関係を示しなさい．

A(反応物) ⇄ B(生成物)

解答 $\mu_A = \mu_B$

解説

定温，定圧条件では，ギブズエネルギーは自発変化の方向を判断する熱力学的関数である．問題3より，

$$\Delta_r G = \mu_B - \mu_A$$

であるから，$\mu_A = \mu_B$ のとき $\Delta_r G = 0$ となる．つまり，系は平衡状態となる．このとき，AからBの生成速度と，BからAへの分解速度が同じになり，正味の変化が観測できなくなる(動的平衡)．

問題3の図の点 a の組成では縦軸の交点から $\mu_A(a) > \mu_B(a)$ であり，その傾きは $\Delta_r G < 0$ より，正反応($A \to B$)が自発的に起こる傾向がある．逆に点 c では $\mu_A(c) < \mu_B(c)$ より $\Delta_r G > 0$ であるから，逆反応($A \leftarrow B$)が自発的である．また点 b では $\mu_A(b) = \mu_B(b)$ であるから $\Delta_r G = 0$ となる．この組成はモルギブズエネルギーの谷底に対応する．このように，$\mu_A = \mu_B$ となる反応混合物の組成を見つけることができれば，その状態が反応の終点であることが求められる．

問題5

成分Aは成分Bと次のような関係にある.

   A(反応物) $\rightleftarrows$ B(生成物)

成分Aの化学ポテンシャルを $\mu_A = \mu_A^\ominus + R \cdot T \cdot \ln a_A$, 成分Bの化学ポテンシャルを $\mu_B = \mu_B^\ominus + R \cdot T \cdot \ln a_B$ とする. この反応の反応ギブズエネルギー $\Delta_r G$ を成分A, Bの標準化学ポテンシャルと活量を用いて表しなさい.

解答 $\Delta_r G = (\mu_B^\ominus - \mu_A^\ominus) + R \cdot T \cdot \ln\left(\dfrac{a_B}{a_A}\right)$

解説

$$\Delta_r G = \mu_B - \mu_A = (\mu_B^\ominus + R \cdot T \cdot \ln a_B) - (\mu_A^\ominus + R \cdot T \cdot \ln a_A)$$

$$\Delta_r G = (\mu_B^\ominus - \mu_A^\ominus) + R \cdot T \cdot \ln\left(\dfrac{a_B}{a_A}\right)$$

右辺の第1項は標準化学ポテンシャルの差なので, これを**標準反応ギブズエネルギー** $\Delta_r G^\ominus$ と呼ぶ. さらに次のように**反応商** Q という関数を導入する.

$$\Delta_r G^\ominus = \mu_B^\ominus - \mu_A^\ominus, \qquad Q = \dfrac{a_B(\text{生成物の活量})}{a_A(\text{反応物の活量})}$$

これらを用いると上式は次のように変形できる.

反応ギブズエネルギーを表す全体式　　$\boxed{\Delta_r G = \Delta_r G^\ominus + R \cdot T \cdot \ln Q}$

この式は非常に重要な式であり, 今後, 形を変えて何度も出てくる. 反応商は, 反応式の左側にある反応物が分母に, 右にある生成物が分子に入ることを確認しておこう.

$$\text{反応物} \rightleftarrows \text{生成物} \qquad Q = \dfrac{\text{生成物の活量}}{\text{反応物の活量}}$$

問題6

次のアンモニアの合成反応に関して，
$$N_2(g) + 3H_2(g) \rightleftarrows 2NH_3(g)$$
温度 T における反応ギブズエネルギー $\Delta_r G$ を，各成分の標準化学ポテンシャルと活量を用いて表しなさい．

解答 $\Delta_r G = (2\mu_{NH_3}^{\ominus} - \mu_{N_2}^{\ominus} - 3\mu_{H_2}^{\ominus}) + R \cdot T \cdot \ln\left(\dfrac{a_{NH_3}^2}{a_{N_2} \cdot a_{H_2}^3}\right)$

解説

$$\begin{aligned}
\Delta_r G &= 2 \times \mu_{NH_3} - \mu_{N_2} - 3 \times \mu_{H_2} \\
&= 2 \times (\mu_{NH_3}^{\ominus} + R \cdot T \cdot \ln a_{NH_3}) - (\mu_{N_2}^{\ominus} + R \cdot T \cdot \ln a_{N_2}) - 3 \times (\mu_{H_2}^{\ominus} + R \cdot T \cdot \ln a_{H_2}) \\
&= (2\mu_{NH_3}^{\ominus} - \mu_{N_2}^{\ominus} - 3\mu_{H_2}^{\ominus}) + R \cdot T \cdot (2\ln a_{NH_3} - \ln a_{N_2} - 3\ln a_{H_2}) \\
&= (2\mu_{NH_3}^{\ominus} - \mu_{N_2}^{\ominus} - 3\mu_{H_2}^{\ominus}) + R \cdot T \cdot (\ln a_{NH_3}^2 - \ln a_{N_2} - \ln a_{H_2}^3)
\end{aligned}$$

$$\Delta_r G = (2\mu_{NH_3}^{\ominus} - \mu_{N_2}^{\ominus} - 3\mu_{H_2}^{\ominus}) + R \cdot T \cdot \ln\left(\dfrac{a_{NH_3}^2}{a_{N_2} \cdot a_{H_2}^3}\right)$$

問題5と同様に次のように置き換えれば，

$$\Delta_r G^{\ominus} = 2\mu_{NH_3}^{\ominus} - \mu_{N_2}^{\ominus} - 3\mu_{H_2}^{\ominus} \qquad Q = \dfrac{a_{NH_3}^2}{a_{N_2} \cdot a_{H_2}^3}$$

$$\Delta_r G = \Delta_r G^{\ominus} + R \cdot T \cdot \ln Q$$

である．<u>反応式に現れる量論係数が，反応商では活量の累乗の指数となること</u>に注意しよう．

問題7

アンモニアの合成反応が温度 T で，平衡状態となった．

$$N_2(g) + 3H_2(g) \rightleftarrows 2NH_3(g)$$

標準反応ギブズエネルギー $\Delta_r G^\ominus$ を平衡状態における各成分の活量を用いて表しなさい．

解答 $\Delta_r G^\ominus = -R \cdot T \cdot \ln \left(\dfrac{a_{NH_3}^2}{a_{N_2} \cdot a_{H_2}^3} \right)_{平衡}$

解説

平衡状態では反応ギブズエネルギー $\Delta_r G = 0$ である．

$$\Delta_r G = \Delta_r G^\ominus + R \cdot T \cdot \ln \left(\frac{a_{NH_3}^2}{a_{N_2} \cdot a_{H_2}^3} \right)_{平衡} = 0$$

$$\therefore \Delta_r G^\ominus = -R \cdot T \cdot \ln \left(\frac{a_{NH_3}^2}{a_{N_2} \cdot a_{H_2}^3} \right)_{平衡}$$

平衡状態における反応商 Q は**平衡定数 K** と呼ばれる．

$$Q_{平衡} = 平衡定数 K$$

問題5の式で平衡状態として $\Delta_r G = 0$ とおき，Q を K で置換すると，

$$0 \, (= \Delta_r G) = \Delta_r G^\ominus + R \cdot T \cdot \ln K$$

$$\boxed{\Delta_r G^\ominus = -R \cdot T \cdot \ln K}$$

となる．ここで，標準反応ギブズエネルギー $\Delta_r G^\ominus$ と反応ギブズエネルギー $\Delta_r G$ を混同しないように注意してほしい．平衡定数 K は温度，圧力が決まれば，その名の通り定数であり，それと等号で結びつけられている標準反応ギブズエネルギー $\Delta_r G^\ominus$ も定数である．一方，反応ギブズエネルギー $\Delta_r G$ は反応の進行に伴い変化する変数である．

次の可逆反応が溶液中で起こると考える．

A（反応物）　⇌　B（生成物）

理想状態であるとすると（活量係数 $\gamma = 1$），活量 a の代わりにモル濃度 c を使って表すことができる（$a = \gamma \cdot c = c$）．

$$\mu_J = \mu_J^{\ominus} + R \cdot T \cdot \ln a_J = \mu_J^{\ominus} + R \cdot T \cdot \ln c_J$$

$$\Delta_r G = \Delta_r G^{\ominus} + R \cdot T \cdot \ln Q = (\mu_B^{\ominus} - \mu_A^{\ominus}) + R \cdot T \cdot \ln\left(\frac{c_B}{c_A}\right)$$

$\mu_A^{\ominus}$ と $\mu_B^{\ominus}$ に適当な値を入れて計算したものが下図である．図では話を簡単にするために，系の体積を 1 L，A と B の総物質量を 1 mol とし，横軸は生成物 B のモル濃度（0 から 1 mol·L^{-1}）を表してある．こうすると左の縦軸（$c_B = 0$ mol·L^{-1}）では A のみが存在しており $c_A = 1$ mol·L^{-1} = $c^{\ominus}$ なので，溶質のギブズエネルギーは A の標準化学ポテンシャルに等しく，同様に右の縦軸（$c_B = 1$ mol·L^{-1}）は B の標準化学ポテンシャルに等しい．問題 3 でも解説したが，ギブズエネルギーの組成による変化は，反応物と生成物の標準化学ポテンシャルの位置から，その間にヒモを垂らしたようなイメージになる．反応の進行に伴い A，B の濃度が変化し，ギブズエネルギーが最も小さくなったところで平衡状態となるが，反応物と生成物の標準化学ポテンシャルの差によって，その最下点の位置がどの辺りにくるかが決まる．$\mu_B^{\ominus}$ の値が小さくなるにつれて，平衡状態を示す最下点の組成が，より生成物 B 側にずれていく様子が図より分かるだろう．この関係を表す式が，

$$\Delta_r G^{\ominus} = -R \cdot T \cdot \ln K$$

である．

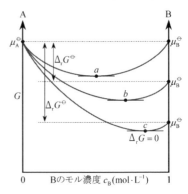

Check Point

$\alpha \cdot A + \beta \cdot B(反応物) \rightleftarrows \gamma \cdot C + \delta \cdot D(生成物)$

▶ 反応ギブズエネルギー $\Delta_r G$：現在の組成における反応物と生成物の化学ポテンシャルの差

$$\Delta_r G = \frac{dG}{dn} = (\gamma \cdot \mu_C + \delta \cdot \mu_D) - (\alpha \cdot \mu_A + \beta \cdot \mu_B)$$

$\Delta_r G < 0$ ならば正反応が，$\Delta_r G > 0$ ならば逆反応が自発的
$\Delta_r G = 0$ ならば平衡状態

▶ 標準反応ギブズエネルギー $\Delta_r G^\ominus$：反応物と生成物の標準化学ポテンシャルの差

$$\Delta_r G^\ominus = (\gamma \cdot \mu_C^\ominus + \delta \cdot \mu_D^\ominus) - (\alpha \cdot \mu_A^\ominus + \beta \cdot \mu_B^\ominus)$$

▶ 反応商 Q $\quad Q = \dfrac{生成物の活量}{反応物の活量} = \dfrac{a_C^\gamma \cdot a_D^\delta}{a_A^\alpha \cdot a_B^\beta}$

反応式の量論係数($\alpha \sim \delta$)は活量の指数となる．

▶ 反応ギブズエネルギーを表す全体式
$\Delta_r G = \Delta_r G^\ominus + R \cdot T \cdot \ln Q$

▶ 平衡定数 K $\quad K = \left(\dfrac{生成物の活量}{反応物の活量}\right)_{平衡} = \left(\dfrac{a_C^\gamma \cdot a_D^\delta}{a_A^\alpha \cdot a_B^\beta}\right)_{平衡}$

▶ <u>標準反応ギブズエネルギーと平衡定数の関係</u>

$$\Delta_r G^\ominus = -R \cdot T \cdot \ln K \quad \ln K = -\frac{\Delta_r G^\ominus}{R \cdot T} \quad K = \exp\left(-\frac{\Delta_r G^\ominus}{R \cdot T}\right)$$

問題 8

ATPがADPに加水分解されるときの標準反応ギブズエネルギーは -30.5 kJ·mol^{-1} である．ATP，ADP，Piの濃度が全て1.00 mmol·L^{-1} のときの 37.0℃ における反応ギブズエネルギーを求めなさい．また，この状態から正反応が自発的に進むかどうか判定しなさい．

解答
-48.3 kJ·mol^{-1} (-4.83×10^4 J·mol^{-1})，自発的に進む

解説

ATP + H$_2$O → ADP + Pi の反応において，溶媒である水は，溶質の濃度が非常に低いので純水に近い．そこで水の活量は1とみなす．

$$a_\text{水} = \gamma_\text{水} \cdot x_\text{水} \approx 1 \quad \because x_\text{水} \approx 1, \gamma_\text{水} \approx 1$$

他の物質は溶質であるから，それらの活量 a は活量係数 γ とモル濃度 c で表せるが，濃度が非常に低いので活量係数 γ を1とし，活量はモル濃度と等しいとする（以降，特に断らない限り，$\gamma = 1$ とする）．

$$a_\text{J} = \gamma_\text{J} \cdot c_\text{J} \approx c_\text{J} \quad \because \gamma_\text{J} \approx 1$$

反応ギブズエネルギーは次のようになる．

$$\Delta_r G = \Delta_r G^\ominus + R \cdot T \cdot \ln Q = \Delta_r G^\ominus + R \cdot T \cdot \ln\left(\frac{[\text{ADP}] \cdot [\text{Pi}]}{[\text{ATP}]}\right)$$

$$= -30.5 \times 10^3 \text{ J} \cdot \text{mol}^{-1}$$

$$+ 8.314 \text{ J} \cdot \text{K}^{-1} \cdot \text{mol}^{-1} \times 310.15 \text{ K} \times \ln\left(\frac{1.00 \times 10^{-3} \times 1.00 \times 10^{-3}}{1.00 \times 10^{-3}}\right)$$

$$= -30500 \text{ J} \cdot \text{mol}^{-1} - 17812.2\cdots \text{ J} \cdot \text{mol}^{-1}$$

$$= -48312.2\cdots \text{ J} \cdot \text{mol}^{-1} = \boxed{-4.83 \times 10^4 \text{ J} \cdot \text{mol}^{-1}} = \boxed{-48.3 \text{ kJ} \cdot \text{mol}^{-1}}$$

$\Delta_r G < 0$ であるから，正反応が自発的に進行する．k(キロ)やm(ミリ)などの接頭語の変換を忘れずに．

問題 9

D-グルコース 6-リン酸（G6P） $\rightleftarrows$ D-フルクトース 6-リン酸（F6P）の 25.0℃における平衡定数 K は 0.50 であった．25.0℃における標準反応ギブズエネルギー $\Delta_r G^\ominus$ を求めなさい．

解答 $1.7 \text{ kJ} \cdot \text{mol}^{-1} (1.7 \times 10^3 \text{ J} \cdot \text{mol}^{-1})$

解説

$$\begin{aligned}
\Delta_r G^\ominus &= -R \cdot T \cdot \ln K \\
&= -8.314 \text{ J} \cdot \text{K}^{-1} \cdot \text{mol}^{-1} \times 298.15 \text{ K} \times \ln 0.50 \\
&= 17\underline{1}8.1 \cdots \text{ J} \cdot \text{mol}^{-1} = \boxed{1.7 \times 10^3 \text{ J} \cdot \text{mol}^{-1}} = \boxed{1.7 \text{ kJ} \cdot \text{mol}^{-1}}
\end{aligned}$$

問題 10

未変性のタンパク質は変性タンパク質と水溶液中で平衡にある．

タンパク質（未変性） $\rightleftarrows$ タンパク質（変性）

次の表はリボヌクレアーゼに関する 1.00 bar での平衡実験の結果である．

温度	未変性	変性
50.0℃	9.97×10^{-4} mol·L^{-1}	2.57×10^{-6} mol·L^{-1}
100.0℃	8.60×10^{-4} mol·L^{-1}	1.40×10^{-4} mol·L^{-1}

(a) 50.0℃ と (b) 100℃ における変性反応の標準反応ギブズエネルギー $\Delta_r G^\ominus$ を求めなさい．ただし，溶液は理想状態であるとする．

解答 (a) 16.0 kJ·mol^{-1} (b) 5.63 kJ·mol^{-1}

解説

(a) $\Delta_r G^\ominus = -R \cdot T \cdot \ln K$

$= -8.314 \text{ J} \cdot \text{K}^{-1} \cdot \text{mol}^{-1} \times 323.15 \text{ K} \times \ln\left(\dfrac{2.57 \times 10^{-6}}{9.97 \times 10^{-4}}\right)$

$= 160\underline{1}4.8\cdots \text{ J} \cdot \text{mol}^{-1} = \boxed{16.0 \text{ kJ} \cdot \text{mol}^{-1}}$

(b) $\Delta_r G^\ominus = -R \cdot T \cdot \ln K$

$= -8.314 \text{ J} \cdot \text{K}^{-1} \cdot \text{mol}^{-1} \times 373.15 \text{ K} \times \ln\left(\dfrac{1.40 \times 10^{-4}}{8.60 \times 10^{-4}}\right)$

$= 563\underline{1}.69\cdots \text{ J} \cdot \text{mol}^{-1} = \boxed{5.63 \text{ kJ} \cdot \text{mol}^{-1}}$

ここまでやってきてだいたい分かったと思うが，ギブズエネルギーは J（ジュール）単位で表すと大きすぎるので，kJ（キロジュール）単位で表した方が便がよい．以降，特に断らない限り kJ を用いる．

問題 11

アルドラーゼは酵素作用によりフルクトース 1,6-ビスリン酸 (FDP) をジヒドロキシアセトンリン酸 (DHAP) とグリセルアルデヒド 3-リン酸 (G3P) に変換する．

FDP $\rightleftarrows$ DHAP + G3P

25.0℃におけるこの反応の標準反応ギブズエネルギーは $\Delta_r G^{\ominus} = 23.8 \text{ kJ·mol}^{-1}$ である．

(a) この反応の 25.0℃における平衡定数 K を求めなさい．

(b) これらの物質の濃度がそれぞれ [FDP] = 35.2 μM, [DHAP] = 129.8 μM, [G3P] = 15.5 μM であるとき，25.0℃における反応ギブズエネルギー $\Delta_r G$ を求めなさい．ただし，溶液は理想状態であるとする．

解答 (a) 6.76×10^{-5} (b) -0.4 kJ·mol^{-1}

解説

(a) $\Delta_r G^{\ominus} = -R \cdot T \cdot \ln K \;\rightarrow\; \ln K = -\dfrac{\Delta_r G^{\ominus}}{R \cdot T} \;\rightarrow\;$

$K = \exp\left(-\dfrac{\Delta_r G^{\ominus}}{R \cdot T}\right) = \exp\left(-\dfrac{23.8 \times 10^3 \text{ J·mol}^{-1}}{8.314 \text{ J·K}^{-1}\text{·mol}^{-1} \times 298.15 \text{ K}}\right)$

$= 6.76376\cdots \times 10^{-5} = \boxed{6.76 \times 10^{-5}}$

(b) $\Delta_r G = \Delta_r G^{\ominus} + R \cdot T \cdot \ln Q$

$= 23.8 \times 10^3 \text{ J·mol}^{-1}$

$\quad + 8.314 \text{ J·K}^{-1}\text{·mol}^{-1} \times 298.15 \text{ K} \times \ln\left(\dfrac{129.8 \times 10^{-6} \times 15.5 \times 10^{-6}}{35.2 \times 10^{-6}}\right)$

$= 23800 \text{ J·mol}^{-1} - 24217.3\cdots \text{ J·mol}^{-1}$

$= -417.3\cdots \text{ J·mol}^{-1} = \boxed{-0.4 \text{ kJ·mol}^{-1}}$

問題 12

アンモニア生成反応に関して,以下の各問に答えなさい.

$$N_2(g) + 3H_2(g) \rightleftarrows 2NH_3(g)$$

(a) 25.0℃における標準反応ギブズエネルギー $\Delta_r G^\ominus$ を求めなさい.ただし,標準生成ギブズエネルギーはそれぞれ次の通りとする.

$N_2(g) : 0 \text{ kJ} \cdot \text{mol}^{-1}$ $H_2(g) : 0 \text{ kJ} \cdot \text{mol}^{-1}$
$NH_3(g) : -16.41 \text{ kJ} \cdot \text{mol}^{-1}$

(b) 25.0℃におけるこの反応の平衡定数 K を求めなさい.

(c) 25.0℃における反応混合物中の各気体の分圧が $p_{N_2} = 0.0500 \text{ bar}$, $p_{H_2} = 0.0500 \text{ bar}$, $p_{NH_3} = 0.950 \text{ bar}$ のとき,反応ギブズエネルギー $\Delta_r G$ を求めなさい.また,この状態から,正反応,逆反応のいずれが自発的に進行するか判定しなさい.

解答 (a) $-32.82 \text{ kJ} \cdot \text{mol}^{-1}$ (b) 5.625×10^5
(c) $-3.4 \text{ kJ} \cdot \text{mol}^{-1}$,正反応

解説

(a) $\Delta_r G^\ominus = 2 \times \Delta_f G^\ominus(NH_3) - \Delta_f G^\ominus(N_2) - 3 \times \Delta_f G^\ominus(H_2)$
$= 2 \times (-16.41) - (0) - 3 \times (0) = \boxed{-32.82 \text{ kJ} \cdot \text{mol}^{-1}}$

(b) $K = \exp\left(-\frac{\Delta_r G^\ominus}{R \cdot T}\right) = \exp\left(-\frac{-32.82 \times 10^3 \text{ J} \cdot \text{mol}^{-1}}{8.314 \text{ J} \cdot \text{K}^{-1} \cdot \text{mol}^{-1} \times 298.15 \text{ K}}\right)$
$= 562516.3\cdots = \boxed{5.625 \times 10^5}$

このように,データ表に標準生成ギブズエネルギーがあれば,そこから標準反応ギブズエネルギーを見積もることができ,平衡定数を予測することができる.

(c) $\Delta_r G = \Delta_r G^\ominus + R \cdot T \cdot \ln Q = -32.82 \times 10^3 \text{ J} \cdot \text{mol}^{-1}$
$\qquad + 8.314 \text{ J} \cdot \text{K}^{-1} \cdot \text{mol}^{-1} \times 298.15 \text{ K} \times \ln\left\{\dfrac{(0.950)^2}{0.0500 \times (0.0500)^3}\right\}$
$= -32820 \text{ J} \cdot \text{mol}^{-1} + 29449.2\cdots \text{ J} \cdot \text{mol}^{-1}$
$= -3370.7\cdots \text{ J} \cdot \text{mol}^{-1} = \boxed{-3.4 \text{ kJ} \cdot \text{mol}^{-1}}$

$\Delta_r G < 0$ であるから,正反応(→)が自発的に進行する.

ここで,自然対数 ln の中身について再度確認しておこう.2-6 節で取り扱ったように,化学ポテンシャル $\mu_J = \mu_J^\ominus + R \cdot T \cdot \ln p_J$ に出てくる p_J は相対圧 $\dfrac{p_J(\text{bar})}{p^\ominus(=1\,\text{bar})} = p_J$ の意味である.圧力の SI 単位は Pa(パスカル)であるが,今回の場合,標準圧力(1 bar = 10^5 Pa)で除した数値を用いなければならない.

問題 13

次の文章中の正しい選択肢を選びなさい.
「触媒によって,反応の平衡定数 K は〔①大きくなる・②変化しない・③小さくなる〕.」

解答　②変化しない

解説

反応を加速させるために,触媒が用いられるが,反応物から生成物への反応が速く進むような別のルートを提供するだけで,反応物や生成物自体に影響を与えるわけではない.標準反応ギブズエネルギー $\Delta_r G^\ominus$ は反応物と生成物の化学ポテンシャルの差によって決まり,$\Delta_r G^\ominus$ が変わらない以上,平衡定数 K も変わらない.

問題14

アンモニア生成反応を生成物側へ推進させるためには，反応容器を圧縮すべきか，それとも膨張すべきか答えなさい．

$$N_2(g) + 3H_2(g) \rightleftarrows 2NH_3(g)$$

解答 圧縮すべき

解説

ル シャトリエの原理「系が平衡にあるとき，<u>外部</u>から平衡を支配する因子(温度，圧力，濃度)を変えると，その<u>影響を緩和する方向</u>に反応が進み，新しい平衡状態になる．」を使って考えよう．

アンモニアの合成では，反応物4分子から生成物2分子ができる．外部から圧力を加えると，系は圧力増加を緩和する方向へいくらか平衡を移動させる．この場合，反応物4分子→生成物2分子の方向に反応が進めば，系の圧力が下がり，外部からの影響を緩和できる．生成物を多く取り出したければ，圧力を掛ける，つまり容器を圧縮した方がよい．ル シャトリエの原理は定性的に考えるときに，非常に便がよいので，しっかりと理解し，身につけておこう．

そこで，平衡状態にある系の体積を仮に半分にした場合，反応ギブズエネルギー $\Delta_r G$ が負になることを確かめてみよう．まず，平衡状態では，反応ギブズエネルギーが0であるから，平衡状態の各成分の分圧を用いて次のように表される．

$$\Delta_r G = \Delta_r G^\ominus + R \cdot T \cdot \ln K$$
$$= \Delta_r G^\ominus + R \cdot T \cdot \ln \left\{ \frac{(p_{NH_3,eq})^2}{(p_{N_2,eq}) \times (p_{H_2,eq})^3} \right\} = 0$$

ここから，容器を圧縮し，体積を半分にすると，各成分の分圧は2倍に

なる.

$$\Delta_r G = \Delta_r G^{\ominus} + R \cdot T \cdot \ln\left\{\frac{(2 \times p_{NH_3,eq})^2}{(2 \times p_{N_2,eq}) \times (2 \times p_{H_2,eq})^3}\right\}$$

$$= \Delta_r G^{\ominus} + R \cdot T \cdot \ln\left\{\frac{1}{4} \times \frac{(p_{NH_3,eq})^2}{(p_{N_2,eq}) \times (p_{H_2,eq})^3}\right\}$$

$$= \Delta_r G^{\ominus} + R \cdot T \cdot \ln\left\{\frac{(p_{NH_3,eq})^2}{(p_{N_2,eq}) \times (p_{H_2,eq})^3}\right\} + R \cdot T \cdot \ln\left(\frac{1}{4}\right)$$

右辺の第1項と第2項の和は0であるから,

$$\Delta_r G = R \cdot T \cdot \ln\left(\frac{1}{4}\right) < 0$$

となり,容器を圧縮することにより反応ギブズエネルギーが負,すなわち,正反応が進行することが確認できる.

Check Point

- 動的平衡：正反応と逆反応が同じ反応速度で進行しているため,何も変化していないように見える状態.
- ル シャトリエの原理：外部の影響(温度,圧力,濃度)を緩和する方向に反応が進み,新たな平衡状態になる.

問題 15

問題 10 の変性反応における標準反応エンタルピー $\Delta_r H^\ominus$ を求めなさい.ただし,標準反応エンタルピー $\Delta_r H^\ominus$ は温度に依存しないものとする.

解答 $83.1 \text{ kJ} \cdot \text{mol}^{-1}$

解説

ファント ホッフの式を用いる.これは次のように導出される.平衡定数 K と標準反応ギブズエネルギー $\Delta_r G^\ominus$ の関係から,

$$\ln K = -\frac{\Delta_r G^\ominus}{R \cdot T} = -\frac{\Delta_r H^\ominus - T \cdot \Delta_r S^\ominus}{R \cdot T} = -\frac{\Delta_r H^\ominus}{R} \cdot \frac{1}{T} + \frac{\Delta_r S^\ominus}{R}$$

となる.温度が異なっても平衡状態ではこの式は成立する.

$$\ln K_1 = -\frac{\Delta_r H^\ominus}{R} \cdot \frac{1}{T_1} + \frac{\Delta_r S^\ominus}{R} \qquad \ln K_2 = -\frac{\Delta_r H^\ominus}{R} \cdot \frac{1}{T_2} + \frac{\Delta_r S^\ominus}{R}$$

この2式の差をとると,

$$\ln K_2 - \ln K_1 = \left(-\frac{\Delta_r H^\ominus}{R} \cdot \frac{1}{T_2} + \frac{\Delta_r S^\ominus}{R} \right) - \left(-\frac{\Delta_r H^\ominus}{R} \cdot \frac{1}{T_1} + \frac{\Delta_r S^\ominus}{R} \right)$$

$$\boxed{\ln K_2 - \ln K_1 = \ln\left(\frac{K_2}{K_1}\right) = -\frac{\Delta_r H^\ominus}{R} \cdot \left(\frac{1}{T_2} - \frac{1}{T_1}\right)}$$

が得られる.これがファント ホッフの式であり,横軸に $1/T$,縦軸に $\ln K$ をプロットしたとき(**ファント ホッフ プロット**),その傾きが $-\Delta_r H^\ominus/R$ であることを示す式である.発熱反応($\Delta_r H^\ominus < 0$)であれば,右上がりのグラフ(a)となり,吸熱反応($\Delta_r H^\ominus > 0$)では右下がりのグラフ(b)となる.

$$\Delta_r H^\ominus = -\frac{R \cdot \ln\left(\dfrac{K_2}{K_1}\right)}{\dfrac{1}{T_2} - \dfrac{1}{T_1}} = -\frac{8.314 \text{ J} \cdot \text{K}^{-1} \cdot \text{mol}^{-1} \times \ln\left(\dfrac{\dfrac{1.40 \times 10^{-4}}{8.60 \times 10^{-4}}}{\dfrac{2.57 \times 10^{-6}}{9.97 \times 10^{-4}}}\right)}{\dfrac{1}{373.15 \text{ K}} - \dfrac{1}{323.15 \text{ K}}}$$

$$= -\frac{8.314 \text{ J} \cdot \text{K}^{-1} \cdot \text{mol}^{-1} \times \ln\left(\dfrac{1.40 \times 10^{-4} \times 9.97 \times 10^{-4}}{8.60 \times 10^{-4} \times 2.57 \times 10^{-6}}\right)}{\dfrac{1}{373.15 \text{ K}} - \dfrac{1}{323.15 \text{ K}}}$$

$$= 83120.9 \cdots \text{ J} \cdot \text{mol}^{-1} = \boxed{83.1 \text{ kJ} \cdot \text{mol}^{-1}}$$

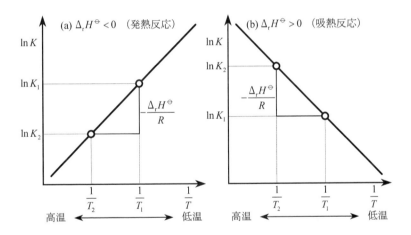

問題 16

次の反応は発熱反応である.平衡状態にある系を加熱した場合,反応物 A,生成物 B のいずれが増えるか答えなさい.

$$A(反応物) \rightleftarrows B(生成物)$$

解答　反応物 A

解説

定性的にはル シャトリエの原理を使うと便がよい.系を外部から加熱すると,系はその影響を緩和しようとして,外部からの熱を吸収する吸熱反応を進める.

外界 $T\uparrow$ $\Leftrightarrow$ 系 $T\downarrow$(吸熱反応)

問題では正反応($A \rightarrow B$)が発熱反応であるので,逆反応($A \leftarrow B$)は吸熱反応である.すなわち,加熱した場合,吸熱反応である逆反応($A \leftarrow B$)が進行する.結果,生成物 B が減り,反応物 A が増える.

ファント ホッフ プロットで考えると,正反応が発熱反応である($\Delta_r H^\ominus < 0$)から,平衡定数の温度依存性は問題 15 の(a)のようなグラフになる.図からもわかるように温度 T が上昇する($1/T$ が小さくなると),$\ln K$ は小さくなる.K が小さくなるということは,反応物が増加し,生成物が減少することを意味する.

$$A(反応物) \xleftarrow[\text{吸熱}]{\text{発熱}} B(生成物)$$

$$K(\downarrow) = \left(\frac{生成物の濃度 c_B(\downarrow)}{反応物の濃度 c_A(\uparrow)} \right)_{平衡}$$

Check Point

$\ln X_2 - \ln X_1 = \ln\left(\dfrac{X_2}{X_1}\right) = -\dfrac{\Delta H}{R} \cdot \left(\dfrac{1}{T_2} - \dfrac{1}{T_1}\right)$ の形になるもの

▶ ファントホッフの式（平衡定数の温度依存性，反応エンタルピー）

$$\ln K_2 - \ln K_1 = \ln\left(\dfrac{K_2}{K_1}\right) = -\dfrac{\Delta_r H^{\ominus}}{R} \cdot \left(\dfrac{1}{T_2} - \dfrac{1}{T_1}\right)$$

▶ クラウジウス−クラペイロンの式
（蒸気圧の温度依存性，蒸発エンタルピー）

$$\ln p_2 - \ln p_1 = \ln\left(\dfrac{p_2}{p_1}\right) = -\dfrac{\Delta_{vap} H}{R} \cdot \left(\dfrac{1}{T_2} - \dfrac{1}{T_1}\right)$$

▶ 溶解度（溶解度（モル分率）の温度依存性，溶解エンタルピー）

$$\ln x_2 - \ln x_1 = \ln\left(\dfrac{x_2}{x_1}\right) = -\dfrac{\Delta_{sol} H}{R} \cdot \left(\dfrac{1}{T_2} - \dfrac{1}{T_1}\right)$$

▶ アレニウスの式（反応速度定数の温度依存性，活性化エネルギー）

$$\ln k_2 - \ln k_1 = \ln\left(\dfrac{k_2}{k_1}\right) = -\dfrac{E_a}{R} \cdot \left(\dfrac{1}{T_2} - \dfrac{1}{T_1}\right)$$

どの式も対数値を $1/T$ に対してプロットすると傾き $-\Delta H/R$ の直線が得られる．

2-8 酸塩基平衡

問題 1

pH をヒドロニウムイオンの活量 ($a_{H_3O^+}$) を用いて表しなさい.

解答

$pH = -\log a_{H_3O^+}$

解説

pH はヒドロニウムイオン H_3O^+ の活量を用いるのが正しい定義である. 一般には濃度が低いので,活量係数 γ を 1 とみなし,そのモル濃度 $[H_3O^+]$ の数値に置き換える.

$$pH = -\log a_{H_3O^+} = -\log\left(\gamma \cdot [H_3O^+]\right) \approx -\log[H_3O^+]$$

ここで,$[H_3O^+]$ は標準濃度 $c^{\ominus} = 1\ mol \cdot L^{-1}$ で割った相対濃度であり,常用対数 log の中身に単位はない.

$$[H_3O^+] = \frac{[H_3O^+]\,(mol \cdot L^{-1})}{c^{\ominus}(= 1\,mol \cdot L^{-1})}$$

問題 2

ある溶液の H_3O^+ のモル濃度が $0.0010\ mol\cdot L^{-1}$ である．この溶液の pH を求めなさい．

解答 3.0

解説

$$\mathrm{pH} = -\log[H_3O^+] = -\log 0.0010 = -\log(1.0\times 10^{-3}) = \boxed{3.0}$$

問題1でも説明したが，log の中身は相対濃度であるから単位はない（$0.0010\ mol\cdot L^{-1} \to 0.0010$）．$0.0010 = 10^{-3}$ であるから，その指数（-3）に負号（$-$）をつけたものが溶液の pH である．

問題 3

ある溶液の pH が 5.5 である．この溶液の $[H_3O^+]$ を求めなさい．

解答 $3.2\times 10^{-6}\ mol\cdot L^{-1}$ （$3.2\ \mu mol\cdot L^{-1}$ も正解）

解説

$-\log[H_3O^+] = \mathrm{pH} = 5.5$

$\log[H_3O^+] = -5.5$

$[H_3O^+] = 10^{-5.5}(\times c^{\ominus}) = 3.1\underline{622}\cdots\times 10^{-6}(mol\cdot L^{-1}) = 3.2\times 10^{-6}(mol\cdot L^{-1})$

上の式では（ ）内で表記したが，相対濃度をモル濃度に戻す際には標準濃度 $c^{\ominus} = 1\ mol\cdot L^{-1}$ を掛けるので，答えには単位が付く．

問題4

酢酸の pK_a は 4.76 である．25.0℃における 0.0100 mol·L^{-1} の酢酸水溶液の pH を計算しなさい．

解答 3.38

解説

弱酸 HA は水溶液中で次のような平衡状態にある．

$$HA(aq) + H_2O(l) \rightleftarrows H_3O^+(aq) + A^-(aq)$$
(酸) + (水) $\rightleftarrows$ (ヒドロニウムイオン) + (共役塩基)

上の平衡反応において正反応(→)が起こると，HA は H_2O にプロトン H^+ を与えるので**酸**である．逆反応(←)が起こると，A^- は H_3O^+ から H^+ を受け取るので**塩基**であり，正反応と共役しているので，A^- は HA の**共役塩基**という．この反応の平衡定数は，

$$K = \frac{a_{H_3O^+} \cdot a_{A^-}}{a_{HA} \cdot a_{H_2O}}$$

と書ける．ここで，水の活量 $a_{H_2O} = 1$ としたものが，**酸定数** K_a である．希薄溶液のため，全ての溶質の活量係数を1と近似すれば，モル濃度で表記できる．

$$K_a = \frac{a_{H_3O^+} \cdot a_{A^-}}{a_{HA}} \approx \frac{[H_3O^+][A^-]}{[HA]}$$

この酸定数 K_a の常用対数に負号(−)をつけたものが pK_a である．

$$pK_a = -\log K_a = -\log \left(\frac{[H_3O^+] \cdot [A^-]}{[HA]} \right)$$

弱酸の場合，電離するのはごく一部であるから，[HA] は仕込んだ物質のモル濃度([A]$_0$)に等しいと近似できる．

2-8 酸塩基平衡

$$[HA] \approx [A]_0 \qquad \cdots(1)$$

また，電荷均衡則より $[H_3O^+] = [A^-] + [OH^-]$ が成立するが，酸性条件下では $[H_3O^+] \gg [OH^-]$ だから(例えば pH = 5 なら，$[H_3O^+] = 10^{-5}\,\text{mol·L}^{-1}$，$[OH^-] = 10^{-9}\,\text{mol·L}^{-1}$ と $10^4 = 10000$ 倍も違う)，

$$[A^-] = [H_3O^+] - [OH^-] \approx [H_3O^+] \qquad \cdots(2)$$

と近似できる．したがって，酸定数は次のように変形できる．

$$K_a = \frac{[H_3O^+][A^-]}{[HA]} \approx \frac{[H_3O^+]^2}{[A]_0} \rightarrow [H_3O^+] = \left(K_a \cdot [A]_0\right)^{\frac{1}{2}}$$

$$\text{pH} = -\log[H_3O^+] = -\log\left(K_a \cdot [A]_0\right)^{\frac{1}{2}}$$

$$\boxed{\text{pH} = \frac{1}{2}\,\text{p}K_a - \frac{1}{2}\log[A]_0}$$

この式を丸暗記しようとすると間違えるもとなので，酸定数で近似する箇所((1)，(2))を覚え，そこから導くようにするとよい．

電離度 α を用いるやり方でも同じである．

$$\text{HA} \rightleftarrows \text{H}^+ + \text{A}^-$$
$$c\cdot(1-\alpha) \quad c\cdot\alpha \quad c\cdot\alpha$$

$$K_a = \frac{[H^+][A^-]}{[HA]} = \frac{c\cdot\alpha \times c\cdot\alpha}{c\cdot(1-\alpha)} = \frac{c\cdot\alpha^2}{1-\alpha} \approx c\cdot\alpha^2 \quad \because \alpha \ll 1 \rightarrow 1-\alpha \approx 1$$

$$\alpha = \sqrt{\frac{K_a}{c}} \qquad [H^+] = c\cdot\alpha = c\cdot\sqrt{\frac{K_a}{c}} = \sqrt{K_a \cdot c}$$

$$\text{pH} = \frac{1}{2}\,\text{p}K_a - \frac{1}{2}\log[A]_0 = \frac{1}{2} \times 4.76 - \frac{1}{2}\log 0.0100$$

$$= \frac{1}{2} \times 4.76 - \frac{1}{2} \times (-2.00) = \boxed{3.38}$$

電卓を使ってもよいが，これくらいは暗算でも計算できるだろう．

問題 5

ある溶液の OH^- のモル濃度が $0.0100 \text{ mmol·L}^{-1}$ である。この溶液の 25.0℃ における pH を求めなさい。

解答 9.00

解説

pH と同様に，pOH の概念を使うとよい．

$$\text{pOH} = -\log a_{OH^-} = -\log[OH^-]$$
$$= -\log(0.0100 \times 10^{-3}) = -\log(1.00 \times 10^{-5}) = 5.00$$

酸や塩基を加えない場合でも，水分子間でプロトン移動が起こっており，水は次のような電離平衡の状態にある．

$$2H_2O(l) \; \rightleftarrows \; H_3O^+(aq) + OH^-(aq) \qquad K = \frac{a_{H_3O^+} \cdot a_{OH^-}}{a_{H_2O}^2}$$

酸定数と同様に，水の活量 $a_{H_2O} = 1$ とし，省略したものが，水のイオン積（または自己プロトリシス定数）K_w である．K_w は 25.0℃では，

$$K_w = a_{H_3O^+} \cdot a_{OH^-} = 1.00 \times 10^{-14}$$

である．両辺の常用対数をとり，負号（−）をつけると，

$$-\log K_w = -\log(a_{H_3O^+} \cdot a_{OH^-}) = (-\log a_{H_3O^+}) + (-\log a_{OH^-})$$

$$\boxed{pK_w = \text{pH} + \text{pOH} = 14.00 \; (25.0℃)}$$

と表される．したがって，

$$\text{pH} = pK_w - \text{pOH} = 14.00 - 5.00 = \boxed{9.00}$$

問題6

25.0℃におけるアンモニアの pK_b は 4.75 である．共役酸の pK_a を求めなさい．

解答　9.25

解説

弱塩基 B の電離平衡は以下のように書け，水の活量 $a_{H_2O} = 1$ としたものが，**塩基定数** K_b である．酸定数のときと同様に，全ての活量係数を 1 と近似すれば，モル濃度で表記できる．

$$B(aq) + H_2O(l) \;\rightleftarrows\; BH^+(aq) + OH^-(aq)$$

$$K = \frac{a_{BH^+} \cdot a_{OH^-}}{a_B \cdot a_{H_2O}} \quad K_b = \frac{a_{BH^+} \cdot a_{OH^-}}{a_B} \approx \frac{[BH^+][OH^-]}{[B]} \quad pK_b = -\log K_b$$

塩基の共役酸である BH^+ の電離平衡は，

$$BH^+(aq) + H_2O(l) \;\rightleftarrows\; H_3O^+(aq) + B(aq)$$

となる．この酸定数は次のようになる．

$$K_a = \frac{a_{H_3O^+} \cdot a_B}{a_{BH^+}} \approx \frac{[H_3O^+][B]}{[BH^+]}$$

そこで，K_a と K_b を掛けると次式が得られる．

$$K_a \times K_b = \frac{a_{H_3O^+} \cdot a_B}{a_{BH^+}} \times \frac{a_{BH^+} \cdot a_{OH^-}}{a_B} = a_{H_3O^+} \cdot a_{OH^-} = K_w$$

この両辺の常用対数をとり，負号 $(-)$ をつけると次のようになる．

$$-\log(K_a \times K_b) = -\log K_a - \log K_b = -\log K_w$$

$$\boxed{pK_a + pK_b = pK_w}$$

$$pK_a = pK_w - pK_b = 14.00 - 4.75 = \boxed{9.25}$$

問題 7

25.0℃における 0.0100 mol·L^{-1} のアンモニア(pK_b = 4.75)水溶液の pH を計算しなさい.

解答 10.63

解説

アンモニアのような弱塩基の場合, pOH を求めて, そこから pH を求めるとよい. 問題 4 と同様に近似し, 変形していく.

$$B(aq) + H_2O(l) \rightleftarrows BH^+(aq) + OH^-(aq)$$

$$K_b = \frac{[BH^+][OH^-]}{[B]} \approx \frac{[OH^-]^2}{[B]_0} \rightarrow [OH^-] = (K_b \cdot [B]_0)^{\frac{1}{2}}$$

$$pOH = -\log[OH^-] = -\log(K_b \cdot [B]_0)^{\frac{1}{2}}$$

$$\boxed{pOH = \frac{1}{2} pK_b - \frac{1}{2} \log[B]_0}$$

こうしておくと, 式の形が弱酸と同じになることが分かるだろう (pH → pOH, a → b, A → B と変わっただけ).

$$pOH = \frac{1}{2} \times 4.75 - \frac{1}{2} \times \log 0.0100 = \frac{1}{2} \times 4.75 - \frac{1}{2} \times (-2.00) = 3.37\underline{5}$$

$$pH = 14 - 3.37\underline{5} = 10.62\underline{5} = \boxed{10.63}$$

直接求める式は上の式から次のようになる.

$$pK_w - pH = \frac{1}{2} pK_b - \frac{1}{2} \log[B]_0$$

$$pH = pK_w - \frac{1}{2} pK_b + \frac{1}{2} \log[B]_0$$

2-8 酸塩基平衡

酸定数と塩基定数が出てきたので，酸塩基の分類をしておこう．

弱酸	$K_a < 1$	$pK_a > 0$
強酸	$K_a > 1$	$pK_a < 0$
弱塩基	$K_b < 1$	$pK_b > 0$
強塩基	$K_b > 1$	$pK_b < 0$

問題8

37.0℃における $K_w = 2.4 \times 10^{-14}$ である．37℃における純水のpHを求めなさい．

解答 6.8

解説

純水では $[H_3O^+] = [OH^-]$ である．

$$K_w = [H_3O^+] \cdot [OH^-] = [H_3O^+]^2 = 2.4 \times 10^{-14}$$

$$[H_3O^+] = \sqrt{2.4 \times 10^{-14}}$$

$$pH = -\log(\sqrt{2.4 \times 10^{-14}}) = 6.8098\cdots = \boxed{6.8}$$

このように温度が高くなると，水は電離しやすくなり H_3O^+ のモル濃度が高くなるため，pHは低下する．OH^- のモル濃度も同時に高くなるが，pHはあくまで，H_3O^+ のモル濃度（正確には活量）の関数である．

問題9

$25.0℃$ で $K_w = 1.0 \times 10^{-14}$, $37℃$ で $K_w = 2.4 \times 10^{-14}$ である. このデータから水の自己プロトリシス反応の反応エンタルピーを求めなさい.

解答 $56 \text{ kJ} \cdot \text{mol}^{-1}$

解説

$$2H_2O(l) \rightleftarrows H_3O^+(aq) + OH^-(aq)$$

の反応エンタルピーを求めるには, ファントホッフの式を使う.

$$\ln K_2 - \ln K_1 = \ln\left(\frac{K_2}{K_1}\right) = -\frac{\Delta_r H^\ominus}{R} \cdot \left(\frac{1}{T_2} - \frac{1}{T_1}\right)$$

$$\Delta_r H^\ominus = -\frac{R \cdot \ln\left(\frac{K_2}{K_1}\right)}{\frac{1}{T_2} - \frac{1}{T_1}}$$

$$= -\frac{8.314 \text{ J} \cdot \text{K}^{-1} \cdot \text{mol}^{-1} \times \ln\left(\frac{2.4 \times 10^{-14}}{1.0 \times 10^{-14}}\right)}{\frac{1}{310.15 \text{ K}} - \frac{1}{298.15 \text{ K}}}$$

$$= 56088.7 \cdots \text{ J} \cdot \text{mol}^{-1} = \boxed{56 \text{ kJ} \cdot \text{mol}^{-1}}$$

酸と塩基を反応させる中和反応 ($H_3O^+ + OH^- \to 2H_2O$) は発熱反応である. 自己プロトリシス反応はその逆反応であるから, 吸熱反応 ($\Delta H^\ominus > 0$) であり, ルシャトリエの原理からも説明されるように, 高温になると吸熱反応である正反応 ($2H_2O \to H_3O^+ + OH^-$) が進行する. つまり, 高温になるほど, 生成物である H_3O^+ が増加し, pH が低くなる. 水の pH は 7, と思い込みがちだが, それは 25℃ のときだけである.

平衡反応における標準反応ギブズエネルギーは次のように書ける.

$$\Delta_r G^\ominus = -R \cdot T \cdot \ln K = (R \cdot T \cdot \ln 10) \times pK$$

つまり，pK_a や pK_b を取り扱うということは，実は $\Delta_r G^\ominus$ を，形を変えて取り扱っているのと同じことなのである．

Check Point

- $pH = -\log a_{H_3O^+} \approx -\log([H_3O^+])$
- $pK_w = pH + pOH = 14.00\,(25.0℃)$
  温度が上がると水は H_3O^+ と OH^- に電離しやすくなり pH が下がる.
- 酸定数　$K_a = \dfrac{[H_3O^+][A^-]}{[HA]}$　　$pK_a = -\log K_a$

  塩基定数　$K_b = \dfrac{[BH^+][OH^-]}{[B]}$　　$pK_b = -\log K_b$

  $K_a \times K_b = K_w$　　$pK_a + pK_b = pK_w$
- 弱酸の pH　　　$pH = \dfrac{1}{2} pK_a - \dfrac{1}{2} \log[A]_0$
- 弱塩基の pH　　$pOH = \dfrac{1}{2} pK_b - \dfrac{1}{2} \log[B]_0$

  　　　　　　　　$pH = pK_w - \dfrac{1}{2} pK_b + \dfrac{1}{2} \log[B]_0$

問題 10

酢酸 0.300 mol と酢酸ナトリウム 0.600 mol を水に溶解し,正確に 1 L とした. 25.0℃ における水溶液の pH を求めなさい. ただし,酢酸の pK_a = 4.76 である.

解答 5.06

解説

問題 4 では [A$^-$] がほとんどない,という前提で近似し,式を導いた. 今回は水溶液中で次の 2 つの反応が起こっている.

$\mathrm{CH_3COONa(aq)} \rightarrow \mathrm{Na^+(aq)} + \mathrm{CH_3COO^-(aq)}$ ⋯(1)

$\mathrm{CH_3COOH(aq)} + \mathrm{H_2O(l)} \rightleftarrows \mathrm{H_3O^+(aq)} + \mathrm{CH_3COO^-(aq)}$ ⋯(2)

水溶液の中に酢酸ナトリウム由来の酢酸イオンが存在する (1) ことによって,酢酸の電離反応 (2) は逆反応が進むため (ル シャトリエの原理),酢酸から生じる酢酸イオンはほとんどない. 化学平衡を取り扱う上で重要なのは,<u>存在する化学種個々の活量(濃度)が変化しても,温度,圧力が一定であれば平衡定数 K は変わらない</u>という点である. つまり,溶液中に酢酸と酢酸イオンが共存する限り,酢酸の電離反応 (2) に関する平衡定数の式が依然として成立する.

酸の電離反応から順に変形していく.

$\mathrm{HA(aq)} + \mathrm{H_2O(l)} \rightleftarrows \mathrm{H_3O^+(aq)} + \mathrm{A^-(aq)}$

$K_a = \dfrac{a_{\mathrm{H_3O^+}} \cdot a_{\mathrm{A^-}}}{a_{\mathrm{HA}}} \approx \dfrac{[\mathrm{H_3O^+}][\mathrm{A^-}]}{[\mathrm{HA}]}$

両辺の常用対数をとって負号をつけ,変形する.

2-8 酸塩基平衡

$$pK_a = -\log K_a = -\log\left(\frac{[H_3O^+]\cdot[A^-]}{[HA]}\right)$$

$$= -\log[H_3O^+] - \log\left(\frac{[A^-]}{[HA]}\right)$$

$$\boxed{pK_a = pH - \log\left(\frac{[A^-]}{[HA]}\right)} \quad \rightarrow \quad pH = pK_a + \log\left(\frac{[A^-]}{[HA]}\right)$$

これが**ヘンダーソン-ハッセルバルクの式**であるが，これは簡単に導くことができるので，平衡定数のルールから毎回導くようにするとよい．なまじ暗記しようとすると，＋，－の符号や対数の中身の分子分母が逆になって覚えたりする．

酢酸ナトリウムは電離するため，$[A^-]$ = 仕込みの酢酸ナトリウムのモル濃度 = 0.600 mol·L^{-1}，また，酢酸はほとんど電離しないので，$[HA]$ = 仕込みの酢酸のモル濃度 = 0.300 mol·L^{-1} と考えるとよい．

$$pH = pK_a + \log\left(\frac{[A^-]}{[HA]}\right) = 4.76 + \log\left(\frac{0.600}{0.300}\right)$$

$$= 4.76 + 0.30\underline{102}\cdots = 5.06\underline{102}\cdots = \boxed{5.06}$$

Check Point

▶ ヘンダーソン－ハッセルバルクの式
（暗記せずに必要なときに導出しよう）

$$pK_a = pH - \log\left(\frac{[A^-]}{[HA]}\right) = pH - \log\left(\frac{[\text{塩基}]}{[\text{酸}]}\right)$$

$$pH = pK_a + \log\left(\frac{[A^-]}{[HA]}\right) = pK_a + \log\left(\frac{[\text{塩基}]}{[\text{酸}]}\right)$$

問題11

100.0 mmol の酢酸を含む水溶液に 20.0 mmol の水酸化ナトリウムを加えたのち，水を加えて正確に 1 L とした．25.0℃における水溶液の pH を求めなさい．ただし，酢酸の pK_a = 4.76 である．

解答 4.16

解説

NaOH を加えることによって，次の中和反応が起こり，塩が生じる．

$CH_3COOH(aq) + NaOH(aq) \rightarrow CH_3COONa(aq) + H_2O(l)$

中和反応によって生じる塩と，未反応の酸の量を見積もれば，問題 10 と同じである．

	CH_3COOH +	NaOH	→ CH_3COONa + H_2O
反応前	100.0 mmol	20.0 mmol	0 mol
反応後	80.0 mmol	0 mol	20.0 mmol

NaOH が 20.0 mmol しかないので，これが 20.0 mmol の酢酸と反応し，酢酸 Na が 20.0 mmol 生じる（水中では電離するので，酢酸イオンと Na$^+$ として存在する）．また，残りの 80.0 mmol の酢酸が未反応のまま，1 L の溶液中に残る．したがって，

$$\begin{aligned}
pH &= pK_a + \log\left(\frac{[A^-]}{[HA]}\right) \\
&= 4.76 + \log\left(\frac{0.0200}{0.0800}\right) = 4.76 - 0.602059\cdots \\
&= 4.15794\cdots = \boxed{4.16}
\end{aligned}$$

問題 12

0.100 mol·L^{-1} の酢酸ナトリウム水溶液の 25.0℃ における pH を求めなさい．ただし，酢酸の pK_a = 4.76 である．

解答 8.88

解説

酢酸ナトリウムの電離によって生じた酢酸イオンは水と反応し，プロトンを受け取る塩基として働き，OH$^-$ を遊離させるので水溶液は塩基性となる．

$CH_3COONa(aq) \rightarrow Na^+(aq) + CH_3COO^-(aq)$

$CH_3COO^-(aq) + H_2O(l) \rightleftarrows CH_3COOH(aq) + OH^-(aq)$

つまり，弱塩基を溶解した場合と同じ計算をすればよい．pK_a = 4.76 であるから，pK_b = 14.00 − 4.76 = 9.24 である．

$$\text{pOH} = \frac{1}{2}\text{p}K_b - \frac{1}{2}\log[\text{B}]_0$$
$$= \frac{1}{2} \times 9.24 - \frac{1}{2} \times \log 0.100 = 5.12$$

pH = 14.00 − pOH = 14.00 − 5.12 = $\boxed{8.88}$

問題 13

弱酸 HA(pK_a = 4.0)を含む水溶液に NaOH を加え, (a) pH 3.0, (b) pH 4.0, (c) pH 5.0 の水溶液を各 1 L 調製した. これらの水溶液に含まれる HA と A^- のモル濃度比($[A^-]/[HA]$)を求めなさい.

解答・解説

ヘンダーソン–ハッセルバルクの式を用いると, 溶液中に存在する酸 HA と塩基 A^- のモル濃度比を計算することができる.

$$pK_a = pH - \log\left(\frac{[A^-]}{[HA]}\right) \rightarrow \log\left(\frac{[A^-]}{[HA]}\right) = pH - pK_a$$

$$\rightarrow \boxed{\frac{[A^-]}{[HA]} = 10^{pH - pK_a}}$$

(a) $\dfrac{[A^-]}{[HA]} = 10^{3.0-4.0} = 10^{-1.0} = \boxed{\dfrac{1}{10}}$ (b) $\dfrac{[A^-]}{[HA]} = 10^{4.0-4.0} = 10^0 = \boxed{1}$

(c) $\dfrac{[A^-]}{[HA]} = 10^{5.0-4.0} = 10^{1.0} = \boxed{10}$

<u>pH = pK_a では分子型 HA(酸)とイオン型 A^-(塩基)のモル濃度が等しい</u>. pH < pK_a では HA(酸)が多く, pH > pK_a では A^-(塩基)が多い.

pH が低い状態では, 溶液中に H^+(H_3O^+)がたくさん存在している. そのため, 溶液中に存在する化学種も H^+ をもった形, つまり, HA(酸形)が多くなる. 逆に pH が高いと, 溶液中に H^+(H_3O^+)がほとんど存在しないため, 化学種も H^+ をもたない形, つまり, A^-(塩基)が多くなる.

Check Point

▶ 酸, 塩基の割合と pH

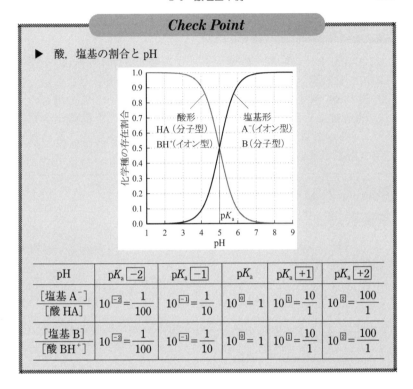

pH	pK_a $\boxed{-2}$	pK_a $\boxed{-1}$	pK_a	pK_a $\boxed{+1}$	pK_a $\boxed{+2}$
$\dfrac{[\text{塩基 A}^-]}{[\text{酸 HA}]}$	$10^{\boxed{-2}}=\dfrac{1}{100}$	$10^{\boxed{-1}}=\dfrac{1}{10}$	$10^{\boxed{0}}=1$	$10^{\boxed{1}}=\dfrac{10}{1}$	$10^{\boxed{2}}=\dfrac{100}{1}$
$\dfrac{[\text{塩基 B}]}{[\text{酸 BH}^+]}$	$10^{\boxed{-2}}=\dfrac{1}{100}$	$10^{\boxed{-1}}=\dfrac{1}{10}$	$10^{\boxed{0}}=1$	$10^{\boxed{1}}=\dfrac{10}{1}$	$10^{\boxed{2}}=\dfrac{100}{1}$

 pHが活量(モル濃度)の常用対数の関数であることに注意すること. pH の pK_a からのずれが, [塩基] / [酸] のモル濃度比の10の指数となる. pK_a から pH が2小さくなると, ほとんど酸のみ(酸:塩基 = 100:1)となり, 逆に pH が2大きくなると, ほとんど塩基のみ(酸:塩基 = 1:100)となる. そこで, 選択肢が示してある客観試験の場合, pH が pK_a から2以上ずれた場合, HA または A^- のみしか存在しないと近似して計算すればよい.

問題 14

$0.100 \text{ mol} \cdot \text{L}^{-1}$ の酢酸-酢酸ナトリウム緩衝液(pH = 5.00)を正確に1L調製したい.それぞれ何gずつ必要か計算しなさい.酢酸のpK_a = 4.76,温度は25.0℃とする.ただし,この場合の$0.100 \text{ mol} \cdot \text{L}^{-1}$とは酢酸(モル質量 60.05 $\text{g} \cdot \text{mol}^{-1}$)と酢酸ナトリウム(モル質量 82.03 $\text{g} \cdot \text{mol}^{-1}$)の合計モル濃度を表し,有効数字3桁まで求めなさい.

解答 酢酸 2.19 g,酢酸ナトリウム 5.21 g

解説

まず,pH = 5.00 における酢酸 [HA] と酢酸ナトリウム [A$^-$] のモル濃度比を計算する.

$$pK_a = pH - \log\left(\frac{[A^-]}{[HA]}\right) \quad \rightarrow \quad 4.76 = 5.00 - \log\left(\frac{[A^-]}{[HA]}\right)$$

$$\log\left(\frac{[A^-]}{[HA]}\right) = 0.24 \quad \rightarrow \quad \frac{[A^-]}{[HA]} = 10^{0.24}$$

$$\rightarrow \quad \therefore [A^-] = 10^{0.24} \times [HA]$$

合計モル濃度が $0.100 \text{ mol} \cdot \text{L}^{-1}$ であるから,次のようになる.

$$[A^-] + [HA] = 10^{0.24} \times [HA] + [HA]$$
$$= (1 + 10^{0.24}) \times [HA] = 0.100 \text{ mol} \cdot \text{L}^{-1}$$

$$[HA] = \frac{0.100}{1 + 10^{0.24}} \text{ mol} \cdot \text{L}^{-1} \qquad [A^-] = \frac{10^{0.24} \times 0.100}{1 + 10^{0.24}} \text{ mol} \cdot \text{L}^{-1}$$

液量は1Lであるので,各質量は次のように求められる.

$$m_{HA} = \frac{0.100}{1 + 10^{0.24}} \text{ mol} \cdot \text{L}^{-1} \times 1 \text{ L} \times 60.05 \text{ g} \cdot \text{mol}^{-1}$$
$$= 2.19336 \cdots \text{ g} = \boxed{2.19 \text{ g}}$$

$$m_{A^-} = \frac{10^{0.24} \times 0.100}{1 + 10^{0.24}} \text{ mol} \cdot \text{L}^{-1} \times 1 \text{ L} \times 82.03 \text{ g} \cdot \text{mol}^{-1}$$
$$= 5.20679 \cdots \text{ g} = \boxed{5.21 \text{ g}}$$

問題 15

0.100 mol·L^{-1}のアンモニア－塩化アンモニウム緩衝液(pH = 9.00)を正確に1L調製したい．それぞれ何 mol ずつ必要か計算しなさい(有効数字3桁まで)．ただし，アンモニアの pK_b = 4.75 とする．

解答・解説

共役酸であるアンモニウムイオンを反応物として電離反応を書くと次のようになる．

$$NH_4^+(aq) + H_2O(l) \rightleftarrows H_3O^+(aq) + NH_3(aq)$$

また，pK_a = pK_w − pK_b = 14 − 4.75 = 9.25 であるから，次のように求められる．

$$9.25 = 9.00 - \log\left(\frac{[NH_3]}{[NH_4^+]}\right) \rightarrow [NH_3] = 10^{-0.25} \times [NH_4^+]$$

$$[NH_3] + [NH_4^+] = (1 + 10^{-0.25})[NH_4^+] = 0.100 \text{ mol·L}^{-1}$$

$$n(NH_4^+) = \frac{0.100}{1 + 10^{-0.25}} \text{ mol·L}^{-1} \times 1 \text{ L}$$
$$= 0.0640064\cdots \text{ mol} = \boxed{0.0640 \text{ mol}} = \boxed{64.0 \text{ mmol}}$$

$$n(NH_3) = \frac{10^{-0.25} \times 0.100}{1 + 10^{-0.25}} \text{ mol·L}^{-1} \times 1 \text{ L}$$
$$= 0.0359935\cdots \text{ mol} = \boxed{0.0360 \text{ mol}} = \boxed{36.0 \text{ mmol}}$$

問題 16

H_2A は水溶液中で以下のように電離し,$pK_{a1} = 3.0$,$pK_{a2} = 5.0$ である.

$$H_2A + H_2O \rightleftarrows H_3O^+ + HA^- \quad (pK_{a1} = 3.0)$$
$$HA^- + H_2O \rightleftarrows H_3O^+ + A^{2-} \quad (pK_{a2} = 5.0)$$

pH = 4.3,3.0×10^{-1} mol·L^{-1} の H_2A 水溶液に含まれる分子種 (a) H_2A,(b) HA^-,(c) A^{2-} の各モル濃度を求めなさい(有効数字 2 桁まで).

解答
(a) 0.012 mol·L^{-1} (b) 0.24 mol·L^{-1} (c) 0.048 mol·L^{-1}

解説

1つひとつの電離平衡を丁寧に書いて,モル濃度比を求める.

(1) $H_2A + H_2O \rightleftarrows H_3O^+ + HA^-$

$$K_{a1} = \frac{[H_3O^+]\cdot[HA^-]}{[H_2A]} \quad \rightarrow \quad pK_{a1} = pH - \log\left(\frac{[HA^-]}{[H_2A]}\right)$$

$$\rightarrow \quad 3.0 = 4.3 - \log\left(\frac{[HA^-]}{[H_2A]}\right) \quad \rightarrow \quad \frac{[HA^-]}{[H_2A]} = 10^{1.3}$$

$$\rightarrow \quad \frac{[H_2A]}{[HA^-]} = \frac{1}{10^{1.3}} = 10^{-1.3}$$

$$\rightarrow \quad \therefore [H_2A] = 10^{-1.3} \times [HA^-]$$

(2) $HA^- + H_2O \rightleftarrows H_3O^+ + A^{2-}$

$$K_{a2} = \frac{[H_3O^+]\cdot[A^{2-}]}{[HA^-]} \quad \rightarrow \quad pK_{a2} = pH - \log\left(\frac{[A^{2-}]}{[HA^-]}\right)$$

$$\rightarrow \quad 5.0 = 4.3 - \log\left(\frac{[A^{2-}]}{[HA^-]}\right) \quad \rightarrow \quad \frac{[A^{2-}]}{[HA^-]} = 10^{-0.7}$$

$$\rightarrow \quad \therefore [A^{2-}] = 10^{-0.7} \times [HA^-]$$

2-8 酸塩基平衡

全ての分子種の合計モル濃度が $3.0 \times 10^{-1}\,\mathrm{mol \cdot L^{-1}}$ であるから,

$$[\mathrm{H_2A}] + [\mathrm{HA^-}] + [\mathrm{A^{2-}}]$$
$$= 10^{-1.3} \times [\mathrm{HA^-}] + [\mathrm{HA^-}] + 10^{-0.7} \times [\mathrm{HA^-}]$$
$$= (10^{-1.3} + 1 + 10^{-0.7}) \times [\mathrm{HA^-}] = 3.0 \times 10^{-1}\,\mathrm{mol \cdot L^{-1}}$$

$$[\mathrm{HA^-}] = \frac{3.0 \times 10^{-1}\,\mathrm{mol \cdot L^{-1}}}{10^{-1.3} + 1 + 10^{-0.7}}$$
$$= 0.24006 \cdots \mathrm{mol \cdot L^{-1}} = \boxed{0.24\,\mathrm{mol \cdot L^{-1}}}$$

これから, 残りの分子種のモル濃度がそれぞれ次のように求められる.

$$[\mathrm{H_2A}] = 10^{-1.3} \times [\mathrm{HA^-}]$$
$$= 0.012031 \cdots \mathrm{mol \cdot L^{-1}} = \boxed{0.012\,\mathrm{mol \cdot L^{-1}}}$$
$$[\mathrm{A^{2-}}] = 10^{-0.7} \times [\mathrm{HA^-}]$$
$$= 0.047899 \cdots \mathrm{mol \cdot L^{-1}} = \boxed{0.048\,\mathrm{mol \cdot L^{-1}}}$$

問題 17

ヒスチジンは水溶液中で以下のように電離し，$pK_1 = 1.82$，$pK_2 = 6.00$，$pK_3 = 9.16$ である．

$HisH_3^{2+} + H_2O \rightleftarrows H_3O^+ + HisH_2^+$ （$pK_1 = 1.82$）
$HisH_2^+ + H_2O \rightleftarrows H_3O^+ + HisH$ （$pK_2 = 6.00$）
$HisH + H_2O \rightleftarrows H_3O^+ + His^-$ （$pK_3 = 9.16$）

pH = 6.20 で，0.10 mol·L^{-1} となるようにヒスチジンを溶解した．この溶液に含まれる (a) $HisH_2^+$ と (b) HisH のモル濃度をそれぞれ計算しなさい（有効数字 2 桁まで）．

解答
(a) 0.039 mol·L^{-1} (b) 0.061 mol·L^{-1}

解説

1 段目の電離平衡の pK_1 は 1.82 であるから，pH = 6.20 の水溶液中では $HisH_3^{2+}$ は $HisH_2^+$ の $10^{4.38} = 23988$ 分の 1 しか存在しないので無視する．同様に，3 段目の電離平衡の pK_3 は 9.16 であるから，pH = 6.20 の水溶液中では His^- は HisH の $10^{2.96} = 912$ 分の 1 しか存在しない．有効数字が 2 桁であるから，これも無視してよいだろう．結局，2 段目の電離平衡だけを考えればよい．$HisH_2^+$：A，HisH：B という記号を用いると，

$$pK_a = pH - \log\left(\frac{[B]}{[A]}\right) \rightarrow 6.00 = 6.20 - \log\left(\frac{[B]}{[A]}\right)$$

$$\rightarrow \frac{[B]}{[A]} = 10^{0.20} \rightarrow \therefore [B] = 10^{0.20} \times [A]$$

$$[A] + [B] = (1 + 10^{0.20}) \times [A] = 0.10 \text{ mol·L}^{-1}$$

$$[A] = \frac{0.10}{(1 + 10^{0.20})} = 0.038686\cdots \text{ mol·L}^{-1} = \boxed{0.039 \text{ mol·L}^{-1}}$$

$$[B] = 10^{0.20} \times [A] = 0.061313\cdots \text{ mol·L}^{-1} = \boxed{0.061 \text{ mol·L}^{-1}}$$

問題 18

塩化銀 AgCl の溶解度定数(溶解度積)は 1.77×10^{-10} である(25.0℃).塩化銀の水に対するモル溶解度を求めなさい.

解答 1.33×10^{-5} mol·L^{-1}

解説

難溶性塩 MX はごくわずかに水に溶け,溶けた化合物は溶液中では電離し,イオンの形で存在する.つまり,次のような溶解平衡が成り立つ.

$$MX(s) \rightleftarrows M^+(aq) + X^-(aq)$$

このときの平衡定数はルールに従えば,

$$K = \frac{a_{M^+} \cdot a_{X^-}}{a_{MX}}$$

となるが,固体は水に溶けないので,純粋な固体とみなすことができ,$a_{MX} = 1$ である.そこで,$a_{MX} = 1$ とし,これを省略し,代わりに記号 s をつけたものが,**溶解度定数(溶解度積)** K_s である.溶解しているイオンの濃度は低いので,活量をモル濃度で置き換える.また,M$^+$イオンや X$^-$イオンのモル濃度は,水に溶けた MX のモル濃度に等しい.そこで,モル濃度を S(mol·L^{-1})とすれば,次のようになる.

$$K_s = a_{M^+} \cdot a_{X^-} \approx [M^+] \cdot [X^-] = S \cdot S = S^2$$

$$S = \sqrt{K_s} = \sqrt{1.77 \times 10^{-10}} = 1.33041\cdots \times 10^{-5} \text{ mol·L}^{-1}$$

$$= \boxed{1.33 \times 10^{-5} \text{ mol·L}^{-1}}$$

通常,(飽和)溶解度は溶媒 100 g に溶ける溶質の質量で表すが,このときの S はモル濃度(mol·L^{-1})で表される.また,相対濃度をモル濃度に戻す際には標準濃度 $c^\ominus = 1$ mol·L^{-1} を掛けるので,最後には単位が付く.

問題 19

難溶性塩フッ化カルシウム CaF_2 の 25.0℃ における溶解度定数 K_s は 3.45×10^{-11} である.

25.0℃ における (a) 水, (b) $5.00 \text{ mmol} \cdot \text{L}^{-1}$ の NaF 水溶液に対する CaF_2 のモル溶解度を求めなさい. ただし, NaF は完全に電離するものとする.

解答 (a) $2.05 \times 10^{-4} \text{ mol} \cdot \text{L}^{-1}$ (b) $1.38 \times 10^{-6} \text{ mol} \cdot \text{L}^{-1}$

解説

(a) 難溶性塩 MX_2 の電離平衡および溶解度定数は次のようになる.

$$MX_2(s) \rightleftarrows M^{2+}(aq) + 2X^-(aq)$$
$$(MX_2(s) \rightleftarrows M^{2+}(aq) + X^-(aq) + X^-(aq))$$
$$K_s = a_{M^{2+}} \cdot a_{X^-} \cdot a_{X^-} = a_{M^{2+}} \cdot \left(a_{X^-}\right)^2$$

前問と同様, イオンの濃度は低いので, 活量をモル濃度で置き換える. また, X^- の濃度は, 溶解した MX_2 のモル濃度 S の 2 倍である.

$$K_s = a_{M^{2+}} \cdot \left(a_{X^-}\right)^2 \approx [M^{2+}] \cdot [X^-]^2 = S \times (2S)^2 = 4S^3$$

したがって, モル溶解度 S は次のようになる.

$$S = \left(\frac{1}{4} K_s\right)^{\frac{1}{3}} = \left(\frac{1}{4} \times 3.45 \times 10^{-11}\right)^{\frac{1}{3}}$$
$$= 2.05078 \cdots \times 10^{-4} \text{ mol} \cdot \text{L}^{-1} = \boxed{2.05 \times 10^{-4} \text{ mol} \cdot \text{L}^{-1}}$$

(b) 水溶液中では次のような状態にある.

$$NaF(s) \rightarrow Na^+(aq) + F^-(aq)$$
$$CaF_2(s) \rightleftarrows Ca^{2+}(aq) + 2F^-(aq)$$

この場合, Na^+ が溶液中に共存するが, Ca^{2+} と F^- の間の平衡定数は影響を受けない. CaF_2 のモル溶解度を S' とすると, NaF 由来の $[F^-] = 0.00500\ mol \cdot L^{-1}$, CaF_2 由来の $[F^-] = 2S'$ であるから,

$$K_s = a_{Ca^{2+}} \cdot \left(a_{F^-}\right)^2 \approx [Ca^{2+}] \cdot [F^-]^2$$
$$= S' \times (2S' + 0.00500)^2 = 3.45 \times 10^{-11}$$

となるが, ここで, $2S' \ll 0.00500$ であるから, $2S' + 0.00500 \approx 0.00500$ と近似する.

$$S' \times (0.00500)^2 \approx 3.45 \times 10^{-11}$$
$$S' \approx \boxed{1.38 \times 10^{-6}\ mol \cdot L^{-1}}$$

このように, 共通イオンの存在(問題の場合は NaF 由来の F^-)によって, 難溶性塩の溶解度が減少することを**共通イオン効果**という.

Check Point

▶ 難溶性のイオン性化合物の溶解度定数(溶解度積)

$$MX(s) \rightleftarrows M^+(aq) + X^-(aq)$$

$$K_s = a_{M^+} \cdot a_{X^-} \approx [M^+] \cdot [X^-] = S^2$$

$$MX_2(s) \rightleftarrows M^{2+}(aq) + 2X^-(aq)$$

$$K_s = a_{M^{2+}} \cdot \left(a_{X^-}\right)^2 \approx [M^{2+}] \cdot [X^-]^2 = S \times (2S)^2 = 4S^3$$

2-9 電気化学

pas à pas

問題 1

$0.010\ \mathrm{mol \cdot kg^{-1}}$ の NaCl 水溶液のイオン強度 I を求めなさい.

解答　$0.010\ \mathrm{mol \cdot kg^{-1}}$

解説

イオン強度 I は次式で定義される.

$$I = \frac{1}{2} \sum \left(b_j \cdot z_j^2\right)$$

b_j は j 番目のイオンの質量モル濃度 $(\mathrm{mol \cdot kg^{-1}})$, z_j は j 番目のイオンの電荷数(カチオンは正, アニオンは負)である. イオン強度は電荷を強調した濃度と考えてくれればよい. $\mathrm{NaCl \rightarrow Na^+ + Cl^-}$ と電離するので,

$$\begin{aligned}
I &= \frac{1}{2} \sum \left(b_j \cdot z_j^2\right) \\
  &= \frac{1}{2} \times \left\{ (0.010\ \mathrm{mol \cdot kg^{-1}}) \times (+1)^2 + (0.010\ \mathrm{mol \cdot kg^{-1}}) \times (-1)^2 \right\} \\
  &= \boxed{0.010\ \mathrm{mol \cdot kg^{-1}}}
\end{aligned}$$

イオン強度はモル濃度 $c\,(\mathrm{mol \cdot L^{-1}})$ を使っても表現される. 式の形は同じであるが, どちらの濃度を使ったかが分かるように, I に b や c の記号が添えられることがある.

$$I_c = \frac{1}{2} \sum \left(c_j \cdot z_j^2\right)$$

問題2

ある注目しているイオンの周囲に生じる他のイオンの分布を何と呼ぶか答えなさい．

解答　イオン雰囲気

解説

　中心イオン（図では⊕イオン）と同符号の電荷をもつイオンが，乱雑な熱運動により中心イオンの近くにやってくると，反発力によりすぐに離れていくが，異符号の電荷をもつイオン（対イオン，図では⊖イオン）の場合，中心イオンに引きつけられ，同符号のイオンよりも長く中心イオンの近くに滞在する．時間平均で考えると，中心イオンの周りには異符号の電荷をもつイオン

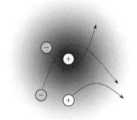

が分布しているとみなせる．すなわち，溶液中のイオンは，そのイオンの電荷を打ち消すような異符号の電荷をもったイオンの集団で囲まれている．この中心イオンの周囲に生じる他のイオンの分布を**イオン雰囲気**という．

問題3

25.0℃,0.0010 mol·kg^{-1} の Na_2SO_4 水溶液に含まれるイオンの平均活量係数を求めなさい.

解答 0.88

解説

電解質水溶液ではクーロンの法則に従う強い静電的相互作用が働く.そのため電解質水溶液では,イオンは互いに自由に動くことができず,極めて薄い溶液でも非理想的な振る舞いをする.つまり,理想性からの「ずれ」が現れ,活量係数 γ が1とはならない.

溶液中ではカチオンとアニオンが常に同居している.カチオンとアニオンの活量係数を別々に測定することができないため,理想性からのずれを存在するイオンに等しく分けるしかない.これを**平均活量係数 $\gamma_{\pm}$**といい,**デバイーヒュッケルの極限則**で求められる.

$$\log \gamma_{\pm} = -A \cdot |z_+ \cdot z_-| \cdot \sqrt{I}$$

ここで,A は定数で25.0℃の水溶液の場合,0.511である.z はイオンの電荷数である.この式はイオンの種類に関係なく,イオンの電荷と濃度が分かればその電解質の平均活量係数が求まることを示している.

$Na_2SO_4 \rightarrow 2Na^+ + SO_4^{2-}$ と電離するので,

$$\begin{aligned} I &= \frac{1}{2} \sum \left(b_j \cdot z_j^2 \right) \\ &= \frac{1}{2} \times \left\{ (2 \times 0.0010 \text{ mol·kg}^{-1}) \times (+1)^2 + (0.0010 \text{ mol·kg}^{-1}) \times (-2)^2 \right\} \\ &= 0.0030 \text{ mol·kg}^{-1} \end{aligned}$$

$$\log \gamma_{\pm} = -0.511 \times |(+1) \times (-2)| \times \sqrt{0.0030} = -0.055977\cdots$$

$$\gamma_\pm = 10^{-0.055977\cdots} = 0.87906\cdots = \boxed{0.88}$$

　図は NaCl の平均活量係数とイオン強度の関係を示しており，黒丸が実測値である．イオン強度の増加に伴い，活量係数が低下していく様子が分かる．問題2でもふれたが，あるイオンは異符号の電荷をもったイオンで取り囲まれている（イオン雰囲気）．異符号のイオン間には引力が働く，つまり仲がよいので，活量係数 γ は1よりも小さくなる．電解質濃度が無限に低くなれば（$c \to 0$, $\sqrt{I} \to 0$），活量係数 γ は1に近づく（$\log \gamma \to 0$）．

　デバイ－ヒュッケルの極限則は中程度のイオン強度以上では一致しないが，$I \to 0$ の極限での勾配と一致しており，濃度の非常に低い領域で使えることが分かる．なお，図中の拡張則は次式で表される．詳しくは専門書を参照してほしい．

$$\log \gamma_\pm = -\frac{A \cdot |z_+ \cdot z_-| \cdot \sqrt{I}}{1 + B \cdot a \cdot \sqrt{I}} \qquad B = \frac{\sqrt{2}\,F}{(\varepsilon \cdot R \cdot T)^{1/2}}$$

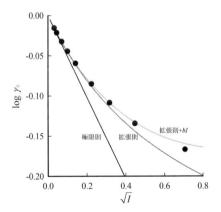

問題4

次の表は,異なる濃度の $CH_3COONa(aq)$ の伝導率 κ を 25.0℃ で測定したものである. CH_3COONa の極限モル伝導率を求めなさい.

$c/(\mathrm{mol \cdot m^{-3}})$	1.00	4.00	9.00	16.0	25.0	36.0
$\kappa/(\mathrm{S \cdot m^{-1}})$	0.00893	0.0350	0.0772	0.134	0.206	0.290

解答 $9.10 \times 10^{-3}\,\mathrm{S \cdot m^2 \cdot mol^{-1}}$ ($9.10\,\mathrm{mS \cdot m^2 \cdot mol^{-1}}$ も正解)

解説

電気伝導については,古くから知られている**オームの法則**がある ($E = I \cdot R$). ここで,I は電流(Aアンペア),E は起電力(Vボルト)であり,R は一種の比例定数で抵抗(Ωオーム)と呼ばれ,伝導体の長さ $l(\mathrm{m})$ に比例し,断面積 $A(\mathrm{m}^2)$ に反比例する.

$$R(\Omega) = \rho(\Omega \cdot \mathrm{m}) \cdot \frac{l(\mathrm{m})}{A(\mathrm{m}^2)}$$

ここで,ρ は比抵抗($\Omega \cdot \mathrm{m}$)で,単位断面積,単位長さ当たりの抵抗に相当する比例定数である. また,ρ の逆数を**伝導率** κ(単位は $\Omega^{-1} \cdot \mathrm{m}^{-1}$; $\Omega^{-1} = \mathrm{S}$(ジーメンス)なので $\mathrm{S \cdot m^{-1}}$)という.

$$\kappa(\mathrm{S \cdot m^{-1}}) = \frac{1}{\rho(\Omega \cdot \mathrm{m})}$$

伝導率 κ はどれくらい電気を通しやすいのかを表す値であり,電解質水溶液の場合,電気を運ぶイオンの数と,各イオンの電荷数の積にほぼ比例する. また,κ をモル濃度 c で割った値を**モル伝導率** Λ と呼ぶ.

$$\Lambda(\mathrm{S \cdot m^2 \cdot mol^{-1}}) = \frac{\kappa(\mathrm{S \cdot m^{-1}})}{c(\mathrm{mol \cdot m^{-3}})}$$

2-9 電気化学

強電解質のモル伝導率はモル濃度によって変化し，Λ と濃度の平方根 $\sqrt{c}$ との間に直線関係が見いだされている（**コールラウシュの式**）．

$$\Lambda = \Lambda^\infty - K \cdot \sqrt{c}$$

ここで Λ^∞ は濃度が $c \to 0$ のときの Λ であり，**極限モル伝導率**という．K は定数であり，濃度が 0 でない場合の相互作用を示している．

極限モル伝導率を求めるには，横軸に $\sqrt{c}$，縦軸に Λ をプロットし，縦軸の切片を求めればよい．まず，データから次の表を得る．

$c/(\mathrm{mol \cdot m^{-3}})$	$\sqrt{c}$	$\kappa/(\mathrm{S \cdot m^{-1}})$	$\Lambda/(\mathrm{S \cdot m^2 \cdot mol^{-1}})$
1.00	1.00	0.00893	0.00893
4.00	2.00	0.0350	0.00875
9.00	3.00	0.0772	0.00858
16.0	4.00	0.134	0.00838
25.0	5.00	0.206	0.00824
36.0	6.00	0.290	0.00806

濃度が増加すると共に，モル伝導率 Λ が減少していることに注意しよう．これはイオン間の相互作用（電気泳動効果，非対称効果（緩和効果））によるものである．得られたデータをグラフにして，回帰直線の式を求めると次式が得られる（Excel などの表計算ソフトを用いるとよい）．

$$\Lambda = 9.10 \times 10^{-3} - 1.74 \times 10^{-4} \times \sqrt{c}$$

したがって，酢酸ナトリウムの極限モル伝導率は $\boxed{9.10 \times 10^{-3}\, \mathrm{S \cdot m^2 \cdot mol^{-1}}}$ である．

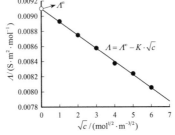

問題5

CH_3COO^-のイオン伝導率は25.0℃において$4.09 \text{ mS}\cdot\text{m}^2\cdot\text{mol}^{-1}$である．問題4より酢酸ナトリウムの極限モル伝導率は$9.10 \text{ mS}\cdot\text{m}^2\cdot\text{mol}^{-1}$である．$Na^+$のイオン伝導率を求めなさい．

解答 $5.01 \text{ mS}\cdot\text{m}^2\cdot\text{mol}^{-1}$

解説

無限希釈の状態では，イオン間の距離が遠くなるため，イオン間の相互作用も無視することができる．このような条件下での個々のイオンの挙動は，そのイオン自身の性質ならびに溶媒の性質によって決まり，共存イオンの影響を受けない．そこで，構成するカチオン，アニオンの極限モル伝導率(**イオン伝導率**という)をそれぞれλ_+^∞およびλ_-^∞とすれば，次の関係式が成立する(**コールラウシュのイオン独立移動の法則**)．

$$\Lambda^\infty = \lambda_+^\infty + \lambda_-^\infty$$
$$\Lambda^\infty = \lambda^\infty(Na^+) + \lambda^\infty(CH_3COO^-)$$
$$\lambda^\infty(Na^+) = \Lambda^\infty - \lambda^\infty(CH_3COO^-) = 9.10 - 4.09$$
$$= \boxed{5.01 \text{ (mS}\cdot\text{m}^2\cdot\text{mol}^{-1})}$$

補足：イオン間の相互作用

イオンの移動に対するイオン間の相互作用として次のようなものが指摘されている．いずれもイオンのモル伝導率を低下させる．

(a) **非対称効果**：中心イオンとそのイオン雰囲気とでは，それらの大きさが異なることから，当然移動速度も異なるであろう．そこで，中心イオンは，移動に際してそのイオン雰囲気を後に残して先行する傾向を示し，その結果，一時的にイオン雰囲気の対称性が失われることが考えられる．イオン雰囲気は全体として中心イオンと異符号

の電荷をもっているから，この際，両者の間に静電的引力が作用し，それによって中心イオンが引き戻されるであろう．これが，非対称効果である．

(b) **電気泳動効果**：電位勾配のもとで，中心イオンが図のように左に移動するとき，そのイオン雰囲気は中心イオンと異符号の電荷をもっているので，反対方向(図では右方向)に移動しようとする．ところで，水溶液の場合，イオン雰囲気を構成している各イオンはそれぞれ水和の水分子をもっており，これらの水分子もイオン雰囲気と共に中心イオンとは逆の方向に移動する．つまり，中心イオンの周りには逆方向への溶媒の流れがあることになる．その結果，中心イオンの移動が相対的に妨げられて，その移動度が低下する．

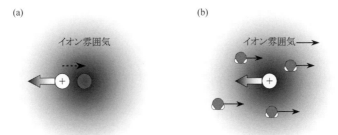

(c) **イオン対**：例えば，2価の金属硫酸塩 MSO_4 が完全に電離したと考えて理論式から計算した Λ_{calc} は実測値 Λ_{obs} よりも小さくなる．これはイオン対の生成によるものと考えられている．すなわち，溶液中の M^{2+} と SO_4^{2-} の間には，比較的強い相互作用が働き，濃度の増加に伴い M^{2+} と SO_4^{2-} が一対になって挙動する確率が高くなるであろう．このようなカチオンとアニオンの対をイオン対と呼び，イオン対は電荷が中和されているため，生成するとモル伝導率が低下する．

問題6

25.0℃における 10.0 mM の $CH_3COOH(aq)$ のモル伝導率 Λ は 1.65 $mS \cdot m^2 \cdot mol^{-1}$ であった．(a) このときの電離度 α を求めなさい．(b) また，この酸の酸定数 K_a を求めなさい．ただし，H^+ のイオン伝導率は 34.97 $mS \cdot m^2 \cdot mol^{-1}$，$CH_3COO^-$ のイオン伝導率は 4.09 $mS \cdot m^2 \cdot mol^{-1}$ とする．

解答 (a) 0.0422 (b) 1.86×10^{-5}

解説

酢酸は弱電解質であるから，水溶液中では一部しか電離しておらず，イオンになったものだけが電気伝導に寄与する．アレニウスは**電離度** α を次のように定義している．

$$\frac{\Lambda}{\Lambda^\infty} = \alpha \quad \leftarrow 電離度の正しい定義$$

したがって，

$$\alpha = \frac{\Lambda}{\Lambda^\infty} = \frac{\Lambda(CH_3COOH)}{\lambda^\infty(H^+) + \lambda^\infty(CH_3COO^-)} = \frac{1.65 \times 10^{-3}}{34.97 \times 10^{-3} + 4.09 \times 10^{-3}}$$
$$= 0.04224\underline{2}\cdots = \boxed{0.0422}$$

濃度 c における電離平衡は次の通りである．

$$\begin{array}{ccccccc} HA & + & H_2O & \rightleftarrows & H_3O^+ & + & A^- \\ c \cdot (1-\alpha) & & & & c \cdot \alpha & & c \cdot \alpha \end{array}$$

したがって酸定数は次のように表される．

$$K_a = \frac{[H_3O^+] \cdot [A^-]}{[HA]} = \frac{c \cdot \alpha \times c \cdot \alpha}{c \cdot (1-\alpha)} = \frac{c \cdot \alpha^2}{1-\alpha}$$

$$= \frac{c \cdot \left(\dfrac{\Lambda}{\Lambda^\infty}\right)^2}{1 - \dfrac{\Lambda}{\Lambda^\infty}} = \frac{c \cdot \Lambda^2}{\Lambda^\infty \cdot (\Lambda^\infty - \Lambda)}$$

これを**オストワルドの希釈律**という．(a)の答えを利用すれば次のように求まる．

$$K_a = \frac{c \cdot \alpha^2}{1-\alpha}$$
$$= \frac{10.0 \times 10^{-3} \times (0.04224\underline{2}\cdots)^2}{1 - 0.04224\underline{2}\cdots}$$
$$= 1.86\underline{3}1\cdots \times 10^{-5} = \boxed{1.86 \times 10^{-5}}$$

酢酸のような弱電解質は，図(a)のように濃度の低いときは電離度 α が高く，濃度が高くなるにつれて α が低下する．例えば 0.0002 M の CH_3COOH 水溶液では $\alpha = 0.258$，0.1 M では $\alpha = 0.013$ である．そのため，濃度が低いときは，<u>1 mol 当たり</u>のイオンの数が多く，モル伝導率 Λ は高くなる．濃度が高くなるにつれて 1 mol 当たりのイオンの数が減少するため，弱電解質のモル伝導率は図(b)のように著しい濃度依存性を示す．

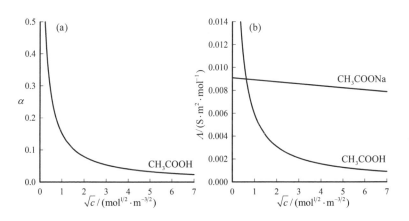

問題 7

水中での H^+ のイオン移動度は $36.24 \times 10^{-8}\,m^2 \cdot s^{-1} \cdot V^{-1}$ である．他のカチオンのイオン移動度(例えば，Na^+ では $5.19 \times 10^{-8}\,m^2 \cdot s^{-1} \cdot V^{-1}$)よりも大きい理由を説明しなさい．

解答・解説

イオンの**移動度** u とイオン伝導率 λ の間には次の関係式がある．ここで，z は電荷数，F はファラデー定数($9.659 \times 10^4\,C \cdot mol^{-1}$)である．

$$\lambda = z \cdot u \cdot F$$

つまり，イオン伝導率 λ が大きいほどイオンの移動度 u も大きい．

H^+ のイオン移動度は非常に大きいが，その理由は次のように考えられている．水素結合している水の構造を介して，共有結合(-)と水素結合(…)が入れ替わることによってプロトンの受け渡しが行われる．この過程が次々に行われることによって，プロトンは相当長い距離を移動していく(**プロトンジャンプ機構**)．つまり移動するプロトンは，同じものではない．

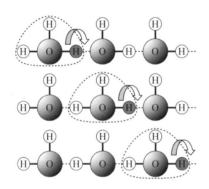

問題 8

Li$^+$, Na$^+$, K$^+$のイオン伝導率を大きい方から順番に並べなさい.

解答 K$^+$ > Na$^+$ > Li$^+$

解説

水溶液中をイオンが電気を伝える能力は,イオンの動きやすさに依存する.イオン半径は原子番号順に Li$^+$ < Na$^+$ < K$^+$ である.イオン半径の小さい Li$^+$ の方が溶媒の中を移動する際,抵抗が小さく移動しやすい,つまり伝導率が高くなりそう…である.しかし,実はそうなっていない.これは<u>イオンが移動するときに水和している水分子も一緒に動く</u>ためである.イオンは小さいほど表面の電荷密度が大きく,そのためにより多くの水分子を引きつけ(水和),全体として大きな集合体となっている.水和水の数は Li$^+$(25),Na$^+$(16),K$^+$(10) となっており,水和水の最も少ない K$^+$ が最も速く動ける.なお,イオン伝導率はそれぞれ Li$^+$: 3.87 mS·m^2·mol^{-1},Na$^+$: 5.01 mS·m^2·mol^{-1},K$^+$: 7.35 mS·m^2·mol^{-1} である.

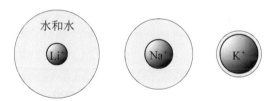

水和水を伴ったイオンサイズのイメージ図

語呂『プロトン(H$^+$)は,か(K$^+$)な(Na$^+$)り(Li$^+$)速い』
  イオン伝導率 H$^+$ > K$^+$ > Na$^+$ > Li$^+$

問題9

HClとNaClを同じ物質量だけ含む溶液がある．各イオンによって運ばれる電気量の割合を概算しなさい．ただし，イオン伝導率はそれぞれ H^+ 34.97，Na^+ 5.01，Cl^- 7.63 $mS \cdot m^2 \cdot mol^{-1}$ とする．

解答 $H^+ : Na^+ : Cl^- = 7 : 1 : 3$

解説

電解質水溶液ではイオンが移動することにより電流が流れるが，注目しているあるイオンによって，全電気量の何割が運ばれたかを示す量を**輸率**という．各イオンのモル濃度(c)とモル伝導率(λ)を掛ければ，各イオンによる伝導率(κ)になる．それらを合計したものが，溶液の伝導率となるので，輸率は次のような式となる．

$$t_j = \frac{\text{イオン}j\text{による電流}I_j}{\text{全電流}I} = \frac{\kappa_j}{\sum \kappa} = \frac{c_j \cdot \lambda_j}{\sum c \cdot \lambda}$$

今回の場合，溶液中の Cl^- の濃度は，H^+ や Na^+ の濃度の2倍あるので，各イオンによって運ばれる電流の割合はおおよそ次のようになる．

$$H^+ : Na^+ : Cl^- = 34.97 : 5.01 : 7.63 \times 2 = 34.97 : 5.01 : 15.26$$
$$\approx \boxed{7 : 1 : 3}$$

輸率で表現すれば，次のようになる．

$$t(H^+) = \frac{34.97}{34.97 + 5.01 + 15.26} = \frac{34.97}{55.24} = 0.6330\cdots$$

$$t(Na^+) = \frac{5.01}{55.24} = 0.09069\cdots$$

$$t(Cl^-) = \frac{15.26}{55.24} = 0.2762\cdots$$

Check Point

- イオン強度　　$I_b = \dfrac{1}{2} \sum (b_j \cdot z_j^2)$　　　$I_c = \dfrac{1}{2} \sum (c_j \cdot z_j^2)$
- デバイ-ヒュッケルの極限則　　$\log \gamma_\pm = -A \cdot |z_+ \cdot z_-| \cdot \sqrt{I}$
- モル伝導率　　$\Lambda = \dfrac{\kappa}{c}$

  電解質濃度が増加すると，イオン間相互作用によりモル伝導率 Λ は減少する．
- 強電解質のモル伝導率の濃度依存性（コールラウシュの式）
  $\Lambda = \Lambda^\infty - K \cdot \sqrt{c}$
- コールラウシュのイオン独立移動の法則　　$\Lambda^\infty = \lambda_+^\infty + \lambda_-^\infty$
- 弱電解質は濃度が高くなるにつれ，電離度 α が低下するため，モル伝導率 Λ は著しい濃度依存性を示す．

  電離度　$\alpha = \dfrac{\Lambda}{\Lambda^\infty}$

- 輸率　　$t_j = \dfrac{I_j}{I}$
- H^+ はプロトンジャンプにより水中を速やかに移動する．
- 水溶液中をイオンが移動するとき，水和水も一緒に移動する．

問題 10

ダニエル電池の酸化還元反応を書きなさい．

解答 $Cu^{2+}(aq) + Zn(s) \rightarrow Cu(s) + Zn^{2+}(aq)$

解説

金属の亜鉛板を硫酸銅水溶液の入ったビーカーの中に入れると，亜鉛がイオン化して溶解し，銅イオンは金属固体として析出する．この現象は，亜鉛と銅のイオン化傾向の違いによるものである．亜鉛は電子を放出するので酸化反応，銅は電子を取り込むので還元反応を示す．

$Zn(s) \rightarrow Zn^{2+}(aq) + 2e^-$ 酸化反応

$Cu^{2+}(aq) + 2e^- \rightarrow Cu(s)$ 還元反応

このときに発生する電子を取り出すように工夫したものが**ダニエル電池**である．ダニエル電池は金属亜鉛を硫酸亜鉛水溶液に挿入した電極と，金属銅を硫酸銅水溶液に挿入した電極の組合せから成り立っている．このように化学電池の中で，その内部で自発的な反応が起こる結果，電気を発生するものを**ガルバニ電池**という．つまり，化学電池は化学反応に伴う化学エネルギー変化を電気エネルギーに変換するものである．

酸化還元反応は2つの半反応の差として表すことができる．

$Cu^{2+}(aq) + 2e^- \rightarrow Cu(s)$

$Zn^{2+}(aq) + 2e^- \rightarrow Zn(s)$

この2式の差(銅 − 亜鉛)が，ダニエル電池の酸化還元反応である．

$Cu^{2+}(aq) + Zn(s) \rightarrow Cu(s) + Zn^{2+}(aq)$

電池の表記方法では相の境界を縦線(|)で示す．ダニエル電池は次のように書く．縦の二重線(||)は塩橋などを用いていることを示す．

$Zn(s) \mid ZnSO_4(aq) \parallel CuSO_4(aq) \mid Cu(s)$

塩橋は，液間電位を小さくするために用いられる．

後々のために，半反応および酸化還元反応の反応商を見ておこう．この場合，電子の活量は1とする．また純金属（純固体）の活量も1であるから次のようになる．

$$Cu^{2+}(aq) + 2e^- \to Cu(s) \qquad Q = \frac{a_{Cu}}{a_{Cu^{2+}}} = \frac{1}{a_{Cu^{2+}}}$$

$$Zn^{2+}(aq) + 2e^- \to Zn(s) \qquad Q = \frac{a_{Zn}}{a_{Zn^{2+}}} = \frac{1}{a_{Zn^{2+}}}$$

$$Cu^{2+}(aq) + Zn(s) \to Cu(s) + Zn^{2+}(aq) \quad Q = \frac{a_{Zn^{2+}}}{a_{Cu^{2+}}}$$

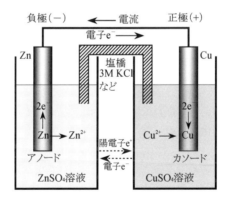

問題11

次の文章の正しい選択肢を選びなさい．
「ダニエル電池において亜鉛電極では〔①還元・②酸化〕反応が起こるので，亜鉛電極は〔①カソード・②アノード〕である．」

解答 ②酸化　②アノード

解説

　カチオン cation（陽イオン）を引きつけ，還元反応が進む電極を**カソード** cathode（**陰極**）という．これに導線をつけて回路を閉じればこちら側から電流が流れ出すので，外部からみるとプラス極（正極）と呼ばれる．

　一方，アニオン anion（陰イオン）を引きつけ，酸化反応が進む電極を**アノード** anode（**陽極**）という．回路を閉じれば，電流が流れ込むのでマイナス極（負極）である．

　ちなみに，ana-，an- は「上」，cata-，cat- は「下」を意味する．アノードもアニオンも同じ an～ となっているのだから，同じように「陰○○」と訳しておいてくれればよいのだが，なぜかそうなっていない．日本では電解質水溶液中の"陰"イオンを引き寄せるので，金属電極は"陽"極だ，と考えたのではないだろうか．後にも述べるが，現在では電解質水溶液まで含めて電極と呼ぶので，ずれが生じている．お偉い先生が名称を英語表記に統一する（アノード→陰極，カソード→陽極），と言ってくれるとよいのだが…．

　問題10の図からも分かるように，ダニエル電池では金属銅が水溶液中のカチオン（銅イオン）を引き寄せ，還元反応が進行するので，銅電極がカソード（陰極）である．金属亜鉛はカチオン（亜鉛イオン）を放出している．逆な見方をすれば，アニオンを引き寄せているともいえる．酸化

反応が進行しているのでアノード(陽極)である.

英語名称	反応	電極(電解槽)	電池
cathode	還元反応	陰極	プラス極(正極)
anode	酸化反応	陽極	マイナス極(負極)

これから述べる電池反応に関する式が正しく成立するよう,次のように約束をしておく.
(1) 電池図式において,右の端子が左の端子に対してもつ電位差を,そのように表現した電池の電圧とする.

$E = E(右) - E(左)$

例えば,ダニエル電池は,

$Zn(s) | ZnSO_4(aq) || CuSO_4(aq) | Cu(s)$

と書くが,右側に書いた銅電極が,左側に書いた亜鉛電極に対してもつ電位差を電池の電圧とする.逆にすれば符号が逆転するだけの便宜的な問題であるが,混乱する原因にもなるので,上のように約束する.

(2) 電池内で陽電子 e^+ が左から右へ(電池内で電子 e^- が右から左へ)移動するときに進行すると考えられる反応を電池反応として取り扱う.つまり図のように電子 e^- が電池外も電池内も時計回りにぐるぐると回る反応を,電池の正反応とする.

$$\overset{\longrightarrow e^-}{Zn | ZnSO_4 || CuSO_4 | Cu}\underset{e^-}{\longleftarrow}$$

(1)の定義に従い,もし電位差が負になれば,実際には電子は反時計回りに回ることになる.この場合,(2)の定義に従い,電池反応は逆反応が進行する,と表現する.

問題 12

代表的な電極を4つ挙げなさい.

解答 金属電極, 気体電極, 酸化還元電極, 不溶塩電極

解説

ダニエル電池を例にとると, アノードの Zn | $ZnSO_4$ およびカソードの $CuSO_4$ | Cu のような電子導体とそれを取り囲む電解質溶液で構成されているものを**半電池**(広い意味で電極)という. 一般には金属の部分だけを指して**電極**と呼ぶのが普通であるが, 以降では広い意味で, 電解質溶液まで含めて電極と呼ぶことにする. 電極には, 金属電極, 気体電極, 酸化還元電極, 不溶塩電極などの種類がある.

(a) 金属電極:ダニエル電池に代表されるように, 金属とその金属由来のイオンを含む溶液から成る電極である. 酸化・還元反応に応じて, 金属固体が電子を放出してイオン化, あるいはイオンが電子を受け取って金属固体となる.

(b) 気体電極:気体電極の代表例が水素電極である. 白金板に粒子の細かい白金黒を塗装し, その表面で溶液中のプロトン H^+(HCl の水溶液)が電子を受け取り, 水素ガスとなる. このとき白金は触媒として働いている. 1 bar の $H_2(g)$ および H^+ の活量が1のとき, この電極は**標準水素電極**(standard hydrogen electrode, SHE)と呼ばれる. 標準水素電極はその電位を0と規定し, 他の電極の電位を測定するときの基準とされる.

$Pt | H_2(g) | H^+(aq)$　　　$E^\ominus \equiv 0\,V$　　(定義, 温度は任意)

$2H^+(aq) + 2e^- \rightarrow H_2(g)$　　$E^\ominus \equiv 0\,V$　　(定義, 温度は任意)

(c) 酸化還元電極:同一の元素が異なった酸化状態(または還元状態)にあるとき, 電子の授受で酸化状態(または還元状態)が変化する. 代

表的な例は，Fe^{2+}とFe^{3+}の混ざった水溶液に白金などの不活性金属を浸すと，Fe^{3+}は電子を受け取りFe^{2+}に変わる．電池図式では，Pt | Fe^{3+}, Fe^{2+}である．

(d) 不溶性塩電極：代表例は銀－塩化銀電極である．銀の表面を銀の不溶性塩である塩化銀で被覆し，塩素イオン(KClの水溶液など)の溶液中に浸す．電池図式では，Ag(s) | AgCl(s) | Cl^-(aq) と表される．塩化銀は電子を受け取り金属銀に変わる．または金属銀は電子を放出して，塩化銀に変わる．銀，塩化銀ともに純度の高い固体であり，この電極は標準電極として用いられる．

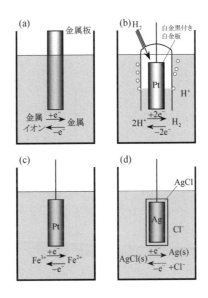

問題 13

ダニエル電池($Cu^{2+}(aq) + Zn(s) \to Cu(s) + Zn^{2+}(aq)$)で，金属亜鉛および銅イオン 1.0 mol に相当する量だけ反応が進行したときの，電気化学的な仕事 w' を求めなさい．ただし，電位差 E は 1.1 V とする．

解答 　-2.1×10^5 J

解説

2-4 節 問題 10 で説明したように，可逆過程では，電気化学的な仕事など，膨張以外の仕事 w' の最大値が得られる．

$$dG = dw'$$

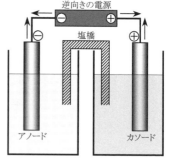

電池における可逆過程とは，電子が可逆的に移動できる状態だから，電流が 0 のときということになる．電池のもつ電圧(電位差)と等しい電位差をもつ外部電源を逆向きにつなげば電流が 0 となる．このときの電位差を電池の **電池電位(起電力)** E と呼ぶ．

ダニエル電池の反応が 1.0 mol に相当する量だけ進行した場合，2.0 mol = $2.0 \times N_A$ 個の電子をアノードからカソードに移動させる仕事を系は行っている．実際には電子が移動しているのだが，電流の流れとは反対なので考えにくい．そこで陽電子がカソードからアノードへ移動したと考えてみる．陽電子は電荷 e (1.602×10^{-19} C) をもつので，電極間を移動した電荷 q は $q = 2.0 \times N_A \times e$ である．電気化学的な仕事 (w') は，ある電荷 q が電位差 (E) を越えて移動したことと定義され，次式で表さ

れる.

$$w' = -q \cdot E$$

電気化学的仕事は外部に対する仕事なので、マイナスの符号を付ける.

$$\begin{aligned} w' &= -q \cdot E = -2.0 \times N_A \times e \times E \\ &= -2.0 \text{ mol} \times 6.022 \times 10^{23} \text{ mol}^{-1} \times 1.602 \times 10^{-19} \text{ C} \times 1.1 \text{ V} \\ &= -212239.368 \text{ J} = \boxed{-2.1 \times 10^5 \text{ J}} \end{aligned}$$

単位変換を確認しておこう. C, V は SI 単位で表記すると次のようになる.

$$\text{C} = \text{A} \times \text{s}$$

$$\text{V} = \frac{\text{W}}{\text{A}} = \frac{\text{J}}{\text{A} \times \text{s}} = \frac{\text{J}}{\text{C}} \quad \therefore \text{V} \times \text{C} = \text{J}$$

一般に反応が 1 mol 進行したときに、$\nu \cdot N_A$ 個の電子が移動したとすれば、その電気的な仕事は,

$$w' = -\nu \cdot N_A \cdot e \cdot E$$

となる. ここで, $N_A \times e$ はファラデー定数 F (9.649×10^4 C·mol^{-1}) であるから,

$$w' = -\nu \cdot F \cdot E$$

と書くことができる. 電気化学的な仕事は、電池のギブズエネルギーの減少に相当するので,

$$\boxed{\Delta_r G = w' = -\nu \cdot F \cdot E}$$

である. 先ほど見たように、ダニエル電池では $\nu = 2$ とする.

問題 14

定温,定圧における,ある電池内の酸化還元反応に伴う反応ギブズエネルギー変化が $\Delta_r G = -1.0 \times 10^5 \text{ J·mol}^{-1}$ であった.この電池の電池電位(起電力)を求めなさい.ただし,$\nu = 1$ とする.

解答 1.0 V

解説

電気化学的な仕事は,一定温度,一定圧力における可逆的な電荷移動に伴うギブズエネルギー変化と等しい.

$\Delta_r G = w' = -\nu \cdot F \cdot E$

$$E = -\frac{\Delta_r G}{\nu \cdot F} = -\frac{-1.0 \times 10^5 \text{ J·mol}^{-1}}{1 \times 9.649 \times 10^4 \text{ C·mol}^{-1}}$$
$$= 1.0363 \cdots \text{ V} = \boxed{1.0 \text{ V}}$$

$E > 0$ のとき,$\Delta_r G < 0$ なので,電池反応が自発的に進むことを意味している.

問題 15

反応ギブズエネルギーの全体式 ($\Delta_r G = \Delta_r G^\ominus + R \cdot T \cdot \ln Q$) からネルンストの式を導出しなさい．

解答・解説

$$\Delta_r G = \Delta_r G^\ominus + R \cdot T \cdot \ln Q$$

この両辺を $-\nu \cdot F$ で割る．

$$-\frac{\Delta_r G}{\nu \cdot F} = -\frac{\Delta_r G^\ominus}{\nu \cdot F} - \frac{R \cdot T}{\nu \cdot F} \cdot \ln Q$$

ここで $E = -\dfrac{\Delta_r G}{\nu \cdot F}$, $E^\ominus = -\dfrac{\Delta_r G^\ominus}{\nu \cdot F}$ とおくと，

$$\boxed{E = E^\ominus - \frac{R \cdot T}{\nu \cdot F} \cdot \ln Q}$$

となる．この式は**ネルンストの式**と呼ばれ，$E^\ominus$ は**標準電池電位（標準起電力）**という．標準電池電位（標準起電力）は，標準反応ギブズエネルギー $\Delta_r G^\ominus$ を電位で表したものくらいに思っておけばよい．$Q = 1$ のとき，$\ln Q = 0$, $E = E^\ominus$ であるから反応商が 1 のときの電位差から求めることができる．

分析化学ではネルンストの式を，

$$E = E^\ominus - \frac{0.059}{n} \cdot \log Q$$

と習うが，これは，$T = 298.15$ K (25℃)，定数に具体的な数値を入れ，$\ln$ を $\log$ に，ギリシャ語の ν を英語の n に変換したものである．

$$\frac{R \cdot T}{\nu \cdot F} \cdot \ln Q = \frac{8.314 \,\mathrm{J \cdot K^{-1} \cdot mol^{-1}} \times 298.15 \,\mathrm{K}}{n \times 9.649 \times 10^4 \,\mathrm{C \cdot mol^{-1}}} \times \ln 10 \times \log Q$$

$$= \frac{0.059153\cdots \,\mathrm{V}}{n} \log Q$$

問題16

ダニエル電池の標準電池電位(標準起電力)を求めなさい.
$$Zn(s) | ZnSO_4(aq) || CuSO_4(aq) | Cu(s)$$
ただし,標準電極電位は以下の通りとする.
$E^\ominus(Cu^{2+} + 2e^- \to Cu) = +0.34\ V$
$E^\ominus(Zn^{2+} + 2e^- \to Zn) = -0.76\ V$

解答・解説

電池反応において,一方の電極だけの寄与を測定することはできないが,ある電極を基準として選び,目的とする電極との電位差を求めることはできる.このために選ばれたのが**標準水素電極**(SHE)であり,これに0Vという値を割り当てている.標準水素電極を左側の電極とし,目的とする電極を右側の電極として電池を組み立てたときに得られる電位差を,目的とする電極の**標準電極電位** $E^\ominus$ という.標準なので,測定する電極も,反応に関わる全ての物質の活量が1になるように調整する.例えば,亜鉛電極では,以下のような電池を組み立てて電池電位を測定する.

$$Pt | H_2(p(H_2) = 1\ bar) | H^+(a(H^+) = 1) || Zn^{2+}(a(Zn^{2+}) = 1) | Zn$$

亜鉛の場合は,標準電極電位が負なので,上の電池に電流を流すと,想定している還元反応ではなく,酸化反応が進む($Zn \to Zn^{2+} + 2e^-$).

任意の電極を組み合わせたときに得られる標準電池電位は,それぞれの標準電極電位の差から得られる.

$$E^\ominus = E_R^\ominus - E_L^\ominus$$

ここで,$E_R^\ominus$ は右側電極(ダニエル電池では銅電極)の,$E_L^\ominus$ は左側電極(ダニエル電池では亜鉛電極)の標準電極電位である.

$$E^\ominus = (+0.34\ V) - (-0.76\ V) = \boxed{1.10\ V}$$

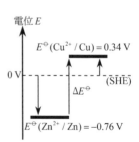

問題 17

ダニエル電池の 25.0℃ における平衡定数を求めなさい.

解答 1.55×10^{37}

解説

平衡に達したとき,$Q = K$,$\Delta_r G = 0$ であり,それ以上反応は進行しない.電池の場合,電極間に電位差を生じないことを意味する($E = 0$).したがって,ネルンストの式で $E = 0$,$Q = K$ とすれば,

$$0 = E^{\ominus} - \frac{R \cdot T}{\nu \cdot F} \cdot \ln K \quad \rightarrow \quad \therefore \boxed{\ln K = \frac{\nu \cdot F \cdot E^{\ominus}}{R \cdot T}}$$

が得られ,電池の標準電池電位から電池反応の平衡定数 K を求めることができる.問題 13 でやったようにダニエル電池の $\nu = 2$ である.また,問題 16 の標準電池電位の値を使って,以下のように求まる.

$$K = \exp\left(\frac{\nu \cdot F \cdot E^{\ominus}}{R \cdot T}\right) = \exp\left(\frac{2 \times 9.649 \times 10^4 \text{ C} \cdot \text{mol}^{-1} \times 1.10 \text{ V}}{8.314 \text{ J} \cdot \text{K}^{-1} \cdot \text{mol}^{-1} \times 298.15 \text{ K}}\right)$$

$$K \left(= \frac{a_{\text{Zn}^{2+},\text{eq}}}{a_{\text{Cu}^{2+},\text{eq}}}\right) = 1.55\underline{441}\cdots \times 10^{37} = \boxed{1.55 \times 10^{37}}$$

平衡定数が 1.55×10^{37} ということは,平衡状態では亜鉛イオン濃度が銅イオン濃度の 1.55×10^{37} 倍であり,ダニエル電池の反応がほぼ完全に進行することを示している.

問題 18

次のダニエル電池の 25.0℃における電池電位を求めなさい．
$$\text{Zn} \mid \text{Zn}^{2+}(a(\text{Zn}^{2+}) = 0.10) \mid\mid \text{Cu}^{2+}(a(\text{Cu}^{2+}) = 0.50) \mid \text{Cu}$$

解答 1.12 V

解説

最後に，電池の電池電位を求めよう．確認のため，まず電子を含めた電池反応を書いてみる．
$$\text{Cu}^{2+}(\text{aq}) + \text{Zn}(\text{s}) + 2\text{e}^- \rightarrow \text{Cu}(\text{s}) + \text{Zn}^{2+}(\text{aq}) + 2\text{e}^-$$
上の反応式に基づき反応商を書き（問題 10 参照），ネルンストの式を用いて電池電位を求める．

$$\begin{aligned}
E &= E^\ominus - \frac{R \cdot T}{\nu \cdot F} \cdot \ln Q = E^\ominus - \frac{R \cdot T}{\nu \cdot F} \cdot \ln\left(\frac{a_{\text{Zn}^{2+}}}{a_{\text{Cu}^{2+}}}\right) \\
&= 1.10 \text{ V} - \frac{8.314 \text{ J} \cdot \text{K}^{-1} \cdot \text{mol}^{-1} \times 298.15 \text{ K}}{2 \times 9.649 \times 10^4 \text{ C} \cdot \text{mol}^{-1}} \ln\left(\frac{0.10}{0.50}\right) \\
&= 1.10 \text{ V} - (-0.02067\cdots \text{ V}) = 1.12067\cdots \text{ V} \\
&= \boxed{1.12 \text{ V}}
\end{aligned}$$

問題 19

次のような電池を組み立てた（25.0℃）．
$$\text{Zn} \mid \text{Zn}^{2+}(a(\text{Zn}^{2+}) = 0.50) \mid\mid \text{Ag}^+(a(\text{Ag}^+) = 0.25) \mid \text{Ag}$$
標準電極電位は以下の通りである．
$$E^\ominus(\text{Ag}^+/\text{Ag}) = 0.80 \text{ V}$$
$$E^\ominus(\text{Zn}^{2+}/\text{Zn}) = -0.76 \text{ V}$$
この電池の (a) 標準電池電位，(b) 平衡定数，(c) 電池電位を求めなさい．

解答・解説

(a) $E^\ominus = E_R^\ominus - E_L^\ominus = 0.80 \text{ V} - (-0.76 \text{ V}) = \boxed{1.56 \text{ V}}$

(b) 平衡定数を求めるにはνの値が必要になる．まず，反応式を書いてみる．左側の電極からは電子が飛び出るような反応(酸化反応)を，右側の電極では電子を受け取るような反応(還元反応)を考えるのが電池の正反応なので，個々の電極における反応は以下のように書ける．

(左) $Zn \rightarrow Zn^{2+} + 2e^-$ (酸化反応)

(右) $Ag^+ + e^- \rightarrow Ag$ (還元反応)

全体の反応式は以下のようになる．

$Zn + 2Ag^+ + 2e^- \rightarrow Zn^{2+} + 2Ag + 2e^-$

したがって，$\nu = 2$である．

$$K = \exp\left(\frac{\nu \cdot F \cdot E^\ominus}{R \cdot T}\right) = \exp\left(\frac{2 \times 9.649 \times 10^4 \text{ C} \cdot \text{mol}^{-1} \times 1.56 \text{ V}}{8.314 \text{ J} \cdot \text{K}^{-1} \cdot \text{mol}^{-1} \times 298.15 \text{ K}}\right)$$

$$= 5.55\underline{140}\cdots \times 10^{52} = \boxed{5.55 \times 10^{52}}$$

(c) 反応商の書き方に注意すること．Ag^+の係数が2なので，Ag^+の活量を2乗する．

$$E = E^\ominus - \frac{R \cdot T}{\nu \cdot F} \cdot \ln Q = E^\ominus - \frac{R \cdot T}{\nu \cdot F} \cdot \ln\left\{\frac{a_{Zn^{2+}}}{\left(a_{Ag^+}\right)^2}\right\}$$

$$= 1.56 \text{ V} - \frac{8.314 \text{ J} \cdot \text{K}^{-1} \cdot \text{mol}^{-1} \times 298.15 \text{ K}}{2 \times 9.649 \times 10^4 \text{ C} \cdot \text{mol}^{-1}} \ln\left(\frac{0.50}{0.25^2}\right)$$

$$= 1.56 \text{ V} - 0.02\underline{671}\cdots \text{ V} = 1.53\underline{328}\cdots \text{ V}$$

$$= \boxed{1.53 \text{ V}}$$

問題 20

理想状態であると仮定して,次の電池の 25.0℃ における (a) 標準電池電位および (b) 電池電位を求めなさい.
Zn | ZnSO$_4$(1.0 × 10^{-5} M) || ZnSO$_4$(1.0×10^{-4} M) | Zn

解答 (a) 0 V   (b) 0.030 V(30 mV)

解説

ダニエル電池は亜鉛と銅の異なる 2 種類の金属イオンを利用したものであるが,同じ金属イオンであってもその濃度を変えることによって電位が発生し,電流が流れる.これを**濃淡電池**という.溶質の化学ポテンシャルの濃度依存性は次の通りであり,溶質の濃度が高いほどその化学ポテンシャルは高い.

$$\mu_J = \mu_J^\ominus + R \cdot T \cdot \ln a_J = \mu_J^\ominus + R \cdot T \cdot \ln(\gamma_J \cdot c_J)$$

つまり,低濃度側の Zn^{2+} は化学ポテンシャルが低く,高濃度側の Zn^{2+} は化学ポテンシャルが高い状態にある.両相の間を外部回路で接続すると,両相の間で濃度を同じにしようとする力が働く.低濃度側では濃度を上げようと Zn がイオン化し,このとき電子が発生する.高濃度側では発生した電子を,外部回路を通じて受け取り Zn^{2+} イオンが金属となり,濃度を下げようとする.

低濃度側(左): Zn(s) → Zn^{2+}(aq) + 2e$^-$ 酸化反応(アノード)
高濃度側(右): Zn^{2+}(aq) + 2e$^-$ → Zn(s)   還元反応(カソード)

2-9 電気化学

$$Zn(s, L) + Zn^{2+}(aq, R) \to Zn^{2+}(aq, L) + Zn(s, R)$$

見かけ上，Zn^{2+}が高濃度から低濃度へ移動していくように見えるが，電極反応を介して，この輸送現象を電気的な仕事として取り出せるようにしたものが濃淡電池である．

(a) 電池反応が平衡に達したとき，左右の電極における濃度差がなくなる．つまり $K = 1$ である．このとき電位差 E は $0\,\mathrm{V}$ だから，<u>濃淡電池の標準電池電位は $0\,\mathrm{V}$</u> である．

$$E^{\ominus} = E + \frac{R \cdot T}{\nu \cdot F} \cdot \ln K = 0 + \frac{R \cdot T}{\nu \cdot F} \cdot \ln 1 = \boxed{0\,\mathrm{V}}$$

(b) この電池反応が $1\,\mathrm{mol}$ 進めば，$2\,\mathrm{mol}$ の電子が移動するので，$\nu = 2$ である．理想状態と仮定しているので，活量を濃度で置き換える．

$$\begin{aligned}
E &= E^{\ominus} - \frac{R \cdot T}{\nu \cdot F} \cdot \ln Q = 0 - \frac{R \cdot T}{\nu \cdot F} \cdot \ln\left(\frac{a(Zn^{2+}, L)}{a(Zn^{2+}, R)}\right) \\
&= -\frac{R \cdot T}{\nu \cdot F} \cdot \ln\left(\frac{c(Zn^{2+}, L)}{c(Zn^{2+}, R)}\right) \\
&= -\frac{8.314\,\mathrm{J \cdot K^{-1} \cdot mol^{-1}} \times 298.15\,\mathrm{K}}{2 \times 9.649 \times 10^{4}\,\mathrm{C \cdot mol^{-1}}} \cdot \ln\left(\frac{1.0 \times 10^{-5}}{1.0 \times 10^{-4}}\right) \\
&= 0.029576\cdots\,\mathrm{V} = \boxed{0.030\,\mathrm{V}} = \boxed{30\,\mathrm{mV}}
\end{aligned}$$

問題 21

生体内(37.0℃)では細胞内の K^+ の活量は細胞外に比べて 20 倍高い.細胞膜の内外にかかる電位差(外部を基準として内部がもつ電位)を求めなさい.

解答   −0.080 V(−80 mV)

解説

組成の異なる電解質溶液が膜を介して接触しているときに生じる電位差を**膜電位**といい,濃淡電池と同じ状態にある.濃淡電池では標準電池電位は 0 である.

$$E = E^\ominus - \frac{R \cdot T}{\nu \cdot F} \cdot \ln Q = -\frac{R \cdot T}{\nu \cdot F} \cdot \ln\left(\frac{a_{in}}{a_{out}}\right)$$

$$= -\frac{8.314 \text{ J} \cdot \text{K}^{-1} \cdot \text{mol}^{-1} \times 310.15 \text{ K}}{1 \times 9.649 \times 10^4 \text{ C} \cdot \text{mol}^{-1}} \times \ln 20$$

$$= -0.080057 \cdots \text{ V} = \boxed{-0.080 \text{ V}} = \boxed{-80 \text{ mV}}$$

細胞内部が外部に比べて −80 mV の電位をもっていると計算され,これは実測値とよく一致している.細胞内外の K^+ の濃度比は約 30 であるが,高濃度になると活量係数が小さくなるため(問題 3 参照),活量比では約 20 となる.

また,電極の符号も注意してほしい.問題 20 では高濃度側が正極となったが,膜電位の場合は,酸化還元反応を介したものではなく,イオンの濃度勾配に従った拡散が駆動力になる.つまり,図のように正電荷が時計回りに回るように考えるので,高濃度側(細胞内)が負極となる.

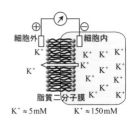

問題 22

問題 21 で見たように，細胞内部は外部に比べて -80 mV の電位をもっている．Na^+ イオンの活量が細胞内より，細胞外の方が 20 倍高いとき，Na^+ イオンの細胞膜内外の電気化学ポテンシャルの差を求めなさい．

解答 $15.4 \text{ kJ} \cdot \text{mol}^{-1}$

解説

電場に置かれた電荷をもつイオンにはクーロン力が発生する．力をもつということはエネルギーをもつということであり，この電場によるエネルギーを**クーロンポテンシャル**という．イオンの電荷を $z_i \cdot e$ とすると，単位電荷がもつクーロンポテンシャル ϕ を使って，1 mol 当たり，

$$z_i \cdot e \cdot \phi \times N_A = z_i \cdot F \cdot \phi$$

のクーロンポテンシャルをもつことになる．化学ポテンシャルにこれを加えたものを**電気化学ポテンシャル**という（ティルダ（〜）をつける）．

$$\tilde{\mu}_i = \mu_i + z_i \cdot F \cdot \phi = \mu_i^\ominus + R \cdot T \cdot \ln a_i + z_i \cdot F \cdot \phi$$

したがって，膜の内外での電気化学ポテンシャルの差は次のようになる．

$$\begin{aligned}
\Delta\tilde{\mu} &= \tilde{\mu}_{\text{out}} - \tilde{\mu}_{\text{in}} \\
&= \left(\mu^\ominus + R \cdot T \cdot \ln a_{\text{out}} + z_i \cdot F \cdot \phi_{\text{out}}\right) - \left(\mu^\ominus + R \cdot T \cdot \ln a_{\text{in}} + z_i \cdot F \cdot \phi_{\text{in}}\right) \\
&= R \cdot T \cdot \ln\left(\frac{a_{\text{out}}}{a_{\text{in}}}\right) + z_i \cdot F \left(\phi_{\text{out}} - \phi_{\text{in}}\right) \\
&= 8.314 \text{ J} \cdot \text{K}^{-1} \cdot \text{mol}^{-1} \times 310.15 \text{ K} \times \ln 20 \\
&\quad + 1 \times 9.649 \times 10^4 \text{ C} \cdot \text{mol}^{-1} \times 0.080 \text{ V} \\
&= 7724.7\cdots \text{ J} \cdot \text{mol}^{-1} + 7719.2 \text{ J} \cdot \text{mol}^{-1} = 15443.9\cdots \text{ J} \cdot \text{mol}^{-1} = \boxed{15.4 \text{ kJ} \cdot \text{mol}^{-1}}
\end{aligned}$$

細胞内の Na^+ に対して，細胞外の Na^+ の電気化学ポテンシャルは 15.4 kJ·mol^{-1} 高く，細胞内へ Na^+ が移動しようとするのが自発的である．細胞外へ Na^+ をくみ出すには，仕事をしなければならず，このエネルギーは ATP の共役反応からもたらされる．このようにエネルギーを使って輸送を行うことを**能動輸送**と呼ぶ．対して，電気化学ポテンシャルの高い側から低い側に，エネルギーを消費することなく自発的に輸送される場合を**受動輸送**という．このように，電気化学ポテンシャルの概念を使うと，能動輸送と受動輸送を区別できる．

2-9 電気化学

Check Point

- 電池反応は，電池内で電子が右から左へ移動するとして取り扱う．
  カソード：還元反応の起こる電極
  アノード：酸化反応の起こる電極
- 電池反応のギブズエネルギー変化
  $$\Delta_r G = -\nu \cdot F \cdot E \qquad E = -\frac{\Delta_r G}{\nu \cdot F}$$
- ネルンストの式
  $$E = E^\ominus - \frac{R \cdot T}{\nu \cdot F} \cdot \ln Q \qquad ref.\ \Delta_r G = \Delta_r G^\ominus + R \cdot T \cdot \ln Q$$
- 電池反応の平衡定数
  $$\ln K = \frac{\nu \cdot F \cdot E^\ominus}{R \cdot T} \qquad ref.\ \ln K = -\frac{\Delta_r G^\ominus}{R \cdot T}$$
  反応ギブズエネルギーと符号が異なっているので注意
- 標準電極電位　標準水素電極(SHE)との電位差
- 電池の標準電池電位は，標準電極電位の差から求められる．
  $$E^\ominus = E_R^\ominus - E_L^\ominus$$
- 濃淡電池　濃度の異なる，同一物質の半電池からなる電池
  $$E^\ominus = 0 \qquad E = -\frac{R \cdot T}{\nu \cdot F} \cdot \ln Q$$
- 電気化学ポテンシャル
  $$\tilde{\mu}_i = \mu_i^\ominus + R \cdot T \cdot \ln a_i + z_i \cdot F \cdot \phi$$
- 受動輸送：電気化学ポテンシャルの高い側から低い側へ，エネルギーを消費することのない物質の輸送

  能動輸送：電気化学ポテンシャルの低い側から高い側へ，エネルギーを消費する物質の輸送

2-10 界面化学

問題 1

次の文章中の正しい選択肢を選びなさい．また，空欄(b)に適当なものを入れなさい．
「表面張力は，分子間力の強いものほど [(a)] 〔①大きい・②小さい〕．また，その単位は [(b)] が用いられる．」

解答 (a) ①大きい (b) $N \cdot m^{-1}$ あるいは $J \cdot m^{-2}$

解説

液体はその分子間引力により，その状態が維持されている．分子レベルでみると，図のように液体内部（バルク相）にある分子は周囲を他の分子で囲まれ，上下，左右，前後から引っ張られているが，気相（空気）に接している表面（界面）分子は上方向からの引力がないため，これらの分子間の引力を合計すると，内部に引っ張られる力となる．表面に存在する分子は内部に引きずり込まれるので，表面に存在する分子の数が減る，つまり，表面積をできる限り小さくしようとする．これが**表面張力** γ（界面であれば界面張力）である．

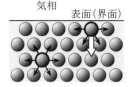

表面張力に逆らって表面積を dA だけ広げることは，エネルギーの高い表面（界面）分子を作り出す作業であるから，仕事 dw をしなければな

2-10 界面化学

らず,与えた仕事の分だけ系のエネルギー(定圧条件であればギブズエネルギーG)が増加する.仕事の大きさは表面積の増加量に比例するから,

$$dw = dG = \gamma \cdot dA$$

と書ける.この比例定数γが表面張力である.この式は次のように変形できる.

$$\gamma \ (\text{J} \cdot \text{m}^{-2}) = \frac{dw \ (\text{J})}{dA \ (\text{m}^2)} = \frac{dG \ (\text{J})}{dA \ (\text{m}^2)}$$

したがって,表面張力は単位面積当たりのエネルギーであり,その単位は$\boxed{\text{J} \cdot \text{m}^{-2}}$となる.

図のように液体に針金を浸けて,引き上げるという操作によって新たに表面を作る場合,その仕事は,表面張力に逆らって針金を引き上げる力Fとその変位量hで表せば$F \times h$となる(重力によるポテンシャルエネルギーは無視した).また表面張力γと面積の増加量ΔAを使って,この仕事を表せば,$\gamma \times \Delta A = \gamma \times (2h \cdot l)$と書ける(表面は裏表があるから2倍).この両者は等しいから,

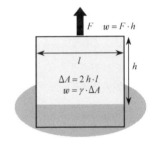

$$F \times h = \gamma \times (2h \cdot l) \quad \rightarrow \quad F = 2\gamma \cdot l$$

$$\gamma \ (\text{N} \cdot \text{m}^{-1}) = \frac{F \ (\text{N})}{2 \, l \ (\text{m})}$$

となる.つまり,γは表面の単位長さ当たりの力($\boxed{\text{N} \cdot \text{m}^{-1}}$)でもあり,表面張"力"と呼ばれるゆえんである.単位としては一般的に$\text{mN} \cdot \text{m}^{-1}$が用いられることが多い.これは$\text{J} \cdot \text{m}^{-2}$の単位変換でも確認できる.

$$\frac{\text{J}}{\text{m}^2} = \frac{\text{N} \cdot \text{m}}{\text{m}^2} = \boxed{\text{N} \cdot \text{m}^{-1}}$$

表面張力は分子間力によって表面分子を内部に引っ張る力であるから,<u>分子間力が強い液体ほど表面張力が大きい</u>.

問題2

25.0℃における球形(直径 1.00 μm)の水滴表面に生じる内外の圧力差(ラプラス圧)を求めなさい.ただし,25.0℃における水の表面張力は 72.0 mN·m^{-1} である.

解答 2.88×10^5 Pa (2.88 bar)

解説

水滴のような曲面をもつ微小な液滴の場合,界面の面積を小さくしようとする表面張力 γ の作用により内部は加圧状態にある.押しくら饅頭で,一番外側にいると風に当たって寒いので,こぞって中に入り込もうとする状態を想像してみてほしい.内部は押し合いへし合いにより,その圧力が高くなるだろう.この内部圧の上昇は**ラプラス圧**と呼ばれ,次の**ラプラスの式**に従う.

$$\Delta p = \frac{2\gamma}{r}$$

直径が 1.00 μm ということは半径 r が 0.500 μm (500 nm) なので,

$$\Delta p = \frac{2 \times 72.0 \text{ mN·m}^{-1}}{0.500 \text{ μm}} = \frac{2 \times 72.0 \times 10^{-3} \text{ N·m}^{-1}}{0.500 \times 10^{-6} \text{ m}}$$
$$= 288000 \text{ N·m}^{-2} = \boxed{2.88 \times 10^5 \text{ Pa}} = \boxed{2.88 \text{ bar}}$$

問題3

滑らかな固体表面に液体を滴下したところ,図のようになった.点Pにおける固体-気体の
表面張力(γ_{sg}),液体-気体の表面張力(γ_{lg}),固体-液体の界面張力(γ_{sl}),接触角(θ_c)を図示しなさい.また,ヤングの式を導出しなさい.

解答・解説

それぞれの界面は独自に自分が関係する界面を小さくしようとする.固体は変形できないから,例えば,固体-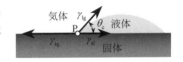
気体の表面の面積を小さくするには,液体を固体表面に広げてしまえばよい.つまりγ_{sg}は図のように点Pを左向きに動かそうと働く.逆に,固体-液体の界面を小さくするには点Pを右向きに動かせばよいので,γ_{sl}は右向きに作用する.曲面である液体-気体の表面を小さくするには,広げた扇子を閉じるように曲面の接線方向に働く.この固体-液体-気体の3相界面に形成される液体-気体と液体-固体の界面に作られた,液体側を含む角度を**接触角**と呼ぶ.仮に固体と液体との親和性が高く,つまり液体によって固体表面がぬれやすい場合,液体は固体表面に広がっていき,接触角はほとんど0になる.逆に,液体と固体の親和性が低い場合,固体表面は液体によってぬれにくくなり,液体はビーズ状になる.このとき接触角は90°以上になる.つまり,接触角は液体と固体の親和性の指標となる.平衡状態ではこの3つの力が釣り合っている.左右方向の力が等しいという関係から,次の**ヤングの式**が得られる.

$$\boxed{\gamma_{sg} = \gamma_{sl} + \gamma_{lg} \cdot \cos\theta_c}$$

問題4

次の文章中の空欄に適当なものを入れなさい.
「接触角 θ_c が 0° のとき,そのぬれは (a) ぬれ,$0° < \theta_c \leq 90°$ のときは (b) ぬれ,$90° < \theta_c \leq 180°$ のときは (c) ぬれと分類される.」

解答 (a) 拡張　(b) 浸漬（しんし）　(c) 付着

解説

固体の液体への溶解,あるいは分散の最初のステップは,溶媒分子が固体粒子を取り囲み,粒子表面に浸透していく**ぬれ**という過程である.「ぬれ」の進行に伴い,固体-気体界面が固体-液体界面に変化していく.ぬれが自発的に進行する場合,変化に伴うギブズエネルギー変化が0以下になっていなければならない.ぬれは接触角により拡張ぬれ,浸漬ぬれ,付着ぬれの3つに分類される.

語呂『ぬれは加湿器』

(接触角の小さい方から順番に,か:拡張,し:浸漬,つき:付着)

(a) **拡張ぬれ**では,液体が固体表面に広がっていくモデルを考える.ぬれに伴うギブズエネルギー変化 ΔG_s は次式のようになる.

$$\Delta G_s = (\gamma_{sl} + \gamma_{lg}) \cdot \Delta A - \gamma_{sg} \cdot \Delta A = (\gamma_{sl} + \gamma_{lg} - \gamma_{sg}) \cdot \Delta A$$

ここで ΔA は拡張ぬれが進行したことによる面積変化である.$\Delta A > 0$ であるから,$\gamma_{sl} + \gamma_{lg} - \gamma_{sg} \leq 0$ のとき,$\Delta G_s \leq 0$ となり,拡張ぬれが平衡状態にあるか,または自発的に進行すると判断できる.ヤングの式を用いて変形すると次のようになる.

$$\Delta G_s = \{\gamma_{sl} + \gamma_{lg} - (\gamma_{sl} + \gamma_{lg} \cdot \cos\theta_c)\} \cdot \Delta A = \gamma_{lg} \cdot (1 - \cos\theta_c) \cdot \Delta A$$

$\Delta G_s \leq 0$ となるのは,$\cos\theta_c = 1$ すなわち,接触角 $\theta_c = 0°$ のとき

だけである．

(b) **浸漬ぬれ**は文字通り，固体を液体に浸すようなモデルである．浸漬ぬれの進行に伴うギブズエネルギー変化 ΔG_i は次のようになる．

$$\Delta G_i = \gamma_{sl} \cdot \Delta A - \gamma_{sg} \cdot \Delta A = (\gamma_{sl} - \gamma_{sg}) \cdot \Delta A$$
$$= \{\gamma_{sl} - (\gamma_{sl} + \gamma_{lg} \cdot \cos\theta_c)\} \cdot \Delta A$$
$$= -\gamma_{lg} \cdot \cos\theta_c \cdot \Delta A$$

$\Delta G_i \leq 0$ となるのは，$\cos\theta_c \geq 0$，すなわち，$0° \leq \theta_c \leq 90°$ のときであるが，$\theta_c = 0°$ のときは，拡張ぬれとして分類されるので除外し，接触角が $0° < \theta_c \leq 90°$ のときを浸漬ぬれと呼ぶ．

(c) **付着ぬれ**は，液体が固体表面上に形態の変化なく付着するモデルを考える．ぬれに伴うギブズエネルギー変化 ΔG_a は次式で表される．

$$\Delta G_a = \gamma_{sl} \cdot \Delta A - (\gamma_{lg} + \gamma_{sg}) \cdot \Delta A = (\gamma_{sl} - \gamma_{lg} - \gamma_{sg}) \cdot \Delta A$$
$$= \{\gamma_{sl} - \gamma_{lg} - (\gamma_{sl} + \gamma_{lg} \cdot \cos\theta_c)\} \cdot \Delta A = -\gamma_{lg} \cdot (1 + \cos\theta_c) \cdot \Delta A$$

$\Delta G_a \leq 0$ となるのは，$0° \leq \theta_c \leq 180°$ のときであるが，$0°$ は拡張ぬれ，$0° < \theta_c \leq 90°$ は浸漬ぬれと分類されるので，$90° < \theta_c \leq 180°$ のときを付着ぬれと呼ぶ．

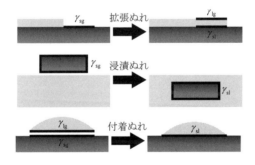

問題5

25.0℃において、内半径 0.250 mm の毛細管中を水が 5.89 cm 上昇した。水の表面張力 γ を求めなさい。ただし、水の密度は 0.997 g·cm^{-3}、接触角は 0°、重力加速度は 9.81 m·s^{-2} とする。

解答 72.0 mN·m^{-1} (7.20 × 10^{-2} N·m^{-1})

解説

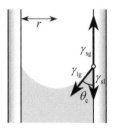

ガラスの毛細管を水のような、その壁をぬらす液体の中に浸した場合、固体-気体の界面を、固体-液体の界面に置き換える方 ($\gamma_{sg} \to \gamma_{sl}$) が、エネルギーが低くなるため、液体が管の中を上昇していく。これを毛管作用という。液体によってぬれた管壁の面積を dA とすると、ぬれによるギブズエネルギー変化 dG は、

$$\begin{aligned}
\mathrm{d}G &= \gamma_{sl} \cdot \mathrm{d}A - \gamma_{sg} \cdot \mathrm{d}A = (\gamma_{sl} - \gamma_{sg}) \cdot \mathrm{d}A \\
&= \{\gamma_{sl} - (\gamma_{sl} + \gamma_{lg} \cdot \cos\theta_c)\} \cdot \mathrm{d}A \\
&= -\gamma_{lg} \cdot \cos\theta_c \cdot \mathrm{d}A
\end{aligned}$$

となる。液面を引き上げる力を F、液面の高さの変化を dh とすれば、系のする仕事 dw はギブズエネルギー変化 dG に等しいから、

$$\mathrm{d}w = -F \cdot \mathrm{d}h = -\gamma_{lg} \cdot \cos\theta_c \cdot \mathrm{d}A$$

である。毛細管の内径を r とすれば、d$A = 2\pi \cdot r \times \mathrm{d}h$ であるから、液面を引き上げる力 F は、

$$F = 2\pi \cdot r \times \gamma_{lg} \cdot \cos\theta_c$$

と液体の表面張力 γ_{lg} を使って書き表せる。平衡状態では、これが管内部の液体の質量 m にかかる重力 $m \cdot g$ と釣り合う。平衡状態における液柱の高さを h とすれば、液柱の体積は $\pi \cdot r^2 \times h$ だから、液体の密度を ρ

とすれば質量 m は次のように表される.

$$m = \rho \times (\pi \cdot r^2 \times h)$$

したがって，次の関係式が得られる.

$$F = 2\pi \cdot r \times \gamma_{lg} \cdot \cos\theta_c = m \cdot g = \rho \times (\pi \cdot r^2 \times h) \times g$$

これを整理すると次式が得られる.

$$\boxed{\gamma_{lg} = \frac{r \cdot \rho \cdot g \cdot h}{2\cos\theta_c}}$$

接触角 $\theta_c = 0°$ だから，$\cos\theta_c = 1$ である.

$$\begin{aligned}
\gamma &= \frac{1}{2} r \cdot \rho \cdot g \cdot h \\
&= \frac{1}{2} \times 0.250 \text{ mm} \times 0.997 \text{ g}\cdot\text{cm}^{-3} \times 9.81 \text{ m}\cdot\text{s}^{-2} \times 5.89 \text{ cm} \\
&= \frac{1}{2} \times 0.250 \times 10^{-3} \text{ m} \times 0.997 \times 10^3 \text{ kg}\cdot\text{m}^{-3} \times 9.81 \text{ m}\cdot\text{s}^{-2} \times 5.89 \times 10^{-2} \text{ m} \\
&= 0.0720\underline{094} \text{ N}\cdot\text{m}^{-1} = \boxed{0.0720 \text{ N}\cdot\text{m}^{-1}} = \boxed{72.0 \text{ mN}\cdot\text{m}^{-1}}
\end{aligned}$$

接頭語の変換と SI 基本単位（g → kg）への変換を忘れずに. 単位だけ考えると次のようになる.

$$\text{kg}\cdot\text{s}^{-2} = \frac{\text{kg}\cdot\text{s}^{-2} \times \text{m}}{\text{m}} = \text{N}\cdot\text{m}^{-1}$$

水銀などをこの方法で測定すると，ガラスとの相性が悪いため，接触角 $\theta_c > 90°$（$\cos\theta_c < 0$）となる. そのため，液面は逆に下がることになる（$h < 0$）. 液体の表面張力測定法には，この問題の**毛管上昇法**以外に，**ウィルヘルミープレート法（つり板法）**，**デュ ヌュイ円環法（リング法）**，**滴重法**などがある.

問題6

次の文章中の正しい選択肢を選びなさい．
「界面活性剤は気水表面に (a) 〔①正吸着・②負吸着〕し，水の表面張力を (b) 〔①上昇・②低下〕させる．」

解答　(a) ①正吸着　(b) ②低下

解説

界面活性剤は親水基と疎水基（親油基）をもつため，水に少量加えると，疎水基が水と接触することを嫌い，液体内部（バルク相）よりも気相－液相の表面に多く集まる．つまり，界面活性剤は液体表面に吸着（**正吸着**）するという言い方もでき

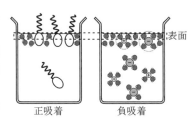

正吸着　　負吸着

る．界面活性剤が表面に吸着することによって，表面に存在する液体分子の数が減る．液体の表面張力は，表面に存在する液体分子を内部に引きずり込もうとする力であるから，界面活性剤を加えると，液体（水）の表面張力は低下する．

逆に，水溶液における NaCl のような無機塩やグルコースのような極性化合物は，周りを水分子で取り囲まれている（水和）ため，熱運動により最も液体表面に近づいたとしても，表面には水和した水分子が出るだけで，溶質自身が気相と直接接触することはない．つまり表面は純溶媒に近い状態であり，正吸着に対して**負吸着**と呼ばれる．このとき水和している水分子は，溶質分子に強く引きつけられているので，表面張力は上昇する．

液体内部（バルク相）と液体表面の溶質濃度の差を**表面過剰濃度** $\varGamma$（または表面吸着量，SI単位では $\mathrm{mol \cdot m^{-2}}$ が用いられる）といい，**ギブズの吸着等温式**によって，表面張力 γ と次のように関係付けられる．

$$\varGamma = -\frac{1}{R \cdot T} \cdot \frac{d\gamma}{d\ln c} = -\frac{c}{R \cdot T} \cdot \frac{d\gamma}{dc}$$

ここで，c は溶質のモル濃度である．溶質の添加によって表面張力が低下するとき（$d\gamma/dc < 0$），$\varGamma > 0$ であり，溶質はバルク相よりも表面に集まっていることを表す（正吸着）．逆に，$\varGamma < 0$ のときは，溶質が表面よりもバルク相に集まっていることを表す（負吸着）．

界面への集積のしやすさから溶質は，
(a) 負吸着する界面不活性物質
(b) 水溶液における短鎖の脂肪酸，アルコール類などの界面活性物質
(c) 洗剤のような界面活性剤
の3つに分類される．

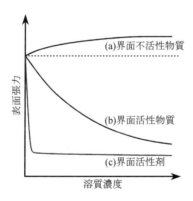

問題7

(a) 界面活性剤が水中で形成する集合体を何と呼ぶか答えなさい．
(b) 集合体が形成し始める濃度を何と呼ぶか答えなさい．

解答 (a) ミセル　(b) 臨界ミセル濃度(cmc)

解説

界面活性剤を水に溶解させると，その疎水性部分が水のエントロピーを低下させるため，系のギブズエネルギーが増加する．そこで，界面活性剤は界面に集まり，疎水基を水から離れた方向に向けて，系のギブズエネルギーの増加を最小にとどめようとする．これは界面活性剤の界面への吸着平衡と考えることができる．界面活性剤の濃度を増加させると，化学ポテンシャルが増加していくが，ある濃度を超えると，個々に存在していた界面活性剤(モノマーと呼ぶ)は，**疎水性相互作用**により，親水基を外側，すなわち水溶液側に向け，疎水基を水から逃れるように内側に向けて会合体を形成し始める．この会合体をミセルと呼び，ミセル形成が始まる濃度を**臨界ミセル濃度** critical micelle concentration (cmc)という．

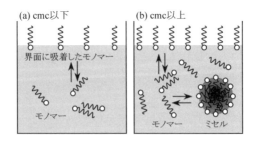

問題8

次の文章中の正しい選択肢を選びなさい.
「親水基が同じ界面活性剤は,アルキル鎖が長くなると cmc が (a) 〔①上昇・②低下〕する.また,イオン性界面活性剤の cmc は塩を添加すると (b) 〔①上昇・②低下〕する.」

解答 (a) ②低下　　(b) ②低下

解説

　界面活性剤の疎水基(アルキル鎖)は水中では疎水性相互作用により集合してミセルを形成しようとするが,親水基はミセル形成に阻害的に働く.アルキル鎖が長いほど,疎水基のミセルへの移行に伴う安定化効果が,親水基の阻害効果を上回りやすくなるため,低濃度からミセルを形成しやすくなる.つまりアルキル鎖が長いほど,cmc が低下する.アルキル鎖の炭素数 n に対して cmc の対数値をプロットすると,直線的に変化するので次式が成立する.

　$\log \text{cmc} = a - b \cdot n$　　　a および b は定数

　イオン性界面活性剤の場合,ミセル表面には電離した親水基が並ぶことになり,親水基同士の静電的な反発力が生じる.塩を添加すると,塩の電離により生じたイオンが,ミセル表面に吸着することによって親水基同士の静電的反発力を緩和するため,ミセルが形成しやすくなる.つまり,塩の添加により cmc が低下する.

問題 9

イオン性界面活性剤水溶液の物理化学的性質の濃度による変化を示したものである．(a)〜(d)に該当する物理化学的性質として正しいものを次の選択肢から選びなさい．
① 可溶化　　② 洗浄力
③ 表面張力　　④ モル伝導率
(第89回薬剤師国家試験より改変)

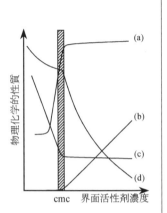

解答　(a) ②洗浄力　　(b) ①可溶化
　　　　(c) ③表面張力　(d) ④モル伝導率

解説

(a) 洗浄力：界面活性剤が洗浄剤として作用する場合，油汚れなどに対して界面活性剤が吸着していく．汚れを基質から引き剥がし微細に分散させると，それだけ汚れの表面積が増加するため，新たな界面に吸着するための界面活性剤を補給しなければならない．この界面活性剤の補給メカニズムにミセルが重要な役割を果たしている．洗浄などの作用に寄与するのは界面活性剤のモノマーだが，その界面活性剤は既存のミセルが分解して補給される．

(b) 可溶化：ミセル内部は疎水性のため，疎水性分子をミセル内部に取り込むことができる．これを**可溶化**という．cmc以下ではミセルが存在しないので，ほぼ0である．cmc以上になるとミセルが形成され，可溶化能を発揮するためcmc以上で増加する．

(c) 表面張力：cmc までは急激に低下する．cmc 以上では表面に吸着している界面活性剤の量はほぼ一定となり，新たに加えた界面活性剤はミセルを形成する．そのため，cmc 以上で表面張力はほぼ一定となる．

(d) モル伝導率：イオン性界面活性剤の場合，ミセル表面には電離した親水基が並ぶことになり，親水基同士の静電的な反発力が生じる．この静電的反発力を緩和するために，図のように異符号のイオンがミセル表面に吸着し，一部の電荷を打ち消す．つまり，一部のイオン性界面活性剤は電離していない状態となる．そのため，ミセルが形成されると，モル伝導率 Λ が急激に低下する．系全体の伝導率 κ の増加は cmc 以降で緩やかになるため，cmc で折れ曲がる．

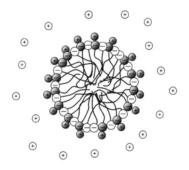

問題 10

一円玉をそっと水面におくと水面に浮かぶ．また，水に洗剤を加えると一円玉は沈む．液体の表面張力および接触角を図示しながらそれらの理由を説明しなさい．

解答・解説

水面に浮かぶ一円玉を観察すると，水面はへこんでおり，一円玉は水面よりも少し下の位置にいることが分かる(自分で浮かべてみるとよい)．それぞれの界面張力および接触角 θ_c を模式的に表すと図(a)のようになる．問題 3 の図を時計回りに 90° 回転させたような状態である．接触角 θ_c は 90° 以上あり，水の表面張力 γ_{lg} は上向きに作用しているため，一円玉を持ち上げようと作用する．ただし，一円玉の周囲に働く水の表面張力は接触角を 180° としても，4.5 mN(0.46 g)程度しかない．一円玉は 1 g なので，水の表面張力だけで浮いているわけではなく，実際には水面のへこみによる浮力の効果もある．

洗剤(界面活性剤)を加えると γ_{sl} と γ_{lg} が小さくなる．γ_{sg} は洗剤の影響を受けないから，気 – 液 – 固の三相が共存する点 P を上に持ち上げようとする．点 P が上方に動くと，接触角 θ_c は小さくなり，水の表面張力 γ_{lg} は下向きに働くようになる(図(b))．つまり，一円玉を沈めようと作用する．

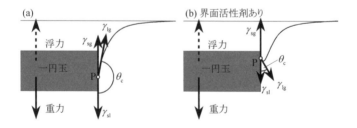

問題 11

ある溶質を種々の濃度で含む溶液(100 mL)に 0.100 g の活性炭を加え,吸着させた.活性炭添加前後の遊離の溶質濃度(c_0, c_f)を測定し,下のような結果を得た.

$c_0/(\mu\text{mol}\cdot\text{L}^{-1})$	50.0	100.0	150	200	300	400
$c_f/(\mu\text{mol}\cdot\text{L}^{-1})$	2.90	7.36	14.8	27.7	82.8	167

吸着様式が単分子層吸着であるとし,(a) 吸着定数 K,(b) 活性炭 1 g 当たりの飽和吸着量 $n_{\max}$ を求めなさい.

解答 (a) $8.00 \times 10^4 \text{ L}\cdot\text{mol}^{-1}$ (b) $2.50 \times 10^{-4} \text{ mol}\cdot\text{g}^{-1}$

解説

吸着した分子間の相互作用を考慮しない単分子層吸着は**ラングミュア吸着**と呼ばれる.平衡状態では吸着層からの吸着質分子が脱着する速度($k_d \cdot N \cdot \theta$)と,バルク中の吸着質分子が残されている吸着サイトに吸着する速度($k_a \cdot$

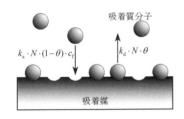

$(1-\theta)\cdot N\cdot c_f$)が等しい.ここで θ は表面被覆率と呼ばれ,N 個の吸着サイトのうち,吸着が起こっている吸着サイト(N_{ads})の割合,あるいは,全ての吸着サイトを覆うのに必要な吸着質の物質量(飽和吸着量)$n_{\max}$ に対する吸着した吸着質の物質量 n_{ads} の割合である.

$$\theta = \frac{N_{\text{ads}}}{N} = \frac{n_{\text{ads}}}{n_{\max}}$$

吸着定数 $K = k_a/k_d$ とすると,次の**ラングミュア吸着等温式**が得られる.

$$k_d \cdot N \cdot \theta = k_a \cdot (1-\theta) \cdot N \cdot c_f \rightarrow \theta = K \cdot (1-\theta) \cdot c_f = K \cdot c_f - K \cdot \theta \cdot c_f$$

$$\boxed{\theta = \frac{K \cdot c_\mathrm{f}}{1 + K \cdot c_\mathrm{f}}} \qquad K = \frac{k_\mathrm{a}}{k_\mathrm{d}}$$

上式の分子分母を逆さまにすると,

$$\frac{1}{\theta} = \frac{n_\mathrm{max}}{n_\mathrm{ads}} = \frac{1 + K \cdot c_\mathrm{f}}{K \cdot c_\mathrm{f}} \quad \rightarrow \quad \frac{1}{n_\mathrm{ads}} = \frac{1}{K \cdot n_\mathrm{max}} \cdot \frac{1}{c_\mathrm{f}} + \frac{1}{n_\mathrm{max}}$$

が得られる.したがって,吸着様式がラングミュア型のとき,$1/c_\mathrm{f}$ に対して $1/n_\mathrm{ads}$ をプロット(クロッツプロットという)すると,傾きが $1/(K \cdot n_\mathrm{max})$,切片が $1/n_\mathrm{max}$ の直線が得られ,飽和吸着量 n_max と吸着定数 K を求めることができる.濃度と溶液の体積(100 mL = 0.100 L)から仕込みの物質量 n_0 と遊離の物質量 n_f を求め,その差から活性炭 1 g 当たりに吸着した物質量 n_ads を次式のように求める.

$$n_\mathrm{ads} = (n_0(\mathrm{mol}) - n_\mathrm{f}(\mathrm{mol}))/0.100\ \mathrm{g}$$
$$= (c_0(\mathrm{mol \cdot L^{-1}}) \times 0.100\ \mathrm{L} - c_\mathrm{f}(\mathrm{mol \cdot L^{-1}}) \times 0.100\ \mathrm{L})/0.100\ \mathrm{g}$$

プロットするためのデータは次の通りである.

$c_\mathrm{f}/(\mathrm{\mu mol \cdot L^{-1}})$	$n_\mathrm{ads}/(\mathrm{\mu mol \cdot g^{-1}})$	$(1/c_\mathrm{f})/(\mathrm{L \cdot mol^{-1}})$	$(1/n_\mathrm{ads})/(\mathrm{g \cdot mol^{-1}})$
2.90	47.10	3.45×10^5	2.12×10^4
7.36	92.64	1.36×10^5	1.08×10^4
14.8	135.2	6.76×10^4	7.40×10^3
27.7	172.3	3.61×10^4	5.80×10^3
82.8	217.2	1.21×10^4	4.60×10^3
167	233	5.99×10^3	4.29×10^3

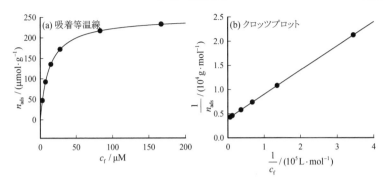

　図(a)は横軸に遊離の吸着質濃度 c_f, 縦軸に吸着した吸着質の物質量 n_{ads} をプロットしたもので, **吸着等温線**と呼ばれる(縦軸は表面被覆率 θ をプロットしてもよい). c_f が高くなるにつれ, n_{ads} がある一定値(飽和吸着量 n_{max})に近づいていく様子が分かる. クロッツプロット(図(b))の回帰直線の傾きは 5.00×10^{-2} g·L^{-1}, 切片は 4.00×10^3 g·mol^{-1} であるから,

$$切片 = \frac{1}{n_{max}} = 4.00 \times 10^3 \text{ g·mol}^{-1}$$

$$n_{max} = \frac{1}{4.00 \times 10^3 \text{ g·mol}^{-1}} = \boxed{2.50 \times 10^{-4} \text{ mol·g}^{-1}}$$

$$傾き = \frac{1}{K \cdot n_{max}} = 5.00 \times 10^{-2} \text{ g·L}^{-1}$$

$$K = \frac{1}{5.00 \times 10^{-2} \text{ g·L}^{-1} \times 2.50 \times 10^{-4} \text{ mol·g}^{-1}} = \boxed{8.00 \times 10^4 \text{ L·mol}^{-1}}$$

となる.

問題12

次の文章中の空欄に適当なものを入れなさい．また，正しい選択肢を選びなさい．

「分散コロイドの一種である疎水コロイドの安定性は，主に静電反発力とファン デル ワールス引力によって決まる．これを (a) 理論という．コロイド粒子間に働くファン デル ワールス引力は，分子間に働くファン デル ワールス引力と異なる (b) 〔①遠距離・②近距離〕力である．静電反発力の本質は，(c) の重なりによってコロイド粒子間の (d) 濃度が増加し，(e) が上昇することに基づくものである．全ポテンシャルエネルギーが V_{t1} のように極大値を有する場合，コロイド粒子は (f) 〔①安定・②不安定〕である．また，塩を添加すると，静電反発力に基づくポテンシャルエネルギーは (g) 〔① $V_{r1} \to V_{r2} \to V_{r3}$・② $V_{r3} \to V_{r2} \to V_{r1}$〕と変化していくため，コロイド粒子は (h) 〔①安定化・②不安定化〕する．

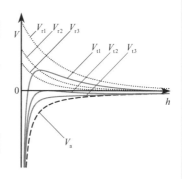

解答・解説

疎水コロイドの安定性に関する理論は，Derjaguin, Landau, Verwey, Overbeek の4人の研究者によって完成され，**DLVO** 理論と呼ばれる．粒子間に働く全ポテンシャルエネルギー V_t は粒子間の静電反発力ポテンシャル V_r とファン デル ワールス引力ポテンシャル V_a の和によって表される（$V_t = V_r + V_a$)，というものである．

分子間に働く V_a は距離 r の6乗に反比例するため，近距離でしか働

かない近距離力であるが(4-4節 問題7参照)，コロイド粒子のように多数の分子でできている物体間に働く V_a は，これを積分することによって導かれ，コロイド粒子間の距離 h に反比例する形になる．

$$V_a(h) = -\frac{A \cdot a}{12} \cdot \frac{1}{h} \quad a はコロイド粒子半径，A はハマカー定数$$

そのため，クーロン力に匹敵する 遠距離力 となる．

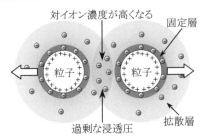

問題9でミセルの形成の際，対イオンがミセル表面に吸着するという話をしたが，コロイド粒子表面には，コロイド粒子と共に動く固定層と呼ばれるイオンの分布と，その外側にコロイド粒子にゆるく束縛された拡散層と呼ばれる2種類のイオンの分布があり，電気二重層 と呼ばれる．コロイド粒子が接近すると，この電気二重層が重なり，粒子間の 対イオン 濃度が高くなる．そうすると，粒子間の 浸透圧 はバルク相よりも高くなり，コロイド粒子を引き離そうとする．これが静電反発力の本質である．

V_{t1} のように全ポテンシャルエネルギーに極大値が存在し，そのエネルギーが十分に高ければ，粒子の接近に対する障壁となり，コロイド粒子は凝集しない，つまり 安定 である．

塩濃度が高くなると，固定層の対イオンが増える．そうすると，拡散層の対イオン濃度が低下し，粒子間の浸透圧上昇も小さくなる．また，電気二重層の厚み自体も薄くなるので，塩の添加により電気二重層に基づく反発ポテンシャルエネルギーは $\boxed{V_{r1} \to V_{r2} \to V_{r3}}$ のように低下する．V_{t3} では粒子同士が接近するにつれ，全ポテンシャルエネルギーがより低くなるため，粒子は急速に凝集しようとする．つまり，塩を添加することによってコロイド粒子は 不安定化 する．

第3章

変　化

3-1 反応速度

問題 1

以下の反応の反応速度式を表しなさい．ただし，この反応は素反応であり，反応速度定数を k とする．

$$H_2(g) + I_2(g) \rightarrow 2HI(g)$$

解答　反応速度式 $v = k \cdot [H_2] \cdot [I_2]$

解説

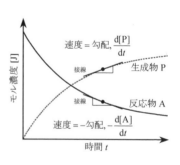

$A \rightarrow P$ のような化学反応では，反応が進行するにつれて，**反応物** A が減少し，**生成物** P が増加していく．化学反応の速さは単位時間に減少した反応物の量 ΔA，または単位時間に増加した生成物の量 ΔP で表され，これを**反応速度**という．ただし，反応物の量が 10 倍になれば得られる生成物の量も 10 倍になる．したがって，反応速度はモル濃度の変化量 $\Delta [J]$ で表すのが合理的である．

$$反応速度 v = -\frac{反応物の濃度変化量(\Delta[A])}{反応時間(\Delta t)}$$

$$= \frac{生成物の濃度変化量(\Delta[P])}{反応時間(\Delta t)}$$

正反応(A → P)が進行しているとき,反応速度は正の値で示す約束がある.このとき,反応物 A は減少するため,その濃度変化は負の値になるが,反応速度を正の値に直すために全体に‒(マイナス)の符号がつけられる.反応速度が負の値($v < 0$)になるときは,逆反応(A ← P)が起こっていることを示す.解答にあるような,反応速度と反応物の濃度との関係を表したものを**反応速度式**という.反応時間を無限に小さく($\Delta t \to dt$)していけば消費される反応物や生成する生成物の濃度変化も微小($\Delta [A] \to d[A]$, $\Delta [P] \to d[P]$)となるので,次のように表す.

$$\text{反応速度}\quad v = -\frac{d[A]}{dt} = \frac{d[P]}{dt}$$

化学反応が単純に 2 つの分子の衝突により進むような場合,反応速度は図のようにこれら 2 つの分子の濃度の積に比例する.このようにただ 1 つの段階だけで完結する反応を**素反応**という.反応全体が 1 つの素反応でできている場合に限り,化学反応式の量論係数が反応速度式の次数に一致する.問題もこれに相当する.

しかし,<u>一般に反応速度式は実験により求まるものであり,化学反応式から推測することはできない</u>.$aA + bB \to cC + dD$ の反応速度式は一般的に $v = k \cdot [A]^\alpha \cdot [B]^\beta$ で表される.ここで,係数 k はその反応に固有のもので,**反応速度定数**という.また,反応速度式で濃度の項に付いている指数を**反応次数**という.上の例では [A] については α 次,[B] については β 次,全体で $(\alpha + \beta)$ 次(全次数と呼ぶ)の反応という.α, β は実験により求まる値で,一般的に $a \neq \alpha$, $b \neq \beta$ であり,整数値とならない場合もある.

問題2

N_2O_5 の四塩化炭素溶液は 45℃で次のように反応し,酸素を発生する.

$$2N_2O_5 \rightarrow 2N_2O_4 + O_2$$

実験によって得られた系に残存する N_2O_5 の濃度変化(単位: $mol \cdot L^{-1}$)は以下のようになった.(a) この反応の反応次数を求めなさい.また,(b) 反応速度定数を求めなさい.

時間 /s	0	400	800	1200	1600	2000
N_2O_5	1.400	1.100	0.870	0.680	0.530	0.420

解答 (a) 1次 (b) $6.00 \times 10^{-4} \, s^{-1}$

解説

まず,各区間の残存する N_2O_5 の濃度から,濃度変化 $\Delta[N_2O_5]$ を求める.これを時間間隔(400 s)で割って,平均の分解速度 $v(mol \cdot L^{-1} \cdot s^{-1})$ を求める.この平均の分解速度は,例えば,0 − 400 s では中間の 200 s における瞬間速度と近似できる.また,200 s の濃度は測定されていないが,0 s と 400 s の濃度の平均値と考える.以上をまとめると次のような表になる.

Δt /s	$\Delta[N_2O_5]$ /$(mol \cdot L^{-1})$	v /$(mol \cdot L^{-1} \cdot s^{-1})$	t /s	$[N_2O_5]$ /$(mol \cdot L^{-1})$
0 − 400	−0.300	7.50×10^{-4}	200	1.250
400 − 800	−0.230	5.75×10^{-4}	600	0.985
800 − 1200	−0.190	4.75×10^{-4}	1000	0.775
1200 − 1600	−0.150	3.75×10^{-4}	1400	0.605
1600 − 2000	−0.110	2.75×10^{-4}	1800	0.475

[N$_2$O$_5$] に対して v をプロットすると,図のようになり,速度は [N$_2$O$_5$] に比例していることが分かる.

$v = k \cdot [\text{N}_2\text{O}_5]$

したがって,この反応は $\boxed{1\text{次}}$ 反応である.

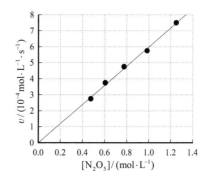

また,グラフの傾きを,Excel などの直線近似を用いて求めると,反応速度定数 $k = \boxed{6.00 \times 10^{-4}\,\text{s}^{-1}}$ と求められる.

問題3

アンモニアの合成反応 $N_2(g) + 3H_2(g) \to 2NH_3(g)$ において，ある時刻における NH_3 の生成速度が $1.20 \text{ mmol} \cdot \text{L}^{-1} \cdot \text{s}^{-1}$ であった．(a) N_2 および (b) H_2 の消費速度を求めなさい．

解答
(a) $0.600 \text{ mmol} \cdot \text{L}^{-1} \cdot \text{s}^{-1}$ (b) $1.80 \text{ mmol} \cdot \text{L}^{-1} \cdot \text{s}^{-1}$

解説

反応式の量論係数を用いれば，答えはすぐに分かるであろう．ただ，このように同じ反応であるにもかかわらず，いろいろな反応速度があると混乱するだろう．そこで，このような反応では量論係数を取り入れて次のように反応速度を表す．

$$v = -\frac{1}{1} \cdot \frac{d[N_2]}{dt} = -\frac{1}{3} \cdot \frac{d[H_2]}{dt} = \frac{1}{2} \cdot \frac{d[NH_3]}{dt}$$

こうしておけば，この反応の反応速度は1つだけになる．一般に，

$a\text{A} + b\text{B} \to c\text{C} + d\text{D}$

の反応では，その反応速度 v はその量論関係から，

$$v = -\frac{1}{a} \cdot \frac{d[\text{A}]}{dt} = -\frac{1}{b} \cdot \frac{d[\text{B}]}{dt} = \frac{1}{c} \cdot \frac{d[\text{C}]}{dt} = \frac{1}{d} \cdot \frac{d[\text{D}]}{dt}$$

と表される．

問題 4

反応速度を $mol \cdot L^{-1} \cdot s^{-1}$ 単位で測定した場合, (a) 0 次反応, (b) 1 次反応, (c) 2 次反応の反応速度定数 k の単位を答えなさい.

解答 (a) $mol \cdot L^{-1} \cdot s^{-1}$ (b) s^{-1} (c) $L \cdot mol^{-1} \cdot s^{-1}$

解説

仮に反応物が A のみであるとすると,反応速度式は次のようになる.

$$v(mol \cdot L^{-1} \cdot s^{-1}) = -\frac{d[A](mol \cdot L^{-1})}{dt(s)} = k \cdot [A]^n$$

この n に 0~2 を入れて単位だけを考えると次のようになる.

0 次: $mol \cdot L^{-1} \cdot s^{-1} = k_0 \cdot [A]^0 = k_0$

1 次: $mol \cdot L^{-1} \cdot s^{-1} = k_1 \cdot [A]^1 = k_1 \times mol \cdot L^{-1}$
    ∴ $k_1 = s^{-1}$

2 次: $mol \cdot L^{-1} \cdot s^{-1} = k_2 \cdot [A]^2 = k_2 \times (mol \cdot L^{-1})^2$
    ∴ $k_2 = L \cdot mol^{-1} \cdot s^{-1}$

リットル (L) は SI 単位ではなく,SI 単位で表記すれば,それぞれ 0 次: $mol \cdot m^{-3} \cdot s^{-1}$, 1 次: s^{-1} (これは同じ), 2 次 $mol^{-1} \cdot m^3 \cdot s^{-1}$ となるが,L の方がよく使われるので,そちらで問題・解答を示している.このようにすれば,速式がどんな形でも反応速度定数の単位を求めることができる.

問題5

物質Aは0次反応に従い分解する．この反応の積分形速度則と半減期を求めなさい．ただし，反応速度定数をk，初濃度を$[A]_0$とする．

解答 $[A] = -k \cdot t + [A]_0$ $t_{1/2} = \dfrac{[A]_0}{2k}$

解説

0次反応では反応速度がAの濃度$[A]$の0乗に比例する．

$$v = -\frac{d[A]}{dt} = k \cdot [A]^n = k \cdot [A]^0 = k$$

つまり，0次反応では反応物の消費速度が反応物の濃度とは無関係に一定である．これを次のように変数分離して，$t = 0$, $[A] = [A]_0$から$t = t$, $[A] = [A]$まで積分すると，**積分形速度則**が得られる．

$$d[A] = -k \cdot dt \quad \rightarrow \quad \int_{[A]_0}^{[A]} d[A] = -k \cdot \int_0^t dt$$

$$\rightarrow \quad \left[[A]\right]_{[A]_0}^{[A]} = -k \cdot \left[t\right]_0^t$$

$$\rightarrow \quad \boxed{[A] - [A]_0 = -k \cdot t} \quad \therefore \boxed{[A] = -k \cdot t + [A]_0}$$

反応物の濃度$[A]$が初濃度$[A]_0$の半分になる時間を**半減期**という．

半減期は $[A] = \dfrac{1}{2}[A]_0$, $t = t_{1/2}$を代入すれば得られる．

$$\frac{1}{2}[A]_0 - [A]_0 = -\frac{1}{2}[A]_0 = -k \cdot t_{1/2} \quad \therefore \boxed{t_{1/2} = \dfrac{[A]_0}{2k}}$$

このように，0次反応の半減期は反応物の初濃度に比例する．

問題6

物質Aは1次反応に従い分解する．この反応の積分形速度則と半減期を求めなさい．ただし，反応速度定数をk，初濃度を$[A]_0$とする．

解答 $[A] = [A]_0 \cdot e^{-k \cdot t}$　　$t_{1/2} = \dfrac{\ln 2}{k}$

解説

1次反応の反応速度式は次のようになる．これを変数分離して，$t = 0$，$[A] = [A]_0$ から $t = t$，$[A] = [A]$ まで積分する．

$$v = -\frac{d[A]}{dt} = k \cdot [A]^1 = k \cdot [A]$$

$$\rightarrow \quad \frac{d[A]}{[A]} = -k \cdot dt \quad \rightarrow \quad \int_{[A]_0}^{[A]} \frac{d[A]}{[A]} = -k \cdot \int_0^t dt$$

$$\rightarrow \quad \left[\ln[A]\right]_{[A]_0}^{[A]} = -k \cdot \left[t\right]_0^t \quad \rightarrow \quad \therefore \boxed{\ln[A] - \ln[A]_0 = -k \cdot t}$$

これはさらに次のように変形できる．

$$\ln[A] - \ln[A]_0 = \ln\left(\frac{[A]}{[A]_0}\right) = -k \cdot t$$

$$\rightarrow \quad \frac{[A]}{[A]_0} = e^{-k \cdot t} \quad \rightarrow \quad \therefore \boxed{[A] = [A]_0 \cdot e^{-k \cdot t}}$$

半減期は $[A] = \dfrac{1}{2}[A]_0$，$t = t_{1/2}$ を代入すれば得られる．

$$\ln\left(\frac{1}{2}[A]_0\right) - \ln[A]_0 = \ln \frac{1}{2} = -\ln 2 = -k \cdot t_{1/2}$$

$$\therefore \boxed{t_{1/2} = \frac{\ln 2}{k}}$$

1次反応の半減期は反応物の初濃度に関係なく一定である．

問題7

物質Aは2次反応に従い分解する．この反応の積分形速度則と半減期を求めなさい．ただし，反応速度定数をk，初濃度を$[A]_0$とする．

解答 $[A] = \dfrac{[A]_0}{1 + k \cdot t \cdot [A]_0}$　　$t_{1/2} = \dfrac{1}{k \cdot [A]_0}$

解説

前問と同様に，2次反応の速度式を立てて，積分する．

$$v = -\frac{d[A]}{dt} = k \cdot [A]^2$$
$$\rightarrow \quad \frac{d[A]}{[A]^2} = -k \cdot dt \quad \rightarrow \quad \int_{[A]_0}^{[A]} \frac{d[A]}{[A]^2} = -k \cdot \int_0^t dt$$
$$\rightarrow \quad \left[-[A]^{-1} \right]_{[A]_0}^{[A]} = -k \cdot \left[t \right]_0^t \quad \rightarrow \quad \left(-[A]^{-1} \right) - \left(-[A]_0^{-1} \right) = -k \cdot t$$
$$\rightarrow \quad \frac{1}{[A]_0} - \frac{1}{[A]} = -k \cdot t \quad \rightarrow \quad \therefore \boxed{\frac{1}{[A]} = k \cdot t + \frac{1}{[A]_0}}$$

これは次のようにも変形できる．

$$[A] = \frac{1}{k \cdot t + \dfrac{1}{[A]_0}} \quad \rightarrow \quad \boxed{[A] = \frac{[A]_0}{1 + k \cdot t \cdot [A]_0}}$$

半減期は $[A] = \dfrac{1}{2}[A]_0$，$t = t_{1/2}$ を代入すれば得られる．

$$\frac{1}{[A]_0} - \frac{1}{\dfrac{1}{2}[A]_0} = \frac{1}{[A]_0} - \frac{2}{[A]_0} = -\frac{1}{[A]_0} = -k \cdot t_{1/2}$$

$$\therefore \boxed{t_{1/2} = \frac{1}{k \cdot [A]_0}}$$

2次反応の半減期は反応物の初濃度に反比例する.

Check Point

▶ 反応速度式
$$v = -\frac{d[A]}{dt} = k \cdot [A]^n \qquad k: 反応速度定数 \quad n: 反応次数$$

▶ 0次反応 $\quad [A] = -k \cdot t + [A]_0$

$t_{1/2} = \dfrac{[A]_0}{2k}$(初濃度に比例) $\qquad k = \dfrac{[A]_0}{2\,t_{1/2}}$ 単位[濃度・時間$^{-1}$]

▶ 1次反応 $\quad \ln[A] = -k \cdot t + \ln[A]_0 \qquad [A] = [A]_0 \cdot e^{-k \cdot t}$

$t_{1/2} = \dfrac{\ln 2}{k}$(濃度に無関係) $\qquad k = \dfrac{\ln 2}{t_{1/2}}$ 単位[時間$^{-1}$]

▶ 2次反応 $\quad \dfrac{1}{[A]} = k \cdot t + \dfrac{1}{[A]_0} \qquad [A] = \dfrac{[A]_0}{1 + k \cdot t \cdot [A]_0}$

$t_{1/2} = \dfrac{1}{k \cdot [A]_0}$(初濃度に反比例)

$k = \dfrac{1}{[A]_0 \cdot t_{1/2}}$ 単位[濃度$^{-1}$・時間$^{-1}$]

これをグラフにすると次ページのようになる.グラフから反応次数を判断するには,濃度が初濃度の半分になっている時間から半減期を読み取り,その時間が経過する毎に濃度がどのように変化しているかを読み取ればよい.

0次反応 $\quad [A]_0 \xrightarrow{t_{1/2}} \dfrac{1}{2}[A]_0 \xrightarrow{t_{1/2}} 0$

1次反応 $\quad [A]_0 \xrightarrow{t_{1/2}} \dfrac{1}{2}[A]_0 \xrightarrow{t_{1/2}} \dfrac{1}{4}[A]_0 \xrightarrow{t_{1/2}} \dfrac{1}{8}[A]_0 \xrightarrow{t_{1/2}} \dfrac{1}{16}[A]_0$

2次反応 $\quad [A]_0 \xrightarrow{t_{1/2}} \dfrac{1}{2}[A]_0 \xrightarrow{t_{1/2}} \dfrac{1}{3}[A]_0 \xrightarrow{t_{1/2}} \dfrac{1}{4}[A]_0 \xrightarrow{t_{1/2}} \dfrac{1}{5}[A]_0$

0 次反応

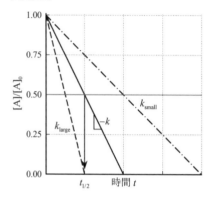

$[A] = -k \cdot t + [A]_0$

濃度は時間に対して直線的に減少する．初濃度の半分になるまでの時間が半減期 $t_{1/2}$ を示す．反応速度定数 k が大きくなると，傾きが急になる．
$1.00 \to 0.50$ になる時間に比べ，$0.50 \to 0.25$ になる時間は半分である．つまり，半減期は濃度に比例する．

1 次反応

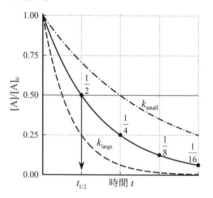

$[A] = [A]_0 \cdot e^{-k \cdot t}$

反応物の濃度は時間に対して指数関数的に減少する．初濃度の半分になるまでの時間が半減期 $t_{1/2}$ を示す．半減期毎に濃度が $1/2 \to 1/4 \to 1/8 \to 1/16$ と変化する．

1次反応（対数）

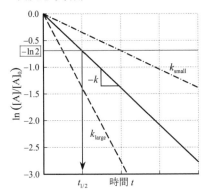

$\ln[A] = -k \cdot t + \ln[A]_0$

1次反応は，縦軸を対数値で表せば，直線となり，傾きから反応速度定数が求まる（あるいは，片対数プロットする）．

2次反応

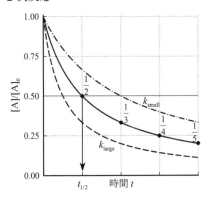

1次反応に比べ濃度が低くなったときの減少量が緩やか．初濃度から求めた半減期毎に濃度が $1/2 \to 1/3 \to 1/4 \to 1/5$ と変化する．

$\dfrac{1}{[A]} = k \cdot t + \dfrac{1}{[A]_0}$ であるから，濃度の逆数をプロットすると，時間に比例して増加する．

$1.00 \to 0.50$ になる時間に比べ，$0.50 \to 0.25$ になる時間は2倍である．つまり，半減期は濃度に反比例する．

問題8

ある医薬品が特定の条件下で1次反応に従って分解し，半減期は350時間であった．(a) 反応速度定数，および(b) 10%が分解する時間を求めなさい．

解答 (a) $1.98 \times 10^{-3}\,\mathrm{h^{-1}}$ (b) $53\,\mathrm{h}$

解説

(a) 1次反応であるから，反応速度定数は次のように求まる．

$$k = \frac{\ln 2}{t_{1/2}} = \frac{\ln 2}{350\,\mathrm{h}}$$

$$= 1.98042\cdots \times 10^{-3}\,\mathrm{h^{-1}} = \boxed{1.98 \times 10^{-3}\,\mathrm{h^{-1}}}$$

(b) $[\mathrm{A}] = 0.90\,[\mathrm{A}]_0$ となる時間を求めればよい．

$$\ln[\mathrm{A}] - \ln[\mathrm{A}]_0 = -k \cdot t$$

$$\ln(0.90\,[\mathrm{A}]_0) - \ln[\mathrm{A}]_0 = \ln 0.90 = -\frac{\ln 2}{350\,\mathrm{h}} \cdot t$$

$$t = -\frac{350\,\mathrm{h} \times \ln 0.90}{\ln 2} = 53.201\cdots\,\mathrm{h} = \boxed{53\,\mathrm{h}}$$

問題9

ある医薬品が特定の条件下で1次反応に従って分解する．残存率90.0%になるまでの時間が85.6時間であった．(a) 反応速度定数，および (b) 半減期を求めなさい．

解答 (a) $1.23 \times 10^{-3}\,\text{h}^{-1}$ (b) 563 h

解説

問題8の逆である．85.6時間経過したとき，$[A] = 0.900\,[A]_0$ であるから，次のようになる．

$$\ln[A] - \ln[A]_0 = -k \cdot t$$

$$\ln(0.900[A]_0) - \ln[A]_0 = \ln 0.900 = -k \times 85.6\,\text{h}$$

(a) $k = -\dfrac{\ln 0.900}{85.6\,\text{h}} = 1.23084\cdots \times 10^{-3}\,\text{h}^{-1} = \boxed{1.23 \times 10^{-3}\,\text{h}^{-1}}$

(b) $t_{1/2} = \dfrac{\ln 2}{k} = -\dfrac{85.6\,\text{h} \times \ln 2}{\ln 0.900} = 563.146\cdots\,\text{h} = \boxed{563\,\text{h}}$

問題 10

^{32}P(半減期 14.26 日)を核酸に組み込んだ。この試料のはじめの放射能が 700 Bq であった。(a) 壊変定数, および (b) 180 時間後の放射能を求めなさい.

解答 (a) 0.04861 d^{-1}　(b) 486 Bq

解説

ある原子核がより安定な別の原子核に自発的に変換する現象を放射性壊変といい, 一般に放射線の放出を伴う. ^{32}P は中性子 1 個が 1 個の陽子に変換し, 陰電子を放出する β^- 崩壊により, 次のように壊変する.

$$^{32}_{15}\text{P} \xrightarrow[14.26\text{d}]{\beta^-} {}^{32}_{16}\text{S}$$

放射能は「単位時間に壊変する原子の数」と定義され, その単位は s^{-1} で表されるが, これでは周波数と同じになってしまうので, 放射能の場合は Bq(ベクレル)という単位が用いられる.

$$1\,\text{Bq} = 1\,\text{s}^{-1}$$

1 個の放射性原子がいつ壊変するかを考えると, 壊変の可能性はある短い時間間隔 Δt に比例するので, 壊変確率 $P = \lambda \cdot \Delta t$ と表され, 比例定数 λ は壊変定数と呼ばれる. ここで, 壊変しない確率は $1 - P$ であり, n 回の時間間隔を経た時間 $t(t = n \cdot \Delta t)$ 後に壊変しないで残存する確率は $(1 - P)^n$ となる. ここで, $n \to \infty$ とすると,

$$\lim_{n \to \infty}(1-P)^n = \lim_{n \to \infty}\left(1 - \lambda \cdot \frac{t}{n}\right)^n = \lim_{n \to \infty}\left(1 + \frac{-\lambda \cdot t}{n}\right)^n = e^{-\lambda \cdot t}$$

$$\therefore \lim_{n \to \infty}\left(1 + \frac{1}{n}\right)^n = e$$

となる. これが t 時間後に壊変しないで残っている確率である. はじめ

に N_0 個の原子があり，t 時間後に残存する原子の数を N とすれば，
$$N = N_0 \cdot e^{-\lambda \cdot t} \quad \cdots (1)$$
となり，1次反応速度則と同じ形である．

(a) 1次反応速度則と同じであるから，壊変定数は次のように求まる．
$$\lambda = \frac{\ln 2}{t_{1/2}} = \frac{\ln 2}{14.26 \text{ d}} = 0.0486077 \cdots \text{d}^{-1} = \boxed{0.04861 \text{ d}^{-1}}$$

(b) 放射能 A は単位時間に壊変する原子の数であるから，壊変定数 λ と原子数 N を使って次のように表される．
$$A = \lambda \cdot N$$
したがって，(1)式の関係より，
$$A = A_0 \cdot e^{-\lambda \cdot t}$$
とすることができる．ここで A_0 は時間 0 における放射能である．

$$\begin{aligned}
A &= A_0 \cdot \exp\left(-\frac{\ln 2}{t_{1/2}} \cdot t\right) \\
&= 700 \text{ Bq} \times \exp\left(-\frac{\ln 2}{14.26 \text{ d}} \times \frac{180 \text{ h}}{24 \text{ h}}\right) \\
&= 486.152 \cdots \text{Bq} = \boxed{486 \text{ Bq}}
\end{aligned}$$

問題11

次の酢酸エチルの加水分解反応において，
$$CH_3COOC_2H_5 + H_2O \to CH_3COOH + C_2H_5OH$$
$[H_2O] \gg [CH_3COOC_2H_5]$ の場合，反応次数はいくらになると予想されるか答えなさい．

解答・解説

エステルと水は1：1で反応するが，水が大量に存在する場合，反応が進行しても水の濃度 $[H_2O]$ はほとんど変化しない．すなわち，
$$v = k \cdot [H_2O] \cdot [CH_3COOC_2H_5] = k' \cdot [CH_3COOC_2H_5]$$
ここで，擬1次反応速度定数 $k' = k \cdot [H_2O]$

となる．このように，見かけ上，酢酸エチルの濃度について1次反応になる．このような反応を**擬1次反応**という．

水溶液中で起こる反応で1次や2次と報告されているものは，実際には反応に水が関わっているが，その量が一定とみなせるほど大量に存在している擬1次や擬2次という反応が多い．

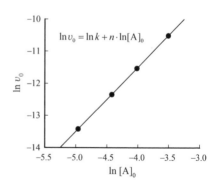

問題 12

ある反応の初速度が物質Aの初濃度によって次のように変化した. この反応のAに関する (a) 次数と (b) 反応速度定数を求めなさい.

$[A]_0 / (10^{-3}\,\text{mol}\cdot\text{L}^{-1}\cdot\text{s}^{-1})$	7.00	12.0	18.0	30.0
$v_0 / (10^{-6}\,\text{mol}\cdot\text{L}^{-1}\cdot\text{s}^{-1})$	1.48	4.35	9.78	27.2

解答 (a) 2 (b) $0.0302\,\text{L}\cdot\text{mol}^{-1}\cdot\text{s}^{-1}$

解説

反応速度が1つの反応物Aの濃度に関してn次で表せる場合,

$$v = -\frac{d[A]}{dt} = k \cdot [A]^n$$

となる. 両辺の自然対数 ln をとると,

$$\ln v = \ln(k \cdot [A]^n) = \ln k + n \cdot \ln[A]$$

となる. つまり, いろいろな濃度 $[A]$ における反応速度 v を求め, $\ln[A]$ に対して, $\ln v$ をプロットすると直線が得られ, その傾きから反応次数 n を求めることができる. 特に, 種々の初濃度 $[A]_0$ と反応開始直後の初速度 v_0 との関係から反応次数を求める場合, **初速度法**と呼ぶ.

$\ln[A]_0$	−4.96	−4.42	−4.02	−3.51
$\ln v_0$	−13.4	−12.3	−11.5	−10.5

$\ln[A]_0$ に対して $\ln v_0$ をプロット(左図)し, 近似直線を求めると,

$$\ln v_0 = 2.00 \times \ln[A]_0 - 3.50$$

となる. したがって, 反応次数は $\boxed{2}$ である. また, $\ln k = -3.50$ より,

$$k = e^{-3.50} = \boxed{0.0302\,(\text{L}\cdot\text{mol}^{-1}\cdot\text{s}^{-1})}$$

となる. 反応物が2種類以上ある場合, 注目する反応物(例えばA)以外は全て大過剰に存在するような条件で反応を行えばAに関する擬 n 次反応となり, 初速度法からAに関する反応次数を決定できる.

問題 13

化合物 A の 200℃での分解反応の半減期は初濃度が 1.0 mol·L^{-1} のときは60分, 2.0 mol·L^{-1} のときは30分であった.
(a) この分解反応の反応次数を求めなさい.
(b) 初濃度が 3.0 mol·L^{-1} の場合の半減期を求めなさい.
(c) 初濃度が 3.0 mol·L^{-1} の場合, 10%が分解するのに要する時間を求めなさい.（第89回薬剤師国家試験より改変）

解答 (a) 2次反応 (b) 20分 (c) 2.2分

解説

(a) 初濃度と半減期が反比例しているので, 2次反応である.

$$t_{1/2} = \frac{1}{k \cdot [A]_0} \qquad [A]_0 \times t_{1/2} = \frac{1}{k} = 一定$$

0〜2次反応の半減期と反応速度定数の関係を対数で表すと次のようになる.

0次反応 $t_{1/2} = \dfrac{[A]_0}{2k}$ → $\ln t_{1/2} = \ln [A]_0 - \ln(2k)$

1次反応 $t_{1/2} = \dfrac{\ln 2}{k}$ → $\ln t_{1/2} = \ln\left(\dfrac{\ln 2}{k}\right)$

2次反応 $t_{1/2} = \dfrac{1}{k \cdot [A]_0}$ → $\ln t_{1/2} = -\ln [A]_0 - \ln k$

n 次反応も場合も同様の形で表記でき, $\ln [A]_0$ に対する $\ln t_{1/2}$ の傾きが $1-n$ となることから, 傾きから反応次数 n を求めることができる. これを半減期法という.

(b) 半減期と初濃度の関係式に $[A]_0 = 1.0 \text{ mol·L}^{-1}$, $t_{1/2} = 60 \text{ min}$ を入れて, k を求め, 初濃度 $= 3.0 \text{ mol·L}^{-1}$ のときの半減期を求める.

$$k = \frac{1}{t_{1/2} \cdot [A]_0} = \frac{1}{60 \text{ min} \times 1.0 \text{ mol} \cdot L^{-1}}$$

$$t_{1/2} = \frac{1}{k \cdot [A]_0} = \frac{1}{\dfrac{1}{60 \text{ min} \times 1.0 \text{ mol} \cdot L^{-1}} \times 3.0 \text{ mol} \cdot L^{-1}}$$

$$= \boxed{20 \text{ min}}$$

$[A]_0 \times t_{1/2} = \dfrac{1}{k} =$ 一定であるから,そこから求めてもよい.

(c) $[A] = 0.90\,[A]_0$ になる時間を求める.

$$\frac{1}{[A]} = \frac{1}{[A]_0} + k \cdot t$$

$$\frac{1}{0.90 \times 3.0 \text{ mol} \cdot L^{-1}} = \frac{1}{3.0 \text{ mol} \cdot L^{-1}} + \frac{1}{60 \text{ min} \times 1.0 \text{ mol} \cdot L^{-1}} \times t$$

$$\therefore t = 60 \text{ min} \times 1.0 \times \left(\frac{1}{0.90 \times 3.0} - \frac{1}{3.0} \right) = 2.222\cdots \text{ min} = \boxed{2.2 \text{ min}}$$

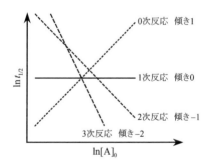

問題 14

可逆的な以下の1次反応において,

$$A \underset{k_2}{\overset{k_1}{\rightleftarrows}} B$$

(a) 平衡定数 K を k_1, k_2 を用いて表しなさい.
(b) Aの初濃度を $[A]_0$, Bの初濃度を 0 とした場合, A, B の平衡時の濃度を k_1, k_2, $[A]_0$ を用いて表しなさい.

解答

(a) $K = \dfrac{k_1}{k_2}$

(b) $[A]_{eq} = \dfrac{k_2}{k_1 + k_2} \cdot [A]_0$ $\quad [B]_{eq} = \dfrac{k_1}{k_1 + k_2} \cdot [A]_0$

解説

全ての反応は平衡状態へと進行する.平衡定数が非常に大きいときや,生成物の濃度が人為的に低く抑えられているときには,逆反応を無視できるが,原理的にいえば,全ての前向きの反応には逆向きの反応過程がある.反応速度式はそれぞれの生成速度と分解速度の差であるから,次のようになる.

$$\frac{d[A]}{dt} = -k_1 \cdot [A] + k_2 \cdot [B] \qquad \frac{d[B]}{dt} = k_1 \cdot [A] - k_2 \cdot [B]$$

平衡状態($[A] = [A]_{eq}$, $[B] = [B]_{eq}$)では,生成速度と分解速度が等しくなり,正味の量は一定となる(平衡 equilibrium なので,eq を添える).

$$\frac{d[A]}{dt} = -k_1 \cdot [A]_{eq} + k_2 \cdot [B]_{eq} = 0 \qquad \frac{d[B]}{dt} = k_1 \cdot [A]_{eq} - k_2 \cdot [B]_{eq} = 0$$

$$k_1 \cdot [A]_{eq} = k_2 \cdot [B]_{eq} \qquad \therefore \boxed{K = \frac{[B]_{eq}}{[A]_{eq}} = \frac{k_1}{k_2}}$$

Aの初濃度は $[A]_0$, Bの初濃度は0であるから, 常に $[A]+[B]=[A]_0$ の関係が成立する. したがって,

$$\frac{d[A]}{dt} = -k_1 \cdot [A] + k_2 \cdot ([A]_0 - [A])$$
$$= -(k_1 + k_2) \cdot [A] + k_2 \cdot [A]_0 \qquad \cdots(1)$$

と表され, それぞれの平衡濃度は次のようになる.

$$\frac{d[A]}{dt} = -(k_1 + k_2) \cdot [A]_{eq} + k_2 \cdot [A]_0 = 0$$

$$\boxed{[A]_{eq} = \frac{k_2}{k_1 + k_2} \cdot [A]_0} \qquad \cdots(2)$$

$$[B]_{eq} = [A]_0 - [A]_{eq} = \boxed{\frac{k_1}{k_1 + k_2} \cdot [A]_0}$$

(2)式を $[A]_0 = \sim$ の式に変形して, (1)式に代入すると,

$$\frac{d[A]}{dt} = -(k_1 + k_2) \cdot [A] + (k_1 + k_2) \cdot [A]_{eq}$$
$$= -(k_1 + k_2) \cdot ([A] - [A]_{eq})$$

となる. 変数分離して積分すると(初期条件 $t=0$, $[A]=[A]_0$),

$$\int_{[A]_0}^{[A]} \frac{d[A]}{[A] - [A]_{eq}} = -(k_1 + k_2) \cdot \int_0^t dt$$
$$\ln([A] - [A]_{eq}) - \ln([A]_0 - [A]_{eq}) = -(k_1 + k_2) \cdot t$$
$$\ln\left(\frac{[A] - [A]_{eq}}{[A]_0 - [A]_{eq}}\right) = -(k_1 + k_2) \cdot t$$

が得られる. 平衡濃度を差し引いた濃度 $[A] - [A]_{eq}$ が, 反応速度定数 $(k_1 + k_2)$ の1次反応で減少しているようにみなせる. また, 1次反応と同様に, 濃度が $[A] - [A]_{eq}$ の対数値を時間に対してプロットすれば, その傾きから $k_1 + k_2$ を求めることができる. 平衡定数 K から反応定数の比を求めることができるので, k_1, k_2 の値をそれぞれ求めることができる.

A, B の積分形速度則を求めるのは難しいが，結果は次のようになる．

$$[A] = \frac{k_2 + k_1 \cdot e^{-(k_1+k_2) \cdot t}}{k_1 + k_2} \cdot [A]_0 \qquad \cdots (3)$$

$$[B] = \frac{k_1 - k_1 \cdot e^{-(k_1+k_2) \cdot t}}{k_1 + k_2} \cdot [A]_0$$

(3)式を t で微分すると（微分の公式 $\dfrac{d}{dx} e^{-a \cdot x} = -a \cdot e^{-a \cdot x}$ を使う），

$$\frac{d[A]}{dt} = -(k_1 + k_2) \cdot \frac{k_1 \cdot e^{-(k_1+k_2) \cdot t}}{k_1 + k_2} \cdot [A]_0$$

$$= -k_1 \cdot e^{-(k_1+k_2) \cdot t} \cdot [A]_0$$

となる．また，(3)式を(1)式に代入した場合，

$$\frac{d[A]}{dt} = -(k_1 + k_2) \cdot \frac{k_2 + k_1 \cdot e^{-(k_1+k_2) \cdot t}}{k_1 + k_2} \cdot [A]_0 + k_2 \cdot [A]_0$$

$$= -\left(k_2 + k_1 \cdot e^{-(k_1+k_2) \cdot t}\right) \cdot [A]_0 + k_2 \cdot [A]_0$$

$$= -k_1 \cdot e^{-(k_1+k_2) \cdot t} \cdot [A]_0$$

となり，同じになることが確認できる．さらに，(3)式に $t = \infty$ を入れ，$e^{-\infty} = 0$ を使えば(2)式が得られる．このように，(3)式が積分形速度則であることを確かめることができるが，これは複雑なので，理解できなくても問題はない．グラフにしたものが，図であり，平衡反応では時間経過とともにこのように濃度が変化することが分かればよい．

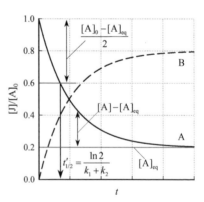

問題 15

反応開始時にはAのみが存在しており,可逆反応によってBを生じる.この正逆両反応とも1次反応で進行している.

$$A \underset{k_2}{\overset{k_1}{\rightleftarrows}} B$$

このAとBの濃度の時間変化を図に示している.この反応の反応速度定数 k_1,および k_2 を求めなさい.
(第93回薬剤師国家試験より改変)

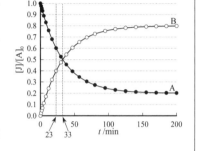

解答・解説

図より $[A]_{eq} = 0.20$, $[B]_{eq} = 0.80$ と読み取れる.したがって,

$$K = \frac{[B]_{eq}}{[A]_{eq}} = \frac{k_1}{k_2} = \frac{0.80}{0.20} = \frac{4}{1}$$

となる.また,Aの平衡時の濃度(0.20)を差し引いた濃度(0.80)が半分だけ(0.40)減少する時間は図から23分である.

$$t'_{1/2} = \frac{\ln 2}{k_1 + k_2} \quad \rightarrow \quad k_1 + k_2 = \frac{\ln 2}{t'_{1/2}} = \frac{\ln 2}{23 \text{ min}}$$

したがって,反応速度定数は次のようになる.

$$k_1 = \frac{\ln 2}{23 \text{ min}} \times \frac{4}{5} = 0.024109\cdots \text{ min}^{-1} = \boxed{0.024 \text{ min}^{-1}}$$

$$k_2 = \frac{\ln 2}{23 \text{ min}} \times \frac{1}{5} = 0.006027\cdots \text{ min}^{-1} = \boxed{0.0060 \text{ min}^{-1}}$$

問題 16

ある薬物 A は図のように2種類の分解物 B, C を同時に生成する. この併発反応において A → B, A → C はいずれも1次反応であり, A の半減期は 3.00 時間であった. A の初濃度が $0.1000 \text{ mol} \cdot \text{L}^{-1}$, B および C の初濃度が共に 0 のとき, 2.00 時間後に B の濃度を測定したところ, $0.0123 \text{ mol} \cdot \text{L}^{-1}$ であった. 反応速度定数 k_1, k_2 を求めなさい.

解答・解説

1次反応を基にした併発反応(平行反応)の反応速度式は,

$$-\frac{d[A]}{dt} = k_1 \cdot [A] + k_2 \cdot [A] = (k_1 + k_2) \cdot [A] = k \cdot [A]$$

ただし, $k_1 + k_2 = k$

$$\frac{d[B]}{dt} = k_1 \cdot [A] \qquad \frac{d[C]}{dt} = k_2 \cdot [A]$$

となる. これらを積分すると, 次の式が得られる.

$$[A] = [A]_0 \cdot e^{-(k_1+k_2) \cdot t} = [A]_0 \cdot e^{-k \cdot t}$$

$$\frac{d[B]}{dt} = k_1 \cdot [A]_0 \cdot e^{-k \cdot t} \qquad [B] = \frac{k_1}{k} \cdot [A]_0 \cdot (1 - e^{-k \cdot t})$$

$$\frac{d[C]}{dt} = k_2 \cdot [A]_0 \cdot e^{-k \cdot t} \qquad [C] = \frac{k_2}{k} \cdot [A]_0 \cdot (1 - e^{-k \cdot t})$$

したがって, 併発反応における A, B, C の濃度変化は図のようになり, 次の関係がある.

$$[A]_0 = [A] + [B] + [C] \qquad \boxed{\frac{[B]}{[C]} = \frac{k_1}{k_2}}$$

反応時間に関係なく, <u>生成物 B, C の濃度比が反応速度定数の比に等しい</u>.

Aの半減期が3.00時間であることから,Aの分解反応の反応速度定数は,

$$k = k_1 + k_2 = \frac{\ln 2}{3.00\,\text{h}}$$

である.2.00時間後のAの濃度は,

$$[A] = [A]_0 \cdot e^{-k \cdot t} = 0.1000\,\text{mol} \cdot \text{L}^{-1} \times e^{\left(-\frac{\ln 2}{3.00\,\text{h}} \times 2.00\,\text{h}\right)}$$
$$= 0.0629960\cdots\,\text{mol} \cdot \text{L}^{-1} = 0.06300\,\text{mol} \cdot \text{L}^{-1}$$

B + Cの濃度は,

$$[B] + [C] = [A]_0 - [A] = 0.1000\,\text{mol} \cdot \text{L}^{-1} - 0.06300\,\text{mol} \cdot \text{L}^{-1}$$
$$= 0.0370\,\text{mol} \cdot \text{L}^{-1}$$

Bの濃度が$0.0123\,\text{mol} \cdot \text{L}^{-1}$であるから,Cの濃度は$0.0247\,\text{mol} \cdot \text{L}^{-1}$である.併発反応では,$\frac{k_1}{k_2} = \frac{[B]}{[C]}$の関係があるので,

$$\frac{k_1}{k_2} = \frac{0.0123\,\text{mol} \cdot \text{L}^{-1}}{0.0247\,\text{mol} \cdot \text{L}^{-1}} = \frac{123}{247}$$

$$k_1 = \frac{\ln 2}{3.00\,\text{h}} \times \frac{123}{123+247} = 0.076808\cdots\,\text{h}^{-1} = \boxed{0.0768\,\text{h}^{-1}}$$

$$k_2 = \frac{\ln 2}{3.00\,\text{h}} \times \frac{247}{123+247} = 0.15424\cdots\,\text{h}^{-1} = \boxed{0.154\,\text{h}^{-1}}$$

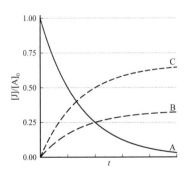

問題 17

次の連続反応において A → B, B → C はいずれも 1 次反応であり，A の半減期は 50 分である．

$$A \xrightarrow{k_1} B \xrightarrow{k_2} C$$

A の初濃度は 0.100 mol·L^{-1}，B と C の初濃度は 0 である．A の濃度が 0.050 mol·L^{-1} になったとき，B の濃度は 0.023 mol·L^{-1} で最大となり，その後減少した．反応速度定数 k_1, k_2 を求めなさい．

解答・解説

連続 1 次反応(逐次 1 次反応)の反応速度式はそれぞれ，

$$-\frac{d[A]}{dt} = k_1 \cdot [A] \qquad \frac{d[B]}{dt} = k_1 \cdot [A] - k_2 \cdot [B]$$

$$\frac{d[C]}{dt} = k_2 \cdot [B]$$

となる．これから A の積分形速度則は次のようになる．

$$[A] = [A]_0 \cdot e^{-k_1 \cdot t}$$

これを用い，$t = 0$ のとき $[B] = 0$ の条件で解くと，B, C の積分形速度則はそれぞれ次のようになる(これは解けなくても構わない)．

$$[B] = \frac{k_1}{k_2 - k_1} \cdot \left(e^{-k_1 \cdot t} - e^{-k_2 \cdot t}\right) \cdot [A]_0$$

$$[C] = \left(1 + \frac{k_1 \cdot e^{-k_2 \cdot t} - k_2 \cdot e^{-k_1 \cdot t}}{k_2 - k_1}\right) \cdot [A]_0$$

複雑な式なので，式自体を理解する必要はないが，進行状況を示す図が感覚的に分かればよい．(a)は $k_1 = 2k_2$ のときのものである．A は指数関数的に減少していく．中間体の B は第 1 反応で作られ始め，濃度が

上昇し,最大値に達した後,第2反応がBを消費するので0に近づく.Cは勾配が0の曲線として始まり,S字型曲線を描いてゆっくりと増加していき,漸近的に極限値 $[A]_0$ に近づいていく.(b)は $10k_1 = k_2$ のときのものである.このように k_2 が k_1 に比べて大きい場合,生成したBは速やかにCに変化していくため,Bの最大値は非常に小さくなり,あたかもAが反応速度定数 k_1 でCに変化していく反応のように振る舞う.このように連続1次反応の反応速度は,速度の最も遅い素反応によって支配される.この最も遅い反応段階を**律速段階**という.

Aの半減期が50分より,

$$k_1 = \frac{\ln 2}{t_{1/2}} = \frac{\ln 2}{50 \text{ min}} = 0.013862 \cdots \text{min}^{-1} = \boxed{0.014 \text{ min}^{-1}}$$

連続1次反応において中間体Bが最大値をもつとき,時間に対する濃度の傾きが0となる.

$$\frac{d[B]}{dt} = k_1 \cdot [A] - k_2 \cdot [B] = 0 \qquad k_1 \cdot [A] = k_2 \cdot [B]$$

このとき,$[A] = 0.050 \text{ mol·L}^{-1}$,$[B] = 0.023 \text{ mol·L}^{-1}$ であるから,

$$k_2 = k_1 \cdot \frac{[A]}{[B]} = \frac{\ln 2}{50 \text{ min}} \times \frac{0.050 \text{ mol·L}^{-1}}{0.023 \text{ mol·L}^{-1}}$$

$$= 0.030136 \cdots \text{min}^{-1} = \boxed{0.030 \text{ min}^{-1}}$$

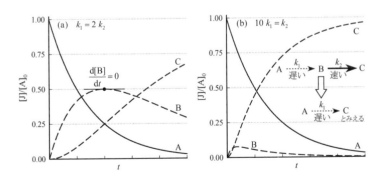

問題 18

^{140}Ba は次のように β^- 壊変により逐次的に ^{140}Ce へ変化する.

$$^{140}\text{Ba} \xrightarrow[12.8 \text{ d}]{\beta^-} {}^{140}\text{La} \xrightarrow[1.68 \text{ d}]{\beta^-} {}^{140}\text{Ce}$$

^{140}Ba から ^{140}La への壊変の半減期は 12.8 日, ^{140}La から ^{140}Ce への壊変の半減期は 1.68 日である. 十分な時間が経過した後, ^{140}Ba の放射能に対する ^{140}La の放射能の比を求めなさい.

解答   1.15

解説

これは**放射平衡**と呼ばれる現象を理解するための問題である. 次のような逐次放射壊変を考える.

$$A \xrightarrow[t_1]{\lambda_1} B \xrightarrow[t_2]{\lambda_2} C$$

ここで λ_1, λ_2 は壊変定数であり, t_1, t_2 はそれぞれの半減期を表す. 放射壊変は 1 次反応に従う(問題 10). また, $t = 0$ では親核種 A のみが存在し, その個数を $N_{A,0}$ とすると, 時刻 t における核種 A, B の個数 N_A, N_B はそれぞれ問題 17 と同じように表せる.

$$N_A = N_{A,0} \cdot e^{-\lambda_1 \cdot t} \qquad N_B = \frac{\lambda_1}{\lambda_2 - \lambda_1} \cdot N_{A,0} \cdot \left(e^{-\lambda_1 \cdot t} - e^{-\lambda_2 \cdot t} \right)$$

したがって, A, B の放射能をそれぞれ A_A, A_B とすれば,

$$A_A = \lambda_1 \cdot N_A = \lambda_1 \cdot N_{A,0} \cdot e^{-\lambda_1 \cdot t} = A_{A,0} \cdot e^{-\lambda_1 \cdot t}$$

$$A_B = \lambda_2 \cdot N_B = \frac{\lambda_2 \cdot \lambda_1}{\lambda_2 - \lambda_1} \cdot N_{A,0} \cdot \left(e^{-\lambda_1 \cdot t} - e^{-\lambda_2 \cdot t} \right)$$

$$= \frac{\lambda_2}{\lambda_2 - \lambda_1} \cdot A_{A,0} \cdot \left(e^{-\lambda_1 \cdot t} - e^{-\lambda_2 \cdot t} \right)$$

となる.ここで $A_{A,0}$ は $t=0$ におけるAの放射能である.$\lambda_1 < \lambda_2$ ($t_1 > t_2$ で,t_1 が t_2 の10倍程度)の場合,$e^{-\lambda_1 \cdot t} \gg e^{-\lambda_2 \cdot t}$ と近似できるので,

$$A_B \approx \frac{\lambda_2}{\lambda_2 - \lambda_1} \cdot A_{A,0} \cdot e^{-\lambda_1 \cdot t} = \frac{\lambda_2}{\lambda_2 - \lambda_1} \cdot A_A$$

$$\therefore \frac{A_B}{A_A} = \frac{\lambda_2}{\lambda_2 - \lambda_1} = \frac{\ln 2/t_2}{\ln 2/t_2 - \ln 2/t_1} = \frac{t_1}{t_1 - t_2}$$

となり,親核種Aと娘核種Bの放射能の比は一定となる(図1).この問題では,放射能の比は次のようになる.

$$\frac{{}^{140}\text{La の放射能}}{{}^{140}\text{Ba の放射能}} = \frac{12.8\ \text{d}}{12.8\ \text{d} - 1.68\ \text{d}} = 1.1510 \cdots = \boxed{1.15}$$

このような放射平衡を**過渡平衡**と呼ぶ.医療用に利用される ${}^{99}\text{Mo}$ の壊変($ {}^{99}\text{Mo} \xrightarrow[66\ \text{h}]{\beta^-} {}^{99m}\text{Tc} \xrightarrow[6\ \text{h}]{\text{IT}} {}^{99}\text{Tc}$)は,その代表的な例である.また,${}^{90}\text{Sr} \xrightarrow[28.7\ \text{y}]{\beta^-} {}^{90}\text{Y} \xrightarrow[64.1\ \text{h}]{\beta^-} {}^{90}\text{Zr}$ のように $t_1 \gg t_2$(t_1 が t_2 の1000倍以上)の場合,$A_B/A_A = 1$ となるから,親核種と娘核種の放射能が等しくなる.これを**永続平衡**という(図2).

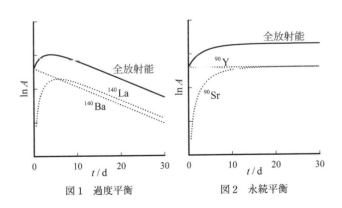

図1 過渡平衡 図2 永続平衡

問題 19

25.0℃ から 37.0℃ に温度を上げたとき,反応速度が 1.57 倍になった.活性化エネルギーを求めなさい.

解答 28.9 kJ·mol^{-1}

解説

反応速度(反応速度定数)の温度依存性は**アレニウスの式**で表される.

$$k = A \cdot e^{-\frac{E_a}{R \cdot T}}$$

$$\ln k = \ln A - \frac{E_a}{R \cdot T}$$

パラメーター A は**頻度因子**といい,単位は k と同じである.E_a は**活性化エネルギー**といい,単位は通常 kJ·mol^{-1} が用いられる.温度を変えて,反応速度定数を測定し,$1/T$ に対して $\ln k$ をプロットしたものを**アレニウスプロット**と呼び,傾きから E_a,縦軸切片から A を求めることができる.

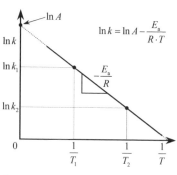

温度 T_1 での反応速度定数を k_1,温度 T_2 での反応速度定数を k_2 とすれば,

$$\ln k_1 = \ln A - \frac{E_a}{R \cdot T_1} \qquad \ln k_2 = \ln A - \frac{E_a}{R \cdot T_2}$$

と書ける.この2式の差から次式が得られる.

$$\ln k_2 - \ln k_1 = -\frac{E_\mathrm{a}}{R \cdot T_2} - \left(-\frac{E_\mathrm{a}}{R \cdot T_1}\right)$$

$$\boxed{\ln\left(\frac{k_2}{k_1}\right) = -\frac{E_\mathrm{a}}{R} \cdot \left(\frac{1}{T_2} - \frac{1}{T_1}\right)}$$

反応速度が1.57倍ということは,反応速度定数の比が1.57ということだから,次のようになる.

$$\ln 1.57 = -\frac{E_\mathrm{a}}{8.314\,\mathrm{J \cdot K^{-1} \cdot mol^{-1}}} \times \left(\frac{1}{310.15\,\mathrm{K}} - \frac{1}{298.15\,\mathrm{K}}\right)$$

$$E_\mathrm{a} = -\frac{\ln 1.57 \times 8.314\,\mathrm{J \cdot K^{-1} \cdot mol^{-1}}}{\dfrac{1}{310.15\,\mathrm{K}} - \dfrac{1}{298.15\,\mathrm{K}}}$$

$$= 28899.1\cdots\mathrm{J \cdot mol^{-1}} = \boxed{28.9\,\mathrm{kJ \cdot mol^{-1}}}$$

Check Point

▶ 反応速度(反応速度定数)の温度依存性　　アレニウスの式

$$k = A \cdot \mathrm{e}^{-\frac{E_\mathrm{a}}{R \cdot T}} \qquad \ln k = \ln A - \frac{E_\mathrm{a}}{R \cdot T}$$

$$\ln\left(\frac{k_2}{k_1}\right) = -\frac{E_\mathrm{a}}{R} \cdot \left(\frac{1}{T_2} - \frac{1}{T_1}\right)$$

問題 20

0.1 M HCl 中で尿素は次の反応式に従い分解する.

$NH_2CONH_2 + 2H_2O \rightarrow 2NH_4^+ + CO_3^{2-}$

温度を変えて, 1次反応速度定数を求めたところ以下のようになった.

実験	温度	k
1	61.0℃	0.713×10^{-5} min^{-1}
2	71.2℃	2.77×10^{-5} min^{-1}

(a) 活性化エネルギーと(b) 頻度因子を求めなさい.

解答 (a) 127 kJ·mol^{-1} (b) 5.63×10^{14} min^{-1}

解説

$\ln\left(\dfrac{k_2}{k_1}\right) = -\dfrac{E_a}{R} \cdot \left(\dfrac{1}{T_2} - \dfrac{1}{T_1}\right)$ にデータの値を代入する.

$\ln\left(\dfrac{2.77 \times 10^{-5}}{0.713 \times 10^{-5}}\right) = -\dfrac{E_a}{8.314\,\text{J}\cdot\text{K}^{-1}\cdot\text{mol}^{-1}} \times \left(\dfrac{1}{344.35\,\text{K}} - \dfrac{1}{334.15\,\text{K}}\right)$

$E_a = 127282.8\cdots\text{J}\cdot\text{mol}^{-1} = \boxed{127\,\text{kJ}\cdot\text{mol}^{-1}}$

実験 1, 2 のいずれかの値をアレニウスの式に代入すれば, 次のようになる.

$k = A \cdot \exp\left(-\dfrac{E_a}{R \cdot T}\right)$

$A = \dfrac{k}{\exp\left(-\dfrac{E_a}{R \cdot T}\right)} = \dfrac{0.713 \times 10^{-5}\,\text{min}^{-1}}{\exp\left(-\dfrac{127.28 \times 10^3\,\text{J}\cdot\text{mol}^{-1}}{8.314\,\text{J}\cdot\text{K}^{-1}\cdot\text{mol}^{-1} \times 334.15\,\text{K}}\right)}$

$= 5.62777\cdots \times 10^{14}\,\text{min}^{-1} = \boxed{5.63 \times 10^{14}\,\text{min}^{-1}}$

問題21

ある反応の 25.0℃における活性化エネルギー E_a は 76 kJ·mol^{-1} である.触媒がある場合,E_a は 57 kJ·mol^{-1} になる.反応速度定数は何倍になるか計算しなさい.ただし,頻度因子は変わらないものとする.

解答 2.1×10^3 倍

解説

$$\frac{k'}{k} = \frac{A \cdot \exp\left(-\dfrac{E'_a}{R \cdot T}\right)}{A \cdot \exp\left(-\dfrac{E_a}{R \cdot T}\right)} = \exp\left(-\frac{E'_a - E_a}{R \cdot T}\right)$$

$$= \exp\left(-\frac{57 \times 10^3 \text{ J} \cdot \text{mol}^{-1} - 76 \times 10^3 \text{ J} \cdot \text{mol}^{-1}}{8.314 \text{ J} \cdot \text{K}^{-1} \cdot \text{mol}^{-1} \times 298.15 \text{ K}}\right)$$

$$= 2132.26\cdots = \boxed{2.1 \times 10^3}$$

このように,触媒は活性化エネルギーを低下させることによって,反応速度を増加させる.

問題22

2種類の薬物AおよびBの分解反応について種々の温度で反応速度定数を測定し,活性化エネルギーがそれぞれ $E_a(A) = 52 \text{ kJ·mol}^{-1}$, $E_a(B) = 25 \text{ kJ·mol}^{-1}$ であることが求められた.また,この2種類の薬物は57.0℃では同じ速度で分解した.(a) 25.0℃ および (b) 80.0℃ではいずれの薬物が安定か答えなさい.

解答 (a) A (b) B

解説

問題文からアレニウスプロットは図のようになる.活性化エネルギーの大きい薬物Aの分解反応の温度依存性が大きい.57.0℃(330.15 K)よりも低温の25.0℃では,Aの $\ln k$ の値がBよりも小さいから,Aの分解速度がBよりも遅い,つまりAが安定である.逆に57.0℃よりも高温の80.0℃では,Bの方が安定である.

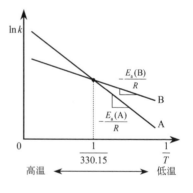

問題 23

頻度因子 A が温度によらず一定であると仮定して，次のアレニウスの式を温度 T で微分しなさい．

$$\ln k = \ln A - \frac{E_a}{R \cdot T}$$

解答・解説

$$\frac{d \ln k}{dT} = \frac{d\left(\ln A - \dfrac{E_a}{R \cdot T}\right)}{dT} = -\frac{E_a}{R} \cdot \frac{dT^{-1}}{dT} = \frac{E_a}{R} \cdot T^{-2} = \frac{E_a}{R \cdot T^2}$$

実際には次の問題で説明するように，頻度因子 A は温度に依存する．厳密にいえば，頻度因子の温度依存性が無視できる，ごく狭い温度域でのみ，アレニウスプロットは直線になる．

問題 24

気相反応の衝突理論を用い，$H_2(g) + I_2(g) \to 2HI(g)$ の反応を 2 分子素反応であると仮定し，650 K における 2 次反応速度定数の理論値を計算しなさい．ただし，衝突断面積 0.36 nm^2，換算質量は 3.32×10^{-27} kg，立体因子は 1，活性化エネルギーは 168 kJ mol^{-1} とする．

解答 1.8×10^{-2} L·mol^{-1}·s^{-1} (1.8×10^{-5} m^3·mol^{-1}·s^{-1})

解説

化学反応の多くは，原子・分子同士の衝突によって起こるが，アレニウスは A と B が衝突するたびに反応が起こるのではなく，ある一定以上の運動エネルギーをもつ 2 分子が，ある方向から衝突するときにだけ反応が起こると考えた（**衝突理論**）．A と B が衝突する頻度（衝突密度）Z は次のように表される．

$$Z = \sigma \cdot \left(\frac{8 k_B \cdot T}{\pi \cdot \mu} \right)^{\frac{1}{2}} \cdot N_A^2 \cdot [A] \cdot [B]$$

ここで，σ は衝突断面積，μ は換算質量である．ボルツマン分布から導かれる E_i 以上の運動エネルギーをもつ分子の割合 f は次のようになる．

$$f = \frac{N_i}{N} = \exp\left(-\frac{E_i}{R \cdot T} \right)$$

さらに，どのような方向から分子のどの場所と衝突するのかを考慮した，立体的な反応の起こりやすさを立体因子といい記号 P で表す．分子数で表した反応速度が，これら 3 つの要素で書き表されるとすれば，次のようになる．

$$v = -\frac{d[A] \cdot N_A}{dt} = k \cdot [A] \cdot [B] \cdot N_A = Z \cdot P \cdot f$$

$$= \sigma \cdot \left(\frac{8 k_B \cdot T}{\pi \cdot \mu}\right)^{\frac{1}{2}} \cdot N_A^2 \cdot [A] \cdot [B] \times P \times \exp\left(-\frac{E_i}{R \cdot T}\right)$$

ここから反応速度定数 k は次のようになる．

$$k = \underbrace{\left\{\sigma \cdot \left(\frac{8 k_B \cdot T}{\pi \cdot \mu}\right)^{\frac{1}{2}} \cdot N_A\right\}}_{\text{頻度因子} A} \times P \times \exp\left(-\frac{E_i}{R \cdot T}\right)$$

アレニウスの式　　$k = A \times \exp\left(-\dfrac{E_a}{R \cdot T}\right)$

　アレニウスの式と比較すると，頻度因子 A は衝突頻度および立体因子を含む比例定数であり，活性化エネルギー E_a は反応を起こすような衝突に必要な最低限の運動エネルギーであることが分かる．注意してほしいのは，頻度因子 A を表す式に温度 T が入っており，実際には頻度因子は温度に依存する点である．上式に与えられた値を代入すると次のようになる．

$$\left(\frac{8 k_B \cdot T}{\pi \cdot \mu}\right)^{\frac{1}{2}} = \left(\frac{8 \times 1.381 \times 10^{-23} \, \text{J} \cdot \text{K}^{-1} \times 650 \, \text{K}}{\pi \times 3.32 \times 10^{-27} \, \text{kg}}\right)^{\frac{1}{2}}$$

$$= 2623.9\underline{4}\cdots \text{m} \cdot \text{s}^{-1}$$

$$\exp\left(-\frac{E_a}{R \cdot T}\right) = \exp\left(-\frac{168 \times 10^3 \, \text{J} \cdot \text{mol}^{-1}}{8.314 \, \text{J} \cdot \text{K}^{-1} \cdot \text{mol}^{-1} \times 650 \, \text{K}}\right)$$

$$= 3.15\underline{4}03\cdots \times 10^{-14}$$

$$k = 0.36 \times 10^{-18} \, \text{m}^2 \times 262\underline{4} \, \text{m} \cdot \text{s}^{-1} \times 6.022 \times 10^{23} \, \text{mol}^{-1} \times 3.15\underline{4} \times 10^{-14}$$

$$= 1.79419\cdots \times 10^{-5} \, \text{m}^3 \cdot \text{mol}^{-1} \cdot \text{s}^{-1}$$

$$= \boxed{1.8 \times 10^{-5} \, \text{m}^3 \cdot \text{mol}^{-1} \cdot \text{s}^{-1}} = \boxed{1.8 \times 10^{-2} \, \text{L} \cdot \text{mol}^{-1} \cdot \text{s}^{-1}}$$

問題 25

ある反応の正反応の活性化エネルギーは 40 kJ·mol^{-1} であり、反応エンタルピーは -20 kJ·mol^{-1} である。反応断面図（反応座標とエネルギーの関係）を図示しなさい。また、逆反応の活性化エネルギーを求めなさい。

解答・解説

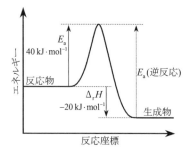

$\Delta_r H < 0$（発熱反応）であるから、反応物より、生成物のエネルギーが低いような図を書くこと。逆反応の活性化エネルギーは図からも分かるように、$\boxed{60 \text{ kJ·mol}^{-1}}$ である。触媒が存在すると、活性化エネルギー E_a が変化するが、2-7 節 問題 13 で説明したように、触媒は反応物や生成物自体を別の物質に変えてしまうわけではない。つまり、反応エンタルピー $\Delta_r H$ は触媒があろうとなかろうと同じである。

補足：遷移状態理論

遷移状態理論では、反応原系は遷移状態にある活性錯体を経て生成系に至り、反応原系と活性錯体は平衡状態にあると仮定する。

$$A + B \rightleftarrows C^{\ddagger} \rightarrow P \qquad K^{\ddagger} = \frac{[C^{\ddagger}]}{[A]\cdot[B]}$$

3-1 反応速度

2-7節 問題7で見たように，平衡定数はギブズエネルギー変化と $\Delta G = -R \cdot T \cdot \ln K$ の関係にある．ΔG は ΔH と ΔS で表せる（$\Delta G = \Delta H - T \cdot \Delta S$）から，平衡定数 $K^{\ddagger}$ は次のようになる．

$$K^{\ddagger} = \exp\left(-\frac{\Delta^{\ddagger} G}{R \cdot T}\right) = \exp\left(-\frac{\Delta^{\ddagger} H - T \cdot \Delta^{\ddagger} S}{R \cdot T}\right)$$

$$= \exp\left(-\frac{\Delta^{\ddagger} H}{R \cdot T}\right) \cdot \exp\left(\frac{\Delta^{\ddagger} S}{R}\right)$$

この反応の反応速度式は次のように書ける．

$$v = \frac{d[P]}{dt} = k^{\ddagger} \cdot [C^{\ddagger}] = k^{\ddagger} \cdot K^{\ddagger} \cdot [A] \cdot [B]$$

$k^{\ddagger}$（活性錯体が遷移状態を通過する割合）は振動数 ν に比例すると考える．振動エネルギー $h \cdot \nu$ は分子1個当たりの熱エネルギー $k_B \cdot T$ に等しい．係数 κ（透過係数という）を1とすれば次のようになる．

$$k^{\ddagger} = \kappa \cdot \nu = \nu = \frac{k_B \cdot T}{h}$$

したがって，この反応の反応速度定数 k_{TS} は次のようになる．

$$k_{TS} = k^{\ddagger} \cdot K^{\ddagger} = \frac{k_B \cdot T}{h} \cdot K^{\ddagger} = \underbrace{\frac{k_B \cdot T}{h} \cdot \exp\left(\frac{\Delta^{\ddagger} S}{R}\right)}_{\text{頻度因子} A} \times \exp\left(-\frac{\Delta^{\ddagger} H}{R \cdot T}\right)$$

活性化エンタルピー $\Delta^{\ddagger} H$ を活性化エネルギー E_a と読み替え，頻度因子 A を活性化エントロピー $\Delta^{\ddagger} S$ に依存する量と読み替えればアレニウスの式になる．

問題 26

水溶液中の分解 1 次速度定数が次式で表される薬物がある.

$$k = k_{H^+} \cdot [H^+] + k_{OH^-} \cdot [OH^-]$$

ここで, k_{H^+} は水素イオンによる触媒定数, k_{OH^-} は水酸化物イオンによる触媒定数である. $k_{H^+} = 1.0 \times 10^{-2}$ L·mol^{-1}·h^{-1}, $k_{OH^-} = 4.0 \times 10^{-4}$ L·mol^{-1}·h^{-1}, $K_w = 1.0 \times 10^{-14}$ とすれば, この薬物を最も安定に保存できる pH を求めなさい.
(第 91 回薬剤師国家試験より改変)

解答 7.7

解説

薬物の安定性は, 様々な要因によって影響される. 水溶液中における加水分解反応では, pH がおそらく一番の要因となる. つまり, 加水分解反応が H^+ (正確には H_3O^+) や OH^- で触媒化されていると考えられる. 分解に関する速度式が, H^+ あるいは OH^- の項を含むとき, その反応は**特殊酸-塩基触媒**を受けているという. 特殊酸-塩基触媒反応の一般的な式は,

$$k = k_0 + k_{H^+} \cdot [H^+] + k_{OH^-} \cdot [OH^-]$$

と表されるが, pH が低い場合には第 2 項 ($k_{H^+} \cdot [H^+]$) のみが支配的となるため, 次のように書ける.

$$k = k_0 + k_{H^+} \cdot [H^+] + k_{OH^-} \cdot [OH^-] \approx k_{H^+} \cdot [H^+]$$
$$\log k = \log (k_{H^+} \cdot [H^+]) = \log k_{H^+} - \text{pH}$$

逆に pH が高い場合には, 第 3 項 ($k_{OH^-} \cdot [OH^-]$) が支配的となる.

$$k = k_0 + k_{\text{H}^+} \cdot [\text{H}^+] + k_{\text{OH}^-} \cdot [\text{OH}^-] \approx k_{\text{OH}^-} \cdot [\text{OH}^-]$$

$$\log k = \log \left(k_{\text{OH}^-} \cdot [\text{OH}^-] \right) = \log \left(k_{\text{OH}^-} \cdot \frac{K_{\text{w}}}{[\text{H}^+]} \right)$$

$$= \log k_{\text{OH}^-} - \text{p}K_{\text{w}} + \text{pH}$$

したがって,縦軸に $\log k$,横軸に pH をとると,安定な領域以外では傾き -1 または 1 の直線が得られる.

この問題は,一般式の $k_0 = 0$ の場合である.$K_{\text{w}} = [\text{H}^+] \cdot [\text{OH}^-]$ であるから,問題の反応速度定数の式は次のように変形できる.

$$k = k_{\text{H}^+} \cdot [\text{H}^+] + k_{\text{OH}^-} \cdot [\text{OH}^-] = k_{\text{H}^+} \cdot [\text{H}^+] + \frac{k_{\text{OH}^-} \cdot K_{\text{w}}}{[\text{H}^+]}$$

この薬物が最も安定なのは,k の値が最も小さくなるとき,すなわち極小値のときである.極小値では,上式を $[\text{H}^+]$ で微分したものが 0 になる.

$$\frac{\mathrm{d}k}{\mathrm{d}[\text{H}^+]} = \frac{\mathrm{d}\left(k_{\text{H}^+} \cdot [\text{H}^+] + \frac{k_{\text{OH}^-} \cdot K_{\text{w}}}{[\text{H}^+]}\right)}{\mathrm{d}[\text{H}^+]} = k_{\text{H}^+} - \frac{k_{\text{OH}^-} \cdot K_{\text{w}}}{[\text{H}^+]^2} = 0$$

$$\therefore [\text{H}^+] = \left(\frac{k_{\text{OH}^-} \cdot K_{\text{w}}}{k_{\text{H}^+}} \right)^{\frac{1}{2}}$$

$$\text{pH} = -\log[\text{H}^+] = -\frac{1}{2} \log \left(\frac{k_{\text{OH}^-} \cdot K_{\text{w}}}{k_{\text{H}^+}} \right)$$

$$= -\frac{1}{2} \log \left(\frac{4.0 \times 10^{-4} \times 1.0 \times 10^{-14}}{1.0 \times 10^{-2}} \right)$$

$$= -\frac{1}{2} \log \left(4.0 \times 10^{-16} \right)$$

$$= 7.6989\cdots = \boxed{7.7}$$

問題 27

ある薬物を 100 mg 含む懸濁剤 10.0 mL がある．この薬物の水溶液中での分解 1 次速度定数は 0.0250 d^{-1} で，飽和溶解度は 4.00 mg·mL^{-1} である．ただし，溶解速度は分解速度に比べて十分に速く，溶液の体積は一定とする．
(a) この薬剤の含有量が 90.0％になる日数を求めなさい．
(b) この薬剤の含有量が 10.0％になる日数を求めなさい．

解答　(a) 10 日　　(b) 115 日

解説

1 次反応で分解する医薬品を懸濁させた場合，分解するのは溶解した医薬品であり，懸濁状態の医薬品は分解を受けないと考える．溶解速度が分解速度に比べて速い場合，溶解している医薬品が分解して消費されると，懸濁状態の医薬品が直ちに溶解し，溶液中の医薬品濃度は常に飽和濃度 S で一定となる．そこで，速度式は次のようになる．

$$v = k \cdot [A] = k \cdot S = k' (一定)$$

つまり懸濁している医薬品が存在する限り，0 次反応とみなすことができる．このような反応を**擬 0 次反応**という．懸濁している医薬品が全て溶解すると，この関係が崩れ，通常の 1 次反応に従い分解していく．

(a) 普通，濃度といえば溶解している溶質の量を溶液の体積で割るが，今回は懸濁状態，すなわち，溶解していない薬物についても考えなければならない．そこで，便宜的に濃度とは呼ぶが，これは溶けていないものも含めた系内に存在する薬物の質量を体積で除したもの（質量濃度 ρ）と考えてほしい．初濃度および 90.0％残存しているときの濃度はそれぞれ，次のようになる．

$$\rho_{A,0} = \frac{100 \text{ mg}}{10.0 \text{ mL}} = 10.0 \text{ mg} \cdot \text{mL}^{-1}$$

$$0.900 \times \rho_{A,0} = 9.00 \text{ mg} \cdot \text{mL}^{-1}$$

これは飽和濃度よりも高く，懸濁状態であるから，擬 0 次反応で分解が進行している期間である．

$$\rho_A - \rho_{A,0} = -k \cdot S \cdot t$$

$$t = \frac{\rho_{A,0} - \rho_A}{k \cdot S} = \frac{10.0 \text{ mg} \cdot \text{mL}^{-1} - 9.00 \text{ mg} \cdot \text{mL}^{-1}}{0.0250 \text{ d}^{-1} \times 4.00 \text{ mg} \cdot \text{mL}^{-1}} = \boxed{10 \text{ d}}$$

(b) 残存率 10% のときの濃度は $1.00 \text{ mg} \cdot \text{mL}^{-1}$ であるから，飽和濃度以下である．したがって，途中まで擬 0 次反応で分解が進行し，懸濁している薬物がなくなった時点から 1 次反応に従い分解する．擬 0 次反応で進行する日数は濃度が $10.0 \text{ mg} \cdot \text{mL}^{-1}$ から $4.00 \text{ mg} \cdot \text{mL}^{-1}$ まで変化するのに要する日数であるから，

$$t_{0次} = \frac{\rho_{A,0} - \rho_A}{k \cdot S} = \frac{10.0 \text{ mg} \cdot \text{mL}^{-1} - 4.00 \text{ mg} \cdot \text{mL}^{-1}}{0.0250 \text{ d}^{-1} \times 4.00 \text{ mg} \cdot \text{mL}^{-1}} = 60 \text{ d}$$

また，1 次反応で分解する日数は $4.00 \text{ mg} \cdot \text{mL}^{-1} \to 1.00 \text{ mg} \cdot \text{mL}^{-1}$ までの日数を求めればよく，半減期の 2 倍に相当する $(4.00 \to 2.00 \to 1.00)$ から，

$$t_{1次} = 2 \times t_{1/2} = 2 \times \frac{\ln 2}{k} = \frac{2 \times \ln 2}{0.0250 \text{ d}^{-1}} = 55.451 \cdots \text{d}$$

合計すれば $\boxed{115 \text{ 日}}$ である．

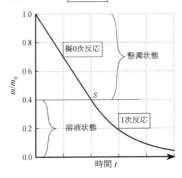

懸濁状態なので，縦軸は濃度 [J] ではなく，系の中に存在している薬物の質量比で表現してある．

問題 28

酵素反応におけるミカエリス–メンテンの式を導出しなさい.

解答・解説

酵素反応は3つの反応が組み合わさって成り立っている. ここで, Eは酵素, Sは基質を表す.

$$E + S \underset{k_{-1}}{\overset{k_1}{\rightleftarrows}} ES \xrightarrow{k_2} P + E$$

(1) $E + S \to ES$ $v_1 = k_1 \cdot [E] \cdot [S]$
(2) $ES \to E + S$ $v_{-1} = k_{-1} \cdot [ES]$
(3) $ES \to E + P$ $v_2 = k_2 \cdot [ES]$

複合体 ES の正味の生成速度は次のようになる.

$$\frac{d[ES]}{dt} = k_1 \cdot [E] \cdot [S] - k_{-1} \cdot [ES] - k_2 \cdot [ES]$$
$$= k_1 \cdot [E] \cdot [S] - (k_{-1} + k_2) \cdot [ES]$$

これを定常状態近似で0とおく(ES の濃度変化は無視できるとする)と, $[ES]$ を求めることができる.

$$[ES] = \frac{k_1}{k_{-1} + k_2} \cdot [E] \cdot [S]$$

ここで, **ミカエリス定数** K_m を次のように定義する.

$$K_m = \frac{k_{-1} + k_2}{k_1} = \frac{[E] \cdot [S]}{[ES]}$$

これから次の関係式が得られる.

$$[E] = \frac{K_m \cdot [ES]}{[S]}$$

酵素の全濃度を $[E]_0$ とおけば, 物質収支より,

$$[E]_0 = [E] + [ES] = \frac{K_m \cdot [ES]}{[S]} + [ES] = \left(\frac{K_m}{[S]} + 1\right) \cdot [ES]$$

$$[ES] = \frac{[E]_0}{\frac{K_m}{[S]} + 1} = \frac{[E]_0 \cdot [S]}{K_m + [S]}$$

となる．したがって，Pの生成速度を表す**ミカエリス-メンテンの式**が次のように求まる．

$$v = \frac{d[P]}{dt} = k_2 \cdot [ES]$$

$$v = \frac{k_2 \cdot [E]_0 \cdot [S]}{K_m + [S]} \qquad K_m = \frac{k_{-1} + k_2}{k_1}$$

基質Sが大量に存在する場合，$[S] \gg K_m$ となり，ミカエリス-メンテンの式は次のように近似できる．

$$v = \frac{k_2 \cdot [E]_0 \cdot [S]}{K_m + [S]} \approx \frac{k_2 \cdot [E]_0 \cdot [S]}{[S]} = k_2 \cdot [E]_0$$

反応速度は $k_2 \cdot [ES]$ で表されるが，基質Sが大量に存在すれば，酵素は全てESの状態にある（$[ES] = [E]_0$）ので，このときPの生成速度は最大になる．これを**最大速度**といい記号 v_{max} で表す．

$$v_{max} = k_2 \cdot [E]_0$$

逆に v_{max} を全酵素濃度 $[E]_0$ で割った値は k_2 であり，これは単位時間当たりに1個の酵素が最大何個の生成物を作れるかという尺度になる．つまり，k_2 は酵素の分子活性を表し，最大ターンオーバー数とも呼ばれる．最大速度を用いれば，ミカエリス-メンテンの式は次のようになる．

$$\boxed{v = \frac{k_2 \cdot [E]_0 \cdot [S]}{K_m + [S]} = \frac{v_{max} \cdot [S]}{K_m + [S]}}$$

上式の v に $v_{max}/2$ を入れると，

$$\frac{v_{max}}{2} = \frac{v_{max} \cdot [S]}{K_m + [S]} \quad \rightarrow \quad K_m + [S] = 2[S] \quad \rightarrow \quad K_m = [S]$$

となるから，v_{max} の半分の速度を与える基質濃度が K_m となる．

様々な K_m を用いて計算したものを図に示す．<u>K_m が小さいほど，基質は酵素によって，より低濃度で有効に触媒作用を受けることができる</u>．つまり，いくつかの異なった基質に対して作用する酵素は，それらのうち K_m が最も小さいものから優先的に触媒として作用することになる．k_2 が大きいほど，また K_m が小さいほど触媒としての効率がよいことを示すので，その比 ε を触媒効率と呼ぶ．

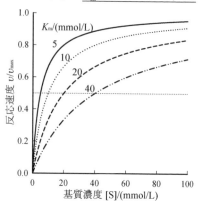

$$\varepsilon = \frac{k_2}{K_m} = \frac{k_1 \cdot k_2}{k_{-1} + k_2}$$

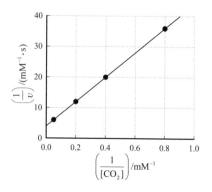

問題 29

CO_2 の水和反応
$$CO_2(g) + H_2O(l) \rightarrow HCO_3^-(aq) + H^+(aq)$$
は炭酸デヒドラターゼという酵素により触媒される．次のデータが pH = 7.1，0.5℃，酵素濃度 2.3 nM で得られた．

CO_2 /mM	1.25	2.50	5.00	20.0
$v/(10^{-2}$ mM·s$^{-1})$	2.78	5.00	8.33	16.7

この反応の (a) 最大速度と (b) ミカエリス定数を求めなさい．

解答
(a) 0.250 mM·s^{-1}　　(b) 10.0 mM

解説

ミカエリス–メンテンの式の逆数をとると次のようになる．

$$\frac{1}{v} = \frac{K_m + [S]}{v_{max} \cdot [S]} = \frac{1}{v_{max}} + \frac{K_m}{v_{max}} \cdot \frac{1}{[S]}$$

$1/[S]$ に対して $1/v$ をプロットすると，傾き K_m/v_{max} と切片 $1/v_{max}$ の直線が得られる．これを**ラインウィーバー–バークプロット**という．

$(1/[CO_2])$/mM^{-1}	0.800	0.400	0.200	0.0500
$(1/v)/$(mM^{-1}·s)	36.0	20.0	12.0	5.99

これをプロットし回帰直線を求めると，切片が 4.00 mM^{-1}·s，傾きが 40.0 s となる．

$$\text{切片} = \frac{1}{v_{max}} \qquad v_{max} = \frac{1}{\text{切片}} = \frac{1}{4.00} = \boxed{0.250 \text{ mM·s}^{-1}}$$

$$\text{傾き} = \frac{K_m}{v_{max}} \qquad K_m = \text{傾き} \times v_{max} = 40.0 \times 0.250 = \boxed{10.0 \text{ mM}}$$

問題 30

ミカエリス-メンテン機構が成立する酵素反応について実験したところ，ラインウィーバー－バークプロットは直線 (a) のようになった．ある競合阻害剤 A の存在下で同様の実験をすると，(b) ～ (d) のどの直線になるか答えなさい．

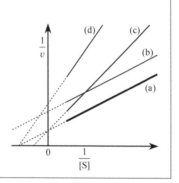

解答 (c)

解説

阻害剤 I は酵素 E と結合したり，複合体 ES と結合したり，あるいは酵素と複合体に同時に結合することによって，生成物が形成される反応速度を低下させる．すなわち阻害剤が存在すると，次の 2 つの反応が酵素反応に加わる．

$$EI \rightleftarrows E + I \qquad K_i = \frac{[E]\cdot[I]}{[EI]}$$

$$ESI \rightleftarrows ES + I \qquad K_i' = \frac{[ES]\cdot[I]}{[ESI]}$$

ここで，K_i や K_i' は**阻害定数**と呼ばれる．阻害剤が存在するときの反応速度を求めるために，次のように α と α' を定義する．

$$\alpha = 1 + \frac{[I]}{K_i} = 1 + \frac{[EI]}{[E]} \quad \rightarrow \quad \alpha\cdot[E] = [E] + [EI]$$

$$\alpha' = 1 + \frac{[I]}{K_i'} = 1 + \frac{[ESI]}{[ES]} \quad \rightarrow \quad \alpha'\cdot[ES] = [ES] + [ESI]$$

酵素の全濃度は次のようになる.

$$[E]_0 = [E] + [ES] + [EI] + [ESI] = \alpha \cdot [E] + \alpha' \cdot [ES]$$

また,ミカエリス定数から [E] は次のように表せる.

$$[E] = K_m \cdot \frac{[ES]}{[S]}$$

これらから,[ES] に関する式が得られる.

$$[E]_0 = \alpha \cdot K_m \cdot \frac{[ES]}{[S]} + \alpha' \cdot [ES] = \left(\frac{\alpha \cdot K_m}{[S]} + \alpha'\right) \cdot [ES]$$

$$\therefore [ES] = \frac{[E]_0}{\frac{\alpha \cdot K_m}{[S]} + \alpha'} = \frac{[E]_0 \cdot [S]}{\alpha \cdot K_m + \alpha' \cdot [S]}$$

したがって,反応速度式およびその逆数は次のようになる.

$$v = k_2 \cdot [ES] = \frac{k_2 \cdot [E]_0 \cdot [S]}{\alpha \cdot K_m + \alpha' \cdot [S]} = \frac{v_{max} \cdot [S]}{\alpha \cdot K_m + \alpha' \cdot [S]}$$

$$\frac{1}{v} = \frac{\alpha \cdot K_m + \alpha' \cdot [S]}{v_{max} \cdot [S]} = \frac{\alpha'}{v_{max}} + \frac{\alpha \cdot K_m}{v_{max}} \cdot \frac{1}{[S]}$$

α と α' の違いによって,3つの異なる阻害様式がある.

(c) 競合(拮抗)阻害 competitive inhibition

阻害剤が基質と似た立体構造をもち,酵素の基質結合部位に,基質と競合的に結合する場合を**競合(拮抗)阻害**という.ESI 複合体は形成しないから,$\alpha > 1$,$\alpha' = 1$ である.反応速度およびその逆数は,

$$v = \frac{v_{max} \cdot [S]}{K_m \cdot \left(1 + \frac{[I]}{K_i}\right) + [S]}$$

$$\frac{1}{v} = \frac{1}{v_{max}} + \frac{K_m}{v_{max}} \cdot \left(1 + \frac{[I]}{K_i}\right) \cdot \frac{1}{[S]}$$

となる.競合阻害では K_m が見かけ上,$(1 + [I]/K_i)$ 倍になり,[I] が大きいほど,また K_i が小さいほど,見かけの K_m が大きくなり,阻害剤に

よる反応速度の低下が大きくなる．阻害剤が存在しても，基質が十分に存在すれば酵素は基質で飽和されるので，最大速度は変化しない．ラインウィーバー-バークプロットではy切片($1/v_{max}$)が変わらず，傾き(K_m/v_{max})が変化する．

(b) 不競合(不拮抗)阻害 uncompetitive inhibition

基質が酵素に結合しているときにだけ，阻害剤が酵素の活性中心以外の別の場所に可逆的に結合し，生成物への変換を邪魔するような型の阻害を**不競合(不拮抗)阻害**という．EIは生じないから，$\alpha = 1$，$\alpha' > 1$である．

$$v = \frac{v_{max} \cdot [S]}{K_m + \left(1 + \dfrac{[I]}{K_i'}\right) \cdot [S]}$$

$$\frac{1}{v} = \frac{1 + \dfrac{[I]}{K_i'}}{v_{max}} + \frac{K_m}{v_{max}} \cdot \frac{1}{[S]}$$

ラインウィーバー-バークプロットでは傾き(K_m/v_{max})が変化せず，y切片($1/v_{max}$)だけが変化する．

(d) 非競合(非拮抗)阻害 non-competitive inhibition

EにもESにもIが結合する場合は$\alpha > 1$，$\alpha' > 1$である．阻害剤が，活性中心以外の別の場所に結合し，酵素の立体構造を歪ませてしまい，基質の結合を低下させたり，あるいは基質がすでに結合した酵素に結合し，反応物への変換を妨げるような阻害様式であり**非競合(非拮抗)阻害**という．

$$v = \frac{v_{max} \cdot [S]}{\left(1 + \dfrac{[I]}{K_i}\right) \cdot K_m + \left(1 + \dfrac{[I]}{K_i'}\right) \cdot [S]}$$

仮に，$\alpha = \alpha'(K_i = K_i')$という特殊な条件であれば，

$$v = \frac{v_{max} \cdot [S]}{\left(1 + \dfrac{[I]}{K_i}\right) \cdot (K_m + [S])}$$

となる.また,逆数の式は,

$$\frac{1}{v} = \left(1 + \frac{[\mathrm{I}]}{K_\mathrm{i}}\right) \cdot \left(\frac{1}{v_\mathrm{max}} + \frac{K_\mathrm{m}}{v_\mathrm{max}} \cdot \frac{1}{[\mathrm{S}]}\right)$$

となり,x軸上で阻害がないときとあるときの2つの直線が交わる($-1/K_\mathrm{m}$).

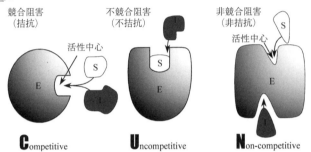

酵素が英語の頭文字の形をしていると考えるとイメージしやすいであろう.

Check Point

▶ ミカエリス–メンテンの式
$$v = \frac{k_2 \cdot [\mathrm{E}]_0 \cdot [\mathrm{S}]}{K_\mathrm{m} + [\mathrm{S}]} = \frac{v_\mathrm{max} \cdot [\mathrm{S}]}{K_\mathrm{m} + [\mathrm{S}]}$$

K_m が小さいほど,酵素と基質との親和性が高い
v_max の半分の速度を与える $[\mathrm{S}] = K_\mathrm{m}$

▶ ラインウィーバー–バークプロット
$$\frac{1}{v} = \frac{1}{v_\mathrm{max}} + \frac{K_\mathrm{m}}{v_\mathrm{max}} \cdot \frac{1}{[\mathrm{S}]}$$

▶ 競合(拮抗)阻害:切片($1/v_\mathrm{max}$)が変わらない.
不競合(不拮抗):傾き($K_\mathrm{m}/v_\mathrm{max}$)が変わらない.
非競合(非拮抗)

問題 31

ある酵素反応について,基質濃度,阻害剤濃度を変えながら反応速度 $v(\mu M \cdot s^{-1})$ を測定し,次の結果を得た.

[S]/mM	[I]/mM				
	0	0.200	0.400	0.600	0.800
0.0500	0.0357	0.0278	0.0227	0.0192	0.0167
0.100	0.0625	0.0500	0.0417	0.0357	0.0313
0.200	0.100	0.0833	0.0714	0.0625	0.0556
0.400	0.143	0.125	0.111	0.100	0.0909
0.800	0.181	0.167	0.154	0.143	0.133

(a) [I] = 0 のときの v_{max} および K_m を求めなさい.
(b) 阻害様式について答えなさい.
(c) 阻害定数を求めなさい.

解答・解説

まず,[I] に対して,1/[S] および $1/v (\mu M^{-1} \cdot s)$ の表を作る.

(1/[S])/mM^{-1}	[I]/mM				
	0	0.200	0.400	0.600	0.800
20.0	28.0	36.0	44.1	52.1	59.9
10.0	16.0	20.0	24.0	28.0	31.9
5.00	10.0	12.0	14.0	16.0	18.0
2.50	6.99	8.00	9.01	10.0	11.0
1.25	5.52	5.99	6.49	6.99	7.52

これをプロットすると,同じ y 切片をもつ.したがって,これは 競合阻害

である．最小2乗法で求めた切片および傾きの値を次の表に示す．

[I]/mM	0	0.200	0.400	0.600	0.800
切片	4.00	4.00	3.98	3.98	4.02
傾き	1.20	1.60	2.01	2.41	2.79

[I] = 0 のときの傾きと切片から，

$$v_{max} = \frac{1}{切片} = \frac{1}{4.00} = \boxed{0.250\ \mu M \cdot s^{-1}}$$

$$K_m = \frac{傾き}{切片} = \frac{1.20}{4.00} = \boxed{0.300\ mM}$$

問題30の競合阻害のときの $1/v$ の式より，

$$\frac{1}{v} = \frac{1}{v_{max}} + \frac{K_m}{v_{max}} \cdot \left(1 + \frac{[I]}{K_i}\right) \cdot \frac{1}{[S]}$$

$$傾き = \frac{K_m}{v_{max}} + \frac{K_m}{v_{max}} \cdot \frac{1}{K_i} \cdot [I]$$

である．したがって，[I] に対して，ラインウィーバー－バークプロットで得られた傾きをプロットすると直線になる．この直線の最小2乗法で求めた傾きは2.00である．

$$K_i = \frac{K_m}{v_{max} \cdot 傾き} = \frac{0.300}{0.250 \times 2.00} = \boxed{0.600\ mM}$$

3-2 物質の移動

問題 1

フィックの第一法則に関する次の文章中の空欄に，適当なものを入れなさい．
「流束の SI 単位は (a) であり，ある瞬間の流束は，溶質の (b) に比例する．」

解答 (a) $mol \cdot m^{-2} \cdot s^{-1}$ (b) 濃度勾配

解説

図のように左から右に向かって減少する濃度勾配が生じており，溶質分子が x 軸方向にのみ移動する 1 次元の拡散を考える．仮想的に窓で仕切られた濃度一定の小さな区画があるとすると，左右方向だけの移動を考えているので，どの区画に存在する粒子も確率的に半分は左側に，残り半分は右側に移動する．左側の区画内に存在する粒子数が多い状況では，窓を左から右へ通過する粒子数が逆方向よりも多く，粒子は全体と

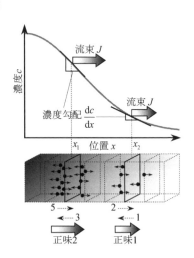

して左(高濃度)から右(低濃度)へ移動する．この窓を横切った正味の粒子数を**流束**と呼び，記号Jを用いる．通過する粒子数(物質量n)は窓の大きさや観測している時間に依存するので，様々な物質を比較するためには窓の面積Aと時間Δtで割ればよい．

$$\text{流束 } J(\text{mol}\cdot\text{m}^{-2}\cdot\text{s}^{-1}) = \frac{\text{窓を通り抜ける粒子数}(n(\text{mol}))}{\text{窓の面積}(A(\text{m}^2))\times\text{時間}(\Delta t(\text{s}))}$$

このモデルから，左右の区画に存在する粒子数の差(濃度差)が大きいほど，流束は大きくなることが分かる．区画を無限に小さくすれば，この濃度差は濃度勾配dc/dxで表されるので，ある比例定数Dを用いれば，

$$\boxed{J = -D\cdot\frac{dc}{dx}}$$

$$\text{単位}: J(\text{mol}\cdot\text{m}^{-2}\cdot\text{s}^{-1}) = -D(\text{m}^2\cdot\text{s}^{-1})\times\frac{dc\,(\text{mol}\cdot\text{m}^{-3})}{dx\,(\text{m})}$$

となる．ある瞬間の流束が溶質の濃度勾配dc/dxに比例するというこの関係式を**フィックの第一法則**という．Dは**拡散係数**と呼ばれSI単位では$\text{m}^2\cdot\text{s}^{-1}$となる．マイナスの符号は，左図にあるように，濃度勾配が負であれば(左から右に向かって減少)，流束が正である(溶質が左から右へ移動する)ことを示している．

フィックの第二法則は，第一法則から導かれ，

$$\frac{dc}{dt} = D\cdot\frac{d^2c}{dx^2}$$

と表される．これは，右図のように系の内部の濃度に違いがあると，凸部(高濃度部)では粒子が周りに流出し，凹部(低濃度部)では周りから粒子が流入してくることを示すものである．

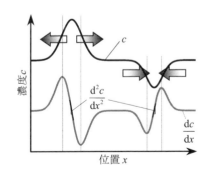

問題2

拡散係数が 1.0×10^{-6} cm$^2 \cdot$s^{-1} のタンパク質分子が，拡散によってバクテリアの細胞の長さ $(1.0 \times 10^{-4}$ cm$)$ を移動するのに必要な平均の時間を計算しなさい．

解答 5.0×10^{-3} s $(5.0$ ms$)$

解説

図は2次元(例えば，生体膜中の脂質)での移動経路を模式的に表したものであるが，他の分子と衝突しながら，でたらめな方向に短いジャンプをしているように見ることができる．これを**ランダム歩行**(あるいは**酔歩**)という．このように液体や気体中を乱雑に押し合う運動により移動していく過程が拡散の本質である．

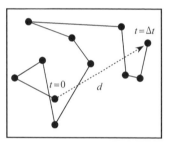

1次元の拡散において，ある時間 Δt の間に移動した正味の距離を x とすると，アインシュタインにより，

$$\overline{x^2} = 2D \cdot \Delta t$$

という関係式が導き出されている．これは二乗平均移動距離 $\overline{x^2}$ が時間間隔 Δt に比例し，その比例定数が $2D$ であることを示している．

$$\Delta t = \frac{\overline{x^2}}{2D} = \frac{(1.0 \times 10^{-4} \text{ cm})^2}{2 \times 1.0 \times 10^{-6} \text{ cm}^2 \cdot \text{s}^{-1}} = \boxed{5.0 \times 10^{-3} \text{ s}}$$

図のような2次元の拡散では次式のようになる．

$$\overline{d^2} = \overline{x^2} + \overline{y^2} = 4D \cdot \Delta t$$

問題3

25.0℃のリン酸緩衝液中のウシ血清アルブミン(BSA)の拡散係数は 6.7×10^{-7} cm$^2 \cdot$s^{-1} である．BSA分子の半径rを求めなさい．ただし，BSAは球状分子($f = 6\pi \cdot \eta \cdot r$)とみなし，溶媒の粘度$\eta$を1.0 mPa·sとする．

解答 3.3×10^{-9} m (3.3 nm)

解説

実験によって測定される巨視的な拡散係数Dと分子の物性値である微視的な摩擦係数fを結びつける**アインシュタイン-ストークスの式**は以下のように表される．

$$D = \frac{k_B \cdot T}{f} \quad \text{ここで} k_B \text{はボルツマン定数である．}$$

摩擦係数fから，分子の大きさと形状，および周囲の媒質との相互作用について知ることができる．ストークスにより，溶質粒子が半径rの球状分子である場合，$f = 6\pi \cdot \eta \cdot r$ という関係式が見いだされている．

$$\boxed{D = \frac{k_B \cdot T}{f} = \frac{k_B \cdot T}{6\pi \cdot \eta \cdot r}}$$

$$r = \frac{k_B \cdot T}{6\pi \cdot \eta \cdot D} = \frac{1.381 \times 10^{-23} \text{ J} \cdot \text{K}^{-1} \times 298.15 \text{ K}}{6\pi \times 1.0 \text{ mPa} \cdot \text{s} \times 6.7 \times 10^{-7} \text{ cm}^2 \cdot \text{s}^{-1}}$$

$$= \frac{1.381 \times 10^{-23} \text{ J} \cdot \text{K}^{-1} \times 298.15 \text{ K}}{6\pi \times 1.0 \times 10^{-3} \text{ Pa} \cdot \text{s} \times 6.7 \times 10^{-11} \text{ m}^2 \cdot \text{s}^{-1}}$$

$$= 3.2602 \cdots \times 10^{-9} \text{ m} = \boxed{3.3 \times 10^{-9} \text{ m}}$$

単位変換は次のようになる． $\quad \dfrac{\text{J}}{\text{Pa} \cdot \text{m}^2} = \dfrac{\text{N} \cdot \text{m}}{(\text{N} \cdot \text{m}^{-2}) \cdot \text{m}^2} = \text{m}$

問題 4

25.0℃の水溶液のスクロース分子の拡散係数が 5.0×10^{-10} m$^2 \cdot$s^{-1} である.スクロース分子を球状分子とみなし,その半径を求めなさい.ただし,水の粘度は 1.0 mPa·s とする.

解答
4.4×10^{-10} m (0.44 nm)

解説

$$r = \frac{k_B \cdot T}{6\pi \cdot \eta \cdot D} = \frac{1.381 \times 10^{-23} \text{ J} \cdot \text{K}^{-1} \times 298.15 \text{ K}}{6\pi \times 1.0 \text{ mPa} \cdot \text{s} \times 5.0 \times 10^{-10} \text{ m}^2 \cdot \text{s}^{-1}}$$

$$= \frac{1.381 \times 10^{-23} \text{ J} \cdot \text{K}^{-1} \times 298.15 \text{ K}}{6\pi \times 1.0 \times 10^{-3} \text{ Pa} \cdot \text{s} \times 5.0 \times 10^{-10} \text{ m}^2 \cdot \text{s}^{-1}}$$

$$= 4.3687\cdots \times 10^{-10} \text{ m} = \boxed{4.4 \times 10^{-10} \text{ m}}$$

前問と比較すると,小さなスクロース分子(0.44 nm)の拡散係数(5.0×10^{-10} m$^2 \cdot$s^{-1})は,大きな BSA(3.3 nm)の拡散係数(6.7×10^{-11} m$^2 \cdot$s^{-1})よりも大きく,水溶液中を速く動いていく.

Check Point

- 拡散:乱雑に押し合う運動により移動する過程
- フィックの第一法則 $J = -D \cdot \dfrac{dc}{dx}$
- 二乗平均移動距離 $\overline{x^2} = 2D \cdot \Delta t$
- アインシュタイン-ストークスの式 $D = \dfrac{k_B \cdot T}{f}$
- ストークスの関係式 $f = 6\pi \cdot \eta \cdot r$ (球形粒子の摩擦係数)

問題5

ストークスの式を導出しなさい．

解答・解説

半径r，密度ρの球形粒子が，密度ρ_0，粘度ηの溶媒中に存在する場合，その粒子には重力と浮力がかかる．粒子にかかる重力は，粒子の質量mと重力加速度gで表される．さらに，質量mは粒子の体積Vと密度ρで書き表せるので，次のようになる．

$$重力 = m \cdot g = V \cdot \rho \cdot g = \frac{4}{3} \pi \cdot r^3 \cdot \rho \cdot g$$

一方，浮力は粒子が押しのけた溶媒の質量にかかる重力に等しい．

$$浮力 = \frac{4}{3} \pi \cdot r^3 \cdot \rho_0 \cdot g$$

この2つの力の差が，粒子を動かす駆動力Fとなる．

$$駆動力 F = 重力 - 浮力 = \frac{4}{3} \pi \cdot r^3 \cdot (\rho - \rho_0) \cdot g$$

ニュートンの運動の第二法則から，この力は粒子の運動を加速する作用をもつが，粒子が溶媒中を移動するとき溶媒分子と衝突するため，これが摩擦力となる．摩擦力は粒子の沈降速度v_sに比例するので，その比例定数（摩擦係数）をfとすれば，摩擦力は$f \cdot v_s$と書き表せる．粒子は摩擦力が駆動力と釣り合うまで速さが増し，それ以後は加速度が0となる（$F = f \cdot v_s$）．すなわち，速さ一定となる．ストークスの関係式から$f = 6\pi \cdot \eta \cdot r$なので，次の沈降速度に関する**ストークスの式**が得られる．

$$v_s = \frac{F}{f} = \frac{\frac{4}{3} \pi \cdot r^3 \cdot (\rho - \rho_0) \cdot g}{6 \pi \cdot \eta \cdot r} = \frac{2 r^2 \cdot (\rho - \rho_0) \cdot g}{9 \eta}$$

問題6

次の文中の空欄に適当な数値を入れなさい．

「大，小2種の粒子径を有する同一物質の混合粉体について，アンドレアゼンピペットを用いて分散沈降法による粒度測定を行った．一定の深さにおける分散粒子の質量濃度の時間変化は図のようになった．この実験から，大粒子は小粒子の質量換算で (a) 倍量存在することが分かる．また，小粒子の半径をrとすると，大粒子の半径は (b) rと表される．なお，粒子は全て，ストークスの式に従い沈降したものとする．」

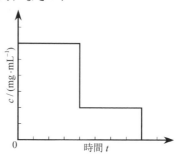

(第86回薬剤師国家試験より改変)

解答 (a) 2　(b) $\sqrt{2}$

解説

アンドレアゼンピペットは図のような装置であり，試料を採取するための管が付いている．試料を入れ懸濁した後，静置すると，各粒子はストークスの式に従い沈降していく．

$$v_s = \frac{2r^2 \cdot (\rho - \rho_0) \cdot g}{9\eta} \left(\text{直径}d\text{を用いた場合：} v_s = \frac{d^2 \cdot (\rho - \rho_0) \cdot g}{18\eta}\right)$$

これを一定時間毎に試料を抜き取り分析する．図からも分かるように，点線近辺の試料が採取される．開始直後には試料中に大粒子も小粒子も含まれる．ある時間が経過し，大粒子が全て採取管より下に沈降してし

まうと，大粒子は採取されなくなるが，小粒子は沈降速度が遅く，採取できるので，試料には小粒子のみが含まれるようになる．やがて小粒子も全て沈降してしまうと，試料中には粒子が全く含まれなくなる．

$0〜t_1$ までは大粒子と小粒子が沈降しており，t_1 で大粒子は採取管よりも下まで沈降したことが分かる．$t_1〜t_2$ までの間は小粒子のみが沈降している．図の縦軸から，大粒子は小粒子の $\boxed{2倍}$ 含まれていることがわかる．

また，横軸から沈降時間が読み取れる．大粒子の沈降時間が，小粒子の 1/2 倍ということは，大粒子の沈降速度は小粒子の 2 倍である ($v_大 = 2\,v_小$)．同一物質であるから密度は同じであり，溶媒や重力加速度も当然同じ．

$$\frac{2\,r_大^2 \cdot (\rho - \rho_0) \cdot g}{9\,\eta} = 2 \times \frac{2\,r_小^2 \cdot (\rho - \rho_0) \cdot g}{9\,\eta}$$
$$\therefore r_大^2 = 2 \times r_小^2$$

つまり半径は $r_大 = \boxed{\sqrt{2}}\,r_小$ である．

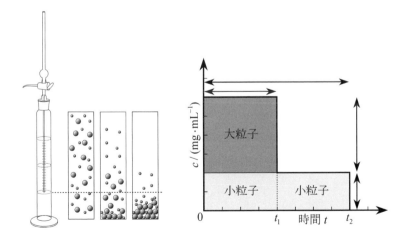

問題7

エマルション粒子(粒径 300 nm, 密度 0.87 g·cm^{-3})を水(密度 1.00 g·cm^{-3}, 粘度 1.0 mPa·s)に懸濁させた. 浮上速度を求めなさい.

解答 6.4×10^{-9} m·s^{-1} (6.4 nm·s^{-1})

解説

ストークスの式を用いる.

$$v_s = \frac{2\,r^2 \cdot (\rho - \rho_0) \cdot g}{9\,\eta}$$

粒径(直径) = 300 nm であるから, 半径 r = 150 nm である. 単位を全て SI 基本単位に変換してから計算する. 答えはマイナスになることから, マイナス方向に沈降する. すなわち, 浮上する.

$$v_s = \frac{2 \times (150 \times 10^{-9}\,\text{m})^2 \times (0.87 - 1.00) \times 10^3\,\text{kg·m}^{-3} \times 9.81\,\text{m·s}^{-2}}{9 \times 1.0 \times 10^{-3}\,\text{Pa·s}}$$

$$= -6.3\underline{7}65 \times 10^{-9}\,\text{m·s}^{-1} = \boxed{-6.4 \times 10^{-9}\,\text{m·s}^{-1}}$$

$$\left[\frac{\text{kg}}{\text{Pa·s}^3} = \frac{\text{kg}}{\text{kg·m·s}^{-2} \times \text{m}^{-2} \times \text{s}^3} = \text{m·s}^{-1} \right]$$

Check Point

▶ ストークスの式 $v_s = \dfrac{2\,r^2 \cdot (\rho - \rho_0) \cdot g}{9\,\eta}$

問題8

25.0℃の水溶液中における硫酸イオンの拡散係数は 1.06×10^{-9} m$^2 \cdot$s^{-1}である．硫酸イオンの電気泳動移動度を求めなさい．

解答 8.25×10^{-8} m$^2 \cdot$s$^{-1} \cdot$V^{-1}

解説

単位電場（1 V·m^{-1}）当たりの移動速度は（電気泳動）**移動度** u と呼ばれ，次式で表される．硫酸イオン SO_4^{2-} であるから，$z = 2$ とする．

$$u = \frac{z \cdot D \cdot F}{R \cdot T} = \frac{2 \times 1.06 \times 10^{-9} \text{ m}^2 \cdot \text{s}^{-1} \times 9.649 \times 10^4 \text{ C} \cdot \text{mol}^{-1}}{8.314 \text{ J} \cdot \text{K}^{-1} \cdot \text{mol}^{-1} \times 298.15 \text{ K}}$$

$$= 8.25\underline{226}\cdots \times 10^{-8} \text{ m}^2 \cdot \text{s}^{-1} \cdot \text{V}^{-1} = \boxed{8.25 \times 10^{-8} \text{ m}^2 \cdot \text{s}^{-1} \cdot \text{V}^{-1}}$$

$$\left[\frac{\text{m}^2 \cdot \text{C}}{\text{s} \cdot \text{J}} = \frac{\text{m}^2 \cdot (\text{A} \cdot \text{s})}{\text{s} \cdot (\text{A} \cdot \text{V} \cdot \text{s})} = \text{m}^2 \cdot \text{s}^{-1} \cdot \text{V}^{-1} = \frac{\text{m} \cdot \text{s}^{-1}}{\text{V} \cdot \text{m}^{-1}} \right]$$

問題9

ある一塩基酸型薬物(HA)の pH = 3.5 における溶解度は 0.30 mmol·L^{-1}, pH = 4.5 における溶解度は 1.65 mmol·L^{-1} であった. この薬物の (a) 分子型 HA の溶解度, および (b) pK_a を求めなさい. ただし, 分子型 HA の溶解度は pH による影響を受けないとする.

解答 (a) 0.15 mmol·L^{-1} (b) 3.5

解説

溶質が弱酸または弱塩基の場合, 電離によって生じるイオンは水への溶解度が高い. 2-8 節で見たように, pH により分子型とイオン型の割合が変化するため, 弱酸または弱塩基の溶解度は pH の影響を受ける. 弱酸性物質 HA の飽和溶液を考える場合, 固体の HA が分子型のまま水に溶解し, 溶解した HA が水中で電離平衡状態にあると考える.

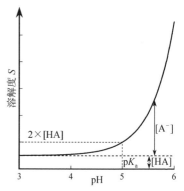

$$HA(s) \rightleftarrows HA(aq) \rightleftarrows H^+(aq) + A^-(aq)$$

この場合, 溶解度 S は分子型 HA として溶解しているものとイオン型 A$^-$ として溶解しているものの和として表される.

$$S = [HA] + [A^-]$$

弱酸の酸定数 K_a から,

$$K_a = \frac{[H^+] \cdot [A^-]}{[HA]} = \frac{[H^+] \cdot (S - [HA])}{[HA]}$$

となる．この両辺の対数をとり，負号をつけると次のようになる．

$$-\log K_a = -\log\left(\frac{[H^+]\cdot(S-[HA])}{[HA]}\right) = -\log[H^+] - \log\left(\frac{S-[HA]}{[HA]}\right)$$

$$\boxed{pH = pK_a + \log\left(\frac{S-[HA]}{[HA]}\right)}$$

分子型 HA の溶解度が pH によらず一定であると仮定すれば，この式から，例えば，$pK_a = 5$ の弱酸性物質 HA の溶解度は図のようになり，pH $= pK_a$ の溶解度 S は分子型 HA の溶解度の 2 倍となる．

上の式に，問題の値を代入すると次のようになる．

$$3.5 = pK_a + \log\left(\frac{0.30\times10^{-3} - [HA]}{[HA]}\right)$$

$$4.5 = pK_a + \log\left(\frac{1.65\times10^{-3} - [HA]}{[HA]}\right)$$

これらを連立させて解けばよい．

$$4.5 - 3.5 = \log\left(\frac{1.65\times10^{-3} - [HA]}{[HA]}\right) - \log\left(\frac{0.30\times10^{-3} - [HA]}{[HA]}\right)$$

$$1.0 = \log\left(\frac{1.65\times10^{-3} - [HA]}{0.30\times10^{-3} - [HA]}\right)$$

$$\frac{1.65\times10^{-3} - [HA]}{0.30\times10^{-3} - [HA]} = 10^{1.0} = 10$$

$$1.65\times10^{-3} - [HA] = 10\times(0.30\times10^{-3} - [HA])$$

$$\therefore [HA] = \frac{10\times0.30\times10^{-3} - 1.65\times10^{-3}}{9} = 1.5\times10^{-4}\,(\text{mol}\cdot\text{L}^{-1}) = \boxed{0.15\,(\text{mmol}\cdot\text{L}^{-1})}$$

$$\therefore pK_a = 3.5 - \log\left(\frac{0.30\times10^{-3} - 1.5\times10^{-4}}{1.5\times10^{-4}}\right) = 3.5 - \log 1 = \boxed{3.5}$$

$[HA] = 0.15\,\text{mmol}\cdot\text{L}^{-1}$ と求められた段階で，pH $= 3.5$ における溶解度の半分だと気が付けば，そこからも $pK_a = 3.5$ と分かるだろう．

問題 10

固体医薬品の溶解は表面積 A が一定のとき，次の式に従って進むものとする．

$$\frac{dc}{dt} = k \cdot A \cdot (c_s - c)$$

溶液の濃度が $c_s/4$ から $c_s/2$ に変化するまでの時間を求めなさい．
（第 84 回薬剤師国家試験より改変）

解答

$$\frac{\ln\left(\dfrac{3}{2}\right)}{k \cdot A}$$

解説

ネルンストは固体の溶解時に，図のようなモデルを提唱している．固体表面の近傍に飽和濃度まで溶質が溶解した飽和層があり，その外側に徐々に溶質濃度が減少する拡散層が存在し，さらにその外側には溶質の濃度が一定となったバルク相があるとしている．この溶解過程における溶解速度（バルク相における溶質濃度 c の変化）は次のネルンスト-ノイエス-ホイットニーの式で表される．

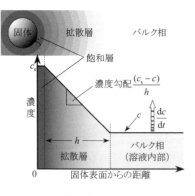

$$\boxed{\frac{dc}{dt} = \frac{A \cdot D}{V} \cdot \frac{(c_s - c)}{h}}$$

ここで，c_s は飽和濃度，D は溶質の拡散係数，A は固体の表面積，V は

3-2 物質の移動

溶液の体積である．撹拌することによって溶解速度は速くなるが，これは撹拌により固体表面に近いところまで溶質濃度が一定となるため，すなわち，拡散層の厚み h が減少し濃度勾配が大きくなるためである．問題の式は，D, V, h を一定として，まとめて k として表したものである．

問題の式を変数分離し，A が一定の条件で，$(t=0, c=0) \rightarrow (t=t, c=c)$ まで積分すると次のようになる．

$$\frac{dc}{dt} = k \cdot A \cdot (c_s - c) \quad \rightarrow \quad \frac{dc}{c_s - c} = k \cdot A \cdot dt$$

$$\rightarrow \quad \int_0^c \frac{dc}{c_s - c} = k \cdot A \cdot \int_0^t dt \quad \rightarrow \quad \left[-\ln(c_s - c)\right]_0^c = k \cdot A \cdot \left[t\right]_0^t$$

$$\rightarrow \quad -\ln(c_s - c) - (-\ln c_s) = k \cdot A \cdot t$$

$$\therefore t = \frac{\ln c_s - \ln(c_s - c)}{k \cdot A} = \frac{\ln\left(\dfrac{c_s}{c_s - c}\right)}{k \cdot A}$$

溶液濃度が 0 から $c_s/4$ になるまでの時間 t_1，および溶液濃度が 0 から $c_s/2$ になるまでの時間 t_2 はそれぞれ次のように表される．

$$t_1 = \frac{\ln\left(\dfrac{c_s}{c_s - c_s/4}\right)}{k \cdot A} = \frac{\ln\left(\dfrac{4}{3}\right)}{k \cdot A} \qquad t_2 = \frac{\ln\left(\dfrac{c_s}{c_s - c_s/2}\right)}{k \cdot A} = \frac{\ln 2}{k \cdot A}$$

したがって，溶液濃度が $c_s/4$ から $c_s/2$ になるまでの時間 Δt は次のように求められる．

$$\Delta t = t_2 - t_1 = \frac{\ln 2}{k \cdot A} - \frac{\ln\left(\dfrac{4}{3}\right)}{k \cdot A} = \boxed{\frac{\ln\left(\dfrac{3}{2}\right)}{k \cdot A}}$$

積分するときに，$(t=0, c=c_s/4) \rightarrow (t=t, c=c_s/2)$ の条件で積分すれば一発で同じ解答が得られるが，念のため，初濃度が 0 として関係式を導いた後に答えを求めている．

問題11

固体薬物の溶解速度を測定した結果，3分後の薬物濃度は 0.060 mg·mL^{-1} であった．見かけの溶解速度定数 k(cm^{-2}·min^{-1})を求めなさい．ただし，薬物の溶解度は 2.0 mg·mL^{-1}，固体薬物の有効表面積は 1 cm^2 であり，実験中表面積は変化しないものとする．また，この時間内ではシンク条件が成立しているものとする．
(第91回薬剤師国家試験より改変)

解答 0.010 cm^{-2}·min^{-1}

解説

溶解した溶質が系から取り除かれるという条件を**シンク条件**という．シンクは流し台という意味である．これは溶解した薬物が直ちに体内に吸収されるような場合に相当する．このため，バルク相の濃度 c が飽和濃度 c_s に比べて非常に低い ($c \ll c_s$)．また，この条件は溶解初期のバルク相の濃度が非

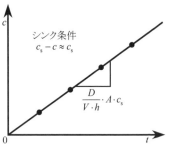

常に低いときにも当てはまる ($c \approx 0$)．そこで，シンク条件では，

$$c_s - c \approx c_s$$

と近似する．ネルンスト–ノイエス–ホイットニーの式に代入すれば，

$$\frac{dc}{dt} = \frac{D}{V \cdot h} \cdot A \cdot (c_s - c) \approx \frac{D}{V \cdot h} \cdot A \cdot c_s$$

となる．表面積 A が一定とすれば，右辺は定数となる．変数分離して積分すると，次のようになる．

$$\int dc = \int \frac{D}{V \cdot h} \cdot A \cdot c_s \cdot dt = \frac{D}{V \cdot h} \cdot A \cdot c_s \cdot \int dt$$
$$\therefore c = \left(\frac{D}{V \cdot h} \cdot A \cdot c_s \right) \cdot t$$

上の式の（ ）内は定数だから，溶解初期のようなバルク相の濃度が非常に低い場合であれば，バルク相の濃度は時間に比例して上昇する．

問題の場合，D, V, h をまとめて見かけの定数 k とおいている．

$$c = \left(\frac{D}{V \cdot h} \right) \cdot A \cdot c_s \cdot t = k \cdot A \cdot c_s \cdot t \qquad k = \frac{D}{V \cdot h}$$

問題の条件を入力して解くと次のようになる．

$0.060 \text{ mg} \cdot \text{mL}^{-1} = k \times 1.0 \text{ cm}^2 \times 2.0 \text{ mg} \cdot \text{mL}^{-1} \times 3 \text{ min}$

$k = 0.010 \text{ cm}^{-2} \cdot \text{min}^{-1}$

Check Point

▶ 酸性薬物の溶解度　　　$S = [\text{HA}] + [\text{A}^-]$
$$\text{pH} = \text{p}K_a + \log \left(\frac{S - [\text{HA}]}{[\text{HA}]} \right)$$

▶ ネルンスト-ノイエス-ホイットニーの式
$$\frac{dc}{dt} = \frac{A \cdot D}{V} \cdot \frac{(c_s - c)}{h}$$

▶ シンク条件　　　$c_s - c \approx c_s$
$$c = \frac{D}{V \cdot h} \cdot A \cdot c_s \cdot t$$

問題12

図のレオグラムの(a)〜(e)の流動名と，(f)の値の名称を答えなさい．

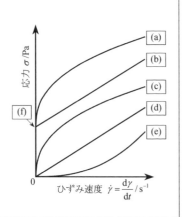

解答 (a) 擬塑性流動 (b) 塑性流動(ビンガム流動)
(c) 準粘性流動 (d) ニュートン流動
(e) ダイラタント流動 (f) 降伏値

解説

(d) **ニュートン流動**：原点を通り，ひずみ速度に比例して応力が増加する流動はニュートン流動と呼ばれる．傾きが**粘度** η を表し，粘度はひずみ速度に関わらず一定である．式では次のように表される．

$$\sigma(\text{応力}) = \eta(\text{粘度}) \cdot \frac{d\gamma}{dt}(\text{ひずみ速度})$$

水，エタノール，グリセリンなどの低分子の液体に見られる．ニュートン流動以外の流動はまとめて**非ニュートン流動**と呼ばれる．

(b) **塑性流動(ビンガム流動)**：応力がある値(=**降伏値**)を過ぎるまで流動せず，降伏値以上の応力ではニュートン流動と同じようにひずみ速度に比例した流動を示す．レオグラム上では原点を通らない直線

で表される.流動を引き起こすにはある一定の力(降伏値)が必要で,降伏値以下では固体のように弾性を示すので**塑性流動** plastic flow と呼ばれる.

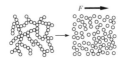
塑性流動(ビンガム流動)

弾性(固体)←(降伏値)→粘性(液体)

(c) **準粘性流動**:ひずみ速度の増加により粘度が減少して流れやすくなる現象.鎖状高分子の1～2％水溶液に見られ,分子の長軸が流動方向に整列し,流れに対する摩擦抵抗が減少することによる.

準粘性流動

(e) **ダイラタント流動**:デンプンのような微細粒子の50％以上の濃厚な懸濁液に見られる現象で,ひずみ速度の増加に伴い粘度が増加する流動をいう.静止状態では粒子が密に充填しており,ひずみ速度が小さい場

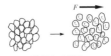
ダイラタント流動

擬塑性流動

合にはその配列が維持される.しかし,ひずみ速度の増加に伴い,最密構造が崩れ体積が膨張(＝dilatancy ダイラタンシー)すると,溶媒が不足し,固化した粒子同士の摩擦が起こって粘度が増加する.

(a) **擬塑性流動**:塑性流動と同じように降伏値をもち,降伏値以上で流動が起こり,粘度はひずみ速度の増加とともに減少する.原点を通らない曲線で表され,塑性流動に似ているので擬塑性流動という(塑性流動擬き).鎖状高分子などの数パーセント溶液に見られる.ゲル形成能をもつ多糖類は水溶液中で網目構造をとるため,ある応力までは構造を維持するが,降伏値を超えると網目構造が破壊され,ひずみ速度の増加に伴い,流動方向に分子がそろい流動抵抗が減少する.

問題 13

チンク油は塑性流動(ビンガム流動)を示す．ひずみ速度 $20\ \mathrm{s^{-1}}$ では応力 46 Pa，ひずみ速度 $90\ \mathrm{s^{-1}}$ では応力 78 Pa を示した．(a) 降伏値と(b) 塑性粘度を求めなさい．

解答 (a) 37 Pa (b) 0.46 Pa·s

解説

塑性流動(ビンガム流動)の式は，

$$\sigma = \eta_{\mathrm{pl}} \cdot \frac{\mathrm{d}\gamma}{\mathrm{d}t} + \sigma_{\mathrm{y}}$$

と表される．ここで，σ_{y} は降伏値，η_{pl} は塑性粘度と呼ばれる．問題の条件を入れると次のようになる．

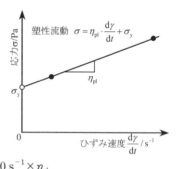

$$46\ \mathrm{Pa} = 20\ \mathrm{s^{-1}} \times \eta_{\mathrm{pl}} + \sigma_{\mathrm{y}}$$
$$78\ \mathrm{Pa} = 90\ \mathrm{s^{-1}} \times \eta_{\mathrm{pl}} + \sigma_{\mathrm{y}}$$
$$78\ \mathrm{Pa} - 46\ \mathrm{Pa} = 90\ \mathrm{s^{-1}} \times \eta_{\mathrm{pl}} - 20\ \mathrm{s^{-1}} \times \eta_{\mathrm{pl}}$$
$$\eta_{\mathrm{pl}} = \frac{78\ \mathrm{Pa} - 46\ \mathrm{Pa}}{90\ \mathrm{s^{-1}} - 20\ \mathrm{s^{-1}}} = \frac{32\ \mathrm{Pa}}{70\ \mathrm{s^{-1}}} = 0.45\underline{71}\cdots\ \mathrm{Pa\cdot s} = \boxed{0.46\ \mathrm{Pa\cdot s}}$$

$$\sigma_{\mathrm{y}} = \sigma - \eta_{\mathrm{pl}} \cdot \frac{\mathrm{d}\gamma}{\mathrm{d}t} = 46\ \mathrm{Pa} - \frac{32\ \mathrm{Pa}}{70\ \mathrm{s^{-1}}} \times 20\ \mathrm{s^{-1}} = 36.\underline{857}\cdots\ \mathrm{Pa} = \boxed{37\ \mathrm{Pa}}$$

このように，応力の単位は圧力と同じ Pa，粘度の単位は Pa·s が用いられる．

問題 14

図(a)〜(c)は粘度測定装置である．それぞれの測定装置の名称を答えなさい．また，それぞれの装置で測定できる流体を以下の選択肢から選びなさい．
① ニュートン流体のみ
② 非ニュートン流体のみ
③ ニュートン流体と非ニュートン流体の両方

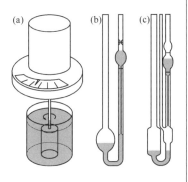

解答・解説

(a) 回転速度(ひずみ速度)を変化させながら，トルク(応力)を測定する装置で 回転粘度計 と呼ばれる(→レオグラム)．簡単に言えば，ティーカップの中に入った流体をかき混ぜる速度を変えながら，そのときの混ぜる力を測定しているのである．ニュートン流体，非ニュートン流体いずれの流体も測定できる (③) ．

(b) オストワルド型毛細管粘度計 である．刻線の間を通過する時間から粘度を測定する．ひずみ速度により粘度が変化する非ニュートン流体には適さず，ニュートン流体にのみ適用できる (①) ．液量によって液だめの液面の高さが変わり，毛細管内にかかる圧力が変わるため，常に一定の液量で測定する必要がある．

(c) ウベローデ型毛細管粘度計 ．オストワルド型を改良したもので，3本目の空気用の管があり，液量にかかわらず常に一定の圧力が毛細管内にかかる．これも毛細管粘度計の一種であるから，ニュートン流体にのみ適用できる (①) ．

問題 15

次のデータはマヨネーズを回転粘度計で測定した結果である。レオグラムを描きなさい。

測定順	1	2	3	4	5	6	7	8	9	10	11
速度 /s^{-1}	0.0	0.010	0.025	0.050	0.10	0.20	0.10	0.050	0.025	0.010	0.0
応力/Pa	0.0	4.01	5.23	6.60	8.02	9.05	7.25	5.70	4.25	3.10	0.0

解答・解説

応力により粘度の低下が生じるが、放置すると穏やかに粘度が回復する現象を**チキソトロピー**という。問題のように回転粘度計を用いてひずみ速度を徐々に増加させ、その後、ひずみ速度を減少させながら粘度測定を行うと、チキソトロピー性を有する流体は同じひずみ速度を与えた場合でも、上昇時と下降時の粘度が

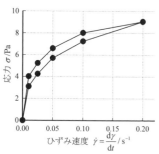

一致せず、図のような閉曲線が得られる。これを**ヒステリシスループ** hysteresis loop という。直訳すれば履歴の輪となるが、それまでに経てきたひずみ過程(履歴)に粘度が依存するのである。チキソトロピーはひずみによる構造破壊と応力が取り除かれたときの構造回復に時間を要するために起こる。

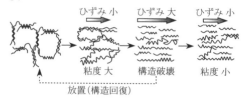

問題 16

次の文中の空欄に適当なものを入れなさい.
「粘弾性モデルにおいて，バネとダッシュポットを直列に結合したモデルは (a) と呼ばれ，並列に結合したモデルは (b) と呼ばれる. (a) は一定ひずみを与えたとき，応力が指数関数的に減少する (c) という現象を示す．また，(b) は一定応力を与えた場合に，ひずみが徐々に大きくなり，一定値に達する (d) という現象を示す.」

解答 (a) マクスウェルモデル　(b) フォークトモデル
(c) 応力緩和　(d) クリープ

解説

我々が日常使用している物質は，粘性と弾性の両方の特性を併せもつような場合が多く，このような性質を粘弾性という．粘弾性は，フックの法則に従うバネと，ニュートンの粘性法則に従うダッシュポットを組み合わせて表すことができ，両者を直列に結合した**マクスウェルモデル**と，両者を並列に結合した**フォークトモデル**がある．なお，クリープは「ゆっくりした動き」という意味があり，オートマチック車のクリープ現象と同じである．

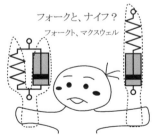

問題 17

毛細管粘度計を用いて，ある高分子溶液の粘度測定を行い，以下の値を得た．この高分子の固有粘度を求めなさい．

試料濃度 /g·mL^{-1}	流下時間 /s
0	120.0
0.0100	144.0
0.0200	174.0
0.0300	210.0

解答　17.5 mL·g^{-1}

解説

スポーツカーしか走っていない高速道路であれば渋滞は起きないだろうが，そこに速度の遅い大きなトラックが入ってきたらどうなるだろうか．渋滞が起こり，通行に時間がかかるようになるだろう．毛細管粘度計を用いた高分子溶液の粘度測定はこれに似ている．

η（高分子溶液の粘度）と η_s（溶媒の粘度）の比（η/η_s）を**相対粘度**と呼び，η_{rel} と表す．また，相対粘度から 1 を引いたものを**比粘度**といい，記号 η_{sp} と表す．比粘度は高分子による粘度の増加率を示す．高分子を毛細管粘度計で測定した場合，相対粘度，比粘度は高分子溶液の流下時間 t，溶媒の流下時間 t_s を用いて，次式で表される．

相対粘度　$\eta_{rel} = \dfrac{\eta}{\eta_s} \approx \dfrac{t}{t_s}$

比粘度　$\eta_{sp} = \eta_{rel} - 1 = \dfrac{\eta}{\eta_s} - 1 = \dfrac{\eta - \eta_s}{\eta_s} \approx \dfrac{t - t_s}{t_s}$

溶液の粘度は高分子の濃度に依存するので，比粘度を高分子の質量濃度

γ で割れば，高分子単位濃度当たりの粘度の増加率になる．これを**還元粘度** η_{red} という．

$$還元粘度 \quad \eta_{red} = \frac{\eta_{sp}}{\gamma}$$

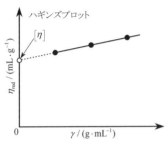

還元粘度には分子間の相互作用の効果が含まれているので，還元粘度を濃度に対してプロット（ハギンズプロットと呼ぶ）し，得られた直線の濃度を0に外挿する（測定したデータの範囲外に直線を延ばす）と，高分子1分子の性質を反映した値が得られる．これが**固有粘度**（または極限粘度）$[\eta]$ である．

$$[\eta] = \lim_{\gamma \to 0} \eta_{red} = \lim_{\gamma \to 0} \left(\frac{\eta_{sp}}{\gamma} \right)$$

ここで，$[\eta]$ は固有粘度という名称で呼ばれているが，本来の意味の粘度ではない．固有粘度は粘度の単位ではなく，質量濃度の逆数の単位（例えば $mL \cdot g^{-1}$）をもつことから，単位質量当たりの体積を示している．このため，固有粘度 $[\eta]$ から高分子の大きさと形に関する情報が得られる．

データから還元粘度を求めると次の表のようになる．

試料濃度 /(g·mL^{-1})	流下時間 /s	相対粘度	比粘度	還元粘度 /(mL·g^{-1})
0	120.0	−	−	−
0.0100	144.0	1.200	0.200	20.0
0.0200	174.0	1.450	0.450	22.5
0.0300	210.0	1.750	0.750	25.0

横軸に質量濃度を，縦軸に還元粘度をプロットし，得られた直線を濃度0まで外挿すると，切片から固有粘度 $\boxed{17.5\ mL \cdot g^{-1}}$ が得られる．

問題 18

問題 17 の高分子のマーク-ハウインク定数は $k = 0.013$, $\alpha = 0.54$ である.固有粘度から,この高分子の粘度平均モル質量を求めなさい.

解答 $6.2 \times 10^5 \, \mathrm{g \cdot mol^{-1}}$

解説

多くの高分子について,固有粘度 $[\eta]$ とモル質量 M との間に,
$$[\eta] = k \cdot M^\alpha$$
となる関係(マーク-ハウインクの式)が見いだされている.k と α は経験的定数である.他の方法で求めたモル質量の値を用いて,これらの定数を決めておけば,固有粘度から簡単にモル質量が求めることができる.この方法により得られるモル質量を粘度平均モル質量と呼ぶ.

$$M = \left(\frac{[\eta]}{k}\right)^{1/\alpha} = \left(\frac{17.5}{0.013}\right)^{1/0.54}$$
$$= 623189.0\cdots = \boxed{6.2 \times 10^5 \, \mathrm{g \cdot mol^{-1}}}$$

単位については,k と α の中に含まれていると考えてほしい.

Check Point

- ニュートン流動　　　σ(応力) $= \eta$ (粘度) $\cdot \dfrac{d\gamma}{dt}$(ひずみ速度)
- 非ニュートン流動(準粘性,塑性,擬塑性,ダイラタント)
  (擬)塑性→降伏値
- 回転粘度計　　　いずれの流体にも適用
- 毛細管粘度計　　ニュートン流体のみ適用
- 固有粘度　　高分子の大きさと形に関する情報が得られる.
- マーク-ハウインクの式　　$[\eta] = k \cdot M^\alpha$

問題 19

問題 17 の固有粘度と問題 18 の粘度平均モル質量から，高分子の流体力学的有効半径を求めなさい．

解答・解説

溶媒中に存在する高分子は溶媒を含んで広がっており，球状に広がっている場合，流体力学的有効半径 r_e をもつ軟らかい玉と考えることができる．アインシュタインの粘度式 $\eta = \eta_s \cdot \left(1 + \dfrac{5}{2}\phi_e\right)$ を使うと，比粘度は次のように表される．

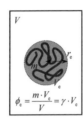

$$\eta_{sp} = \frac{\eta}{\eta_s} - 1 = \frac{5}{2}\phi_e = \frac{5}{2}\gamma \cdot V_e$$

ここで ϕ_e は体積分率，V_e は流体力学的有効比体積であり次式で表される．

$$V_e = \frac{\text{高分子 1 個が占める体積}}{\text{高分子 1 個の質量}} = \frac{4\pi \cdot r_e^3}{3} \times \frac{N_A}{M}$$

$$\therefore [\eta] = \lim_{\gamma \to 0}\left(\frac{\eta_{sp}}{\gamma}\right) = \frac{5}{2}V_e = \frac{10\pi \cdot N_A \cdot r_e^3}{3M}$$

$[\eta] = 17.5 \text{ mL} \cdot \text{g}^{-1} = 17.5 \times 10^{-3} \text{ L} \cdot \text{g}^{-1} = 17.5 \times 10^{-6} \text{ m}^3 \cdot \text{g}^{-1}$ であることを考慮して解くと，次のようになる．

$$\begin{aligned}
r_e &= \left(\frac{3M \cdot [\eta]}{10\pi \cdot N_A}\right)^{1/3} \\
&= \left(\frac{3 \times 6.2\underline{3}2 \times 10^5 \text{ g} \cdot \text{mol}^{-1} \times 17.5 \times 10^{-6} \text{ m}^3 \cdot \text{g}^{-1}}{10\pi \times 6.022 \times 10^{23} \text{ mol}^{-1}}\right)^{1/3} \\
&= 1.200\underline{3}\cdots \times 10^{-8} \text{ m} = \boxed{1.2 \times 10^{-8} \text{ m}} = \boxed{12 \text{ nm}}
\end{aligned}$$

第4章

物質の成り立ち

4-1 ミクロな世界の物理

pas à pas

問題 1

ヘモグロビンは,波長 500〜600 nm の緑−橙色光および 400〜450 nm の紫−青色光を強く吸収し,赤色を呈する.ヘモグロビンに吸収された 540 nm の緑色光の (a) 振動数(Hz)および (b) 波数(cm^{-1})を求めなさい.

解答 (a) 5.55×10^{14} Hz (b) 1.85×10^4 cm^{-1}

解説

我々が物を見るときに光(電磁波)が必要なように,ミクロな世界を調べるのにも**電磁波**が必要である.電磁波は電荷が振動することによって生じる,電場とそれに直交する磁場の振動が波として伝わっていくものである.まずは波に関する基本知識を習得しよう.

図 1(b) のように波の進行方向を横軸にとったとき,波の山と山(または谷と谷)の間の長さを**波長**といい,λ(ラムダ)で表し,波の高さを**振幅**という.また,一定の長さの中にある波の数を**波数** $\tilde{\nu}$(ニュー・ティルダ)と呼ぶ.SI 単位では m^{-1} であるが,分光学では cm^{-1}(カイザーと読む)という単位がよく用いられる.図 1(c) は時間を横軸にとったものであるが,この場合の山と山の間の時間(波が 1 回上下する時間)を**周期**という.周期の逆数,すなわち単位時間当たりに波が上下振動する回数を**振動数** ν(ニュー)といい,SI 単位では s^{-1} となるが,分光学では Hz

(ヘルツ)がよく用いられる.

波である電磁波(光)の速さは,波長と振動数を用いて次のように表すことができる.

$$c(\text{m·s}^{-1}) = \lambda(\text{m}) \cdot \nu(\text{s}^{-1})$$

ここで c は光速であり,真空中では 2.998×10^8 m·s^{-1} である.(a) 振動数および (b) 波数は次のように求まる.

$$\nu = \frac{c}{\lambda} = \frac{2.998 \times 10^8 \text{ m·s}^{-1}}{540 \times 10^{-9} \text{ m}}$$
$$= 5.5518\cdots \times 10^{14} \text{ s}^{-1}$$
$$= 5.55 \times 10^{14} \text{ s}^{-1}$$
$$= \boxed{5.55 \times 10^{14} \text{ Hz}}$$

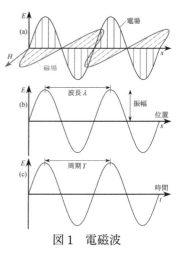

図1 電磁波

$$\tilde{\nu} = \frac{1}{\lambda} = \frac{1}{540 \times 10^{-9} \text{ m}}$$
$$= 1851851.85\cdots \text{ m}^{-1}$$
$$= 1.85 \times 10^6 \text{ m}^{-1} = \boxed{1.85 \times 10^4 \text{ cm}^{-1}}$$

これは次のように解いてもよい.

$$\tilde{\nu} = \frac{1}{\lambda} = \frac{1}{540 \times 10^{-7} \times 10^{-2} \text{ m}} = \frac{1}{540 \times 10^{-7} \text{ cm}} = 1.85 \times 10^4 \text{ cm}^{-1}$$

Check Point

▶ 光速 $c(\text{m·s}^{-1})$ = 波長 $\lambda(\text{m})$ × 振動数 $\nu(\text{s}^{-1})$

▶ 波数 $\tilde{\nu}(\text{m}^{-1}) = \dfrac{1}{\text{波長}\lambda(\text{m})}$

波の単位は m と s だけ.名称から単位を考えれば式を組み立てられる.

問題2

問題1の 540 nm の光（光量子1個）がもつエネルギーは何 eV かを求めなさい．

解答　2.30 eV

解説

プランクは，**黒体放射**のスペクトル分布を説明するために，光（電磁波）のエネルギーは連続的ではなく，とびとびの値しかとれないという仮説を立てた．また，アインシュタインは**光電効果**を説明するために，光を粒子状の物体と考え，**光量子**（または**光子**）と名付けた．振動数 ν の電磁波（光量子1個）のエネルギーは $h \cdot \nu$（ハー・ニューと読む）であり，h を**プランク定数**という．540 nm（問題1より振動数は 5.55×10^{14} Hz）の光の（光量子1個）エネルギー E は，

$$E = h \cdot \nu = 6.626 \times 10^{-34} \text{ J} \cdot \text{s} \times 5.55 \times 10^{14} \text{ s}^{-1}$$
$$= 3.67743 \times 10^{-19} \text{ J} = \boxed{3.68 \times 10^{-19} \text{ J}}$$

である．量子化学ではエネルギーの単位として電子ボルト eV を用いる．これは電子（電荷 1.602×10^{-19} C）を1Vの電位差の場に置いたときに電子のもつエネルギーに相当し，1 eV = 1.602×10^{-19} C·V = 1.602×10^{-19} J である．540 nm の光のエネルギーは，

$$E = 3.677 \times 10^{-19} \text{ J} \times \frac{1 \text{ eV}}{1.602 \times 10^{-19} \text{ J}} = 2.2952 \cdots \text{eV} = \boxed{2.30 \text{ eV}}$$

となる．

補足：$a = b$ にあるとき，$\frac{a}{b} = 1$, $\frac{b}{a} = 1$ であるから，これをある値に掛けてもその値は変わらない．これを使って単位変換（J → eV）するとよい．

問題 3

電子に 1.00 V の電位差を掛けて加速した．電子のもつ波の波長を次の手順で計算しなさい．

(a) 電位差 1.00 V によって電子が獲得するエネルギーは何 J かを求めなさい．
(b) 電子の運動量 p を運動エネルギー E_K と質量 m_e を使って表しなさい．
(c) (a) で計算したエネルギーが全て運動エネルギーに使われるとしてド・ブロイの式から波長を求めなさい．

解答 (a) 1.60×10^{-19} J (b) $p = \sqrt{2\, m_e \cdot E_K}$ (c) 1.23 nm

解説

黒体放射や光電効果の結果から，波と考えられていた光（電磁波）が離散的（とびとび）なエネルギー $h \cdot \nu$ の粒子のような性質（光量子）をもつことが知られるようになった．一方，古典物理学では粒子とされていた電子が干渉や回折といった波の性質を合わせもっていることが実験的に示された．このような性質を**波動－粒子の二重性**という．1924 年ド・ブロイは，直線運動量 p で運動している粒子はどんなものでも，

$$\lambda (\mathrm{m}) = \frac{h(\mathrm{J} \cdot \mathrm{s})}{p(\mathrm{kg} \cdot \mathrm{m} \cdot \mathrm{s}^{-1})} = \frac{h(\mathrm{J} \cdot \mathrm{s})}{m(\mathrm{kg}) \cdot v(\mathrm{m} \cdot \mathrm{s}^{-1})}$$

を満たす波長 λ の波としての性質をもつはずであると提案した．この式を**ド・ブロイの式**といい，この波を**物質波**と呼ぶ．眼に見えるようなマクロな（大きな）粒子では，運動量が大きく波長は極めて短く（問題 4 参照），粒子の大きさに比べて問題にならない．しかし，電子や中性子，原子などミクロな（小さな）粒子では波としての性質（波動性）をもっていることが重要な意味をもつ．

(a) 1.602×10^{-19} C の電荷(電気素量)をもつ電子を 1.00 V の電位差の中に置くと,次のようなエネルギーを獲得する.

$$1.602 \times 10^{-19} \text{ C} \times 1.00 \text{ V} = 1.602 \times 10^{-19} \text{ C·V} = \boxed{1.60 \times 10^{-19} \text{ J}}$$

(b) 電子の質量を m_e,速さを v としたとき,直線運動量は $p = m_e \cdot v$,運動エネルギーは $E_K = \dfrac{1}{2} m_e \cdot v^2$ である.したがって,

$$p^2 = m_e^2 \cdot v^2 = 2\, m_e \times \dfrac{1}{2} m_e \cdot v^2 = 2\, m_e \cdot E_K$$

であり,運動量の大きさは,次のように表せる.

$$\boxed{p = \sqrt{2\, m_e \cdot E_K}}$$

(c) (a) で求めたエネルギーが運動エネルギーとして使われるならば,

$$p = \left(2 \times 9.109 \times 10^{-31} \text{ kg} \times 1.60\underline{2} \times 10^{-19} \text{ kg·m}^2 \cdot \text{s}^{-2}\right)^{1/2}$$
$$= 5.40\underline{23}\cdots \times 10^{-25} \text{ kg·m·s}^{-1} = 5.40 \times 10^{-25} \text{ kg·m}^2 \cdot \text{s}^{-2} \cdot (\text{m}^{-1} \cdot \text{s})$$
$$= 5.40 \times 10^{-25} \text{ J·m}^{-1} \cdot \text{s}$$

である.これをド・ブロイの式に代入すると波長 λ は,

$$\lambda = \dfrac{h}{p} = \dfrac{6.626 \times 10^{-34} \text{ J·s}}{5.40\underline{2} \times 10^{-25} \text{ J·m}^{-1} \cdot \text{s}} = 1.22\underline{65}\cdots \times 10^{-9} \text{ m}$$
$$= 1.23 \times 10^{-9} \text{ m} = \boxed{1.23 \text{ nm}}$$

となる.原子の直径が約 0.1 nm であることを考えれば,電子がこの波長の波動性を示すことは物理的に重要な意味をもっている.

問題 4

ピッチャーが時速 150 km で 145 g のボールを投げた.このボールの波長を求めなさい.

解説・解説

$$\lambda = \frac{h}{p} = \frac{h}{m \cdot v} = \frac{6.626 \times 10^{-34} \text{ J} \cdot \text{s}}{0.145 \text{ kg} \times \dfrac{150 \times 10^3 \text{ m}}{3600 \text{ s}}}$$

$$= 1.0967 \cdots \times 10^{-34} \text{ m} = \boxed{1.10 \times 10^{-34} \text{ m}}$$

野球のボールの直径は約 7 cm であり,この大きさのボールが 1.10×10^{-34} m の波長の波動性をもっても物理的な意味はほとんどない.

Check Point

- ▶ 振動数 ν の電磁波がもつエネルギー:$E = h \cdot \nu$
- ▶ ド・ブロイの式:$\lambda = \dfrac{h}{p} = \dfrac{h}{m \cdot v}$
- ▶ 波動-粒子の二重性:運動している粒子は波としての性質をもつ.

問題5

ミクロな世界では，運動している粒子は波としての性質をもつ．波動方程式を用いて，ミクロな粒子の運動状態を表した式を何というか答えなさい．

解答　シュレーディンガー方程式

解説

通常の波では，ある位置における波の高さ（振幅）が決まるが，ド・ブロイの式には振幅に相当するものがない．シュレーディンガーは，ミクロな世界にも振幅があり，通常の波と同じように**波動方程式**に従うはずだと考えて，**シュレーディンガー方程式**を提出した．

x 軸上を運動する質量 m の粒子に関するシュレーディンガー方程式は，

$$-\frac{\hbar^2}{2m} \cdot \frac{d^2 \psi}{dx^2} + V(x) \cdot \psi = E \cdot \psi \qquad \left(\hbar = \frac{h}{2\pi} \right)$$

である．ここで，$\hbar$（エイチ・バー）はプランク定数を 2π で割ったもの，$V(x)$ はポテンシャルエネルギー，E は全エネルギーである．ψ（プサイ）は**波動関数**と呼ばれる．シュレーディンガー方程式は，左辺の第1項が運動エネルギーに対応し，第2項がポテンシャルエネルギー（位置エネルギー）に対応し，その和が全エネルギーになることを示している．

$$\underbrace{-\frac{\hbar^2}{2m} \cdot \frac{d^2 \psi}{dx^2}}_{\text{運動エネルギー}} + \underbrace{V(x) \cdot \psi}_{\text{ポテンシャルエネルギー}} = \underbrace{E \cdot \psi}_{\text{全エネルギー}}$$

これを解くと，波動関数 ψ（関数なので，一次関数 $y = a \cdot x + b$ のような数式が導かれる）とエネルギーが求まる．上式は時間 t が入っていないため，時間に依存しない（定常状態の）シュレーディンガー方程式と呼ばれる．

問題6

波動関数 ψ の本質は何か答えなさい.

解答 ψ を2乗したもの (ψ^2) が粒子の存在確率を示す.

解説

シュレーディンガー方程式を解くと,波動関数 ψ が求まるが,それが何を意味するのか,提出したシュレーディンガー自身にも分からなかった.これをいち早く見抜いたのがボルンである.光電効果の実験では,飛び出す光電子の数は光の強度,すなわち,振幅の2乗に比例する.この考え方を利用し,ボルンは「ψ^2 は粒子が存在する**確率**に比例する」と考えた.これを**ボルンの解釈**という.粒子はどこかに必ず1個存在しているので,粒子が存在しうる全領域にわたって,ψ^2 を積分すると1にならなければならない.

$$\int \psi^2 \cdot dx = 1$$

これを**規格化条件**という.このため,ψ^2 は**確率密度**とも呼ばれる.

確率という考えから,波動関数には,一価性(ある場所の粒子存在確率の値が2つあるということはない),有限性(波動関数の値が無限大になることはない),連続性(ある場所で波動関数の値が突如変わることはない)という条件も課されることになる.

Check Point

- ▶ シュレーディンガー方程式:ミクロな世界における粒子の運動状態を記述した式.これを解くと波動関数 ψ とエネルギーが求まる.
- ▶ ボルンの解釈:粒子が存在する確率は ψ^2(確率密度)に比例する.

問題 7

x 軸上を運動する質量 m の粒子に関するシュレーディンガー方程式

$$-\frac{\hbar^2}{2m} \cdot \frac{d^2\psi}{dx^2} + V(x) \cdot \psi = E \cdot \psi \tag{1}$$

の解が次式であることを証明しなさい.

$$\psi = A \cdot \sin\left(\frac{2\pi}{\lambda} \cdot x\right) + B \cdot \cos\left(\frac{2\pi}{\lambda} \cdot x\right) \tag{2}$$

解答 (2)式を x について2階微分すると,

$$\frac{d\psi}{dx} = \frac{2\pi}{\lambda} \cdot A \cdot \cos\left(\frac{2\pi}{\lambda} \cdot x\right) - \frac{2\pi}{\lambda} \cdot B \cdot \sin\left(\frac{2\pi}{\lambda} \cdot x\right)$$

$$\frac{d^2\psi}{dx^2} = -\left(\frac{2\pi}{\lambda}\right)^2 \cdot A \cdot \sin\left(\frac{2\pi}{\lambda} \cdot x\right) - \left(\frac{2\pi}{\lambda}\right)^2 \cdot B \cdot \cos\left(\frac{2\pi}{\lambda} \cdot x\right)$$

$$= -\left(\frac{2\pi}{\lambda}\right)^2 \cdot \psi$$

となる. これをシュレーディンガー方程式に代入すると,

$$\frac{\hbar^2}{2m} \cdot \left(\frac{2\pi}{\lambda}\right)^2 \cdot \psi + V(x) \cdot \psi = E \cdot \psi$$

となり,

$$E = \frac{\hbar^2}{2m} \cdot \left(\frac{2\pi}{\lambda}\right)^2 + V(x)$$

が得られる. 全エネルギー E はポテンシャルエネルギー $V(x)$ と運動エネルギー E_K の和であるが, 運動エネルギーは問題3でやったように,

$$E_K = \frac{p^2}{2m} = \frac{1}{2m} \cdot \left(\frac{h}{\lambda}\right)^2 = \frac{1}{2m} \cdot \left(\frac{h}{2\pi} \cdot \frac{2\pi}{\lambda}\right)^2$$
$$= \frac{\hbar^2}{2m} \cdot \left(\frac{2\pi}{\lambda}\right)^2$$

であるから,

$E = E_K + V(x)$

となり,全エネルギーを正しく表している.したがって,(2)式がシュレーディンガー方程式(1)を満足していることが確認できる.

問題8

問題7のシュレーディンガー方程式の一般解

$$\psi = A \cdot \sin\left(\frac{2\pi}{\lambda} \cdot x\right) + B \cdot \cos\left(\frac{2\pi}{\lambda} \cdot x\right)$$

を用いて，図のように $x = 0$ および $x = L$ には無限に高いポテンシャルエネルギーの壁があり，$0 < x < L$ ではポテンシャルエネルギーが0で自由に直線運動する場合の波動関数 ψ を求めなさい．

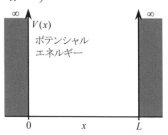

解答

$$\psi = A \cdot \sin\left(\frac{n \cdot \pi}{L} \cdot x\right)$$

解説

図1は $0 < x < L$ では自由に動けるが，これ以外の範囲では動けない粒子のモデルを示しており，粒子は0と L の間を行ったり来たりする．このような一次元のポテンシャルの箱の中で運動する粒子では，$x = 0$ および $x = L$ において

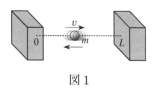

図1

$\psi = 0$ という条件（**境界条件**）を満足しなければならない．もし，この場所で ψ が0以外のある値をもつとすると，ボルンの解釈から，そこに粒子が存在することになる．

$x = 0$ で $\psi = 0$ であるためには，$\cos 0 = 1$ より $B = 0$ でなければな

らない．また，$x = L$においては，$\psi = A \cdot \sin\left(\dfrac{2\pi}{\lambda} \cdot L\right) = 0$ という条件を満足する波長 λ の波でなければならない．したがって，

$$\lambda = \frac{2L}{n} \qquad n = 1, 2, 3, \cdots$$

であり，波動関数は，

$$\boxed{\psi = A \cdot \sin\left(\frac{n \cdot \pi}{L} \cdot x\right)}$$

となる．A は規格化定数と呼ばれ，問題6で見たように，粒子が存在する領域にわたって積分したときに1になるように決める（次問で取り扱う）．この波動関数を図示したものが下図であり，両端が固定された弦が振動するときのような波となる．

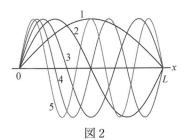

図2

このように，境界条件があることによって，粒子のもつ波の波長 λ に制限が加わる．ド・ブロイの式 $\lambda = \dfrac{h}{p} = \dfrac{h}{m \cdot v}$ より，

$$v = \frac{h}{m \cdot \lambda} = \frac{n \cdot h}{2m \cdot L} \qquad n = 1, 2, 3, \cdots$$

となるから，図1の粒子はいろいろな速さで行ったり来たりしているわけではなく，あるとびとびの決まった速さで動いていることになる．

問題9

問題8で見たように，$0 < x < L$ では $V = 0$ で自由に直線運動する場合の波動関数 ψ_n は，

$$\psi_n = A \cdot \sin\left(\frac{n \cdot \pi}{L} \cdot x\right)$$

$n = 1, 2, 3, \cdots$

と表される．
(a) エネルギー E_n はどのように表されるかを示しなさい．
(b) 規格化定数 A はどのように表されるかを示しなさい．

解答 (a) $E_n = \dfrac{n^2 \cdot h^2}{8 m \cdot L^2}$　$n = 1, 2, 3, \cdots$　(b) $A = \sqrt{\dfrac{2}{L}}$

解説

波動関数 ψ_n を2階微分してシュレーディンガー方程式に代入すると，対応するエネルギー E_n を表す式が導ける．

1階微分 $\dfrac{\mathrm{d}\psi_n}{\mathrm{d}x} = \dfrac{n \cdot \pi}{L} \cdot A \cdot \cos\left(\dfrac{n \cdot \pi}{L} \cdot x\right)$

2階微分 $\dfrac{\mathrm{d}^2\psi_n}{\mathrm{d}x^2} = -\left(\dfrac{n \cdot \pi}{L}\right)^2 \cdot A \cdot \sin\left(\dfrac{n \cdot \pi}{L} \cdot x\right) = -\left(\dfrac{n \cdot \pi}{L}\right)^2 \cdot \psi_n$

$$-\frac{\hbar^2}{2m} \cdot \frac{\mathrm{d}^2\psi_n}{\mathrm{d}x^2} + V(x) \cdot \psi = -\frac{\hbar^2}{2m} \cdot \left\{ -\left(\frac{n \cdot \pi}{L}\right)^2 \cdot \psi_n \right\} + 0 \times \psi_n$$

$$= \frac{\hbar^2}{2m} \cdot \left(\frac{n \cdot \pi}{L}\right)^2 \cdot \psi_n = E_n \cdot \psi_n$$

したがって，$E_n = \dfrac{\hbar^2}{2m} \cdot \left(\dfrac{n \cdot \pi}{L}\right)^2 = \boxed{\dfrac{n^2 \cdot h^2}{8 m \cdot L^2}}$　$n = 1, 2, 3, \cdots$ である．

エネルギーは n^2 に比例し，**とびとびの(離散的な)値**をとる．また，L が分母にあるので，粒子が運動できる領域が広いほど(L が大きいほ

ど),エネルギーが低下することも分かる.

今の場合,ポテンシャルエネルギーが0なので,問題8の解説で示した速さ v から運動エネルギー E_K を使っても導ける.

$$E_n = E_K = \frac{1}{2} m \cdot v^2 = \frac{1}{2} m \cdot \left(\frac{n \cdot h}{2 m \cdot L} \right)^2 = \frac{n^2 \cdot h^2}{8 m \cdot L^2}$$

次に規格化定数 A を決めよう.ボルンの解釈から,

$$\int_0^L \psi^2 \cdot dx = \int_0^L A^2 \cdot \sin^2\left(\frac{n \cdot \pi}{L} \cdot x \right) \cdot dx = 1$$

が成り立つ.$\cos 2\alpha = 1 - 2\sin^2 \alpha$ という公式を用いると,

$$\int_0^L A^2 \cdot \sin^2\left(\frac{n \cdot \pi}{L} \cdot x \right) \cdot dx = \int_0^L A^2 \cdot \frac{1}{2} \cdot \left\{ 1 - \cos\left(\frac{2 n \cdot \pi}{L} \cdot x \right) \right\} \cdot dx$$

$$= \frac{A^2}{2} \cdot \left[x - \frac{L}{2 n \cdot \pi} \cdot \sin\left(\frac{2 n \cdot \pi}{L} \cdot x \right) \right]_0^L = \frac{A^2 \cdot L}{2} = 1$$

となり,規格化定数は,$\boxed{A = \sqrt{\frac{2}{L}}}$ と求まる.したがって,波動関数は,

$$\psi_n = \sqrt{\frac{2}{L}} \cdot \sin\left(\frac{n \cdot \pi}{L} \cdot x \right) \quad n = 1, 2, 3, \cdots$$

と表せる.

Check Point

▶ エネルギーは n^2 に比例し,とびとびの値をとる.

$$E_n = \frac{n^2 \cdot h^2}{8 m \cdot L^2} \quad n = 1, 2, 3, \cdots$$

▶ 一次元の波動関数

$$\psi_n = \sqrt{\frac{2}{L}} \cdot \sin\left(\frac{n \cdot \pi}{L} \cdot x \right) \quad n = 1, 2, 3, \cdots$$

問題 10

電子の位置を直線上で水素の直径 1.06 Å 内にあるように決めようとする,すなわち $\Delta x \approx 1.06 \times 10^{-10}$ m とすると,
(a) 運動量の不確かさ $\Delta p (\mathrm{kg \cdot m \cdot s^{-1}})$
(b) 速さの不確かさ $\Delta v (\mathrm{m \cdot s^{-1}})$
をハイゼンベルクの不確定性原理を使って計算しなさい.

解答
(a) 4.97×10^{-25} kg·m·s^{-1} (b) 5.46×10^{5} m·s^{-1}

解説

運動量 p で運動している粒子はどんなものでも,ド・ブロイの式を満たす波長 λ の波としての性質をもつ.ところで,図1のように粒子が x 軸上のある非常に狭い範囲 Δx 内に確実に存在すると仮定する.このような決まった位置にある粒子の波動関数は鋭くとがった関数で,その場所以外では振幅が0でなければならない.波がこの条件を満足するためには,図2のように波長 λ の異なる波を無限に重ね合わせること(波束)によって表現できるのだが,ド・ブロイの式 $\lambda = \dfrac{h}{p}$ によれば,粒子が異なった波長 λ を無限にもつということは,運動量 p も異なったものが無限にあることを意味する.つまり,場所を決めてしまうと,運動量を決めることができなくなる.

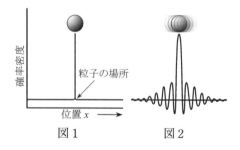

図1   図2

この位置と運動量の不確定性の定量的な関係は，

$$\Delta p \cdot \Delta x \geq \frac{1}{2}\hbar$$

と表される．これを**ハイゼンベルクの不確定性原理**という．

(a) 電子の位置の不確定性が，$\Delta x \approx 1.06 \times 10^{-10}$ m であるとき，運動量の不確定性 Δp は，

$$\Delta p \geq \frac{1}{2} \times \frac{h}{2\pi} \times \frac{1}{\Delta x} = \frac{1}{2} \times \frac{6.626 \times 10^{-34} \text{ J·s}}{2\pi} \times \frac{1}{1.06 \times 10^{-10} \text{ m}}$$

$$= 4.97\underline{43}\cdots \times 10^{-25} \text{ kg·m·s}^{-1}$$

$$\Delta p \geq \boxed{4.97 \times 10^{-25} \text{ kg·m·s}^{-1}}$$

(b) 速さの不確定性は，$\Delta p = m_e \cdot \Delta v$ より，

$$\Delta v = \frac{\Delta p}{m_e} \geq \frac{4.97\underline{4} \times 10^{-25} \text{ kg·m·s}^{-1}}{9.109 \times 10^{-31} \text{ kg}} = 546\underline{053.3}\cdots \text{ m·s}^{-1}$$

$$\Delta v \geq \boxed{5.46 \times 10^5 \text{ m·s}^{-1}}$$

である．この速さの不確かさ，つまり，1秒間当たりの移動距離は，原子の直径と比べると，はるかに大きいことが分かる．

Check Point

▶ ハイゼンベルクの不確定性原理：小さな粒子では位置と運動量を同時に決めることができない．$\Delta p \cdot \Delta x \geq \frac{1}{2}\hbar$

4-2 原子構造と電子状態

pas à pas

問題 1

ボーアは,水素原子について正の電荷 $+e$(e は電気素量)をもつ原子核の周りを $-e$ の電荷をもつ電子がクーロン力を受けて周回運動するという古典的モデルを考えた.また,水素の線スペクトルを説明するため,電子の円運動に伴う角運動量 $m_e \cdot r \cdot v$(m_e は電子の質量,r は半径,v は速さ)は $\dfrac{h}{2\pi}$ の正の整数倍 ($\dfrac{n \cdot h}{2\pi}$ $n=1,2,3,\cdots$)であると仮定した.

(a) 半径 r を表す式を導きなさい.
(b) $n=1$ のときの半径 r_0(**ボーア半径**)を計算しなさい.

解答 (a) 遠心力とクーロン引力が等しいとおけば,

$$\frac{m_e \cdot v^2}{r} = \frac{e^2}{4\pi \cdot \varepsilon_0 \cdot r^2} \tag{1}$$

また,角運動量は仮定により,$m_e \cdot r \cdot v = \dfrac{n \cdot h}{2\pi}$ (2)

(1), (2)式より v を消去すれば,

$$\frac{m_e \cdot \left(\dfrac{n \cdot h}{2\pi \cdot m_e \cdot r}\right)^2}{r} = \frac{n^2 \cdot h^2}{4\pi^2 \cdot m_e \cdot r^3} = \frac{e^2}{4\pi \cdot \varepsilon_0 \cdot r^2} \tag{3}$$

$$r = \boxed{\frac{\varepsilon_0 \cdot h^2}{\pi \cdot m_e \cdot e^2} \cdot n^2}$$

(b) (3)式において $n=1$ とし,各定数値を代入すれば,

$$r_0 = \frac{\varepsilon_0 \cdot h^2}{\pi \cdot m_e \cdot e^2}$$

$$= \frac{8.854 \times 10^{-12} \text{ J}^{-1} \cdot \text{C}^2 \cdot \text{m}^{-1} \times \left(6.626 \times 10^{-34} \text{ J} \cdot \text{s}\right)^2}{\pi \times 9.109 \times 10^{-31} \text{ kg} \times \left(1.602 \times 10^{-19} \text{ C}\right)^2}$$

$$= 5.2929\cdots \times 10^{-11} \text{ m} = \boxed{0.05293 \text{ nm}}$$

解説

(1) 式を使うと,運動エネルギーは,

$$E_K = \frac{1}{2} m_e \cdot v^2 = \frac{e^2}{8\pi \cdot \varepsilon_0 \cdot r}$$

となる.ここで,ε_0 は真空中の誘電率である.また,ポテンシャルエネルギーはクーロンポテンシャルエネルギーに等しく,

$$E_P = -\frac{e^2}{4\pi \cdot \varepsilon_0 \cdot r}$$

であり,全エネルギーは,

$$E_n = E_K + E_P = \frac{e^2}{8\pi \cdot \varepsilon_0 \cdot r} + \left(-\frac{e^2}{4\pi \cdot \varepsilon_0 \cdot r}\right) = -\frac{e^2}{8\pi \cdot \varepsilon_0 \cdot r}$$

となる.上の式には負号が付いているので,r が 0 に近づくと,E_n がマイナスの無限大となる.つまり,電子が原子核に近づけば近づくほどエネルギーが低下してより安定になるので,最終的に電子は原子核に結合するという結論になる.そこで,ボーアは,角運動量が量子化されている(とびとびの値しかとれない)というモデルを提案した.

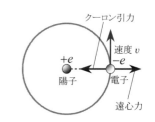

問題2

ボーアのモデルを使って,水素原子における電子のエネルギーを表しなさい.

解答 $E_n = -\left(\dfrac{m_e \cdot e^4}{8\,\varepsilon_0^2 \cdot h^2}\right) \cdot \dfrac{1}{n^2}$ $\quad n = 1, 2, 3, \cdots$

解説

前問の解説より,運動エネルギーとポテンシャルエネルギーの合計は,

$$E_n = E_K + E_P = -\dfrac{e^2}{8\,\pi \cdot \varepsilon_0 \cdot r}$$

である.これに前問で求めた半径 r を代入すると,

$$E_n = E_K + E_P = -\dfrac{e^2}{8\,\pi \cdot \varepsilon_0 \times \dfrac{\varepsilon_0 \cdot h^2 \cdot n^2}{\pi \cdot m_e \cdot e^2}} = -\left(\dfrac{m_e \cdot e^4}{8\,\varepsilon_0^2 \cdot h^2}\right) \cdot \dfrac{1}{n^2}$$

となる.n が大きくなるにしたがってエネルギー準位の間隔は狭くなる.これは n が大きくなるにつれて電子のエネルギーが大きくなり,核から遠ざかることができ,運動が自由になるためである.負号は,電子が核から無限遠にあるときのエネルギーを0としていることによる.

問題 3

水素の線スペクトルの研究から,観測される光の波数は次式でまとめられることがリュードベリにより示された.

$$\tilde{\nu} = R_H \cdot \left(\frac{1}{n_1^2} - \frac{1}{n_2^2} \right) \quad n_1 = 1,\ 2,\ \cdots;\ n_2 = n_1 + 1,\ n_1 + 2,\ \cdots$$

ここで,R_H をリュードベリ定数という.前問の水素原子における電子のエネルギー E_n を使って,リュードベリ定数 R_H は何 cm^{-1} になるかを求めなさい.

解答 $1.097 \times 10^5\,cm^{-1}$

解説

電子が高いエネルギー準位 (n_2) から低い準位 (n_1) へ飛び移る(**遷移**という)とき,そのエネルギー差に等しいエネルギーの電磁波が放射される($\Delta E = h \cdot \nu$ **ボーアの振動数条件**).

$$\Delta E = E_{n_2} - E_{n_1} = \frac{m_e \cdot e^4}{8\,\varepsilon_0^2 \cdot h^2} \cdot \left(\frac{1}{n_1^2} - \frac{1}{n_2^2} \right) = h \cdot \nu = h \cdot c \cdot \tilde{\nu}$$

したがって,

$$\tilde{\nu} = \frac{m_e \cdot e^4}{8\,\varepsilon_0^2 \cdot h^3 \cdot c} \cdot \left(\frac{1}{n_1^2} - \frac{1}{n_2^2} \right)$$

となり,問題のリュードベリの式と比較すると,

$$R_{\mathrm{H}} = \frac{m_{\mathrm{e}} \cdot e^4}{8\,\varepsilon_0^2 \cdot h^3 \cdot c}$$

$$= \frac{9.109 \times 10^{-31}\text{ kg} \times (1.602 \times 10^{-19}\text{ C})^4}{8 \times (8.854 \times 10^{-12}\text{ J}^{-1}\cdot\text{C}^2\cdot\text{m}^{-1})^2 \times (6.626 \times 10^{-34}\text{ J}\cdot\text{s})^3 \times 2.998 \times 10^8\text{ m}\cdot\text{s}^{-1}}$$

$$= 1.09689\cdots \times 10^7\text{ m}^{-1} = \boxed{1.097 \times 10^5\text{ cm}^{-1}}$$

となる．実測値は，109677 cm^{-1} であり，極めてよい一致が見られ，量子力学による解釈の正しさを示している．

水素の線スペクトルにおけるライマン系列は電子のエネルギー準位が $n \geq 2$ から $n = 1$ へ落ちるとき，バルマー系列は $n \geq 3$ から $n = 2$ へ落ちるとき，パッシェン系列は $n \geq 4$ から $n = 3$ へ落ちるときの輝線である．エネルギーの最も低い，$n = 1$ の状態は基底状態と呼ばれ，$n \geq 2$ の状態は励起状態と呼ばれる．

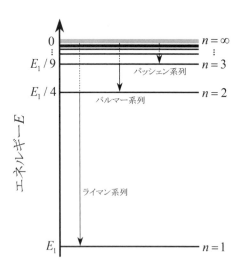

問題 4

次の文中の空欄に適当なものを入れなさい．

水素型原子(電子が1個しか存在しない原子またはイオン)に関するシュレーディンガー方程式を解くと，その境界条件に対応して3種類の量子数が現れる．1つはエネルギーを決める (a) で，記号 n で表す．もう1つは，電子が核の周りを回転することに対する角運動量を表す (b) で，記号 l を用いる．最後が角運動量成分を表す (c) で，記号 m_l を用いる．水素型原子のエネルギー準位は， (a) のみで決まり，n が同じであれば l や m_l が違っても同じエネルギーとなる．これを (d) という．3種類の量子数に許される値は互いに関係があり， (a) が n のエネルギー状態には (e) 個の軌道(波動関数)が (d) している．

解答 (a) 主量子数 (b) 方位量子数(軌道角運動量量子数)
(c) 磁気量子数 (d) 縮重(縮退) (e) n^2

解説

$+Z \cdot e$ の正電荷をもつ原子核と $-e$ の負電荷をもつ電子1個からなる水素型原子の時間に依存しないシュレーディンガー方程式は，

$$-\frac{\hbar^2}{2m} \cdot \left(\frac{\partial^2 \psi}{\partial x^2} + \frac{\partial^2 \psi}{\partial y^2} + \frac{\partial^2 \psi}{\partial z^2} \right) - \frac{Z \cdot e^2}{4\pi \cdot \varepsilon_0 \cdot r} \cdot \psi = E \cdot \psi$$

と書き表せる．左辺の第2項は核と電子の間に働くクーロンポテンシャルである．ここでは電子の質量と原子核の質量は比較にならないほど異なることから電子と核の運動は別個に扱えると仮定している(**ボルン・オッペンハイマー近似**)．この方程式を解くためには3つの境界条件を

満たさなければならない.

1) 波動関数は空間のいずれの場所でも有限(無限大にならない)でなければならない.
2) 赤道周り(東西方向)を1周したとき,元の値に戻らなければならない.
3) 南北方向を1周したとき,元の値に戻らなければならない.

これらの条件に対応して波動関数(**原子軌道**)は,3種類の量子数によって規定される.すなわち,電子の広がりとエネルギーを決める**主量子数** n,軌道の形状と軌道の方向,電子の回転運動に伴う角運動量を決める**方位量子数**(または**軌道角運動量量子数**)l,および角運動量成分を規定する**磁気量子数** m_l(磁場の中で対応するエネルギーが分裂する(縮重(縮退)が解ける)のでこの名がある)の3種類である.

これら3種類の量子数の許される値は互いに関係し,次のように l は n に,m_l は l により決まる整数値しか取りえない.

$n = 1, 2, 3, \cdots$
$l = 0, 1, 2, \cdots, n-1$
$m_l = -l, -(l-1), \cdots, -1, 0, 1, \cdots, (l-1), l$

例えば $n = 2$ の場合,l の取りうる値は0もしくは1であり,$l = 0$ のときは $m_l = 0$,$l = 1$ のときは $m_l = -1, 0, +1$ となり,計4個の波動関数(軌道)を生ずる.これら4つの軌道は n が同じなので,全て同じエネルギーをもっている.このように異なる軌道が同じエネルギーをもつことを,**縮重(縮退)**していると表現する.

一般に主量子数が n の場合,n^2 個の軌道ができる.

問題5

次の表の空欄を埋めなさい.

n	殻の名称	l	副殻の名称	m_l(全ての値)
1	(a)	(b)	1s軌道	(c)
2	(d)	(e)	2s軌道	(f)
		(g)	2p軌道	(h)
3	(i)	(j)	3s軌道	(k)
		(l)	3p軌道	(m)
		(n)	3d軌道	(o)

解答 (a) K殻　(b) 0　(c) 0
(d) L殻　(e) 0　(f) 0　(g) 1　(h) $-1, 0, 1$
(i) M殻　(j) 0　(k) 0　(l) 1　(m) $-1, 0, 1$
(n) 2　(o) $-2, -1, 0, 1, 2$

解説

三次元のシュレーディンガー方程式を解くと, 次図のような波動関数が求まる(どのように解くかは専門書を参照してほしい). 紙面で表現するために, 輪切りにして, その場所の振幅を等高線で表している. 破線は値が負であることを示しており, 等高線上の数値は波動関数の値を 10^{15} で除したものである.

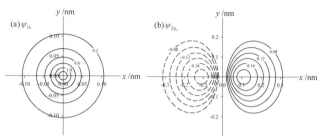

　同じ主量子数 n の値をもつ軌道をまとめて**殻**という．n の値によってそれぞれ次のような記号が付けられており，K殻，L殻，M殻，…と呼ぶ（Kからのアルファベット順）．

n	1	2	3	4	5	6
殻の記号	K	L	M	N	O	P

また，主量子数 n が同じで方位量子数（軌道角運動量量子数）l が異なるものを**副殻**という．$l = 0, 1, 2, 3, \cdots$ に対応してs軌道(sharp)，p軌道(principal)，d軌道(diffuse)，f軌道(fundamental)と呼ぶ（英語の語呂"silly professors dance funny.（変な教授たちが愉快なダンスを踊る）" f以降はアルファベット順）．

l	0	1	2	3	4	5
軌道の記号	s	p	d	f	g	h

上の図は (a) 1s軌道と (b) $2p_x$ 軌道を等高線で示したものである．1s軌道は中心に行くほど振幅が大きく，外側に行くほど振幅が0に近づくような波で，三次元では球形になる．$2p_x$ 軌道は貝殻のように見えるが，三次元で考える場合には，これを x 軸周りに回転させればよいので，右側に正の波，左に負の波をもつ団子のような形になる．

Check Point

▶ 主量子数 $n = 1, 2, 3, \cdots$
   軌道(楕円)の大きさ(エネルギー)を決める
   方位量子数(軌道角運動量量子数) $l = 0, 1, \cdots, n-1$
   軌道(楕円)の形を決める
   磁気量子数 $m_l = -l, -(l-1), \cdots, l-1, l$
   軌道(楕円)の傾きを決める
▶ 主量子数 n が同じ軌道は同じ原子殻に属し,$n = 1, 2, 3, \cdots$ に対応してK殻,L殻,M殻,…と呼ぶ.
▶ n が同じで l が異なる軌道は,その殻の異なる副殻に属する.
   $l = 0, 1, 2, 3, \cdots$ に対応してs軌道,p軌道,d軌道,f軌道…と呼ぶ.
▶ 水素型原子では,軌道のエネルギーは主量子数 n のみで決まる.

問題6

次の軌道の概略を軸の区別を付けて図示しなさい．
1s, 2s, $2p_x$, $2p_z$, $3p_z$, $3d_{yz}$, $3d_{z^2}$

解答 下の図では濃淡によって軌道関数の符号（正，負）を表している．

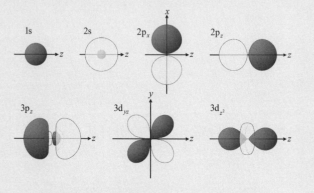

解説

1s 軌道は前問で解説したように球形である．2s 軌道も球形なのだが，中心に正の波があり，その周りに負の波がある．中心（原子核）からある距離で波の振幅が 0 になるところがあり，そこには電子が存在しない．これを**節面**という．問題にはしていないが，3s 軌道になると，中心から正 – 負 – 正の球形の波が広がり，節面が 2 つある．

$2p_x$ 軌道は前問で見たように，x 軸に刺さった団子である．一方が正でもう一方が負の波になる．$2p_z$ 軌道は z 軸に刺さった団子になる．これも問題にはしていないが，$2p_y$ 軌道なら y 軸に刺さった団子になる．

3p軌道や3d軌道は非常に複雑な形をしている．3p軌道では中心に小さな肉まんのような形をした正・負の波がある．その周りに，この小さな肉まんを取り囲むように負・正の肉まん状の波が広がる．この外側の肉まんは，中心の小さな肉まんを収めるために底の部分が凹んでいる．この形をした軌道がx軸，y軸，z軸方向に3つあり，$3p_z$軌道を問題として取り上げた．

3d軌道は5つあるが，$3d_{yz}$軌道はy軸とz軸の間に卵のような形をした正・負の波が収まった形になっている．これと同じように，x軸とy軸の間に$3d_{xy}$軌道，z軸とx軸の間に$3d_{zx}$軌道がある．$3d_{x^2-y^2}$軌道もこれらの軌道と同じ卵のような形をしているのだが，軸の間にあるのではなく，x軸とy軸に突き刺さった形になっている．$3d_{z^2}$は複雑怪奇．中心にドーナツ状の負の波があり，これに卵の形をした正の波が2つ，尖った方(鋭端)を向けている．

M殻の軌道(3s, 3p, 3d)はとても複雑なので，描けなくてもよいが，1s, 2s, 2p軌道の形くらいはスラスラと描けるようにしておこう．

問題7

1s軌道を表す波動関数は，

$$\psi = \sqrt{\frac{1}{\pi}} \cdot \left(\frac{1}{a_0}\right)^{\frac{3}{2}} \cdot \exp\left(-\frac{r}{a_0}\right)$$

である．1s軌道において動径分布関数が最大になるrを求めなさい．

解答 $r = a_0$ すなわちボーア半径の位置

解説

1s軌道は問題5の図(a)のように中心の原子核の位置で振幅が最も大きくなる．では，核のすぐそばに電子が存在しているか，といえばそうではない．体積を考慮していないからである．1s軌道において，図1のように原子核から距離rと$r + dr$の間の球殻内に電子が存在する確率は次のように表される．

$$\psi^2 \cdot dV = \psi^2 \times 4\pi \cdot r^2 \cdot dr = P(r) \cdot dr$$

図1

ここで$P(r)$を**動径分布関数**という．1s軌道の波動関数ψは図2(a)のように中心からの距離rが遠ざかるにつれて指数関数的に減少する．これを2乗したψ^2はさらに急激に減少していく．一方，球殻の体積($4\pi \cdot r^2 \cdot dr$)は中心からの距離rの2乗に比例して急速に大きくなる．その両者の積で表される動径分布関数$P(r)$は図2(b)のようにある距離で最大値を示す．最大値を示す距離rを求めるには，

$$\frac{P(r)}{dr} = 0$$

となる r を求めればよい．1s 軌道を表す式は問題に与えられているので，動径分布関数は次のようになる．

$$P(r) = 4\pi \cdot r^2 \cdot \psi^2 = \frac{4}{a_0^3} \cdot r^2 \cdot \exp\left(-\frac{2r}{a_0}\right)$$

である．したがって，

$$\begin{aligned}
\frac{dP(r)}{dr} &= \frac{d}{dr}\left\{\frac{4}{a_0^3} \cdot r^2 \cdot \exp\left(-\frac{2r}{a_0}\right)\right\} \\
&= \frac{4}{a_0^3}\left\{2r \cdot \exp\left(-\frac{2r}{a_0}\right) - r^2 \cdot \frac{2}{a_0}\exp\left(-\frac{2r}{a_0}\right)\right\} \\
&= \frac{8}{a_0^3} \cdot r \cdot \exp\left(-\frac{2r}{a_0}\right) \cdot \left(1 - \frac{r}{a_0}\right) = 0
\end{aligned}$$

より，

$$1 - \frac{r}{a_0} = 0 \qquad \therefore r = a_0$$

すなわちボーア半径の位置で動径分布関数は最大になる．

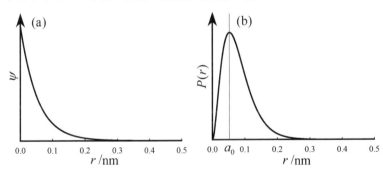

図 2

問題8

次の文中の空欄に適当なものを入れなさい．

電子は，核の周りを回転することによる軌道角運動量とともに，電子自身のもつ性質として固有の角運動量をもっている．古典的な解釈では，電子の自転に対応する．これを (a) と呼ぶが，軌道角運動量の場合と同じように (b) s をもち，その値は (c) である． (a) は時計回りと反時計回りいずれでも可能であり，この2つの状態を (d) m_s で区別する．m_s は，$+1/2$ と $-1/2$ をとり，$m_s = +1/2$ の電子を (e) といい，記号 ↑ で表す．また，$m_s = -1/2$ の電子を (f) といい，↓ で表す．

解答 (a) スピン（電子スピン） (b) スピン量子数 (c) 1/2
(d) スピン磁気量子数 (e) α 電子 (f) β 電子

解説

一般に電子，陽子，中性子，光子などの素粒子は，古典的なイメージでは自転に対応する固有の角運動量，**スピン**をもつ．この固有の角運動量も量子化されており，**スピン量子数** s で表される．電子や陽子などのように物質を構成している素粒子のスピン量子数は半整数（1/2，3/2など）であり，光子のように素粒子間の相互作用に関与するものの量子数は整数である．前者（電子，陽子，中性子など）をフェルミ粒子，後者（光子，α線）をボース粒子という．光子のスピン量子数は1である．

軌道角運動量の場合と同じようにスピン量子数が s の場合，

$$-s, -(s-1), \cdots, (s-1), s$$

の**スピン磁気量子数**が現れる．電子のスピン量子数は，$s = 1/2$ であるから，$+1/2$，$-1/2$ のスピン磁気量子数 m_s をもつ2つの状態が許される．図には古典的なイメージを示すが，$m_s = +1/2$ の電子を **α 電子**と呼

び，記号↑で表す．$m_s = -1/2$ の電子を **β電子**といい，↓で表す．

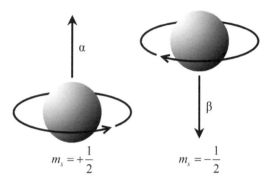

スピン状態の古典的な表現

Check Point

▶ 電子のスピン量子数 $s = 1/2$
電子のスピン磁気量子数 $m_s = +1/2, -1/2$

問題9

次の文中の空欄に適当なものを入れなさい．

2つ以上の電子をもつ多電子原子では，電子と核の間のクーロン引力のほかに (a) が加わるため，シュレーディンガー方程式を正確に解くことができない．しかし，水素型原子の波動関数をもとに，複数の電子が占める軌道の様子を決めることができ，この様子を示したものを (b) と呼ぶ．主量子数 n と副殻の記号および電子の数を用いて表し，水素原子では (c) と表す． (b) を決めるときの重要な規則の1つが (d) である．すなわち，

「どの軌道にも2個より多くの電子が入ることはできず，もし2個の電子が1つの軌道を占める場合にはスピンは対にならなければならない．」

したがって，He原子の (b) は (e) となる．HeでK殻が完成するが，この状態を (f) といい，[He]と表す．

解答 (a) 電子間反発 (b) **電子配置** (c) $1s^1$
(d) **パウリの排他原理** (e) $1s^2$ (f) **閉殻**

解説

He原子で2個目の電子が1s軌道に入ると，負電荷同士の反発があるためエネルギー的には不利になるが，2s軌道のエネルギーはずっと高いので2個目も1s軌道に入る．同じ軌道に電子が2つ入る場合，スピンの反発くらいは抑えようとして，スピンを逆向きにして軌道に入る．この互いに逆向きのスピンをもつ2つの電子を**電子対**という．

問題にはしていないが，Liでは3番目の電子が2s軌道に収まるため，その電子配置は $1s^2 2s^1$ もしくは $[He]2s^1$ と書く．

問題 10

パウリの排他原理を，量子数を使って簡潔に表現しなさい．

解答 「1つの原子内で2つの電子が同じ量子状態をとることはない．すなわち，4つの量子数（主量子数n，方位量子数l，磁気量子数m_l，スピン磁気量子数m_s）が全て等しい電子はあり得ない．」

解説

各軌道は3つの量子数 n, l および m_l によって決まる．各軌道を部屋と考えると分かりやすいかもしれない．番地（量子数）1-0-0で表される部屋（軌道）が1s，2-0-0が2s，2-1-0が$2p_z$というように，部屋（軌道）毎に番地（量子数）が全て異なる．

また，1つの軌道には，スピン磁気量子数 $m_s = +1/2$ および $m_s = -1/2$ をもつ電子2個までしか入れない．つまり，全ての電子は部屋（軌道）の番地（量子数 n, l, m_l）が異なるし，自身の性質（スピン磁気量子数 m_s）も異なる．最後に，スピン量子数 s とスピン磁気量子数 m_s を混同しないように注意すること．電子のスピン量子数 s は1/2しかないため，通常，この値を議論することはない．

問題11

次の文中の空欄に適当なものを入れなさい．

多電子原子では，ある電子は，他の電子の存在のために核の全電荷とは違った（減少した）電荷（有効核電荷）を見ることになる．自分以外の全ての電子からのクーロン反発力も受ける．この効果を (a) という．また，軌道の形もエネルギーに関係する．s電子は同じ殻のp電子に比べてより核近傍に存在する確率が高い．すなわち，s電子はp電子に比べて， (b) が大きく， (a) される度合いが小さい．同様のことがd電子とp電子についてもいえる．一般に同じ殻ではs, p, d, f軌道のエネルギーは， (c) の順になり，副殻は縮重（縮退）していない．

解答 (a) 遮蔽（遮蔽効果） (b) 浸透 (c) s < p < d < f

解説

1s電子は，2s電子よりも原子核に近い位置に存在する．そのため，Liの2s電子は，1s電子で覆われた原子核を見ることになり，Liの原子核の+3eの電荷を感じることができない．1s電子との反発もあるだろう．これが**遮蔽**である．

また，3s軌道と3p軌道の動径分布関数を比較すると，3s軌道の電子の方が核近傍に見いだす確率が高い．すなわち，**浸透**する傾向が強く，遮蔽効果を受けにくい．

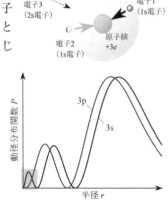

問題 12

次の軌道を電子によって占有される順に並べ変えなさい．
1s, 2s, 2p, 3s, 3p, 3d, 4s, 4p, 4d, 5s

解答　1s, 2s, 2p, 3s, 3p, 4s, 3d, 4p, 5s, 4d

解説

4s 軌道の内側部分は 3d 軌道に比べ，核に近いところまで浸透している．そのため遮蔽を受ける割合は 4s 軌道の方が 3d 軌道よりも小さい．すなわち，3d 軌道より 4s 軌道の方が，核のクーロン力をより大きく受けることになり，3d 軌道よりも安定になる．つまり，4s 軌道に電子が入った後に 3d 軌道に電子が入る．

軌道エネルギーの大小関係は，図に示す**マーデルングの規則**で表される．規則と書いてあるが，軌道のエネルギー順を覚えるときの便利なツールのようなものである．

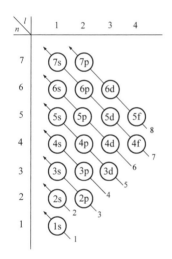

問題13

矢印（↑／↓）を用いて電子を表し，下の空欄に原子番号1番の水素H〜原子番号10番のネオンNeの基底状態における電子配置を書きなさい．

	1s	2s	$2p_x$	$2p_y$	$2p_z$
X					

解答

	1s	2s	$2p_x$	$2p_y$	$2p_z$
$_1$H	↑				
$_2$He	↑↓				
$_3$Li	↑↓	↑			
$_4$Be	↑↓	↑↓			
$_5$B	↑↓	↑↓	↑		
$_6$C	↑↓	↑↓	↑	↑	
$_7$N	↑↓	↑↓	↑	↑	↑
$_8$O	↑↓	↑↓	↑↓	↑	↑
$_9$F	↑↓	↑↓	↑↓	↑↓	↑
$_{10}$Ne	↑↓	↑↓	↑↓	↑↓	↑↓

解説

中性原子の基底状態における電子配置を組み立てる方法を**構成原理**という．これには次の3つの規則を用いる．

1) マーデルングの規則で示されるエネルギーの低い軌道から電子を配置する．
2) **パウリの排他原理**：1つの軌道には2つの電子までしか入らず，2個入る場合にはスピン対をつくる．

3) **フントの規則**：同じエネルギーの軌道が複数ある場合，電子はスピンを平行にして1つずつ入る．

$_5$B までは 1) と 2) のルール通り．$_6$C になると，$2p_x$ 軌道に 2 つ電子が入るのではなく，$2p_x$ 軌道と $2p_y$ 軌道にそれぞれ 1 つずつ電子が入る．これが 3) のフントの規則である．$2p_x$, $2p_y$, $2p_z$ 軌道は同じエネルギーをもち，縮重(縮退)している．問題 10 で軌道を部屋に例えたが，エネルギーを家賃としてみよう．

同じ家賃(エネルギー)で空いている別の部屋(軌道)があるなら，わざわざ電荷間の反発力が強く働く小さな部屋(軌道)に 2 人(電子 2 つ)で入るよりも，1 人ずつ別々の部屋(軌道)に入る方がよい．さらに 4-1 の問題 9 で見たように，広い空間を飛び回れるとエネルギーが低くなるので，$2p_x$ と $2p_y$ の軌道に入っている電子はスピンを平行にして，その反発も利用し，互いに離れようとする．これがフントの規則である．$_7$N もこのフントの規則に従い，7 番目の電子を $2p_z$ 軌道に収める．$_8$O になると，もう空いている部屋(軌道)はなくなるので，すでに入っている $2p_x$ 軌道にしぶしぶ 8 番目の電子を収める．このときは，スピンの反発を抑えるために，スピンを逆向きにする(スピン対をつくる)．

Check Point

▶ 構成原理
1) エネルギーの低い軌道から順に電子が入っていく．
2) パウリの排他原理：1 つの軌道には電子は 2 つまで．電子が 2 つ入るときはスピン対をつくる．
3) フントの規則：エネルギーの同じ軌道が複数ある場合，電子はスピンを平行にして 1 つずつ入る．

問題 14

矢印を用いて電子を表し，下の空欄に S，Ca，Cr，Fe，Cu の基底状態における電子配置を書きなさい．

	1s	2s	2p			3s	3p			3d					4s
X															

解答

	1s	2s	2p			3s	3p			3d					4s
$_{16}$S	↑↓	↑↓	↑↓	↑↓	↑↓	↑↓	↑↓	↑	↑						
$_{20}$Ca	↑↓	↑↓	↑↓	↑↓	↑↓	↑↓	↑↓	↑↓	↑↓						↑↓
$_{24}$Cr	↑↓	↑↓	↑↓	↑↓	↑↓	↑↓	↑↓	↑↓	↑↓	↑	↑	↑	↑	↑	↑
$_{26}$Fe	↑↓	↑↓	↑↓	↑↓	↑↓	↑↓	↑↓	↑↓	↑↓	↑↓	↑	↑	↑	↑	↑↓
$_{29}$Cu	↑↓	↑↓	↑↓	↑↓	↑↓	↑↓	↑↓	↑↓	↑↓	↑↓	↑↓	↑↓	↑↓	↑↓	↑

解説

$_{16}$S，$_{20}$Ca，$_{26}$Fe については，前問の構成原理に従って電子配置を書くことができる．$_{24}$Cr と $_{29}$Cu は構成原理に従わない例外である．ルール通りなら，$_{24}$Cr は，$3d^4 4s^2$ という電子配置になるはずだが，$3d^5 4s^1$ となっている．4s 軌道に電子を 2 つ収容すると，それらの電子間に反発力が生じ，エネルギー的に少し不利になる．3d 軌道と 4s 軌道のエネルギー差は小さいので，$3d^5 4s^1$ にするとこれが解消できる．さらに電子交換による安定化効果が加わる．例えば，3d 軌道に 4 つの電子が入る場合，6 通りの交換が可能になる(図(a))が，3d 軌道に 5 つの電子を入れると，10 通りの交換が可能になる(図(b))．交換可能なパターンが増えるほど安定化するので，$_{24}$Cr は $3d^5 4s^1$ という電子配置をとる．$_{20}$Ca は d

軌道に電子がないので，この安定化効果はなく，そのまま 4s 軌道に電子を 2 つ収容している．

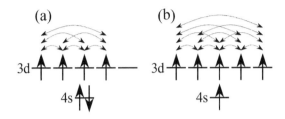

　周期表の 3 族から 12 族までは d 軌道に順次電子が収容されるので，d ブロック元素と呼ばれる．1 つ上の殻の s 軌道とのエネルギー差が小さいため，多様な変化を示す．第 6，第 7 周期では，f 軌道が順に詰まっていく f ブロック元素(ランタノイドとアクチノイド)が存在する．これら d，f ブロック元素は最外殻の電子配置がほぼ変わらないため，似通った性質を示し，遷移元素と呼ばれる．ただし，IUPAC では遷移元素を「閉殻していない d 軌道をもつ元素」と定義しているため，d 軌道が閉殻している 12 族の Zn，Cd，Hg は d ブロック元素だが，典型元素に分類される．このように構成原理によって周期表が極めて上手く説明される．

問題 15

次の文章の〔　〕内の正しい語句を選びなさい．また，空欄に適当なものを入れなさい．

　元素のいろいろな性質の周期性は電子配置と関連付けて理解することができる．一般に原子半径は，周期表の左から右へ進むにつれて (a)〔大きく・小さく〕なる．これは，核の有効核電荷が大きくなることによる．また，同じ属では下ほど (b)〔大きく・小さく〕なる．

　気体状態の原子から電子1個を取り去るのに必要なエネルギーが (c) I である．

$$A(gas) \rightarrow A^+(gas) + e^- \quad \Delta E = E(A^+) - E(A) = I$$

この値は電子が原子にどれだけ強く束縛されているかを示している．同一周期では右に行くほど有効核電荷が大きくなるため，I は (d)〔大きく・小さく〕なる．主量子数が大きくなると内殻電子による遮蔽が増し，また，核からの距離も遠くなるため，I は (e)〔大きく・小さく〕なる．

　一方，(f) E_{ea} は，気体状態の原子の空の軌道に電子1つ付ける際に放出されるエネルギーである．

$$A(gas) + e^- \rightarrow A^-(gas) \quad \Delta E = E(A^-) - E(A) = -E_{ea}$$

同一周期では右に行くほど，電子を受け入れやすくなり，E_{ea} は (g)〔大きく・小さく〕なる．また，主量子数が大きくなると E_{ea} は (h)〔大きく・小さく〕なる．ただし，電子をもらうと不安定になる希ガスなどはデータ自体がない．

解答 (a) 小さく　(b) 大きく　(c) イオン化エネルギー　(d) 大きく　(e) 小さく　(f) 電子親和力　(g) 大きく　(h) 小さく

問題 16

B, C, N, O, F の(第一)イオン化エネルギー(単位 eV)は,
 B 8.30;C 11.26;N 14.53;O 13.62;F 17.42
のように単調に増加せず,O のところで下がる.電子配置をもとにしてこの理由を説明しなさい.

解答 B, C, N の順に縮重(縮退)した 3 つの 2p 軌道に 1 個ずつ電子が入る.O になると 2p 軌道の 1 つに 2 個目の電子が入り,スピン対を作るが,この配置になると電子間の反発が生じるため,エネルギー的に少し不利になる.この電子(灰色の下向き矢印)は比較的引き抜きやすいため,イオン化エネルギーが小さくなる.

	1s	2s	2p		
$_5$B	↑↓	↑↓	↑		
$_6$C	↑↓	↑↓	↑	↑	
$_7$N	↑↓	↑↓	↑	↑	↑
$_8$O	↑↓	↑↓	↑↓	↑	↑
$_9$F	↑↓	↑↓	↑↓	↑↓	↑

問題 17

次の文章の空欄に適当なものを入れなさい.

ある原子が化合物を形成するとき, 自分の方へ電子を引きつける能力を $\boxed{(a)}$ という. 他の原子に電子を譲りにくい, つまり $\boxed{(b)}$ が大きく, また, 電子が近づく方がエネルギー的に有利であるような $\boxed{(c)}$ が大きい原子の $\boxed{(a)}$ が大きい. 周期表で $\boxed{(d)}$ に近い元素が大きな $\boxed{(a)}$ をもつ.

解答 (a) 電気陰性度 (b) イオン化エネルギー (c) 電子親和力
(d) フッ素

解説

電気陰性度 χ(カイ)は, ある原子が結合を形成しているとき, 自分の方に電子を引き付ける度合を表す指標である. 電気陰性度の差が大きい原子間の結合では, 一方に電子が片寄り, **極性結合**を作る. それぞれの原子は正負の**部分電荷**をもつ.

ポーリングは結合解離エネルギーを詳しく調べ, 電気陰性度の値を次のように決めた.

$$|\chi_A - \chi_B| = \sqrt{E(AB) - \frac{E(AA) + E(BB)}{2}}$$

ここで χ_A, χ_B は結合 A － B を形成する原子 A, B の電気陰性度であり, $E(AB)$, $E(AA)$, $E(BB)$ はそれぞれ結合 A － B, A － A, B － B の結合解離エネルギーである. ポーリングの定義では電気陰性度の差が求まるだけなので, 最も電気陰性度の大きなフッ素に 3.98 という値を与え, それ以外の電気陰性度が求められている.

もう 1 つの考え方としてマリケンは, 元素のイオン化エネルギー I と

電子親和力 E_{ea} を eV 単位で表した数値を使った定義を提案した.

$$\chi = \frac{I + E_{ea}}{2}$$

マリケンによる値とポーリングによる値はほぼ平行な関係にある. 通常ポーリングの電気陰性度(下表)が使われる.

H 2.20						
Li 0.98	Be 1.57	B 2.04	C 2.55	N 3.04	O 3.44	F 3.98
Na 0.93	Mg 1.31	Al 1.61	Si 1.90	P 2.19	S 2.58	Cl 3.16
K 0.82	Ca 1.00	Ga 1.81	Ge 2.01	As 2.18	Se 2.55	Br 2.96
Rb 0.82	Sr 0.95	In 1.78	Sn 1.96	Sb 2.05	Te 2.1	I 2.66
Cs 0.79	Ba 0.89	Tl 1.62	Pb 2.33	Bi 2.02	Po 2.0	At 2.2

4-3 化学結合と分子構造

pas à pas

問題 1

次の文章の空欄に適当なものを入れなさい.

水素原子 H_A と別の水素原子 H_B が近づくと，電子が収容されている (a) 軌道同士が重なって，大きな軌道となる. H_A の電子 1 は H_B の周りも飛び回れるようになり，同様に H_B の電子 2 も H_A の周りを飛び回れるようになる. このようにしてできあがる分子軌道を (b) 軌道という. このとき，電子 1 と電子 2 が (c) を作ると，エネルギーが大きく低下するため，H_2 という水素分子ができあがる. このように，電子を 1 つだけ収容している軌道同士が重なって化学結合が形成されるという考え方を (d) 法という.

解答 (a) 1s (b) σ (c) スピン対 (d) 原子価結合

解説

陽子(水素原子核)の質量は電子の 1840 倍である. したがって電子の動きに比べて原子核の動きは極めて遅いため, エネルギーを計算する際, 原子核は止まっているとみなす. これを**ボルン-オッペンハイマー近似**という.

原子核の位置を固定し, 電子に関するシュレーディンガー方程式を解いて, エネルギーを計算する. 原子核の位置を少しずつ変えながら, こ

の計算を繰り返すと，図のような曲線が得られる．これを**ポテンシャルエネルギー曲線**という．図からも分かるように，2つの電子がどちらの原子核の周りにも移動でき，さらにスピン対を作るとすると，ある距離まで原子核が近づくと，エネルギーが大きく低下する（図1曲線(a)）．つまり，別々の水素原子でいるよりも水素分子を作る方がエネルギー的に有利という結果になる．

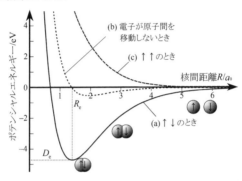

図1　H_2分子のポテンシャルエネルギー曲線

このように不対電子（スピン対を作っていない電子）を含む原子軌道（原子価軌道という）の重なりによって，化学結合が形成されるというのが，**原子価結合法**（valence bond theory, **VB法**）である．

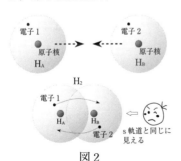

図2

水素分子の場合，水素原子の1s軌道同士が重なって分子軌道が作られる．結合軸方向から見たとき，s軌道と同様に，節面のない球形の形に見える（図2）．そこで，このようにして形成される分子軌道は，sをギリシャ文字に変えて，**σ軌道**と呼ぶ．

問題2

N_2 分子の形成を原子価結合法で説明した次の文章の空欄に適当なものを入れなさい．

N原子の基底状態での電子配置は (a) である．不対電子を含む軌道が (b) つある．2つのN原子が z 軸方向から接近した場合，$2p_z$ 軌道同士が重なって，(c) 軌道ができる．また，$2p_x$ 軌道同士および $2p_y$ 軌道同士が重なって，(d) 軌道ができる．このようにして N_2 分子は (c) 結合が1本，(d) 結合が2本の三重結合となる．

解答 (a) $1s^2 2s^2 2p_x^1 2p_y^1 2p_z^1$ (b) 3 (c) σ (d) π

解説

N原子の原子価軌道は2p軌道であり，これが3つある．z軸方向から接近し，$2p_z$ 軌道同士が重なり，分子軌道が作られる．これを結合軸（z軸）方向からみると，節面のない球形が見える（負の波の後ろに，少し大きくなった正の波が見える）．節面がないので，この分子軌道は σ 軌道と呼ばれる（図1(a)）．

図では $2p_y$ 軌道同士のみを示すが，2つの $2p_y$ 軌道が重なり，同様に分子軌道が作られる．これを結合軸方向から見ると，p軌道と同様に，節面が1つ見える．そこで，この分子軌道はpをギリシャ文字に変えて，**π 軌道**と呼ばれる（図1(b)）．

4-3 化学結合と分子構造

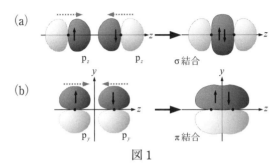

図1

このように N_2 分子は σ 軌道による結合（σ 結合）が1本，π 軌道による結合（π 結合）が2本の計，三重結合となり，ルイス構造で説明されるものと合致する（図2）．

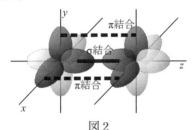

図2

（p軌道はもっと幅広いのだが，重ねて描く都合上，細く描いている）

Check Point

▶ 原子価結合法（VB法）：不対電子を含む原子価軌道の重なりによって化学結合が形成される．
▶ σ 軌道：結合軸方向から見たとき，節面が見えない分子軌道．
▶ π 軌道：結合軸方向から見たとき，節面が1つ見える分子軌道．

問題3

HCl分子の基底状態におけるH − Cl結合を原子価結合法で説明しなさい.

解答 Hの1s軌道とClの$3p_z$軌道が重なって, σ結合を形成する.

問題4

混成軌道を考えない場合, 原子価結合法によって水H_2Oの構造を推定すると, 結合角H−O−Hは何度と予想されるか考えなさい.

解答 90°

解説

O原子の電子配置は, $1s^2\,2s^2\,2p_x^2\,2p_y^1\,2p_z^1$である. したがって, H_2O分子を作る場合, 原子価結合法ではH原子の1s軌道とO原子の$2p_y$, $2p_z$軌道がそれぞれ重なって, 2つのσ結合を形成すると考える. $2p_y$軌道と$2p_z$軌道は直交しているため, 結合角は90°と予測される. 実測値は104.5°であり予測値と合致しない. このため, 次の問題で取り扱うような昇位・混成という考え方が導入された.

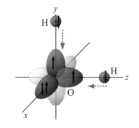

問題5

メタンに関する次の文章の空欄に適当なものを入れなさい．

炭素原子の基底状態の電子配置は (a) である．このまま原子価結合法を適用すると，原子価軌道は2つしかないため，メタン(CH_4)の構造を説明できない．そこで， (b) 軌道に収容されている電子を， (c) 軌道に移動させる．少しエネルギーの高い軌道に電子を移動させるので，これを (d) という．これにより，炭素の電子配置は， (e) に変わり，原子価軌道が4つになる．

しかし，これではメタンが等価な4つのC-H結合をもち，正四面体構造をとることを説明できない．そこで， (d) してできた炭素原子の4つの原子価軌道を足し合わせて，同じ形になるように4つに分割する．これを (f) といい，できあがった4つの軌道を (g) 軌道という．

解答 (a) $1s^2\,2s^2\,2p_x^1\,2p_y^1$ (b) $2s$ (c) $2p_z$ (d) 昇位
(e) $1s^2\,2s^1\,2p_x^1\,2p_y^1\,2p_z^1$ (f) 混成 (g) sp^3 混成

解説

原子価結合法の明らかな欠点は，炭素が4価をとることを説明できないことである．これを解決するための改良点は，満員の軌道から空の軌道への**昇位**を仮定することである．炭素の基底状態の電子配置は，$1s^2\,2s^2\,2p_x^1\,2p_y^1$ であるが，2s軌道と2p軌道のエネルギー差は小さく，2s軌道の電子1個が2p軌道に移動（遷移）してもそれによるエネルギーの損失は後の結合形成により補える．したがって，昇位して $1s^2\,2s^1\,2p_x^1\,2p_y^1\,2p_z^1$ という配置をとるとすれば，4価になることが説明できる（図1）．

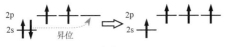

図1

もう1つの問題は，メタン分子(CH_4)の4本のC–H結合が等価であり，正四面体構造をとることである．これも波動関数の数学的特徴を利用し，**混成軌道**を作ると考えることで克服できる．軌道は核を中心とする波のため，その一部だけを足し合わせることができる．2s軌道1つと2p軌道3つを足し合わせ，4つの等価な波に分割してできるのが**sp^3混成軌道**で，次のように軌道(波動関数ϕ(ファイ))を足し合わせていく(線形結合という)．

$$\psi_1(sp^3) = \frac{1}{2}\left(\phi_{2s} + \phi_{2p_x} + \phi_{2p_y} + \phi_{2p_z}\right)$$

$$\psi_2(sp^3) = \frac{1}{2}\left(\phi_{2s} + \phi_{2p_x} - \phi_{2p_y} - \phi_{2p_z}\right)$$

$$\psi_3(sp^3) = \frac{1}{2}\left(\phi_{2s} - \phi_{2p_x} - \phi_{2p_y} + \phi_{2p_z}\right)$$

$$\psi_4(sp^3) = \frac{1}{2}\left(\phi_{2s} - \phi_{2p_x} + \phi_{2p_y} - \phi_{2p_z}\right)$$

マイナスの符号は引いているのではなく，波の符号を逆にして足していると解釈してほしい．最初に付いている1/2という係数は，それぞれの波の振幅を半分にしていることを示すが，波動関数の2乗が粒子の確率密度を示す，ということを思い出してほしい．つまり，確率密度で考えるとそれぞれの波を$(1/2)^2 = 1/4$ずつ足し合わせていることを示している．このように2s軌道と3つの2p軌道を確率密度で1/4ずつ，符号を調整しながら足し合わせてできあがる4つの軌道がsp^3混成軌道である(図2)．

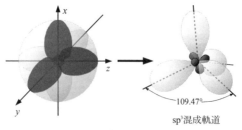

sp^3混成軌道

図2

前述の式の符号も確認してみよう．2s軌道は球形で方向性がないので無視し，3つある2p軌道の正の波が広がっている方向をベクトル（矢印）で示してみる．これらの3つのベクトルを左の式の符号だけ考えて足し合わせていくと，立方体の4つの角を向いた正四面体ができる（図3）．これであれば，各軌道の角度も109.47°となり，メタンのH-C-H結合角と一致する．

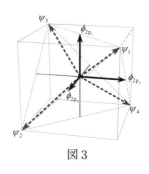

図3

Check Point

▶ 混成軌道：複数の原子軌道を重ね合わせて形成される等価な軌道．

問題6

エテン(エチレン $H_2C = CH_2$)に関する次の文章の空欄に適当なものを入れなさい.

エテンの2つの炭素原子は,共に昇位して原子価軌道を4つ作った後,(a) 軌道1つと (b) 軌道2つが混成して,(c) 軌道を作っている.この混成軌道を使い,H原子あるいはC原子と (d) 結合を作る.余っている (b) 軌道はもう1つのC原子の (b) 軌道と重なり,(e) 結合を作る.

解答 (a) 2s (b) 2p (c) sp^2 混成 (d) σ (e) π

解説

平面構造をしているエテンの炭素原子は,**sp^2 混成軌道**をとっている.これは下のように,2s軌道1つと2p軌道2つを適当な係数を付けながら足し合わせたものである.

$$\psi_1(sp^2) = \frac{1}{\sqrt{3}} \phi_{2s} + \sqrt{\frac{2}{3}} \phi_{2p_z}$$

$$\psi_2(sp^2) = \frac{1}{\sqrt{3}} \phi_{2s} - \frac{1}{\sqrt{6}} \phi_{2p_z} + \frac{1}{\sqrt{2}} \phi_{2p_y}$$

$$\psi_3(sp^2) = \frac{1}{\sqrt{3}} \phi_{2s} - \frac{1}{\sqrt{6}} \phi_{2p_z} - \frac{1}{\sqrt{2}} \phi_{2p_y}$$

方向性のない2s軌道は,3つの混成軌道に確率密度で1/3ずつ分配されている.$2p_z$ 軌道と $2p_y$ 軌道の係数はそれぞれ異なるが,これはこのような値にすると,ちょうど平面内で互いに120°の角度をとる3個の等価な軌道ができあがるためである(図1).この sp^2 混成軌道を使って,HやCと σ 結合を作る.

$2p_x$ 軌道が混成軌道の平面に対して垂直方向に残るが,2つある炭素

の $2p_x$ 軌道同士が重なって，π結合を1つ作る（図2）．このようにしてエテンができあがっている．

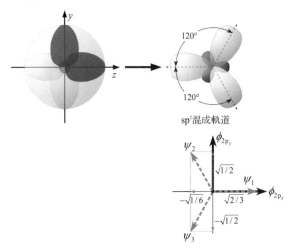

図1 sp^2 混成軌道の成り立ち

$2p_x$ 軌道が紙面に対して垂直方向に残っている．

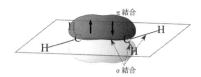

図2 エテンの構造

残っている $2p_x$ 軌道同士が重なり，π結合を形成する．

問題 7

エチン（アセチレン HC≡CH）に関する次の文章の空欄に適当なものを入れなさい．

エチンの2つの炭素原子は，共に昇位して原子価軌道を4つ作った後， (a) 軌道1つと (b) 軌道1つが混成して， (c) 軌道を作っている．この混成軌道を使い，H原子あるいはC原子と (d) 結合を作る．2つ余っている (b) 軌道はもう1つのC原子の (b) 軌道と重なり， (e) 結合を2つ作る．

解答
(a) 2s (b) 2p (c) sp混成 (d) σ (e) π

解説

直線構造をしているエチンの炭素原子は，**sp混成軌道**をとっている．これは2s軌道1つと2p軌道1つを次のように足し合わせたものである．

$$\psi_1(\mathrm{sp}) = \frac{1}{\sqrt{2}}\left(\phi_{2\mathrm{s}} + \phi_{2\mathrm{p}_z}\right)$$

$$\psi_2(\mathrm{sp}) = \frac{1}{\sqrt{2}}\left(\phi_{2\mathrm{s}} - \phi_{2\mathrm{p}_z}\right)$$

2s軌道，$2\mathrm{p}_z$軌道共に2つの混成軌道に確率密度で1/2ずつ分配されている．これは元の軌道が2つだけなので，$2\mathrm{p}_z$軌道も普通の大きさで描いて，2s軌道と重ねてみよう（図1）．原子核の近くでは，2s軌道の正の波の寄与が大きく，正の波となる．原子核の左側では，2s軌道の負の波と，$2\mathrm{p}_z$軌道の負の波が重なり，大きな負の波となる．右側では2s軌道の負の波と$2\mathrm{p}_z$軌道の正の波が重なり打ち消し合う．結果，キノコの形をした軌道になる（ψ_1）．$2\mathrm{p}_z$軌道の符号を逆にして重ねると，できあがる混成軌道の向きが逆になることも分かるだろう（ψ_2）．前問で見た

sp³混成軌道やsp²混成軌道も本当はこのような形をしているのだが，重ねて描くとゴチャゴチャになるので，細くした模式図で描いてある．このsp混成軌道を使って，HやCとσ結合を作る．

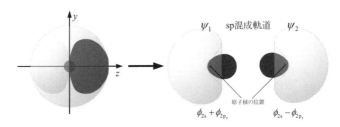

図1　sp混成軌道の成り立ち

$2p_x$軌道および$2p_y$軌道が残るが，$2p_x$軌道同士，$2p_y$軌道同士が重なって，π結合を2つ作る（図2）．

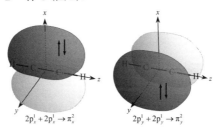

図2　エチンの2つのπ結合

問題 8

次の化合物中の下線を引いた原子は sp, sp^2, sp^3 混成軌道のいずれをとっているか答えなさい.
  (a) プロパン CH$_3$C̲H$_2$CH$_3$ (b) シクロヘキサン C̲$_6$H$_{12}$
  (c) 塩化ビニル CH$_2$C̲HCl   (d) ベンゼン C̲$_6$H$_6$
  (e) ホルムアルデヒド HC̲HO (f) アレン H$_2$CC̲CH$_2$
  (g) メチルカチオン C̲H$_3^+$ (h) アンモニア N̲H$_3$
  (i) アセトニトリル CH$_3$C̲N   (j) メタンイミン C̲H$_2$NH
  (k) 水 H$_2$O̲   (l) メタノール CH$_3$O̲H
  (m) アセトアルデヒド CH$_3$CHO̲ (n) 三フッ化ホウ素 B̲F$_3$

解答　(a) sp^3　(b) sp^3　(c) sp^2　(d) sp^2　(e) sp^2　(f) sp
　　　(g) sp^2　(h) sp^3　(i) sp　(j) sp^2　(k) sp^3　(l) sp^3
　　　(m) sp^2　(n) sp^2

解説

前問で見てきたように,実際の分子の形を説明するために混成軌道という概念が導入された.では実際の形が分からないと,どのような混成軌道をとっているか分からないのか,というとそうでもない.**原子価殻電子対反発理論**(**VSEPR理論**, valence shell electron pair repulsion theory)を用いると混成軌道および立体構造を予測できる.電子対には結合に関与している**結合電子対** bonding pair(以下 BP と略,共有電子対ともいう)と,結合に関与しない**孤立電子対** lone pair,(以下 LP と略.非共有電子対ともいう)がある.この結合電子対は,二重結合や三重結合ではそれぞれ2組,3組あるが,これを1組と考える(スーパー電子対).別の言い方をすれば,注目している中心原子 A に結合している他の原子 X の数を数えればよい.これを原子 A がもつ LP の数と合計す

4-3 化学結合と分子構造

る．この数(BP + LP)によって化合物がとる好ましい形は次の表のようになる．

電子対の数 BP + LP	2	3	4
混成軌道	sp	sp^2	sp^3
結合角	180°	120°	109.5°
分子の形	直線型	平面三角形	四面体

炭素は昇位して原子価軌道を4つ作り，LPとなるものはない．したがって，注目しているC原子が何個の他の原子と結合しているかを数えて(BP)，上の表を使えばよい．

(a) BP=4 → sp^3

(b) BP=4 → sp^3
（どの炭素も同じ）

(c) BP=3 → sp^2

(d) BP=3 → sp^2
（どの炭素も同じ）

(e) BP=3 → sp^2

(f) BP=2 → sp

メチルカチオンは注意が必要である．BPが3つでLPがない．そのため，sp^{2}混成軌道をとり，平面三角形となっている．メチルアニオン CH$_3^-$なら，BP 3 + LP 1 で sp^{3}混成となる．

(g) BP＝3 → sp^2

メチルカチオン　メチルアニオン

窒素原子の電子配置は [He]$2s^2 2p_x^1 2p_y^1 2p_z^1$ である．電子が2つ入った軌道を1つもっているため，混成軌道を作ると1組，結合に関与できないLPができる．そこで，何個の原子と結合しているか数え(BP)，これに1を加えて考える．

(h) BP＝3
　　LP＝1 → sp^3

(i) BP＝1
　　LP＝1 → sp

(j) BP＝2
　　LP＝1 → sp^2

酸素原子の電子配置は [He]$2s^2 2p_x^2 2p_y^1 2p_z^1$ であるから，LPが2組できる．したがって，BPの数に2を加えて考える．

(k) BP＝2
　　LP＝2 → sp^3

(l) BP＝2
　　LP＝2 → sp^3

(m) BP＝1
　　LP＝2 → sp^2

ホウ素の電子配置は [He]$2s^2 2p_x^1$ なので，昇位しても価電子軌道は3つしかできない．これが全てFとの結合に用いられる．LPがないの

で, 三フッ化ホウ素の B 原子は BP が 3 つで sp^2 混成軌道をとっている.

(n)
```
    F
    |
    B
   / \
  F   F
```

BP = 3 → sp^2

Check Point

▶ VSEPR 理論
　BP + LP = 2 → sp 混成軌道　　結合角 180°
　BP + LP = 3 → sp^2 混成軌道　結合角 120°
　BP + LP = 4 → sp^3 混成軌道　結合角 109.5°

問題 9

水分子の結合角は何度か答えなさい．

解答 104.5°

解説

水の O 原子は sp^3 混成軌道をとっている．では，結合角が 109.5°かというと，実際は少し狭く 104.5°となっている．これも VSEPR 理論である程度予測できる．LP は共有する他の原子がないため，中央の O 原子のそばに引き寄せられる．LP も BP も電子であるから，静電的な反発力が働く．O 原子に引き寄せられた LP との反発を避けようとして BP 間の結合角が狭くなる．

アンモニア NH_3 も同様である．N 原子の LP と BP が反発し，結合角を狭める．アンモニアは LP が 1 組なので，2 組ある水よりも反発力が小さく，結合角は 107.2°となる．ただし，VSEPR 理論では定量的な予測はできないので，狭くなる，より狭くなる，という程度しか分からない．

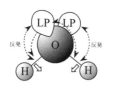

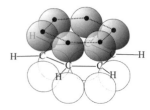

ベンゼンでは C 原子の 2p 軌道が重なる（共鳴）

問題 10

シクロヘキセン ⬡，1,3-シクロヘキサジエン ⬡ の水素化エンタルピーは，それぞれ $-120\ \mathrm{kJ\cdot mol^{-1}}$，$-232\ \mathrm{kJ\cdot mol^{-1}}$ である．また，ベンゼンの水素化エンタルピーは，$-206\ \mathrm{kJ\cdot mol^{-1}}$ である．ベンゼンの共鳴エネルギー(非局在化エネルギー)を見積もりなさい．

解答 $142\ \mathrm{kJ\cdot mol^{-1}}$

解説

二重結合が 1 個増えることにより平均約 $116\ \mathrm{kJ\cdot mol^{-1}}$ 変化するとすれば，ベンゼンの水素化エンタルピーは $-348\ \mathrm{kJ\cdot mol^{-1}}$ と推定される．実測値 $-206\ \mathrm{kJ\cdot mol^{-1}}$ との差，$\boxed{142\ \mathrm{kJ\cdot mol^{-1}}}$ が共鳴による安定化エネルギーであるとみなせる．

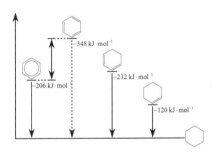

ベンゼンの 6 つの炭素は全て sp^2 混成軌道をとり，2p 軌道が分子平面に対して垂直方向に 6 つ残る．この 6 つの 2p 軌道は全て重なり，2p 軌道に入っていた計 6 つの電子はどの炭素の周りにも移動できるようになる(左図)．このように 3 つ以上の原子軌道が重なって，電子がより広い場所を動き回れるようになることを**共鳴**という．

分子内の特定の場所に二重結合があると，求電子剤はそこを目がけて攻撃していくが，このように電子が広い場所を動き回っていると，求電子剤はどこを攻撃していいのか分からなくなる．つまり反応性が低下し，物質が安定する．この安定化の度合い，つまり，エネルギーの低下分を共鳴エネルギー(非局在化エネルギー)という．

問題11

1,3-ブタジエン($CH_2=CH-CH=CH_2$)におけるπ電子の非局在化の様子を図示しなさい.

解答

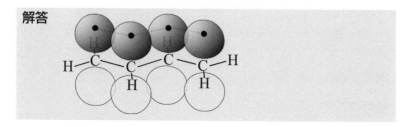

解説

構造式では二重結合−単結合−二重結合で描かれるが, 4つの炭素は全てsp^2混成軌道をとり, 残った2p軌道が重なった共鳴構造をしている. これにより2p軌道に収容されていた電子(分子軌道ではπ電子となる)は右端から左端まで, 自由に行き来できるようになる. そのため, 中央のC2−C3間は単結合でなく, 二重結合の性質を帯びるため回転が制限される. 点線を用いて, 下のように描くと実際の構造に近いのかもしれないが, 点線で構造式を書くルールがないため, 便宜的に二重結合と単結合で描かれている. このように多重結合が単結合を隔てて隣り合っている状態を**共役**という. 共役で構造式が描かれている場合, 共鳴が起こる.

1,3-ブタジエンの実際の構造に近い構造式?

共鳴構造がとれる場合，VSEPR 理論から予測される混成軌道と異なる混成軌道をとる場合がある．例えば，ペプチド結合(-CONH-)のN原子はVSEPR 理論からはBP + LP = 3 + 1 = 4 より sp^3 混成軌道をとると予測されるが，実際には sp^2 混成軌道をとっている．2p 軌道をわざと残し，C原子やO原子の2p軌道と重なる(共鳴)ようにすると安定化できるため，N原子は sp^2 混成軌道をとる．C, N, O 全て sp^2 混成軌道をとるため，CONH 原子と両端の2つのC原子は全て同じ平面上に存在する．

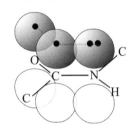

オゾンの中央のO原子も同じである．VSEPR理論からはBP 2 + LP 2 = 4 で sp^3 混成軌道をとると予測されるが，実際には sp^2 混成軌道をとっている．両端のO原子は sp^2 混成軌道をとり，2p軌道が1つずつ余っている．中央のO原子も sp^2 混成軌道をとって，2p軌道を残すと，3つの2p軌道の向きが揃い，共鳴できる．オゾンの結合角

は 116.8° であるが，これは sp^2 混成軌道の結合角 120° が，中央のO原子の LP の影響で狭くなったものと説明される．

Check Point

▶ 共鳴：向きの揃った3つ以上の原子軌道が重なって，大きな分子軌道を作り，電子が多くの原子上に移動できる状態．

問題 12

水素分子 H_2 に関する次の文章の空欄に適当なものを入れなさい.

分子軌道法(molecular orbital theory, **MO 法**)では, 原子に含まれる全ての電子が, 結合に寄与していると考える. H 原子の電子配置は (a) であるので, H_2 分子では 2 つの原子軌道から 2 つの分子軌道ができあがると考える. 1 つは 2 つの 1s 軌道が同位相で重なった (b) 性の 1σ 軌道であり, もう 1 つは逆位相で重なった (c) 性の $1\sigma^*$ 軌道である. できあがった分子軌道には構成原理に基づき電子が収容される. したがって, 水素分子の基底状態の電子配置は (d) となる.

解答 (a) $1s^1$ (b) 結合 (c) 反結合 (d) $1\sigma^2$

解説

原子価結合法では, 不対電子を含む原子価軌道のみから分子軌道を考えたが, **分子軌道法**では, 全ての原子軌道から分子軌道を組み立てていく. 混成軌道と同じように, 原子軌道にある係数を付けながら重ね合わせていく(線形結合)ので, 水素分子の分子軌道 ψ は, 2 つの原子軌道 ϕ_A と ϕ_B を用いて次のように表される.

$$\psi = C_A \cdot \phi_A + C_B \cdot \phi_B$$

ϕ_A と ϕ_B の分子軌道への寄与は同じであるはずなので,

$$C_A^2 = C_B^2 \qquad C_A = \pm C_B$$

という関係がある. 規格化定数を無視すれば,

$$\psi_1 = \phi_A + \phi_B \qquad \psi_2 = \phi_A - \phi_B$$

となる. ψ_1 では, 図のように原子核 A, B 間で波が強め合い, 原子核間に電子が存在する可能性が高まる. 原子核と電子の引力により, 原子

核同士を引き寄せ合う．このような軌道は**結合性軌道**と呼ばれる．一方，ψ_2 では，原子核間に波が 0 になる場所(節面)ができ，2 つの原子核の外側に電子が存在する確率が高くなる．この場合，原子核同士を引き離そうとする力が働くため，このような軌道は**反結合性軌道**と呼ばれる．

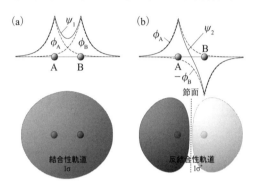

結合性軌道のエネルギーの方が低いため，2 つの水素原子から供給された 2 個の電子は，1σ 軌道にスピン対を作りながら収容される．原子価結合法では反結合性軌道のような軌道は考えなかったが，分子軌道法ではこのような軌道も考えるという違いがある．

なお，規格化定数は sp 混成軌道のように単純に $1/\sqrt{2}$ にはならない．反結合性軌道では波が打ち消し合うところがあるため，原子の波動関数を $1/\sqrt{2}$ にして重ねると反結合性軌道の確率密度は，結合性軌道のそれよりも小さくなる．そこで，重なり積分 S というのを用いて，係数はそれぞれ次のようになる．結合性軌道の係数を少し小さくし，反結合性軌道の軌道を少し大きくして重ね合わせるのである．

$$\text{結合性 } C_A = C_B = \frac{1}{\sqrt{2(1+S)}} \qquad \text{反結合性 } C_A = -C_B = \frac{1}{\sqrt{2(1-S)}}$$

全く重ならない場合は $S = 0$，完全に重なる場合は $S = 1$ になる(これはありえないのだが…)．どの程度，原子軌道が重なるのかを考慮して，係数が決められる．

問題 13

図のようなエネルギーダイヤグラムを使って,H_2, He_2^+, He_2 の電子配置を描き入れ,また,結合次数を求めなさい.

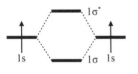

解答

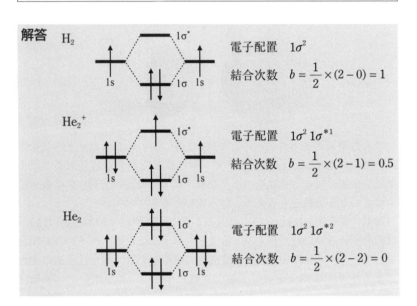

H_2

電子配置　$1\sigma^2$

結合次数　$b = \dfrac{1}{2} \times (2-0) = 1$

He_2^+

電子配置　$1\sigma^2 1\sigma^{*1}$

結合次数　$b = \dfrac{1}{2} \times (2-1) = 0.5$

He_2

電子配置　$1\sigma^2 1\sigma^{*2}$

結合次数　$b = \dfrac{1}{2} \times (2-2) = 0$

解説

両側に構成原子の原子軌道のエネルギーを,中央に組み立てられた分子軌道のエネルギーを横線で示したものがエネルギーダイヤグラムである.上に行くほどエネルギーが高い様子を表す.電子配置は,横線(軌道)の上に上下の矢印を描いて示す.

結合次数 b は,結合性軌道を占める電子の数 n と反結合性軌道を占める電子の数 n^* との差の 1/2 であり,結合の強さの目安である.

$$b = \frac{1}{2}(n - n^*)$$

詳しい計算では 1s 軌道と $1\sigma^*$ 軌道とのエネルギー差は,1s 軌道と 1σ 軌道とのエネルギー差よりも大きい(図も微妙だが,そのように描いてある).そのため,He_2 では結合性軌道に収容された 2 個の電子による結合を強め合う働きよりも,反結合性軌道に収容された 2 個の電子による結合を弱める働きの方が勝る.つまり,He_2 となると,He 単独よりもエネルギー的に不利になるため,He は He_2 という分子を形成しない.なお,解答の中で He_2^+ について原子軌道には便宜上,一方に 2 電子を,他方に 1 電子を記入している.

Check Point

▶ 分子軌道法(MO 法):全ての原子が結合に寄与していると考え,N 個の原子軌道から N 個の分子軌道を作り上げる.
▶ 結合性軌道:電子が入ることによって結合を強め合う軌道.
▶ 反結合性軌道:電子が入ると結合を弱める軌道.
▶ 結合次数:$b = \frac{1}{2}(n - n^*)$

問題14

N_2のエネルギーダイヤグラムに電子を矢印で描き入れ,また,結合次数を求めなさい.

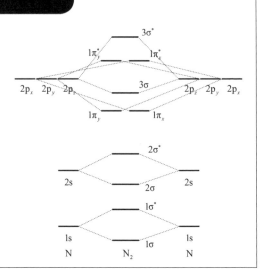

解答・解説

分子軌道法では,電子が2つ収容されている軌道同士の相互作用も考える.2つの1s軌道同士の相互作用により,結合性の1σ軌道と反結合性の$1\sigma^*$軌道が作られる.ただし,1s軌道はかなり原子核の近くに分布しており,ほとんど重ならないため,1σ軌道と$1\sigma^*$軌道はエネルギーダイヤグラムから省略されることもある.

次に2つの2s軌道同士の相互作用により,結合性の2σ軌道と反結合性の$2\sigma^*$軌道が,2つの$2p_z$軌道同士の相互作用により,結合性の3σ軌道と反結合性の$3\sigma^*$軌道が作られる.また,2つの$2p_x$軌道同士の相互作用により,結合性の$1\pi_x$軌道と反結合性の$1\pi_x^*$軌道が作られる.同様に,2つの$2p_y$軌道同士の相互作用により,結合性の$1\pi_y$軌道と反結合性の$1\pi_y^*$軌道が作られる.解答の図には,軌道の模式図も加えて

おいた(π 軌道を x, y で区別することはあまりないが，どの原子軌道から作られたか分かりやすいように，ここでは分類している).

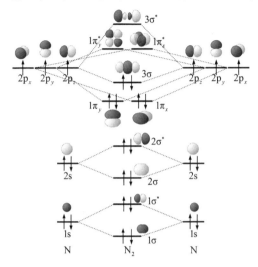

N_2 の総電子数は 14 個なので，構成原理に従って電子を収容していくと図のようになる．結合次数は，結合性軌道に収容されている電子が 10 個，反結合性軌道（*の記号が付いている軌道）に収容されている 4 個なので，

$$b = \frac{1}{2} \times (10 - 4) = 3$$

であり，N_2 は三重結合ということと一致する．

問題 15

基底状態における N_2 と O_2 分子および N_2^+，O_2^+ イオンの結合解離エネルギーは表の通りである．

分子またはイオン	N_2	N_2^+	O_2	O_2^+
結合解離エネルギー($kJ \cdot mol^{-1}$)	712	612	494	643

N_2 の解離エネルギーは N_2^+ の解離エネルギーより大きいのに対し，O_2 の解離エネルギーは O_2^+ の解離エネルギーより小さいのはなぜか．それぞれの電子配置，結合次数を使って説明しなさい．

解答

図では1s軌道同士からできる 1σ 軌道と $1\sigma^*$ 軌道を省略した．

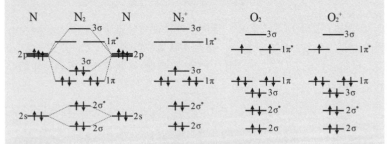

図のように N_2 と N_2^+ の電子配置と結合次数は，それぞれ，

N_2　$2\sigma^2 2\sigma^{*2} 1\pi^4 3\sigma^2$　　$b = 1/2 \times (8 - 2) = 3$
N_2^+　$2\sigma^2 2\sigma^{*2} 1\pi^4 3\sigma^1$　　$b = 1/2 \times (7 - 2) = 2.5$

であり，N_2^+ になると結合次数が減少して結合が弱くなるため，解離エネルギーが減少する（1σ 軌道と $1\sigma^*$ 軌道に入っている2個ずつの電子を計算しても，しなくても結合次数は同じである）．

O_2 と O_2^+ の電子配置，結合次数は，それぞれ，

O_2 $2\sigma^2 2\sigma^{*2} 3\sigma^2 1\pi^4 1\pi^{*2}$ $b = 1/2 \times (8 - 4) = 2$

O_2^+ $2\sigma^2 2\sigma^{*2} 3\sigma^2 1\pi^4 1\pi^{*1}$ $b = 1/2 \times (8 - 3) = 2.5$

であり，O_2 分子から電子が1個なくなると結合次数が増加して結合が強くなるため，O_2^+ の解離エネルギーの方が大きくなる．

解説

N_2 と O_2 では計算により，1π と 3σ のエネルギー準位が逆転することが分かっている．

O_2 には $1\pi^*$ 軌道に収容されている2個の不対電子がある．左図では両方上向きの矢印(α電子)で書いているが，両方下向き(β電子)でもよい．このような場合，磁気的性質を示す．フントの規則に違反すれば，1つが α 電子でもう1つが β 電子ということもありえる(原理は違反できないが，規則には違反するものがいる)．この場合，磁気的性質は消滅する．3パターンのスピンが考えられる(下図の(c))ので，酸素の基底状態は**三重項**であるという．全ての電子がスピン対を作っている場合(下図の(a))は，**一重項**と呼ばれる．つまり，多重度は全体のスピン量子数 S(図(a)〜(c)の左側の S)を用いて $2S + 1$ で表される．

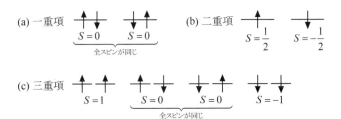

問題 16

次の原子軌道の組合せによって分子軌道を組み立てることができるか答えなさい．組み立てが可能な場合には，σ軌道，π軌道の区別を示しなさい．ただし，結合軸はz軸とする．
(a) 1s軌道と1s軌道　　(b) 1s軌道と$2p_x$軌道
(c) 1s軌道と$2p_z$軌道　　(d) $2p_x$軌道と$2p_x$軌道
(e) $2p_z$軌道と$2p_z$軌道　　(f) $2p_z$軌道と$2p_x$軌道
(g) $2p_z$軌道と$3d_{z^2}$軌道

解答
(a) σ軌道　(b) できない　(c) σ軌道　(d) π軌道
(e) σ軌道　(f) できない　(g) σ軌道

解説

前問では同じ軌道同士の相互作用によってできあがる分子軌道を考えたが，違う種類の原子軌道が相互作用し，分子軌道を作り上げる場合もある．ただし，どのような組合せでも分子軌道を作れるわけではない．

図は，結合軸をz軸(矢印で表記)とした場合の軌道の重なりの様子を示したものである(結合性，つまり同位相で軌道を重ねている)．影の部分は波動関数の符号が+であることを示している．(b)のように1s軌道と$2p_x$軌道では+符号同士で重なって結合に寄与する領域と，+と−符号が重なって結合に寄与しない部分ができるため，このような組合せでは分子軌道を組み立てることはできない．このような原子軌道の組合せを**対称性の合わない重なり**という．(f)も同様に対称性が合わないので，分子軌道を形成できない．

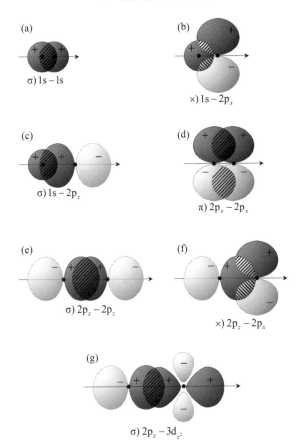

Check Point

▶ 対称性の合わない原子軌道からは分子軌道を作れない.

問題17

フッ化水素 HF の 3σ 軌道は,
$$\psi = 0.333\,\phi_H + 0.943\,\phi_F$$
と計算されている. ただし, ϕ_H は H の 1s 軌道, ϕ_F は F の $2p_z$ 軌道である. HF の σ 電子は, F の $2p_z$ 軌道にどの程度の時間存在するか, その割合を求めなさい.

解答

$0.943^2 =$ 0.889 $=$ 88.9%

(波動関数は規格化されているので, $0.333^2 + 0.943^2 = 1$)

解説

異核二原子分子では, 共有結合における電子分布は対称的ではなく, 一般に電気陰性度の大きい原子が負の電荷をもち(**部分負電荷**), 電気陰性度の小さい原子が**部分正電荷**をもつ**極性結合**を作る. これを分子軌道法で考えてみよう. エネルギーレベルの異なる原子軌道が相互作用して結合性軌道と反結合性軌道を作り上げる場合, 結合性軌道にはエネルギーレベルの低い原子軌道(図1のB)が大きく寄与し, 反結合性軌道には, エネルギーレベルの高い原子軌道(図1のA)が大

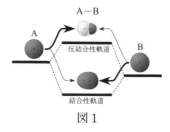

図1

きく寄与する. このため, 結合性軌道に収容された電子はB原子の周りに, 反結合性軌道に収容された電子はA原子の周りに存在する確率が高くなる.

HF の分子軌道を図2に示す. F の 1s 軌道のエネルギーレベルは H の 1s 軌道に比べてずっと低いので, 相互作用することなく, そのまま HF の 1σ 分子軌道となる. この 1σ 軌道は結合に全く関与しないので,

非結合性軌道と呼ばれ，n という記号が添えられることがある（$1\sigma^n$）．2σ 軌道もほぼ F の 2s 軌道からできており，非結合性軌道とみなせる．F の $2p_x$ 軌道，$2p_y$ 軌道は H の 1s 軌道とは対称性が合わないため，単独で HF の π 分子軌道になる．これらも非結合性である．

H の 1s 軌道と，F の $2p_z$ 軌道のエネルギーレベルが近いため，これらが相互作用して結合性の 3σ 軌道と反結合性の 4σ 軌道を作るが，$2p_z$ 軌道のエネルギーレベルの方が低いため，3σ 軌道には F の $2p_z$ 軌道が大

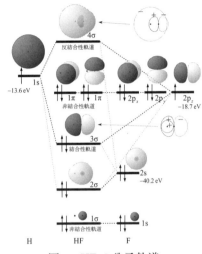

図 2　HF の分子軌道

きく寄与する．図 2 には H の 1s 軌道を 1/3 くらいにし，F の $2p_z$ 軌道を少しだけ小さくして重ねたものも点線で示しておいた．逆に，4σ 軌道には H の 1s 軌道が大きく寄与する（図 2 では 3σ 軌道への F 2s 軌道の寄与も薄い点線で示されているが，かなり小さいため問題では無視している）．この 3σ 軌道に収容された電子は問題にあるように，ほぼ F 原子の周りに存在する．

問題 18

一酸化炭素 CO のエネルギーダイヤグラムに電子を矢印で描き入れ,HOMO および LUMO を答えなさい.

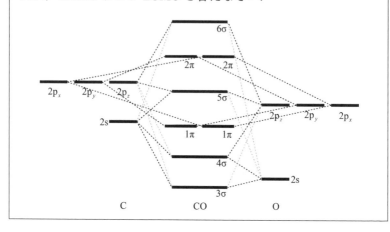

解答・解説

化学反応は電子のやりとりによって引き起こされるため,奪い取られる電子が入っている軌道や,奪い取った電子を収容する軌道が重要になる.奪い取られる側は,最もエネルギーの高い軌道に収容されている電子が奪い取られる.この軌道を**最高被占軌道**(highest occupied molecular orbital, **HOMO**)と呼ぶ.一方,電子を奪い取ると,その電子を自身の空いている軌道のうち,エネルギーの最も低い軌道に収容する.この軌道を**最低空軌道**(lowest unoccupied molecular orbital, **LUMO**)と呼ぶ.この HOMO と LUMO を合わせて**フロンティア軌道**という.

図では C,O ともに 1s 軌道が省略されていることに注意すること.それぞれの 1s 軌道に収容されている 4 個の電子を除いた残り 10 個の電子を構成原理に基づいて収容すると図のようになり, 5σ 軌道 が

HOMO, 2π軌道 が LUMO である．

図の軌道の模式図を見ると分かるが，5σ軌道は電気陰性度の小さいC側に大きく張り出している．このため，COの電気双極子モーメントは電気陰性度からの予測と異なり，非常に小さく，C原子側がわずかに負になっている．

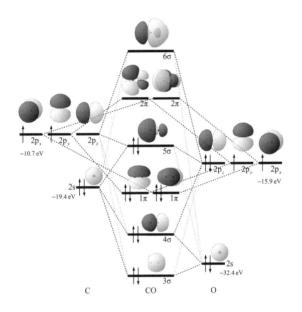

今までやった問題ではN_2（問題14）では3σ軌道がHOMO，$1\pi^*$軌道がLUMO．HF（問題17）では1π軌道がHOMO，4σ軌道がLUMOである．N_2^+（問題15）では，3σ軌道がHOMOであり，LUMOでもある．奪い取られる電子が入っている軌道＝HOMO，奪い取った電子を入れる軌道＝LUMOと考えるとよい．ちなみに，電子が1個だけ入っている軌道は，semi-occupied molecular orbital, SOMOとも呼ばれる．

問題 19

1,3-ブタジエンのπ軌道の模式図を示す．これをエネルギーの低い順に並べ替えなさい．ただし，図の黒点は炭素原子核の位置を，濃淡は波動の正負を表す．

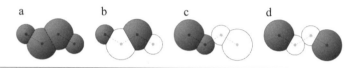

解答　a ＜ c ＜ d ＜ b

解説

分子軌道法で全ての軌道を計算すると計算量が多くなる．コンピューターのなかった時代，計算量を少なくするため価電子またはπ電子のみを取り扱う方法が提唱された．これをヒュッケル法という．

ヒュッケル法に従い，1,3-ブタジエンのπ軌道のみを計算すると，問題の図のようになり，節面（波が0になるところ，つまり，図では濃淡が切り替わるところ）が少ないほどエネルギーが低くなる．全く節面のないaの軌道が最もエネルギーが低く，ついで，1つだけ節面のあるcの軌道，2つあるdの軌道の順となり，最もエネルギーの高いのは節面が3つあるbの軌道である．

1,3-ブタジエンのπ電子は4つあるので，基底状態では，aの軌道に2つ，cの軌道に2つの電子が収容されている．

Check Point

▶ フロンティア軌道
　HOMO(最高被占軌道)：電子によって占有されている分子軌道の
　　　　　　　　　　　うち，最もエネルギーの高い軌道.
　LUMO(最低空軌道)：最もエネルギーの低い空の軌道.
▶ π軌道
　節面が少ないほど，軌道のエネルギーが低い.

4-4 分子間相互作用

pas à pas

問題1

Na^+イオンとCl^-イオン間に水中で働くクーロン力は,真空中で働くクーロン力の何倍かを計算しなさい.ただし,25.0℃における水の相対誘電率ε_rは78.5である.

解答

$$\frac{F_{\text{water}}}{F_{\text{vacuum}}} = \frac{\dfrac{-e^2}{4\pi\cdot\varepsilon\cdot r^2}}{\dfrac{-e^2}{4\pi\cdot\varepsilon_0\cdot r^2}} = \frac{\varepsilon_0}{\varepsilon} = \frac{\varepsilon_0}{\varepsilon_r\cdot\varepsilon_0} = \frac{1}{\varepsilon_r} = \boxed{\frac{1}{78.5}} \qquad \frac{1}{78.5}\text{倍}$$

解説

原子間あるいは分子間に働く最も基本的な力は,**クーロン力**である.一般にクーロン力は,

$$\boxed{F = \frac{q_1\cdot q_2}{4\pi\cdot\varepsilon\cdot r^2}}$$

で表される.異符号の電荷間では負で引力,同符号では正で反発力を意味する.ここで,εは**誘電率**と呼ばれるもので媒質によるクーロン力の違いを表している.SI単位では$J^{-1}\cdot C^2\cdot m^{-1}$である.基準となる真空の誘電率は次の通りである.

$$\varepsilon_0 = \frac{1}{4\pi\cdot c^2}\times 10^7 = 8.85419\times 10^{-12}\ J^{-1}\cdot C^2\cdot m^{-1} \qquad c\text{;光速}$$

他の媒質については,**相対誘電率**を用いて$\varepsilon = \varepsilon_r\cdot\varepsilon_0$と表す.水の誘電率は極めて大きく,クーロン力は弱められる.したがって,水中では電解質は解離することができる.

問題 2

25.0℃において,水中で 1.00 nm 離れている Na^+ と Cl^- の間に働く 1 mol 当たりのクーロン力に基づくポテンシャルエネルギーを求めなさい. ただし, 水の相対誘電率 ε_r は 78.5 とする.

解答 $-1.77 \text{ kJ·mol}^{-1}$

解説

クーロン力に基づく分子間相互作用エネルギー(クーロンポテンシャル)を計算する場合には, クーロン力を距離で積分して,

$$V = \int_\infty^r (-F) \cdot dr = \int_\infty^r \left(-\frac{q_1 \cdot q_2}{4\pi \cdot \varepsilon \cdot r^2} \right) \cdot dr = \frac{q_1 \cdot q_2}{4\pi \cdot \varepsilon \cdot r}$$

となる. 無限遠で 0 となり, 異符号の電荷間では負で引力ポテンシャルとして働き, 同符号では正で反発ポテンシャルとなる.

$$V = \frac{(1.602 \times 10^{-19} \text{ C}) \times (-1.602 \times 10^{-19} \text{ C})}{4\pi \times 78.5 \times 8.854 \times 10^{-12} \text{ J}^{-1} \cdot \text{C}^2 \cdot \text{m}^{-1} \times 1.00 \times 10^{-9} \text{ m}}$$
$$= -2.93836\cdots \times 10^{-21} \text{ J}$$

1 mol 当たりのポテンシャルエネルギーを求めるためには, これにアボガドロ定数 $N_A (6.022 \times 10^{23} \text{ mol}^{-1})$ を掛けて, 次のようになる.

$$V_m = V \times N_A = -1769.48\cdots \text{J·mol}^{-1} = \boxed{-1.77 \text{ kJ·mol}^{-1}}$$

問題3

水のO-H結合距離は0.957 Åであり,原子価角H-O-Hは104.5°である.酸素上の部分電荷を-0.658(電気素量eを1として表した場合),水素上の部分電荷を+0.329とすると,(a) O-Hの結合双極子モーメントおよび(b) 水の分子双極子モーメントをD(デバイ)の単位で求めなさい.

解答 (a) 1.51 D (b) 1.85 D

解説

分子は正電荷をもつ原子核と負電荷をもつ電子とからできているが,中性分子では正負の電荷量は等しい.しかし,電気陰性度の違いにより電子分布に偏りを生じ,分子内の正電荷の重心と負電荷の重心が一致しない場合には,(電

気)双極子モーメントμをもつ(双極子モーメントはベクトル量である).図のように正負の電荷の重心にそれぞれ$+q$, $-q$の電荷が存在し,負電荷から正電荷へのベクトルがlであるとき,**分子双極子モーメント**は,

$$\mu = q \cdot l$$

と表される.上の式を用いるためには,電荷の絶対値が等しくなければならない(双子の極子で双極子)が,問題では酸素の部分電荷(-0.658)と水素の部分電荷(+0.329)の絶対値が異なる.この場合,酸素の位置に-0.329の部分電荷が2つあると考え,それぞれが+0.329の部分電荷をもつ水素原子と双極子モーメントを作っているとすればよい.つまり,O-Hの**結合双極子モーメント**は次のようになる.

$$\mu_{OH} = 0.329 \times 1.602 \times 10^{-19}\,\text{C} \times 0.957 \times 10^{-10}\,\text{m}$$
$$= 5.04394506 \times 10^{-30}\,\text{C·m}$$

SI 単位系では，双極子モーメントの単位は C·m となるが，分子レベルでは大きすぎるので，D(デバイ)という単位がよく用いられる.

$$1\,\text{D(デバイ)} = 3.335640952 \times 10^{-30}\,\text{C·m}$$

これを使って変換すると，

$$\mu_{OH} = 5.04394506 \times 10^{-30}\,\text{C·m} \times \frac{1\,\text{D}}{3.335640950 \times 10^{-30}\,\text{C·m}}$$
$$= 1.51213 \cdots \text{D} = \boxed{1.51\,\text{D}}$$

となる．このように等号で結ばれた両辺の値($1\,\text{D}$ と $3.33\cdots \times 10^{-30}\,\text{C·m}$)を分数の形にして，分子・分母に並べると1になるので，元の値に掛けても変わらない．これ(変換係数という)を使って計算すると単位が約分できることが分かり，間違いを少なくできる．どちらを分子，分母にするかは単位を約分できるように考えて使えばよい．

分子双極子モーメントは，構成している結合がもっている結合双極子モーメントのベクトル和と考えることができる．水の分子双極子モーメントは図のように2本の O−H 結合の結合双極子モーメント μ_{OH} のベクトル和と見なせる．したがって，

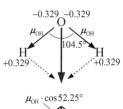

$$2\mu_{OH} \cdot \cos(52.25°) = \boxed{1.85\,\text{D}}$$

である．

問題4

モノクロロベンゼンの分子双極子モーメントは 1.57 D である．この分子双極子モーメントが，ほとんど Cl−C 結合双極子モーメントのみによるものであるとすると，(a) 1,2-ジクロロベンゼン，(b) 1,3-ジクロロベンゼン，(c) 1,4-ジクロロベンゼンの分子双極子モーメントは何 D になるかを計算しなさい．

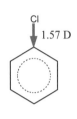

解答
(a) 2.72 D（実測 2.25 D）　(b) 1.57 D（実測 1.48 D）
(c) 0

解説

(a) 1,2-ジクロロベンゼン：1.57 D の Cl−C が 60°の角度をなしているので，分子双極子モーメントは2つのベクトルを合成し，

$$1.57 \text{ D} \times \sqrt{3} = \boxed{2.72 \text{ D}}$$

となる．

(b) 1,3-ジクロロベンゼン：1.57 D の Cl−C が 120°の角度をなしているので，合成ベクトルから，分子双極子モーメントは 1.57 D である．

(c) 1,4-ジクロロベンゼン：Cl−C 結合ベクトルが同一直線状で逆方向を向き，打ち消し合うので，分子双極子モーメントは 0 である．

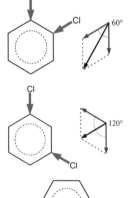

4-4 分子間相互作用

問題5

Na$^+$イオンから 5.00 Å 離れたところにある N$_2$ 分子に生ずる誘起双極子モーメントは何 D か計算しなさい．ただし，N$_2$ の分極率(分極率体積)は，1.74×10^{-30} m^3 とする．

解答 0.334 D

解説

H$_2$O や HCl，C$_6$H$_5$Cl のように正負電荷の重心が一致せず，双極子モーメントをもつ分子を(有)**極性分子**といい，**永久双極子モーメント**をもつ．一方，N$_2$ や CH$_4$ のような**無極性分子**でも電場の中におくと電子分布に偏りを生じ，双極子モーメントをもつようになる．これを**誘起双極子モーメント**といい，その大きさ μ_{ind} は，電場の大きさ E に比例する．

$\mu_{\text{ind}} = \alpha \cdot E$

ここで α を分極率といい，単位は C·m^2·V^{-1} である．これは扱いにくいので次式のように**分極率** α' を定義する．α' の単位は m^3 となり，体積の次元をもつので**分極率体積**と呼ぶ場合もある．

$$\alpha' = \frac{\alpha}{4\pi \cdot \varepsilon_0}$$

α' は，実際の分子の体積と同じ程度の値であり，分子が大きくなるほど大きくなり，分極しやすくなる．なお，q(C)の電荷が距離 r(m)の位置に作る電場の大きさ E(V·m^{-1})は次式のように表される．

$$E = \frac{q}{4\pi \cdot \varepsilon_0 \cdot r^2}$$

$$\mu_{\text{ind}} = 4\pi \cdot \varepsilon_0 \cdot \alpha' \cdot E = 4\pi \cdot \varepsilon_0 \times 1.74 \times 10^{-30} \text{ m}^3 \times \frac{1.602 \times 10^{-19} \text{ C}}{4\pi \cdot \varepsilon_0 \times \left(5.00 \times 10^{-10} \text{ m}\right)^2}$$

$$= 1.114\underline{9}92 \times 10^{-30} \text{ C·m} = \boxed{0.334 \text{ D}}$$

問題6

図の(a)〜(e)のように同一平面上に永久双極子モーメントをもつ極性分子が並んだ際, 引力が働くもの, 反発力が働くもの, 相互作用のないものに分類しなさい.

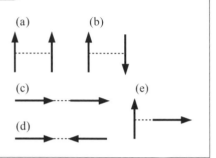

解答　引力 (b), (c)　　反発力 (a), (d)　　ない (e)

解説

図のように方向性が決まっている永久双極子－永久双極子相互作用のエネルギーは,

$$V = \frac{\mu_1 \cdot \mu_2 \cdot (1 - 3\cos^2\theta)}{4\pi \cdot \varepsilon_0 \cdot r^3}$$

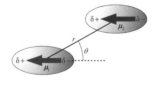

と表される. (c) のような配向であれば, $\theta = 0 (\cos\theta = 1)$ より, $V < 0$ となり引力が働く. 磁石で考えてもらえば簡単に引力か, 斥力かは判断できるだろう. この相互作用により, α-ヘリックス同士は引力が働く (b) のように逆向きに並ぶのが普通である.

問題 7

次の文章の空欄に適当なものを入れなさい．

電荷をもたない中性分子(部分電荷をもつ場合もある)や原子の間に働く相互作用を総称して (a) という．引力として働くものには(1)永久双極子－永久双極子に基づく (b) ，(2)永久双極子－誘起双極子に基づく (c) ，(3)瞬間双極子－誘起双極子相互作用に基づく (d) がある．これらの相互作用のエネルギーは，方向の決まった(1)の場合を除き，距離の (e) 乗に (f) する．

また，分子同士が接近すると初めは引力が働くが，さらに接近すると反発力が働く．この反発力は中性分子の閉殻電子殻に他の電子が進入できないこと，すなわち (g) によるものである．

解答 (a) ファン デル ワールス相互作用 (b) 配向力(キーサム力) (c) 誘起力(デバイ力) (d) 分散力(ロンドン力) (e) 6(または-6) (f) 反比例(-6とした場合には比例) (g) パウリの排他原理

解説

窒素やメタンのような中性分子，あるいはヘリウムやアルゴンのような不活性気体も低温では凝集して液体となる．分子同士が接近すると初めは引力が働くが，さらに接近すると反発力が働く．反発力は，パウリの排他原理のため中性分子の閉殻電子殻に他の電子が侵入できないことによるものである．この近距離で原子間や分子間に働く普遍的な反発力を**ファン デル ワールス斥力**という．

方向性が決まっている永久双極子－永久双極子相互作用のエネルギー

は前問の通りだが,分子が自由に回転できる場合,より安定な,つまり分子間で引力が働くような向きに分子同士が並ぶ割合が大きくなる.この引力を**配向力(キーサム力)**といい,その相互作用エネルギーは次式のように距離 r の 6 乗に反比例する形になる.

$$\langle V \rangle = -\frac{2\mu_1^2 \cdot \mu_2^2}{3(4\pi \cdot \varepsilon)^2 \cdot k_B \cdot T \cdot r^6}$$

また,極性分子 A は永久双極子モーメントをもつため電場を生じる.無極性分子 B が極性分子 A に接近すると,その電場により分極して誘起双極子モーメントをもつようになり,極性分子との間に引力が生じる.これが**誘起力(デバイ力)**であり,この永久双極子−誘起双極子間の相互作用エネルギーも次式のように距離 r の 6 乗に反比例する.

$$V = -\frac{\mu_A^2 \cdot \alpha_B}{(4\pi \cdot \varepsilon)^2 \cdot r^6}$$

さらに,無極性分子であっても電子密度分布のゆらぎにより一時的に双極子が生じる場合がある.これを**瞬間双極子**という.瞬間双極子をもった分子は周りの分子に誘起双極子を生じさせるため,分子間に引力が働く.この引力を**分散力(ロンドン力)**という.引き離すようなイメージを与える"分散"という名前が付いているが,これも引力である.この瞬間双極子−誘起双極子間の相互作用エネルギーも次式のように距離 r の 6 乗に反比例する.

$$V = -\frac{2}{3} \cdot \frac{\alpha_1 \cdot \alpha_2}{(4\pi \cdot \varepsilon)^2 \cdot r^6} \cdot \frac{I_1 \cdot I_2}{I_1 + I_2}$$

これらの式の詳細については物理化学のテキストを参照してほしい.いずれもエネルギーが 6 乗に反比例するのであって,力はエネルギーを距離で微分するため,距離の 7 乗に反比例することに注意してほしい.

これら永久双極子−永久双極子(配向力),永久双極子−誘起双極子

(誘起力), 瞬間双極子−誘起双極子(分散力), パウリの排他原理による斥力相互作用(ファン デル ワールス斥力)をまとめて**ファン デル ワールス相互作用**という.

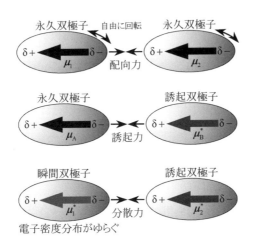

問題8

ファン デル ワールス相互作用を表す**レナード・ジョーンズ(12,6)ポテンシャル**は次式で示される.

$$V = 4\varepsilon \cdot \left\{ \left(\frac{\sigma}{r}\right)^{12} - \left(\frac{\sigma}{r}\right)^{6} \right\} \tag{1}$$

(a) エネルギーが最小になる距離 r_e と (b) そのときのエネルギーを求めなさい.

解答
(a) $2^{1/6}\sigma$ (b) $-\varepsilon$

解説

ファン デル ワールス相互作用の引力と反発力をまとめた式として使われる代表的なものは, レナードとジョーンズによって提案された(1)式である. 引力項は前問で説明したように距離 r の6乗に反比例するが, 反発項としては r の12乗に反比例するとするものが多い. これをレナード・ジョーンズ(12,6)ポテンシャルと呼び, 図のようになる.

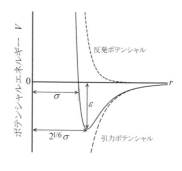

関数の極値を求める場合は, 問題とする変数に関する微分を行い, それが0となる変数の値を求めればよい.

$$\frac{dV}{dr} = 4\,\varepsilon \cdot \left(-12 \cdot \frac{\sigma^{12}}{r^{13}} + 6 \cdot \frac{\sigma^6}{r^7} \right) = 0$$

$$\therefore r^6 = 2\,\sigma^6 \qquad r = \boxed{2^{1/6}\,\sigma}$$

また,そのときのエネルギーは上記の値を(1)式に代入し,

$$V = 4\,\varepsilon \cdot \left\{ \left(\frac{\sigma}{2^{1/6}\,\sigma} \right)^{12} - \left(\frac{\sigma}{2^{1/6}\,\sigma} \right)^{6} \right\} = 4\,\varepsilon \cdot \left(\frac{1}{2^2} - \frac{1}{2} \right) = \boxed{-\varepsilon}$$

となる.

Check Point

▶ クーロン力:$F = \dfrac{q_1 \cdot q_2}{4\,\pi \cdot \varepsilon \cdot r^2}$

　クーロンポテンシャル:$V = \dfrac{q_1 \cdot q_2}{4\,\pi \cdot \varepsilon \cdot r}$

▶ 極性分子　　正負電荷の重心が一致しないもの.
　無極性分子　正負電荷の重心が一致するもの.
▶ 双極子モーメント:$\boldsymbol{\mu} = q \cdot \boldsymbol{l}$
▶ ファンデルワールス相互作用
　引力　配向力(キーサム力)
　　　　　　永久双極子-永久双極子相互作用
　　　　　誘起力(デバイ力)
　　　　　　永久双極子-誘起双極子相互作用
　　　　　分散力(ロンドン力)
　　　　　　瞬間双極子-誘起双極子相互作用
　　　ポテンシャルは距離の6乗に反比例する.
　ファンデルワールス斥力
▶ レナード・ジョーンズ(12,6)ポテンシャル

$$V = 4\,\varepsilon \cdot \left\{ \left(\frac{\sigma}{r} \right)^{12} - \left(\frac{\sigma}{r} \right)^{6} \right\}$$

　右辺第1項:斥力　　右辺第2項:引力

問題 9

主な分子間相互作用には，① ファン デル ワールス相互作用，② 水素結合，③ 疎水性相互作用がある．以下の現象にはどの相互作用が支配的な寄与をするか答えなさい．

(a) CH_3CH_2OH の沸点が CH_3OCH_3 の沸点より高い．
(b) $CH_3(CH_2)_3CH_3$ の沸点が $(CH_3)_4C$ の沸点より高い．
(c) CH_3COOH が水にも極性の低い有機溶媒にも可溶である．
(d) 界面活性剤が水中でミセルを形成する．
(e) 温度の低下によりエタンが凝集して液体になる．
(f) タンパク質やペプチドの二次構造の形成．
(g) タンパク質の三次構造の安定化．
(h) 脂質分子が水中で二分子膜を作る．
(i) DNA が二重らせん構造を形成する．
(j) 水中でシクロデキストリンによりフェノバルビタールが包接される．

解答 (a) ② (b) ① (c) ② (d) ③ (e) ① (f) ②
(g) ③ (h) ③ (i) ② (j) ③

解説

水素結合

2つの電気陰性度の高い原子(X, Y)間に水素原子が介在し，これを次のような形で結びつけているものをいう．

$$X-H \cdots\cdots Y \qquad X, Y：O, N, F など$$

最も初歩的な説明では，X-H において X の電子吸引性により H が正電荷をもち，第2の原子 Y の孤立電子対の負電荷とのクーロン相互作用の結果，形成されると考える ($^{\delta-}X - {}^{\delta+}H \cdots\cdots {}^{\delta-}Y$)．

結合角 X–H ……Y が 180°, すなわち直線に近い場合が最も安定であり, 結合の強さは 20 kJ·mol^{-1} 程度が代表的な値である. また, X……Y の距離は, X, H, Y のファンデルワールス半径から予想される値よりも<u>短く</u>, 約 3 Å またはそれ以下である. 水素"結合"と命名されているゆえんである.

分子軌道法では, X の軌道 ϕ_X, H の 1s 軌道 ϕ_H, Y の孤立電子対の軌道 ϕ_Y から形成される非局在結合とみなされる.

$$\psi = c_1 \cdot \psi_X + c_2 \cdot \psi_H + c_3 \cdot \psi_Y$$

水素結合は, 生命にとって不可欠の相互作用である. まず, 水のもっている低い蒸気圧, 高い粘度, 高い表面張力など様々な性質が水素結合に起因する. 図 1 のようにタンパク質の α-ヘリックスや β-シートなどの二次構造は水素結合により形成されている. また, DNA や RNA の二重らせん構造は塩基対 A–T(U), G–C 間の強い水素結合により形成され, その相補性により遺伝情報の伝達が行われる(図 2). 多くの医薬品はタンパク質レセプターの部位に結合することにより活性を発現するが, このときも静電相互作用と共に水素結合が重要な働きをする.

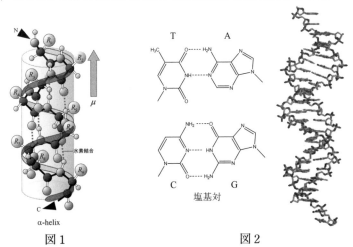

図 1　　　　　　　　　　図 2

疎水性相互作用

　水中では疎水性分子の疎水基が水を避けて集まろうとする見かけの相互作用が見られる．これを疎水性相互作用と呼ぶ．液体の水は，水素結合を介した網目構造をとっている．ただし，液体の水分子は自由に運動しているため，水素結合を切ったり，作ったりしており，水素結合の寿命は 10^{-11} 秒程度と言われている．その中に疎水性分子が入り込むと，水分子は疎水性分子とは水素結合ができないため，水分子は図3のようなカゴ状構造を作って取り囲み，水素結合ネットワークを維持しようとする．このため，水の構造の規則性が増すためエントロピー(乱雑さ)が減少する．例えば，疎水性分子の周りの水は，氷のような動きが止まった状態になる．この水のエントロピー減少をできるだけ防ぎ，熱力学的安定性を保とうとして図4のように疎水性分子同士が集まり，カゴ構造に関与する水分子の数を減らす．疎水性分子間に見かけ上，引力が働いているかのように集まってくるが，水のエントロピーを少しでも高めようとすることが駆動力となっている．これが疎水性相互作用である．

　疎水性分子を先生，水分子を学生と考えてもらうといいかもしれない．先生(疎水性分子)の周りにいる学生(水)は緊張して動けなくなるとすると，先生がバラバラに分散している状態では，多くの学生が動けなくなる．先生同士の仲が良いわけではないが，先生が1カ所に集まると，緊張して動けない学生の数が減るので，都合がよい．先生同士(疎水性分子)が積極的に集まっているのではなく，周りの学生(水)に配慮した結果，集まっているのである．

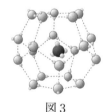

図3

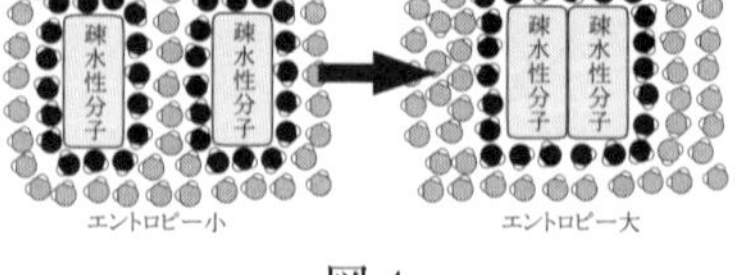

図4

疎水性相互作用は，水のエントロピーが駆動力になっているので，水のない環境では起こらない．その名が示すように「水」が必要である．

問題中の相互作用について考えてみる．
(a) アルコールでは O−H 間に水素結合が働くが，エーテル間では水素結合はできない．
(b) 接触面積の大きい n-ペンタン同士の方がファン デル ワールス相互作用が大きい．
(c) カルボン酸は，有機溶媒中では右のような二量体を形成し，溶解する．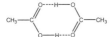
(d), (h) 界面活性剤や脂質分子のような両親媒性化合物は，疎水基間の疎水性相互作用により，ミセルや二分子膜を形成する．ミセルになるか二分子膜になるかは疎水基と親水基の体積に依存する．
(e) 気相で分子間に働く引力はファン デル ワールス力である．
(f), (i) は P441 の説明の通り．
(g) 様々な相互作用が働いているが，主に疎水性相互作用により疎水性のアミノ酸残基の多い部分がタンパク質の内側に入り，三次構造を安定化する．
(j) シクロデキストリンの空洞に疎水性相互作用によりフェノバルビタールのフェニル基が包接される．

問題10

1,2-ベンゼンジオール(カテコール)と1,4-ベンゼンジオール(ヒドロキノン)の沸点を比較したときいずれが高いと予想されるか,また,その理由を答えなさい.

解答
1,4-ベンゼンジオールの沸点が高い.
理由　1,2-ベンゼンジオールは図のような<u>分子内水素結合</u>を作り,分子間には水素結合を作りにくいのに対し,1,4-ベンゼンジオールでは分子内水素結合はできず,<u>分子間</u>水素結合を形成するため,沸点が高くなる.

解説

液体では分子同士が接触しているが,気体になると分子同士が離れて存在する.液体状態で分子間に水素結合などの相互作用が働いている場合,気体に変化する際,その分子間の結合を切断しなければならず,より大きなエネルギーを必要とする.つまり,より沸点が高くなる.融点も同じである.この問題の例では,それぞれの融点,沸点は次の通りである.

	融点/℃	沸点/℃
1,2-ベンゼンジオール	105	245
1,4-ベンゼンジオール	174	285

この他によく例とされる化合物に,o-ニトロフェノールとp-ニトロフェノールがあるが,これも同じ理由である.

問題 11

次の文章の空欄に適当な語句を入れなさい．

電荷移動相互作用は，[(a)] の小さい（電子を放出しやすい）電子供与体（ドナーD）の [(b)] と，[(c)] の大きい（電子を受け入れやすい）電子受容体（アクセプターA）の [(d)] との軌道間相互作用によって電荷移動が起こる相互作用である．

解答
(a) イオン化エネルギー　　(b) HOMO（最高被占軌道）
(c) 電子親和力　　(d) LUMO（最低空軌道）

解説

電荷移動相互作用は，図のように**電子供与体**（D, Lewis塩基）の **HOMO** と**電子受容体**（A, Lewis酸）の **LUMO** のエネルギーレベルが近いとき，結合ができ，DのHOMOに収容されている電子対がAのLUMOと共有されるようになる．空軌道へ電子分布が移動するので，**電荷移動**と呼ばれ，できあがった複合体は**電荷移動錯体**と呼ばれる．結合

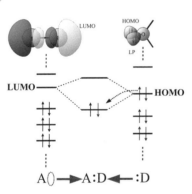

ができるとは書いたものの，共有結合ほど強くはなく，加熱すると切れるものもある．金属原子に対する配位結合もこの型の結合である．

電荷移動錯体の代表的な例は，ヨウ素-デンプン反応である．デンプン中の酸素の非共有電子対が，ヨウ素のLUMOへと移動することによって電荷移動錯体を形成し，青紫色を呈する．このように電荷移動錯体ができあがると，それぞれの分子自体にはない新しい光吸収帯が出現する．

第5章

電磁波と分子

5-1 電磁波と遷移

問題 1

次の電磁波を波長の長い方から順に並べ替えなさい.
① X 線　　② 可視光線　　③ 紫外線
④ 赤外線　　⑤ マイクロ波　⑥ ラジオ波

解答　⑥ラジオ波＞⑤マイクロ波＞④赤外線＞②可視光線
＞③紫外線＞① X 線

解説

電磁波は，波長によって名称が異なり，下の表のように分類される.

波長 λ/m	振動数 ν/Hz	波数 $\tilde{\nu}$/m^{-1}	エネルギー E/eV	電磁波の名前
10^3	3.0×10^5	10^{-3}	1.2×10^{-9}	ラジオ波
1	3.0×10^8	1	1.2×10^{-6}	マイクロ波
10^{-3}	3.0×10^{11}	10^3	1.2×10^{-3}	赤外線
7.8×10^{-7}	3.8×10^{14}	1.3×10^6	1.6	可視光線
3.8×10^{-7}	7.9×10^{14}	2.6×10^6	3.3	紫外線
10^{-8}	3.0×10^{16}	10^8	1.2×10^2	X 線(γ 線)

ただし，境界は統一的に定められたものではないため，学問分野によって多少の違いがある．

電磁波のエネルギーについては第4章で学んだ．
$$E(\mathrm{J}) = h(\mathrm{J \cdot s}) \cdot \nu(\mathrm{s^{-1}}) = h(\mathrm{J \cdot s}) \cdot c(\mathrm{m \cdot s^{-1}}) \cdot \tilde{\nu}(\mathrm{m^{-1}})$$
$$= h(\mathrm{J \cdot s}) \cdot \frac{c(\mathrm{m \cdot s^{-1}})}{\lambda(\mathrm{m})}$$
ここで，h はプランク定数，c は光速であり定数である．したがって，エネルギーE は振動数ν，波数$\tilde{\nu}$に比例し，波長λには反比例する．もし，エネルギー，振動数，波数の大きい方から並べ替えると，解答とは逆の順になる．

問題2

ある化合物(モル質量 400 g·mol^{-1})の $\lambda_{max} = 360$ nm におけるモル吸光係数 ε は 2.50×10^4 mol^{-1}·L·cm^{-1} である.この化合物の 3.00×10^{-5} mol·L^{-1} 水溶液を 1 cm セルを用いて測定したときの(a)吸光度,および(b)透過率を求めなさい.ただし,溶液には 360 nm に吸収をもつ他の化合物は含まれないものとする.

解答 (a) 吸光度 0.750 (b) 透過率 0.178(あるいは 17.8%)

解説

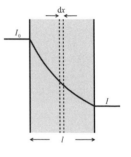

図のように,強度 I_0 の単色光(入射光)が試料溶液を透過後,その強度が I になったとする.I/I_0 を**透過率** T と定義する.

$$T = \frac{I}{I_0}$$

微小な厚さ dx の試料層での吸収による強度の減少 dI は,層の長さ(dx),溶液の濃度(c)および光の強度(I)に比例する.

$$\mathrm{d}I = -k \cdot c \cdot I \cdot \mathrm{d}x$$

この方程式を変数分離し,積分すると(試料層の長さを l とする),

$$\int_{I_0}^{I} \frac{\mathrm{d}I}{I} = \int_0^l (-k \cdot c) \cdot \mathrm{d}x = -k \cdot c \cdot \int_0^l \mathrm{d}x \qquad \ln\left(\frac{I}{I_0}\right) = -k \cdot c \cdot l$$

という関係式が得られる.これを常用対数に変換し,$A = -\log(I/I_0)$ として**吸光度** A を定義すると,

$$A = -\log\left(\frac{I}{I_0}\right) = \varepsilon \cdot c \cdot l$$

となる．吸光度が層の長さ l と濃度 c に比例するこの式を**ベール・ランベルトの法則**という．比例定数 ε は，**モル吸光係数**と呼ばれ，$c = 1 \text{ mol·L}^{-1}$, $l = 1 \text{ cm}$ としたときの吸光度を表している．温度，波長を指定した場合，モル吸光係数は化合物に固有な値である．この法則は，分光法を定量法として用いるときの基礎となる．

(a) 吸光度

$$A = 2.50 \times 10^4 \text{ mol}^{-1}\text{·L·cm}^{-1} \times 3.00 \times 10^{-5} \text{ mol·L}^{-1} \times 1 \text{ cm} = \boxed{0.750}$$

(b) 透過率

$$A = -\log\left(\frac{I}{I_0}\right) = -\log T \quad \text{より} \quad T = 10^{-A}$$

$$T = 10^{-0.750} = 0.17782\cdots = \boxed{0.178} = \boxed{17.8\%}$$

%を計算する際，100倍すると小学校で習うが，「%」は元々0.01という数値の意味をもつので，$0.178 = 17.8 \times 0.01 = 17.8\%$ である．

Check Point

▶ 透過率 T と吸光度 A の関係 　　$A = -\log T$ 　　$T = 10^{-A}$
▶ ベール・ランベルトの法則 　　$A = \varepsilon \cdot c \cdot l$

問題3

電子状態や分子の回転,振動状態のエネルギー準位間のエネルギー差 ΔE は以下のような値をもつ.このエネルギー間で遷移が起こる(あるエネルギー状態から別のエネルギー状態に飛び移る)ときに吸収される電磁波の波長を求めなさい.また,どの領域の電磁波(赤外線領域,紫外線領域など)に相当するかを答えなさい.

(a) NO 分子の回転遷移　　　　　 $24.0 \, \text{J·mol}^{-1}$
(b) C = O 結合の伸縮振動　　　　 $20.2 \, \text{kJ·mol}^{-1}$
(c) ヘモグロビンの電子遷移　　　 $218 \, \text{kJ·mol}^{-1}$
(d) タンパク質中のアミノ酸側鎖の1つフェニル基の π-π^* 遷移
　　　　　　　　　　　　　　　　 $636 \, \text{kJ·mol}^{-1}$

解答

(a) $4.98 \times 10^{-3} \, \text{m} \, (4.98 \, \text{mm})$　マイクロ波領域($1 \, \text{mm} \sim 1 \, \text{m}$)
(b) $5.92 \times 10^{-6} \, \text{m} \, (5.92 \, \mu\text{m})$　赤外線領域($780 \, \text{nm} \sim 1 \, \text{mm}$)
(c) $5.49 \times 10^{-7} \, \text{m} \, (549 \, \text{nm})$　可視光領域($380 \, \text{nm} \sim 780 \, \text{nm}$)
(d) $1.88 \times 10^{-7} \, \text{m} \, (188 \, \text{nm})$　紫外線領域($10 \, \text{nm} \sim 380 \, \text{nm}$)

解説

量子力学によれば,分子の電子状態がとびとびのエネルギー準位をもつように,分子の回転や構成する原子の振動運動も離散的なエネルギー準位をとることが分かっている.それぞれのエネルギー準位の関係を示したのが図である.**ボーアの振動数条件**,

$$h \cdot \nu = \Delta E$$

によれば,このエネルギー準位間のエネルギー差 ΔE に相当する波長の電磁波を照射すると,これを吸収してエネルギー準位間の遷移が起こる.1 mol 当たりのエネルギーにするためアボガドロ定数 N_A を掛ける

と,次のようになる.
$$\Delta E(\mathrm{J \cdot mol^{-1}}) = h(\mathrm{J \cdot s}) \cdot \nu(\mathrm{s^{-1}}) \cdot N_\mathrm{A}(\mathrm{mol^{-1}})$$
$$= h(\mathrm{J \cdot s}) \cdot \frac{c(\mathrm{m \cdot s^{-1}})}{\lambda(\mathrm{m})} \cdot N_\mathrm{A}(\mathrm{mol^{-1}})$$

したがって,波長は次式で得られる.
$$\lambda(\mathrm{m}) = \frac{h(\mathrm{J \cdot s}) \cdot c(\mathrm{m \cdot s^{-1}}) \cdot N_\mathrm{A}(\mathrm{mol^{-1}})}{\Delta E(\mathrm{J \cdot mol^{-1}})}$$
$$= \frac{6.626 \times 10^{-34} \mathrm{~J \cdot s} \times 2.998 \times 10^8 \mathrm{~m \cdot s^{-1}} \times 6.022 \times 10^{23} \mathrm{~mol^{-1}}}{\Delta E(\mathrm{J \cdot mol^{-1}})}$$

この式に与えられた ΔE の値を入れれば,波長 λ が求められる.

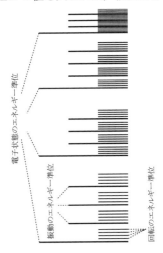

Check Point

- ▶ 回転遷移 マイクロ波領域
- ▶ 振動遷移 赤外線領域
- ▶ 電子遷移 紫外・可視光線領域

問題 4

次の化合物の回転の自由度はいくらかを求めなさい．また，これらの分子のうち，純回転スペクトル（マイクロ波スペクトル）が観測される化合物を選びなさい．
(a) N_2 (b) CO_2 (c) NO (d) OCS (e) CH_4 (f) H_2O
(g) HC≡CH (h) C_6H_6（ベンゼン）

解答　回転の自由度
(a) 2 (b) 2 (c) 2 (d) 2 (e) 3 (f) 3 (g) 2 (h) 3
純回転スペクトルをもつもの (c), (d), (f)

解説

1個の原子は，x, y, z 3方向への運動の自由度をもち，N 原子分子では $3N$ の運動の自由度がある．このうち，原子同士の相対的な位置が変わらない，剛体とみなしうる並進運動の自由度3と回転の自由度をもっている．回転の自由度は，非直線分子では3，直線分子の場合は分子軸まわりの回転がないので2である．残りの $3N - 6$（直線分子では $3N - 5$）の自由度は，原子の相対的な位置の変化，すなわち**分子振動**に対応する．

量子力学によれば，分子がもつ回転エネルギーは量子化されており，とびとびのエネルギー準位を示す．このエネルギー準位間の遷移に対応するのが**回転スペクトル**である．エネルギー差は小さく，吸収あるいは放出される電磁波の波長は 1 mm〜1 cm であり，**マイクロ波**領域の電磁波に相当する．これを利用する分光法を**回転分光法**または**マイクロ波分光法**と呼ぶ．回転エネルギー準位間で遷移を起こすための**選択律**の1つは，分子が双極子モーメントをもつこと，すなわち**極性分子**であることである．

(a)〜(h) の分子のうち直線状でないものは，(e), (f), (h) のみである．また，(c), (d), (f) 以外は双極子モーメントをもたないので回転スペクトルが観測されない．

問題5

$^{14}N^{16}O$ 分子において回転量子数 $J = 0 \to 1$ の遷移の振動数は，6.00×10^{10} Hz と測定された．N–O の結合距離(Å)を計算しなさい．ただし，^{14}N，^{16}O の相対質量はそれぞれ 14.0，16.0 とする．

解答 1.50 Å

解説

回転により分子は変形せず，**剛体回転子**として近似できる場合を考える．最も簡単な HCl のような直線分子の回転運動に関するシュレーディンガー方程式を解くと，回転エネルギーは，

$$E_J = h \cdot B \cdot J \cdot (J+1) \quad J = 0, 1, 2, \cdots \quad (1)$$

であることがわかる．ここで，J は**回転量子数**であり，また B は**回転定数**と呼ばれ，振動数と同じ単位 Hz($= s^{-1}$) をもつ．B は分子の**慣性モーメント** I と次のように関係付けられる．

$$B = \frac{\hbar}{4\pi \cdot I} = \frac{h}{8\pi^2 \cdot I} \quad (2)$$

慣性モーメント I は，各原子の質量 m_i，および回転軸からの距離 r_i により，

$$I = \sum_{i=1}^{N} m_i \cdot r_i^2 \quad (3)$$

と表される．ただし，N は構成原子の数である．回転量子数とエネルギー準位の関係を図に示す．

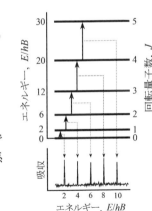

回転エネルギー準位間の遷移が起こるためには，2つの条件を満足しなければならない(選択律)．1つは，前問で説明したように極性分子であること，もう1つは，回転量子数に関して，$\Delta J = \pm 1$ という関係がなければならないことである．

回転量子数が J と $J+1$ の準位間のエネルギー差は，

$$\Delta E_J = h \cdot B \cdot \{(J+1)\cdot(J+2) - J \cdot (J+1)\} = 2\,h \cdot B \cdot (J+1) \quad (4)$$

であるから，J から $J+1$ への遷移で吸収される電磁波の振動数は，$\nu_J = 2B\cdot(J+1)$ であり，スペクトルは図のように等間隔の線スペクトルになる(図の横軸はエネルギーで描いているが，エネルギーと振動数，波数は比例するので，横軸を振動数，波数で描いても等間隔になる)．この吸収線の間隔から回転定数 B を求めることができる．(2)式および(3)式によって，B の値から r_i を計算できるので，結合距離を知ることができる．

原子1個の質量がそれぞれ m_A，m_B であり，結合距離が R の二原子分子 AB の慣性モーメント I は，重心を原点にとり，

$$I = m_A \cdot \left(\frac{m_B}{m_A+m_B}\cdot R\right)^2 + m_B \cdot \left(\frac{m_A}{m_A+m_B}\cdot R\right)^2 = \frac{m_A \cdot m_B^2 + m_B \cdot m_A^2}{(m_A+m_B)^2}\cdot R^2$$

と表される．右辺を整理すると，

$$I = \frac{m_A \cdot m_B}{m_A + m_B}\cdot R^2 = \mu \cdot R^2$$

となる．ここで，μ は換算質量である．NO の回転定数 B は，$J = 0 \to 1$ の遷移の実測スペクトルより，

$$\nu = 2B\cdot(J+1) \quad 6.00\times 10^{10}\ \mathrm{s^{-1}} = 2B \quad \therefore B = 3.00\times 10^{10}\ \mathrm{s^{-1}}$$

である．したがって，(2)式から NO の慣性モーメントは，

$$I = \frac{6.626\times 10^{-34}\ \mathrm{J\cdot s}}{8\pi^2 \times 3.00\times 10^{10}\ \mathrm{s^{-1}}} = 2.7973\cdots \times 10^{-46}\ \mathrm{kg\cdot m^2}$$

と求まる．NO の換算質量 μ を kg 単位で計算すると，

$$\mu = \frac{\dfrac{14.0\times 10^{-3}\text{ kg}}{6.022\times 10^{23}} \times \dfrac{16.0\times 10^{-3}\text{ kg}}{6.022\times 10^{23}}}{\dfrac{14.0\times 10^{-3}\text{ kg}}{6.022\times 10^{23}} + \dfrac{16.0\times 10^{-3}\text{ kg}}{6.022\times 10^{23}}} = \left(\frac{14.0\times 16.0}{14.0+16.0}\right)\frac{10^{-3}}{6.022\times 10^{23}}\text{ kg}$$

であるから,$I = \mu \cdot R^2$ より,NO の結合距離 R が以下のように求まる.

$$R = \sqrt{\frac{I}{\mu}} = 1.50\times 10^{-10}\text{ m} = \boxed{1.50\text{ Å}}$$

Check Point

▶ 二原子分子の換算質量
$$\mu = \frac{m_A \cdot m_B}{m_A + m_B}$$

▶ 回転分光法(マイクロ波分光法)の選択律
  極性分子であること
  $\Delta J = \pm 1$

問題6

ある化合物のカルボニル基($^{12}C = {}^{16}O$)の伸縮振動の赤外吸収は,1720 cm^{-1}に見られる.このC=O結合の力の定数kを計算しなさい.ただし,分子の他の部分の影響は少なく,CとOの二原子分子として近似できるものとし,^{12}N,^{16}Oの相対質量はそれぞれ12.0,16.0とする.

解答 $1.20 \times 10^3 \, \mathrm{N \cdot m^{-1}}$

解説

4章3節問題1で見たように核間距離Rと分子のポテンシャルエネルギーは図1のようになる.ポテンシャルエネルギーは,平衡結合距離R_eで最小となり,無限遠で0となる.平衡結合距離R_eの近傍では点線のように放物線に近似することができ,ポテンシャルエネルギーVを,

$$V = \frac{1}{2} k \cdot (R - R_e)^2 \qquad (1)$$

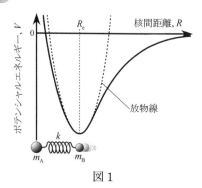

図1

と表すことができる.(1)式は,フックの法則に従うばね,つまり**調和振動子**の復元力によるポテンシャルエネルギーを表す式と同じである.結合を一種のばねとみなし,kを結合の強さを表す**ばね定数**とみなすことができる.kは**力の定数**と呼ばれ,その単位は$\mathrm{N \cdot m^{-1}}$である.

力の定数がkの結合で結ばれた質量m_A,m_Bの2個の原子間の振動について,(1)式のポテンシャルエネルギーに基づきシュレーディンガー

方程式を解くと，エネルギー準位は，

$$E_v = \left(v + \frac{1}{2}\right) \cdot h \cdot \nu \qquad v = 0, 1, 2, 3, \cdots \qquad (2)$$

で与えられる．vは**振動の量子数**であり，振動数νは次式で表される．

$$\nu = \frac{1}{2\pi} \cdot \left(\frac{k}{\mu}\right)^{1/2} \qquad (3) \qquad \mu ; 換算質量$$

μは問題5と同様に計算でき，C=O結合のkは次のように求められる．

$$\nu = \tilde{\nu} \cdot c = \frac{1}{2\pi} \cdot \left(\frac{k}{\mu}\right)^{1/2} \quad より \quad k = (2\pi \cdot \tilde{\nu} \cdot c)^2 \times \mu$$

$$k = \left(2\pi \times 1720 \times 10^2 \, \text{m}^{-1} \times 2.998 \times 10^8 \, \text{m} \cdot \text{s}^{-1}\right)^2 \times \left(\frac{12.0 \times 16.0}{12.0 + 16.0}\right) \cdot \frac{10^{-3}}{6.022 \times 10^{23}} \, \text{kg}$$

$$k = 1.1953\cdots \times 10^3 \, \text{N} \cdot \text{m}^{-1} = \boxed{1.20 \times 10^3 \, \text{N} \cdot \text{m}^{-1}}$$

エネルギー準位は，図2のように等間隔である．注意すべき点は，回転運動のエネルギー準位と異なり，$v = 0$の状態でも有限のエネルギー$(1/2)h \cdot \nu$をもつことである．これを**零点振動**と呼び，エネルギーを**零点エネルギー**という．振動遷移は普通，波数$\tilde{\nu}$で表され，cm^{-1}（カイザーと読む）という単位が用いられる．

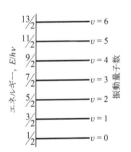

振動のエネルギー準位差は，$10^{-20} \sim 10^{-19}$ J程度であり，光の振動数としては，$10^{13} \sim 10^{14}$ Hz（$\tilde{\nu} = 300 \sim 4000$ cm^{-1}）の範囲である．これは，赤外線に相当し，振動遷移は**赤外分光法（IRスペクトル）**によって観測される．

赤外吸収に関する選択律の1つは量子数に関するもので、$\Delta v = \pm 1$ という条件を満たさなければならない。量子数 v の状態と、$v+1$ の状態とのエネルギー差は、

$$\Delta E = E_{v+1} - E_v = \left(v+\frac{3}{2}\right)\cdot h\cdot \nu - \left(v+\frac{1}{2}\right)\cdot h\cdot \nu = h\cdot \nu = h\cdot c\cdot \tilde{\nu}$$

であり、ΔE に対応する振動数 ν の光が吸収される。室温ではほとんどの分子が基底状態($v=0$)にあるため、遷移は主に $v=0$ から $v=1$ へのものである。

問題 7

ある化合物の C–H 伸縮振動の赤外吸収は，$2900\ \mathrm{cm}^{-1}$ に見られる．重水素 D に置換した C–D 伸縮振動の吸収は何 cm^{-1} に見られるかを答えなさい．ただし，力の定数は変化しないものとし，H, D, C の相対質量はそれぞれ 1.008, 2.014, 12.00 とする．また分子の他の部分は影響せず，C–H, C–D は共に二原子分子として近似できるものとする．

解答　$2129\ \mathrm{cm}^{-1}$

解説

C–D 伸縮振動の波数を $\widetilde{\nu'}$，C–H および C–D の換算質量をそれぞれ μ_{CH}, μ_{CD} とすると，

$$2900\ \mathrm{cm}^{-1} \times c = \frac{1}{2\pi} \cdot \left(\frac{k}{\mu_{\mathrm{CH}}}\right)^{1/2}$$

$$\widetilde{\nu'} \times c = \frac{1}{2\pi} \cdot \left(\frac{k}{\mu_{\mathrm{CD}}}\right)^{1/2}$$

これらの式の両辺の比から，

$$\frac{\widetilde{\nu'}}{2900\ \mathrm{cm}^{-1}} = \left(\frac{\mu_{\mathrm{CH}}}{\mu_{\mathrm{CD}}}\right)^{1/2} = \left\{\frac{\left(\dfrac{1.008 \times 12.00}{1.008 + 12.00}\right)}{\left(\dfrac{2.014 \times 12.00}{2.014 + 12.00}\right)}\right\}^{1/2} = 0.73430\cdots$$

$$\widetilde{\nu'} = 2900\ \mathrm{cm}^{-1} \times 0.73430 = 2129.4\cdots\ \mathrm{cm}^{-1} = \boxed{2129\ \mathrm{cm}^{-1}}$$

問題8

次の化合物の基準振動モードのうち, 赤外不活性なモード (赤外吸収を示さないモード) を選びなさい.

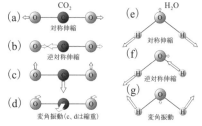

解答 (a)

解説

全ての原子が同期した運動をし, 分子の重心の位置が変わらないような振動を**基準振動**という. 例えば, (a) の運動で, 仮に右側のO原子だけが右に動き, 中央のC原子と左側のO原子が動かないとすると, 重心が右側にずれてしまう. このように重心が変わってしまう運動は基準とは呼ばない.

電磁波を吸収し, 振動遷移が起こるためのもう1つの選択律は, 振動によって分子双極子モーメントが変化することである. 分子双極子モーメントが振動によって変動し, 電場を揺さぶることにより, 電磁波と相互作用すると考えればよい. 分子が永久双極子モーメントをもつ必要はない. 窒素や酸素では, 振動によって分子双極子モーメントは変化せず, 光の吸収は見られない. つまり, **赤外不活性**である.

CO_2 の対称伸縮振動 (a) では, 分子内の正電荷の重心と負電荷の重心の位置は変化せず, 分子双極子モーメントは0のままである. したがってこのモードは赤外不活性である. 他はいずれも分子双極子モーメントが変化するため活性である.

問題 9

次の分子の振動モードのうち，赤外活性なモードを選びなさい．

(a)　(b)　(c)　(d)　(e)

解答　(b), (e)

解説

(a), (c), (d) は対称的な振動をするため，分子双極子モーメントが変化せず(0から0へ)，赤外不活性である．

Check Point

▶ 赤外分光法の選択律
   振動によって，双極子モーメントが変化すること
▶ 重水素(D)置換や水素結合によって，X–H の伸縮振動は低波数側にシフトする．

問題 10

次の文章中の空欄に適当な語句を入れなさい．

分子に光を照射すると散乱されるが，散乱光の波長が入射光の波長と同じ場合を (a) 散乱，散乱光の波長が入射光の波長より長くなる（振動数が小さくなる）場合を (b) 散乱，逆に散乱光の波長が短くなる場合を (c) 散乱という．強度は (b) 散乱の方が強く，これを利用するのがラマン分光法である．

入射光と散乱光の波長（振動数）の差は振動エネルギー準位間のエネルギー差に相当する．ラマンスペクトルの選択律は，対応する振動によって (d) が変化することである

解答
(a) レイリー　　(b) ストークス　　(c) アンチストークス
(d) 分子分極率

解説

分子振動に関する情報を与える分光法の1つに**ラマン分光法**がある．分子に電磁波（光）を照射すると，電磁波の振動によって電子が揺り動かされ，同じ振動数で変化する誘起双極子モーメントが生じる．そこから入射光と同じ振動数の電磁波（光）が放出される．これが**レイリー散乱**である．

仮に赤外線よりも振動数の大きい可視光線を照射すると（ラマン分光法では 532 nm の緑色のレーザー光などが用いられる），重い原子核は電場の振動に追随できないため，原子核は固有の速さで振動することとなる．このため，光の電場の振動（ν_i）に，原子核の振動（ν）が重なり，波のうねりが生じる．結果，双極子モーメントの振動に $\nu_i + \nu$（**アンチストークス散乱**）と $\nu_i - \nu$（**ストークス散乱**）の成分が生まれる．これが**ラマン散乱**である．ただし，99.9…％はレイリー散乱であり，ラマン散

乱はごくわずかしかないため，フィルターなどでレイリー散乱を取り除かないと肉眼では見えない．

便宜的に仮の励起状態を考え，そこから基底状態（あるいは励起振動状態）に落ちてくるときに光を放出（散乱）すると考えるとよい．問題6で見たように，室温では基底状態にある分子が多いため，振動数が小さくなる（波長が長くなる）ストークス散乱の方

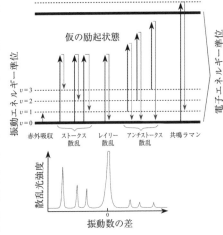

がアンチストークス散乱よりも強く，これを使うのがラマン分光法である．

ラマン散乱の選択律は，振動により**分子分極率**（分子の大きさ）が変化することであり，赤外吸収と異なる．例えば，CO_2 の対称伸縮振動は赤外不活性であるが分子の大きさが変わるためラマン活性である．一方，逆対称伸縮はラマン不活性である．このような相補的な関係を交互禁制則という．対称性の低い大きな分子では赤外吸収，ラマン散乱いずれでも同じようなスペクトルを与えるが，ラマンスペクトルの利点は，水による散乱が弱く，水溶液中での測定が可能であり，生体分子の研究に向いていることである．

Check Point

▶ レイリー散乱　入射光と同じ波長の散乱光
　ラマン散乱 { ストークス散乱　　　　入射光より波長が長い
　　　　　　　 アンチストークス散乱　入射光より波長が短い
▶ ラマン分光法の選択律
　振動によって，分子分極率が変化すること．

問題11

次の文章の空欄に適当なものを入れなさい。後の〔 〕内に選択肢が示している場合は正しい語句を選びなさい。

分子は、紫外線や可視光線を吸収して基底電子状態から励起電子状態へ遷移する。σ軌道に収容されている電子は、電磁波のエネルギーを吸収すると、(a) 軌道に遷移する。これを (b) 遷移という。同様に、π軌道に収容されている電子は、電磁波のエネルギーを吸収すると、(c) 軌道に遷移する。これを (d) 遷移という。非結合性軌道に収容されている電子が (a) 軌道や (c) 軌道に遷移することもあり、それぞれ (e) 遷移、(f) 遷移と呼ばれる。励起した電子は熱または光を放出して基底状態に戻る。

(b) 遷移は (d) 遷移に比べ、エネルギー差が (g) 〔大きい・小さい〕ため、(h) 領域に現れる。したがって、通常の紫外・可視 (UV-Vis) 分光光度計で測定しているのは (d) 遷移であり、π結合をもつ $>C=C<$, $>C=O$, $-N=N-$ などの原子団を (i) といい、これと結合して吸収波長や強度を変化させる $-OH$, $-NH_2$ などの置換基を (j) と呼ぶ。

π電子をもつ不飽和化合物において共役系が長くなると吸収する電磁波の波長が長波長側に移動する。これを (k) といい、逆に短波長側へシフトすることを (l) と呼ぶ。また、吸収強度が増加することを (m) といい、反対に吸収強度が減少することを (n) という。

解答 (a) σ^* (b) $\sigma \to \sigma^*$ (c) π^* (d) $\pi \to \pi^*$
(e) $n \to \sigma^*$ (f) $n \to \pi^*$ (g) 大きい (h) 真空紫外
(i) 発色団 (j) 助色団
(k) 深色効果(レッドシフト) (l) 浅色効果(ブルーシフト)
(m) 濃色効果 (n) 淡色効果

解説

紫外線は波長が10〜380 nmの領域の電磁波を指すが,190 nm以下になると,空気が紫外線を吸収してしまうため,真空下で試料を測定しなければならず,そのため190 nm以下の紫外線を真空紫外と呼んでいる.一般的なUV-Vis分光光度計は190〜380 nmの紫外部と,380〜780 nmの可視光部分の吸光度を測定する.

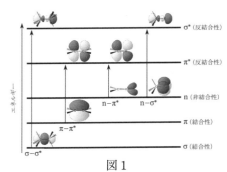

図1

UV-Visスペクトルは,通常,縦軸に吸光度A,横軸に波長λで描かれる.吸光度Aは電子遷移が起こる確率を示しており,波長λは電子遷移のエネルギー差を表している.

$$\Delta E = h \cdot \nu = \frac{h \cdot c}{\lambda}$$

電子遷移には,振動遷移と回転遷移が重なるため,スペクトルはブロード化する.図2は食用赤色104号水溶液のUV-Visスペクトルである.

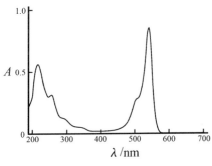

図2

問題 12

次の文章の空欄に適当な語句を入れなさい．後の〔 〕内に選択肢が示している場合は正しい語句を選びなさい．

基底電子状態において振動量子数 $v = 0$ の状態にあっても，電子遷移後の励起電子状態では振動運動に関して平衡位置にはなく，高い振動状態 ($v' \neq 0$) にある．時間と共にエネルギーを熱として散逸する (a) 遷移により，$v' = 0$ の状態に移動する．

ある分子が基底状態で，電子が全てスピン対を作っている場合，スピン多重度は (b) 状態にある．電子遷移前後のスピン多重度は同じでなければならないというスピン禁制則により，電子遷移が起こっても励起 (b) 状態へ遷移する．同じ多重度のまま $v' = 0$ の状態に移り，発光して基底 (b) 状態に戻る．これが (c) である．このため蛍光の波長は，励起光の波長よりも (d) 〔長い・短い〕．

また，本来禁制遷移であるが，電子遷移時にスピン反転が起こり，励起 (e) 状態に移ることがある．これを (f) という．その後，基底 (b) 状態に戻るが，スピンの反転を伴うため戻るのに時間がかかる．このとき放射されるのが (f) である．

解答　(a) 無放射　(b) 一重項　(c) 蛍光　(d) 長い
(e) 三重項　(f) 系間交差　(g) りん光

解説

図の①→②→③→④の③→④の過程で放出される電磁波が蛍光であり，図の①→②→③′→④′→⑤′の④′→⑤′の過程で放出される電磁波がりん光である．

問題では基底一重項からの励起一重項への遷移を取り上げたが，基底

状態が三重項であれば励起状態も三重項となる．これをスピン禁制則という．励起三重項から励起一重項への遷移も同様に系間交差と呼ばれる．

吸収する光(励起光)のエネルギーよりも発光(蛍光・りん光)のエネルギーの方が小さいので，蛍光・りん光の波長は励起光よりも長くなる．

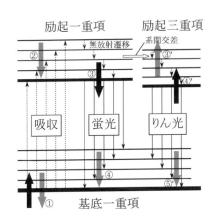

Check Point

▶ 基底状態→励起状態への電子遷移
　　エネルギーの吸収(吸光)
　　　紫外・可視スペクトル
▶ 励起状態→基底状態への電子遷移
　　エネルギーの放出(発光)
　　　蛍光，りん光
　　　励起光よりも波長が長い

5-2 磁気共鳴

pas à pas

問題1

次の核種のうち，核磁気共鳴で測定できないものを全て選びなさい．
① ^1H　② ^2H　③ ^{12}C　④ ^{13}C　⑤ ^{14}N　⑥ ^{16}O

解答　③ ^{12}C，⑥ ^{16}O

解説

　電子と同じように原子核を構成する陽子や中性子(まとめて核子と呼ぶ)も 1/2 のスピンをもっている．^1H の原子核は陽子1個だけで構成されているので，核スピン I は 1/2 となる．^2H は陽子が1個，中性子が1個なので，陽子のスピンが 1/2，中性子のスピンも 1/2 で核全体のスピン I は1となる．このような $I \neq 0$ の原子核は磁場の中に置くと $2I + 1$ 通りのエネルギー状態に分裂する(**ゼーマン分裂**)．この異なったエネルギー状態間の遷移を測定するのが，核磁気共鳴(NMR)であり，通常，ラジオ波領域の電磁波が用いられる．

　電子と同じように同じ核子2つずつでスピン対を作って磁気的性質を打ち消していく．^{12}C は陽子が6個，中性子も6個で，共に偶数のため，核スピン I は0となる．このような<u>陽子数，中性子数が共に偶数の核種は核磁気共鳴で測定できない</u>．

　中には核スピン I が 3/2 になるものや 5/2 になるものもある．専門書

を参照されたい.

核種	陽子数	中性子数	核スピン I
^{1}H	1	0(偶数)	1/2
^{2}H	1	1	1
^{12}C	6(偶数)	6(偶数)	0
^{13}C	6(偶数)	7	1/2
^{14}N	7	7	1
^{16}O	8(偶数)	8(偶数)	0

Check Point

▶ ゼーマン分裂
  核スピン I の原子核を磁場の中に置くと $2I+1$ のエネルギー状態に分裂する.

▶ 遮蔽効果
  周りの電子が作り出す二次的な電場により,外部磁場の影響を減少させる.

▶ 共鳴条件 $\nu = \dfrac{\gamma_\mathrm{N}}{2\pi} \cdot (1-\sigma) \cdot B_0$ γ_N:磁気回転比,σ:遮蔽定数

▶ 化学シフト $\delta / \mathrm{ppm} = \dfrac{\nu - \nu_\mathrm{ref}}{\nu_\mathrm{ref}} \times 10^6$ ν_ref:基準周波数

問題2

核磁気共鳴の測定に用いられる超伝導磁石の強さは,^{1}H の共鳴周波数に換算して表される.600 MHz の NMR の装置に用いられている超伝導磁石の強さ(T(テスラ))を計算しなさい.ただし,^{1}H の磁気回転比は,$\gamma_\text{N} = 2.67512 \times 10^8 \text{ T}^{-1} \cdot \text{s}^{-1}$ であるとする.

解答

$$600 \times 10^6 \text{ Hz} = \frac{2.67512 \times 10^8 \text{ T}^{-1} \cdot \text{s}^{-1} \times B_0}{2\pi} \qquad B_0 = 14.1 \text{ T}$$

解説

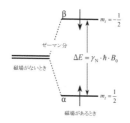

^{1}H の原子核(陽子,プロトン)は $I = 1/2$ であり,磁場の中では,図のように $m_I = 1/2$ (**α 状態**),$m_I = -1/2$(**β 状態**)の2つにゼーマン分裂する.その状態のエネルギーは,

$$E_{m_I} = -\gamma_\text{N} \cdot \hbar \cdot B_0 \cdot m_I$$

と表される.したがって,α 状態と β 状態のエネルギー差は,

$$\Delta E = E_\beta - E_\alpha = \left(\gamma_\text{N} \cdot \hbar \cdot B_0 \cdot \frac{1}{2}\right) - \left(-\gamma_\text{N} \cdot \hbar \cdot B_0 \cdot \frac{1}{2}\right) = \gamma_\text{N} \cdot \hbar \cdot B_0$$

である.ここで γ_N は**磁気回転比**と呼ばれ,核固有の値である.このエネルギー差に相当する電磁波を照射すると共鳴して α 状態にあるプロトンが β 状態へと遷移する.ボーアの振動数条件より,

$$h \cdot \nu = \Delta E = \gamma_\text{N} \cdot \hbar \cdot B_0 \quad \rightarrow \quad \nu = \frac{\gamma_\text{N} \cdot \hbar \cdot B_0}{h} = \frac{\gamma_\text{N} \cdot B_0}{2\pi}$$

となる.これを**共鳴条件**という.

装置の開発により高い磁場を掛けられるようになってきており,それに伴い,共鳴周波数もより大きくなっている.600 MHz の電磁波はすでにマイクロ波の領域であるが,NMR では慣例でラジオ波と呼んでいる.

問題3

300 MHz の NMR の装置を用いて測定したとき，CH_3CHO（アセトアルデヒド）のメチルプロトンの化学シフト δ は 2.20 ppm，CHO プロトンでは 9.80 ppm であった．それぞれのプロトンの共鳴周波数を求めなさい．ただし，テトラメチルシランのプロトンの共鳴周波数は正確に 300 MHz であるとする．

解答

メチルプロトン　　300.000660 MHz
CHO プロトン　　300.00294 MHz

解説

分子を構成する水素や炭素などが同じ振動数の電磁波を吸収するのであれば，NMR は役に立たないだろう．しかし，核の周りの局所的な環境によって，それぞれの核が受ける磁場は少しずつ異なる．

外部磁場 B_0 は核近傍の電子の周回運動を誘起し，外部磁場とは逆向きの小さな二次的な磁場 δB を作り出す．つまり，電子によって外部磁場の影響をある程度遮蔽するのである（**遮蔽効果**）．δB は外部磁場に比例し，$\delta B = -\sigma \cdot B_0$ と表される．ここで比例定数 σ を**遮蔽定数**と呼ぶ．したがって，注目している原子核が受ける正味の磁場 B_{loc} は，

$$B_{\text{loc}} = B_0 + \delta B = B_0 - \sigma \cdot B_0 = (1 - \sigma) \cdot B_0$$

である（図1）．したがって，共鳴条件は，

$$\nu = \frac{\gamma_N \cdot B_{\text{loc}}}{2\pi} = \frac{\gamma_N}{2\pi} \cdot (1 - \sigma) \cdot B_0$$

となる．遮蔽定数 σ は注目している核が置かれている環境によって変化するため，化学種の違いや分子内の場所によって異なった値をとり，分子構造についての情報を与える．

実際の測定では，注目する核の**共鳴周波数**と基準物質の共鳴周波数の差を用いて**化学シフト**として表す．^{1}H-NMR では**テトラメチルシラン**（TMS，$Si(CH_3)_4$）のプロトン共鳴周波数を基準周波数とする．化学シフトは外部磁場 B_0 に依存しない次の δ 目盛りで表される．

$$\delta = \frac{\nu - \nu_{\mathrm{ref}}}{\nu_{\mathrm{ref}}}$$

ここで，ν_{ref} は基準物質（TMS）の共鳴周波数であり，今回の問題ではこれを $\nu_{\mathrm{ref}} = 300$ MHz とする．δ には通常 ppm（$= 10^{-6}$）という単位が付けられるが，これは数値が非常に小さいためである．

メチルプロトンに関するパラメーターを M の添字で，CHO プロトンに関するパラメーターを A の添字で表すと，

$$\begin{aligned}\nu_{\mathrm{M}} &= \nu_{\mathrm{ref}} + \delta_{\mathrm{M}} \cdot \nu_{\mathrm{ref}} = 300\ \mathrm{MHz} + 300\ \mathrm{MHz} \times 2.20\ \mathrm{ppm} \\ &= 300\ \mathrm{MHz} + 300\ \mathrm{MHz} \times 2.20 \times 10^{-6} = \boxed{300.000660\ \mathrm{MHz}}\end{aligned}$$

$$\begin{aligned}\nu_{\mathrm{A}} &= \nu_{\mathrm{ref}} + \delta_{\mathrm{A}} \cdot \nu_{\mathrm{ref}} = 300\ \mathrm{MHz} + 300\ \mathrm{MHz} \times 9.80\ \mathrm{ppm} \\ &= 300\ \mathrm{MHz} + 300\ \mathrm{MHz} \times 9.80 \times 10^{-6} = \boxed{300.00294\ \mathrm{MHz}}\end{aligned}$$

となる．このように，NMR はごくわずかな共鳴周波数の差を読み取っていることが分かる．より高磁場が使える NMR，例えば，問題 2 の 600 MHz の NMR 装置を用いれば，共鳴周波数の差はより広がり，より高分解能で解析できることになる．

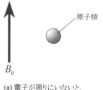

原子核
B_0
(a) 電子が周りにいないと、
原子核は外部磁場をそのまま感じる
$\nu = \frac{\gamma_N \cdot B_0}{2\pi}$
低磁場（高周波数）
原子核
$\sigma \cdot B_0$
B_0
電子
(b) 電子が周りにいると、
原子核は少し小さな磁場を感じる
（遮蔽）
$\nu = \frac{\gamma_N}{2\pi} \cdot (1-\sigma) \cdot B_0$
高磁場（低周波数）

図 1

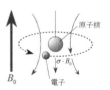

初期のNMR装置は一定周波数の電磁波を照射しながら,磁場を変化させて電磁波の吸収を測定していた.ある周波数νの電磁波を照射し,図1(a)の状態で,共鳴できるように外部磁場B_0の大きさを調整したとする.同じ電磁波を図1(b)の状態の原子に照射しても,原子が感じ取る磁場は少し遮蔽されているため,(a)と同じ大きさの外部磁場B_0では共鳴できない.(b)では遮蔽されることを考慮して,少し大きな外部磁場を与えなければならない.このため,(a)を低磁場,(b)を高磁場という.現在は,磁場を一定に保ちながら,電磁波の周波数を変えたり,パルス状の電磁波を照射して測定が行われるが,今でも化学シフトの数値の大きい方を低磁場(a),数値が小さい方を高磁場(b)と呼ぶ慣例になっている.

アルデヒド基(-CHO)の水素原子の近くには電気陰性度の大きい酸素原子がいるため,水素原子核の周りの電子が奪い取られる(全く電子が存在しないわけではないが,(a)をイメージするとよい).そのため,遮蔽効果が小さくなり,低磁場(高周波数)にシグナルが現れる.

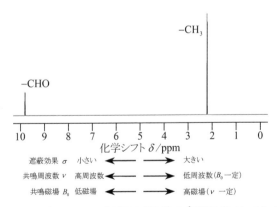

図2 アセトアルデヒド(CH$_3$CHO)の^{1}H-NMRスペクトル

問題 4

分子式 $C_4H_7Cl_3$ で表される直鎖状の化合物の ^{1}H-NMR スペクトルを測定したところ下図のようなスペクトルが得られた.この結果からこの化合物の構造式を推定しなさい.ただし,スペクトルの各シグナルに示した数値はシグナルの相対強度比である.

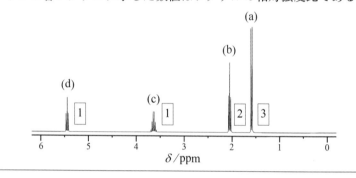

解答 $CH_3-CHCl-CH_2-CHCl_2$

解説

^{1}H-NMR スペクトルにおけるシグナルの強度(ピーク面積)は,対応する等価な H の数に比例する.問題の直鎖状化合物は 7 個の H をもち,強度比が 1:1:2:3 であることから,CH, CH, CH_2, CH_3 という単位でできていると推定される.次に各シグナルの微細構造は,二重線や三重線に分裂している.この分裂は,化学結合を通して隣接する核スピン間に働く磁気相互作用によるものであり,**スピン-スピン結合**(カップリング)という.また,分裂したシグナル間の幅をスピン-スピン結合定数と呼び,$^nJ_{AB}$ のように表す.n は核 A, B 間の結合の数を示している.スピン-スピン結合定数の大きさは Hz 単位で表すが,この値は外部磁場に依存せず,分子に固有の値である.H-C-H のように

結合2つだけ隔てた場合, $^2J_{HH} \approx$ ~20 Hz, H-C-C-Hのように $n = 3$ の場合は0~18 Hz, $n > 3$ ではさらに小さく観測されない.

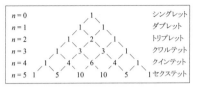

スピン-スピン結合が生ずるには核と核が磁気的に非等価でなければならない. 例えばメチル基の3つのプロトンは等価であり, お互いの間にスピン-スピン結合は現れない. 問題のスペクトルにおいてCH₃に対応する(a)のシグナルが分裂しているのはC-C結合を隔てて隣り合うH間のカップリングによるものである. n個のプロトンが隣接して相互作用する場合, $n + 1$本に分裂する. 分裂したシグナルの強度比は, 二項定理の係数, すなわち上図に示すパスカルの三角形のようになる.

問題のスペクトルでは, CH₃に対応する(a)は2本に分裂しているので隣接するHは1個, すなわちCHである. (b)のCH₂は3本に分裂, 2個のHに隣接している. CHに相当するシグナルは大きく低磁場側にシフトしているが, これは電気陰性度の大きいClが同じ炭素に結合していることを意味している. (c)のシグナルは6本に分裂していることから5個のHと隣接, (d)は2個のHと隣接している. これらのことから化合物は, 解答のように推定される.

次のような炭素毎のカードを作ると分かりやすいだろう. 分裂の状況から隣に何個の水素が存在しているかを書き込み, それに合うように並べ替える. 最後に炭素の手が余っているところに塩素を書き入れれば構造式が完成する.

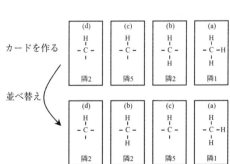

問題5

図 A, B, C, D は①〜⑤のいずれかのヨウ化アルキル類の ^{1}H-NMR を示したものである. どのヨウ化アルキルのものかを答えなさい.

① CH_3CH_2I ② $CH_3CH_2CH_2I$ ③ $ICH_2CH_2CH_2I$
④ $(CH_3)_3CI$ ⑤ $(CH_3)_2CHI$

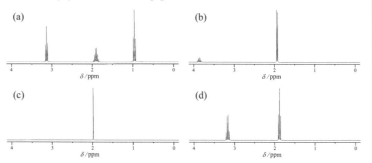

解答 (a) ② (b) ⑤ (c) ④ (d) ①

解説

① CH_3CH_2I のメチルプロトン(CH_3-)は隣接するメチレンプロトン(-CH_2-)の2つのプロトンにより三重線として現れ,メチレンプロトン(-CH_2-)は隣接するメチルプロトン(CH_3-)の3つのプロトンにより四重線として現れる. →(d)

② $CH_3CH_2CH_2I$ のメチルプロトン(CH_3-)は隣接するメチレンプロトン(-CH_2-)の2つのプロトンにより三重線として現れる.その隣のメチレンプロトン(-CH_2-)は隣接するメチルプロトン(CH_3-)と I が結合している炭素上のプロトン(ICH_2-)の合計5つのプロトンにより六重線となる.I が結合している炭素上のプロトン(ICH_2-)は隣接するメチ

レンプロトン(-CH$_2$-)の2つのプロトンにより三重線として現れる →(a)
③ ICH$_2$CH$_2$CH$_2$IのIが結合している両端の炭素上のプロトン(ICH$_2$-)は化学的に等価であり，中央のメチレンプロトン(-CH$_2$-)の2つのプロトンにより三重線となる．中央のメチレンプロトン(-CH$_2$-)は隣接する2つのメチルプロトン(ICH$_2$-)の計4つのプロトンにより五重線として現れる．該当するものはない．
④ (CH$_3$)$_3$CIのメチルプロトン(CH$_3$-)は化学的に等価なので，スピン－スピン結合は観測できない．→(c)
⑤ (CH$_3$)$_2$CHIのメチルプロトン(CH$_3$-)は隣接するメチンプロトン(-CH-)の1つのプロトンにより二重線となり，メチンプロトン(-CH-)は隣接する2つのメチル基(CH$_3$-)の6つのプロトンにより七重線として現れる．→(b)

Check Point

▶ 微細構造　隣接するスピン間の相互作用(スピン－スピン結合)によりシグナルが分裂．
　一重線(シングレット)　　　隣接するHがない
　二重線(ダブレット)　　　　隣接するHが1つ
　三重線(トリプレット)　　　隣接するHが2つ
　四重線(カルテット)　　　　隣接するHが3つ

問題6

次の文章の空欄に適当な語句を入れなさい．後の〔 〕内に選択肢が示している場合は正しい語句を選びなさい．

π電子をもつベンゼンの分子平面が外部磁場と垂直であるとき，π電子による (a) が生じ，環の内側には外部磁場と (b) 〔同・逆〕方向の二次磁場が，環の外側では外部磁場と (c) 〔同・逆〕方向の二次磁場が誘起される．そのため，ベンゼン環に結合した水素原子のように環と同じ平面内に存在するプロトンの遮蔽効果は (d) 〔増加・減少〕される．これを (e) 効果といい，シグナルは (f) 〔高・低〕磁場にシフトする．

解答 (a) 環電流 (b) 逆 (c) 同 (d) 減少
(e) 反遮蔽 (f) 低

解説

二重結合や三重結合をもつ化合物，ベンゼンのような芳香族化合物では，比較的動きやすいπ電子が外部磁場によって，図のような周回運動を起こし，**環電流**が流れる．この環電流によって，二重結合の内部では外部磁場と反対方向の，外部では外部磁場と同じ方向の二次的な磁場が誘起される．三重結合では，π_x軌道とπ_y軌道が重なるため，電子が結合軸の周りを周回することができ，結合軸の両端に外部磁場と反対方向の二次磁場を誘起する．芳香環では，環平面の上方と下方に環電流が生まれ，問題文のようになる．ベンゼン環の上下に水素原子がくるような構造をもった化合物であれば，そのプロトンのシグナルは高磁場にシフトとする．このように注目する水素原子がどの位置に存在するかによって遮蔽効果が変わり，対応するシグナルがシフトする．

5-2 磁気共鳴

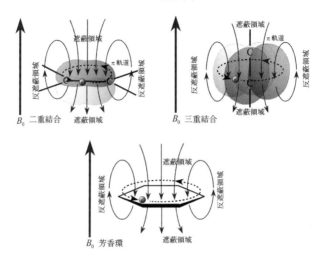

5-3 屈折と回折

問題 1

水中から空気中に向かう光線が全反射するのは入射角が何°より大きいときかを求めなさい．ただし，温度は20℃，光線はナトリウムのD線であり，水の空気に対する相対屈折率は 1.33 とする．

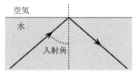

解答 48.8°

解説

光が媒質中を進む速さは，媒質毎で異なるため，ある媒質A中から別の媒質B中へ光が進むとき，進行方向が変わる**屈折**という現象が見られる．これは**ホイヘンスの原理**によって説明される．この進行方向の曲がり方は，媒質中での光の速さの差が大きいほど大きくなるため，次のように媒質の(絶対)**屈折率** n が定義されている．

$$n = \frac{c_0(\text{真空中での光の速さ})}{c(\text{媒質中での光の速さ})} \quad (1)$$

真空中での光の速さが最も大きいため，媒質の屈折率は必ず1よりも大きい値となる．光の速さを測定することは非常に難しいので，通常，図(a)のように入射角 θ_i と屈折角 θ_r を定義し，

$$n = \frac{\sin\theta_i}{\sin\theta_r}$$

から屈折率を求める(**スネルの法則**).媒質Aが真空であれば,媒質Bの(絶対)屈折率,媒質Aが真空以外であれば,媒質Aに対する媒質Bの**相対屈折率**となる.(1)式は次のように変換できる.

$$n_B = \frac{c_0}{c_B} = \frac{c_0}{c_{air}} \times \frac{c_{air}}{c_B} = n_{air} \times n_r$$

つまり,媒質Bの(絶対)屈折率 n_B は,空気に対する媒質Bの相対屈折率 n_r と空気の(絶対)屈折率 n_{air} の積から求めることができる.空気の(絶対)屈折率 n_{air} は常温・常圧では1に近いため,3桁くらいの精度であれば,$n_B \approx n_r$ とみなしても問題ない.

屈折率の大きい媒質から,小さい媒質へ光が進行すると,図(b)のように入射角よりも屈折角の方が大きくなり,ある角度で屈折角が90°になる.このときの入射角を**臨界角** θ_c といい,入射角が臨界角を超えると,界面で光が**全反射**する.

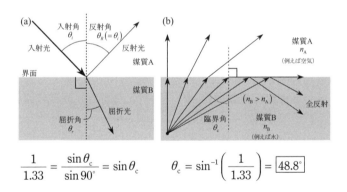

$$\frac{1}{1.33} = \frac{\sin\theta_c}{\sin 90°} = \sin\theta_c \qquad \theta_c = \sin^{-1}\left(\frac{1}{1.33}\right) = \boxed{48.8°}$$

したがって,水中から空気中に向かう光線の入射角が48.8°より大きいとき全反射する.

屈折率は光の波長および温度に依存する.日本薬局方において屈折率は,温度20℃で,ナトリウムのD線(589.0 nm,589.6 nm)を光源に用いて測定され,n_D^{20} と表される.

問題2

次の文章の空欄に適当な語句を入れなさい．

電磁波は，直交する電場と磁場の横波である．今，電場の波だけを考える．自然光は，その進行方向のまわりのあらゆる面で振動する波の集まりであるが，偏光板を通すと，1つの平面内だけで振動する光のみが通過する．これを (a) という．

直交する2つの (a) の位相が90°だけずれて観測者に届くと，観測者は電場ベクトルが時計回りもしくは反時計回りに回転するように感じる．これを (b) といい，時計回りに回るものを (c) ，反時計回りに回るものを (d) という．(a) は (c) と (d) の組合せであると考えることもできる．

ショ糖溶液などある種の媒質中を (a) が通過するとその振動面が左右いずれかに回転する．この現象を (e) といい，回転する角度を (e) 度という．フレネルによると，この現象は，(c) もしくは (d) が媒質中を進むときの速さ，すなわち屈折率に差があるためと説明される．

試料を通過する際，(c) の速さが (d) の速さよりも遅い場合，試料通過後の振動面は (f) 〔時計・反時計〕回りに回転する．これを (g) といい，角度に (h) 〔＋・－〕の符号をつけて表す．逆の場合を (i) という．

解答
(a) 直線偏光(または平面偏光) (b) 円偏光
(c) 右円偏光(右回り円偏光) (d) 左円偏光(左回り円偏光)
(e) 旋光 (f) 時計 (g) 右旋性 (h) ＋ (i) 左旋性

解説

自然光の電場(または磁場)の振動面は，図1(a) のようにいろいろな

方向を向いている．図1(b) のように，偏光板を通過させると1つの平面内でのみ振動している光となる．これを**直線偏光**または**平面偏光**という．

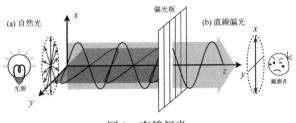

図1　直線偏光

直交する2つの直線偏光の位相が90°ずれて観測者に届く場合，電場ベクトルが時計あるいは反時計回りに回転する．これを**円偏光**という．光源の方向に向かって見たとき，電場ベクトルが時計回りのものを**右円偏光（右回り円偏光）**，反時計回りを**左円偏光（左回り円偏光）**と呼ぶ．

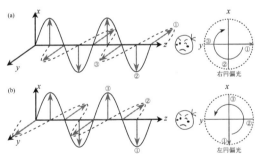

図2　円偏光

図2の (a) と (b) を合成すると，y 軸方向の電場は打ち消されてしまうため，x 軸方向の電場のみが残り，直線偏光となる．

平面偏光が光学活性な化合物またはその溶液中を通過すると，平面偏光の振動面（偏光面）が左右いずれかに回転する．これを**旋光性**という．これは通過する媒質において左右の円偏光が進む速さが異なるため，すなわち**屈折率**が異なるためである，と**フレネルの理論**では説明される．

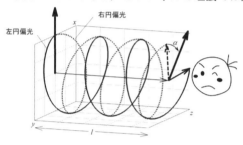

図3　旋光

図3は試料中での左・右円偏光の速度が異なる場合を描いている（光は z 軸方向に進行）．右円偏光（破線）は試料から出てくるまでに3回転しているが，左円偏光（実線）は2.75回転しかできないと仮定している．つまり，右円偏光の波長が短い→右円偏光の速さが遅い→右円偏光に対する屈折率が大きい，という状況を描いている．このような現象が起こると，試料から出てきた左右円偏光の位相に差が生じ，これらを合成すると振動面が時計回りに回転する．これを**右旋性**といい，逆の場合を**左旋性**という．また角度 α を**旋光度**といい，右旋性の場合は「＋」を，左旋性の場合は「－」を付けて表す．

物質の右円偏光，左円偏光に対する屈折率をそれぞれ n_R, n_L, 波長を λ, 層長を l とすると，旋光度は次のように表される．

$$\alpha = \frac{\pi \cdot l}{\lambda}(n_R - n_L)$$

問題3

次の文章の空欄に適当な語句を入れなさい.

旋光度は測定波長によって変化し,通常,波長が短くなるほど,その絶対値が ⓐ 〔大きく・小さく〕なる. これを ⓑ という.

試料が測定範囲内に光吸収帯をもつ場合, 旋光度の符号が反転する場合がある. これを ⓒ 効果といい, ⓓ 〔正・負〕の ⓒ 効果では, 短波長側に極小, 長波長側に極大が観測される.

解答 (a) 大きく (b) 旋光分散 (c) コットン (d) 正

解説

屈折率は光の波長および温度に依存するので, 旋光度も光の波長および温度に依存する. 旋光度が測定波長によって変化することを**旋光分散** (ORD)といい, 得られるスペクトルを**旋光分散スペクトル**という. 通常は, 波長が短くなるほど旋光度の絶対値は大きくなるのだが(正常分散), 光吸収帯が存在すると, 旋光度の符号が反転する(異常分散). これは発見者のエメ・コットンにちなんで**コットン効果**と呼ばれる. コットン効果には正と負があり, 図のように短波長側に極小, 長波長側に極大が観測される場合を正のコットン効果, 逆に短波長側に極大, 長波長側に極小が観測される場合を負のコットン効果という. 正 = positive の P, 負 = negative の N の字をスペクトルに重ねて覚えるとよい.

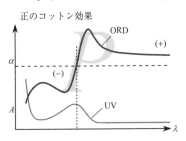

問題4

ある不純物を含むイソソルビド 8.00 g を水に溶解し,正確に 100 mL とした.100 mm のセルを用い,20℃,ナトリウムの D線でこの水溶液の旋光度を測定したところ,3.54°であった.イソソルビドの純度(質量パーセント)を計算しなさい.ただし,イソソルビドの比旋光度 $[\alpha]_D^{20}$ は +45.5°であり,不純物に旋光性はないものとする.

解答 97.3%

解説

旋光度は溶質の濃度に比例するため,物質の旋光能を比較するために**モル旋光度**という量が以下のように決められている.

$$\text{モル旋光度} \quad \alpha_m = \frac{\alpha}{c \cdot l}$$

ここで,c はモル濃度である.日本薬局方では純度などを求める目的で質量濃度 γ を用いた**比旋光度**という量が用いられる.

$$\text{比旋光度} \quad [\alpha]_\lambda^\theta (° \cdot mL \cdot g^{-1} \cdot mm^{-1}) = \frac{100 \, \alpha \, (°)}{\gamma (g \cdot mL^{-1}) \cdot l (mm)}$$

比旋光度の単位は正確には上式のようになるのだが,便宜的に「°」が用いられる.測定された旋光度からイソソルビドの質量濃度を計算すると

$$\gamma = \frac{100 \, \alpha}{[\alpha]_D^{20} \cdot l} = \frac{100 \times 3.54 \, °}{45.5 \, ° \cdot mL \cdot g^{-1} \cdot mm^{-1} \times 100 \, mm} = 0.077802 \cdots \, g \cdot mL^{-1}$$

となる.したがって,純度は,

$$\text{Purity} = \frac{0.077802 \cdots \, g \cdot mL^{-1} \times 100 \, mL}{8.00 \, g} = 0.97252 \cdots = \boxed{97.3\%}$$

である.

Check Point

▶ 屈折率
$$n = \frac{c_0(真空中での光の速さ)}{c(媒質中での光の速さ)} = \frac{\sin\theta_i(入射角)}{\sin\theta_r(屈折角)}$$

▶ 標準光源　ナトリウムのD線(589 nm)
▶ 旋光度
　　左右円偏光に対する屈折率の差(フレネルの理論).
▶ 円二色性
　　左右円偏光に対する吸光度の差.

問題5

次の文章の空欄に適当な語句を入れなさい．

光学活性物質の光吸収帯近くの波長では，左右円偏光に対する吸光度にも差を生じる場合がある．その結果，試料通過後の左右円偏光の電場ベクトルの大きさに差ができ，合成された電場ベクトルの先端は楕円を描く．これを (a) という．

(a) の程度は (b) θ で表される．試料通過後の左右円偏光の電場ベクトルの大きさをそれぞれ E_L, E_R とすると，θ は，

$$\theta = \tan^{-1}\left(\frac{E_R - E_L}{E_R + E_L}\right)$$

と表され，タンパク質やペプチドの (c) 〔一次・二次・三次・四次〕構造の推定に用いられる．

解答 (a) 円二色性(円偏光二色性) (CD)　(b) 楕円率　(c) 二次

解説

左右円偏光に対する吸光度に差があると，試料から出てきた左右円偏光の電場ベクトルの大きさに差が生じる．図1は，右円偏光(破線)の電場ベクトルの大きさは変わらず，左円偏光(実線)のみが試料に吸収され，電場ベクトル

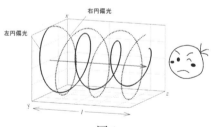

図1

が試料通過中，徐々に小さくなる様子を描いている．試料から出てきた左右円偏光を合成すると，図2の (a)→(d) のように，合成電場ベクトルの先端は楕円を描く．この現象を**円二色性**(円偏光二色性)という．左右円偏光に対する屈折率にも差があれば，楕円がどちらかに傾くことになる．

5-3 屈折と回折

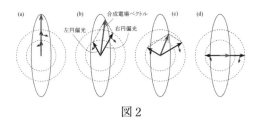

図2

円二色性の程度は，次の楕円率 θ で表される．

$$\tan\theta = \frac{E_R - E_L}{E_R + E_L}$$

円二色性は物質の濃度に依存するので，実際の測定ではモル楕円率 $[\theta]$ で表記される．慣例で少し変わった単位になっている．

$$[\theta](\mathrm{deg\cdot cm^2 \cdot dmol^{-1}}) = \frac{100\,\theta(\mathrm{deg})}{c(\mathrm{mol\cdot L^{-1}})\cdot l(\mathrm{cm})}$$

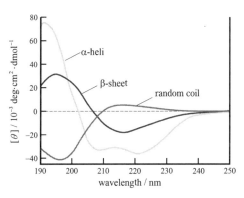

図3 CDスペクトル

CDスペクトルはタンパク質，ペプチドの**二次構造**毎に特徴的なスペクトルパターンを示すので，その解析によく用いられる．

問題6

X線回折法に関する次の文章の空欄に適当なものを入れなさい.

電磁波の一種であるX線は, 電子を高電圧で加速し, ターゲット(対陰極)に衝突させて発生させる. ターゲットには通常 (a) がよく用いられる. X線には2種類あり, 高速の電子が原子核のそばを通過する際, クーロン力によって減速して発生する (b) X線と, 高速の電子がK殻の電子をはじき飛ばし, L殻またはM殻の電子が空になったK殻に遷移する際に発生する (c) X線がある. 測定では波長の決まった (c) X線が用いられる.

X線を物質に照射すると, その物質中の (d) を強制振動させ, 同じ波長のX線が散乱される. この散乱X線による干渉性を測定する.

ブラッグ親子は, 結晶中の原子が作る仮想的な平面によってX線が反射して干渉すると解釈し, ブラッグの式を提出した.

$n \cdot \lambda = $ (e)

ここで, d は結晶の面間隔, θ はX線と平面のなす角, λ はX線の波長, n は反射次数である.

解答 (a) CuやMo (b) 連続 (c) 特性 (d) 電子
(e) $2d \cdot \sin\theta$

解説

高速の電子が原子核のクーロン力によって減速する場合, 減速の度合いが異なるため, 様々なエネルギー(波長)のX線が発生する. これが連続X線である. 一方, 高速の電子がK殻の電子をはじき飛ばし, L殻またはM殻の電子が空になったK殻に遷移する場合, 各軌道のエネ

ルギーが決まっているため、決まったエネルギー(波長)のX線が発生する。これが**特性X線**で、X線回折法ではこの特性X線が用いられる。

X線は物質に含まれる軽い電子を振動させることによって、そこから同じ振動数の電磁波を発生させる。これが散乱X線である。

実際には散乱という現象なのだが、これを原子が作る仮想的な平面からの反射であるとブラッグ親子は考えることによって、有名なブラッグの式を提出した。

$$2d \cdot \sin\theta = n \cdot \lambda$$

ここで、n は整数であり、$n = 1, 2, 3, \cdots$ の反射を1次反射、2次反射、3次反射、…という。ヤングの実験(ダブルスリットによる光の回折)では、光路差が波長の整数倍なら波が強め合って明線になり、その中間では弱め合って、縞模様ができる。X線の場合、隣り合う格子面で反射したX線が干渉し、光路差($2d \cdot \sin\theta$)が波長の整数倍なら強め合って回折斑点ができる。

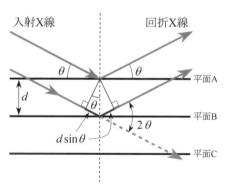

この回折斑点ができる位置、つまり、θ から**単位格子**(単位胞)と呼ばれる結晶構造の繰り返し単位となる平行六面体、簡単に言えば、分子を含む箱の大きさが求まる。

問題7

ある化合物（モル質量 527.6 g·mol^{-1}）の結晶は，格子定数が $a = 15.60$ Å，$b = 10.39$ Å，$c = 18.39$ Å，$\beta = 106.3°$ の単斜晶系に属し，密度は 1.23 g·cm^{-3} と測定された．単位格子中に何個の分子があるか（z はいくらか）を求めなさい．

解答 4個

解説

結晶は分子が規則正しく並んだ構造をしており，同じ配置の集合体が三次元的に繰り返し現れる．この繰り返し現れる数個の分子の集まりを1つの"点"として考えると，結晶は点の集まりとみなせる．この規則正しく並んだ点の集まりを**結晶格子**という．また，8つの点からなる平行六面体の箱を**単位格子**（単位胞）といい，できるだけ一辺が短く，各辺のなす角が90°に近くなるようなものを選ぶ．この単位格子は，形によって単斜晶系，正方晶系など7つの名称に分類される．単斜晶系は，図のようにすべての辺の長さが異なり（$a \neq b \neq c$），2つの角は90°だが（$\alpha = \gamma = 90°$），1つだけ90°になっていない（$\beta \neq 90°$）ものを指す．

前問で見たように，回折斑点の位置から，格子定数が求まるので，単位格子の体積 V を決めることができる．密度 ρ の情報と組み合わせれば，この単位格子内に何個（z）の分子が入っているかというのが次式により求まる．

$$\rho = \frac{m}{V} = \frac{z \cdot \dfrac{M}{N_\mathrm{A}}}{V}$$

ここで，m は単位格子内の分子の質量であり，モル質量 M をアボガドロ定数 N_A で割って1つの分子の質量を求め，これに z を掛ければ得ら

れる．計算の際は，単位を揃えてから計算すること．$1 \text{ Å} = 10^{-8} \text{ cm} = 10^{-10} \text{ m}$ である．

$$1.23 \text{ g·cm}^{-3} = \frac{z \times \dfrac{527.6 \text{ g·mol}^{-1}}{6.022 \times 10^{23} \text{mol}^{-1}}}{15.60 \times 10.39 \times 18.39 \times \sin 106.3° \times 10^{-24} \text{ cm}^3}$$

$z = 4.0164\cdots \Rightarrow 4$ 個

回折斑点の強度は同じではなく，強弱（濃淡）がある．この強弱から，単位格子内のどの位置にどれくらいの電子が存在するか（電子密度），つまり，どのような原子がいるかが分かり，分子構造を決定することができる．

結晶系	三斜晶系	単斜晶系	直方晶系
	$a \neq b \neq c$ $\alpha \neq \beta \neq \gamma \neq 90°$	$a \neq b \neq c$ $\alpha = \gamma = 90°$ $\beta \neq 90°$	$a \neq b \neq c$ $\alpha = \beta = \gamma = 90°$
正方晶系	立方晶系	三方晶系	六方晶系
$a = b \neq c$ $\alpha = \beta = \gamma = 90°$	$a = b = c$ $\alpha = \beta = \gamma = 90°$	$a = b = c$ $\alpha = \beta = \gamma < 120°$ $\neq 90°, \neq 60°$	$a = b \neq c$ $\alpha = \beta = 90°$ $\gamma = 120°$

問題8

次の結晶面のミラー指数を答えなさい．

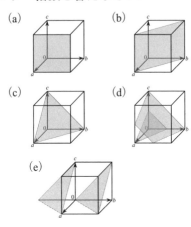

解答 (a) 1 0 0 (b) 1 1 0 (c) 1 1 1 (d) 1 2 2 (e) 1 $\bar{1}$ 1

解説

前問で数個の分子の集まりを1つの"点"と考えると書いたが，この点を通る仮想的な"平面"はたくさんある．三次元だと紙面で表すのが大変なので，図のような二次元の結晶格子で考えてみる．各辺ができるだけ短く，かつ角度が90°に近いように考えると，図の4つの点からなる網掛けの部分が単位格子である．単位格子の各辺を通るような(a)

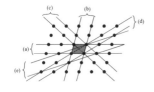

や(b)の直線（二次元なので平面ではなく直線になる）もあるが，それ以外に(c)〜(e)のような直線を考えることもできる．このように点を通

る平面がたくさん描けるので，どの平面を記述しているのかを特定する方法が必要となり，**ミラー指数**というのが導入された(鏡を意味するミラーではなく，ミラーという人名に由来).

単位格子の軸の長さa, b, cを考え，それぞれの軸との交点がa/h, b/k, c/lとなる面(一般にh, k, lは整数)を**($h\ k\ l$)面**と表し，h, k, lをミラー指数という.

(a) a軸とは長さaで交わり，b軸，c軸とは平行な面であるので，$h = 1$, $k = l = 0$であり，(１００)面と表記する.

(b) $h = k = 1$, $l = 0$

(c) $h = k = l = 1$

(d) a軸とはaで交わるが，b, c軸とは$b/2$, $c/2$で交わっているので $h = 1$, $k = l = 2$である.

(e) b軸と$-b$で交わっているので$k = -1$である．-1は，$\bar{1}$と表記する.

問題 9

$a = 6.50 \text{ Å}$ の立方晶系の結晶について，(1 1 1)面に対する 1 次反射のブラッグ角(最小の回折角)θ を計算しなさい．ただし，使用する X 線は Cu の K_α 線で $\lambda = 1.542 \text{ Å}$ とする．

解答　11.9°

解説

問題は立方晶系($a = b = c$, $\alpha = \beta = \gamma = 90°$)であるが，すべての辺の長さが異なり($a \neq b \neq c$)，すべての角が $90°$($\alpha = \beta = \gamma = 90°$)である直方晶系で，ミラー指数も $(h\,k\,l)$ として話を進める．いずれの面も原点を通るので，原点 O より，$h\,k\,l$ 面(面 ABC)に垂線 OP を引くと，OP の長さが面間隔 d である．今，点 P の座標を (x_1, y_1, z_1) とすると，$\angle \text{AOP} = \omega$ として点 P への方向余弦を考えれば，

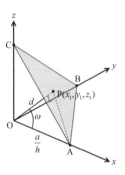

$$\frac{x_1}{d} = \cos \omega$$

が成り立つ．また，$\triangle \text{APO}$ において $\angle \text{APO} = 90°$ より，

$$\cos \omega = \frac{d}{\dfrac{a}{h}} = \frac{d \cdot h}{a}$$

も成り立つ．これら 2 式より，$x_1 = \dfrac{h}{a} \cdot d^2$ となる．同様に，$y_1 = \dfrac{k}{b} \cdot d^2$，$z_1 = \dfrac{l}{c} \cdot d^2$ という関係が得られる．これらを $d^2 = x_1{}^2 + y_1{}^2 + z_1{}^2$ に

代入し，整理すると，次の関係式が得られる．

$$\frac{1}{d^2} = \frac{h^2}{a^2} + \frac{k^2}{b^2} + \frac{l^2}{c^2}$$

立方晶系の場合は，$a = b = c$ より，

$$\frac{1}{d^2} = \frac{h^2 + k^2 + l^2}{a^2}$$

となり，面間隔 d は，

$$d = \frac{a}{\sqrt{h^2 + k^2 + l^2}}$$

と表される．したがって，$a = 6.50$ Å の立方晶系の格子における（１１１）面の面間隔 d_{111} は，

$$d_{111} = \frac{6.50 \text{Å}}{\sqrt{3}}$$

である．これをブラッグの式に代入すると，

$$\sin\theta = \frac{\lambda}{2\,d_{111}} = \frac{1.542 \text{Å}}{2 \times \dfrac{6.50 \text{Å}}{\sqrt{3}}} = 0.20544\cdots$$

であり，ブラッグ角 $\theta = \sin^{-1} 0.20544\cdots = 11.855\cdots° = \boxed{11.9°}$ である．

問題10

次の測定方法のうち,結晶多形の存在を確認する方法として使用できるものをすべて答えなさい.
(a) 示差熱分析法
(b) 粉末X線回折測定法
(c) 液体クロマトグラフ法
(d) 赤外吸収スペクトル法
(e) 紫外可視吸光度測定法

(第82回薬剤師国家試験より改変)

解答　(a), (b), (d)

解説

X線回折法による結晶の解析には,0.3×0.3×0.3 mm角程度の単結晶を用いて,結晶構造(分子のコンホメーションと並び方)を決める**単結晶X線構造解析法**と,微結晶粉末を用いて結晶の性質を調べる**粉末X線回折法**がある."粉末"と書いてあるが,分子があちこちに向いて固体になった非晶質の固体ではなく,秩序だっ

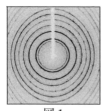

図1

て配列した小さな結晶の集合体であることを認識しておくこと.結晶面がありとあらゆる方向を向いているため,これにX線を照射すると,たまたまブラッグの式を満たす方向を向いた結晶も存在する.その結果,図1のような同心円状の回折像が得られる.これを中心からの距離,すなわち回折角 2θ に対して,回折強度をプロットしたのが図2であり,結晶固有のパターンを与える.

同一化学物質であっても結晶化条件(温度,濃度,溶媒など)によって

複数の結晶構造をとる場合がある．また，溶媒から結晶化する際に溶媒分子を取り込んで溶媒を含んだ結晶を作る場合もある（溶媒和結晶）．これを**結晶多形**という．結晶多形では，分子のコンホメーションや並び方が異なるため，粉末X線回折パターンも異なる．ただし，異なるこ

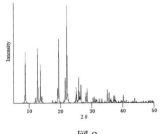

図2

とが分かるだけで，単結晶構造解析のように分子の構造を一義的に決められるわけではない．もし，回折角度とその相対強度比が同じであれば，両者は同じ結晶構造をしていることが分かる．

医薬品の場合には，結晶多形において安定形であるか，準安定形であるか，また，水和物であるか無水物であるかによって溶解度や溶解速度が異なり（表1），バイオアベイラビリティに影響する．

結晶多形を確認する方法としては，固体状態で測定でき，結晶構造を反映するものである．示差熱分析法は，相転移などに伴う熱を測定する方法であり，結晶構造が異なると相転移温度や融解エンタルピーが異なるので，複数の結晶形の存在を識別できる．また，赤外吸収スペクトルは，KBr錠剤法などにより，結晶内での分子のコンホメーションの違いを識別できる．一方，溶液状態で測定する液体クロマトグラフ法や紫外可視吸光度測定法は結晶多形の識別には使用できない．

表1 結晶多形と水和物結晶

	多形の安定形	多形の準安定形	水和物結晶	無水物結晶
安定性	高い	低い	高い	低い
融点	高い	低い	−	−
溶解度	小さい	大きい	小さい	大きい
溶解速度	遅い	速い	遅い	速い

数学公式

分数

倍分 $b \div a = \dfrac{b}{a} = \dfrac{b \times c}{a \times c}$ 約分 $b \div a = \dfrac{b}{a} = \dfrac{b \div c}{a \div c}$ $(c \neq 0)$

掛け算 $\dfrac{b}{a} \times \dfrac{d}{c} = \dfrac{b \times d}{a \times c}$ 割り算 $\dfrac{b}{a} \div \dfrac{d}{c} = \dfrac{b}{a} \times \dfrac{c}{d} = \dfrac{b \times c}{a \times d}$

逆数 $\dfrac{b}{a} \leftrightarrow \dfrac{a}{b}$ $(\dfrac{b}{a} \times \dfrac{a}{b} = 1)$

繁分数 $\dfrac{\frac{d}{c}}{\frac{b}{a}} = \dfrac{\frac{d}{c} \times a \times c}{\frac{b}{a} \times a \times c} = \dfrac{b \times d}{a \times c}$

正負の計算

$a + (-b) = a - b$ $a - (-b) = a + b$

$a \times (-b) = -ab$ $(-a) \times (-b) = ab$

等式

$a = b$ のとき

$a + c = b + c$, $a - c = b - c$, $a \times c = b \times c$,

$\dfrac{a}{c} = \dfrac{b}{c}(c \neq 0)$, $a^c = b^c (c \neq 0)$

比

$a : b = c : d$ ならば bc(内項の積) $= ad$(外項の積)

図形

円の面積 $A = \pi r^2$ 　　　円の周囲 $l = 2\pi r$

球の表面積 $A = 4\pi r^2$ 　球の体積 $V = \dfrac{4\pi r^3}{3}$

円周率 $\pi = 3.141\,592\,653\,589\,793\,238\cdots$

平方根

$x^2 = a\,(a > 0) \quad \leftrightarrow \quad x = \pm\sqrt{a}$

$\sqrt{a} \times \sqrt{b} = \sqrt{a \times b} \qquad \sqrt{a} \div \sqrt{b} = \dfrac{\sqrt{a}}{\sqrt{b}} = \sqrt{\dfrac{a}{b}}$

$\sqrt{2} = 1.414\,213\,562\cdots$ 　（一夜一夜に人見ごろ）
$\sqrt{3} = 1.732\,050\,807\cdots$ 　（人並みにおごれやい）
$\sqrt{5} = 2.236\,067\,977\cdots$ 　（富士山麓オーム鳴くや）
$\sqrt{10} = 3.162\,277\,660\cdots$ 　（人丸は三色に並ぶ）

2次方程式

$ax^2 + bx + c = 0$ の解

$$x^2 + \dfrac{b}{a}x = -\dfrac{c}{a} \quad \rightarrow \quad x^2 + \dfrac{b}{a}x + \left(\dfrac{b}{2a}\right)^2 = -\dfrac{c}{a} + \left(\dfrac{b}{2a}\right)^2$$

$$\rightarrow \quad \left(x + \dfrac{b}{2a}\right)^2 = \dfrac{b^2 - 4ac}{4a^2} \qquad x = \dfrac{-b \pm \sqrt{b^2 - 4ac}}{2a}$$

複素数

$i^2 = -1 \quad \leftrightarrow \quad i = \sqrt{-1} \qquad \sqrt{-a} = \sqrt{a}\,i \quad (a > 0)$

累乗（指数）

$a^n = \underbrace{a \times a \times a \times \cdots \times a}_{a \text{ を } n \text{ 回掛けている}}$ 　　$a(a \neq 0)$ の累乗表記．a は底，n は指数．

$a^m \times a^n = a^{m+n}$ 　　$a^m \div a^n = \dfrac{a^m}{a^n} = a^{m-n}$ 　　$\left(a^m\right)^n = a^{m \times n}$

$a^0 = 1$

$a^{-n} = \dfrac{1}{a^n}$ 　　a^{-n} は a^n の逆数 $(a^n \times a^{-n} = a^0 = 1)$

$(a \times b)^n = a^n \times b^n$ 　　$\left(\dfrac{a}{b}\right)^n = \dfrac{a^n}{b^n}$

$x^n = a (a > 0)$ 　$\leftrightarrow$ 　$x = a^{\frac{1}{n}} = \sqrt[n]{a}$ 　　（x は a の n 乗根）

$x^n = a^m (a > 0)$ 　$\leftrightarrow$ 　$x = a^{\frac{m}{n}} = \sqrt[n]{a^m} = \left(\sqrt[n]{a}\right)^m$

対数

$x = \log_a y$ 　$\leftrightarrow$ 　$y = a^x$

対数記号 $\log$（ログ）は累乗表記時の指数 x を表す．

a は底 $(a > 0, \ a \neq 1)$，y は真数 $(y > 0)$

$\log_a a = 1$ 　　$\log_a a^r = r$

$a^0 = 1$ 　$\leftrightarrow$ 　$\log_a 1 = 0$

$\log_a (x \times y) = \log_a x + \log_a y$ 　　真数の掛け算↔対数の足し算

$\log_a \left(\dfrac{x}{y}\right) = \log_a x - \log_a y$ 　　真数の割り算↔対数の引き算

$\log_a x^y = y \times \log_a x$ 　　真数の指数↔対数の係数

$\log_a \left(\dfrac{1}{x}\right) = \log_a x^{-1} = -\log_a x$

底の変換　　$\log_y x = \dfrac{\log_a x}{\log_a y}$ 　　　　$\log_y x = \dfrac{1}{\log_x y}$

常用対数 $\log_{10} x = \log x = y \ \leftrightarrow\ x = 10^y$
自然対数 $\log_e x = \ln x = y \ \leftrightarrow\ x = e^y$

$$\left(\text{ネイピア数}\quad e = \lim_{n\to\infty}\left(1+\frac{1}{n}\right)^n = 2.718\,281\,828\cdots\right)$$

$\log x = \dfrac{\ln x}{\ln 10}$ $\qquad\qquad\qquad$ $\ln x = \ln 10 \times \log x$

$\log 2 = 0.301\,029\,995\cdots$ $\qquad\qquad$ $\log 3 = 0.477\,121\,254\cdots$
$\log e = 0.434\,294\,481\cdots$
$\ln 2 = 0.693\,147\,180\cdots$ $\qquad\qquad$ $\ln 10 = 2.302\,585\,092\cdots$

数列

等差数列 $a_n = a_1 + (n-1)d \qquad$ 公差 d
等比数列 $a_n = a_1 r^{n-1} \qquad$ 公比 r

階乗 $\qquad n! = 1\times 2\times 3\times\cdots\times(n-1)\times n = \prod_{k=1}^{n} k$

順列 $\qquad {}_nP_r = n\times(n-1)\times(n-2)\times\cdots\times(n-r+1) = \dfrac{n!}{(n-r)!}$

組合せ $\qquad {}_nC_r = \dfrac{n\times(n-1)\times(n-2)\times\cdots\times(n-r+1)}{1\times 2\times 3\times\cdots\times r} = \dfrac{n!}{(n-r)!\times r!}$

確率

ある事象 A が起こる確率 $P(A)$ は

$$P(A) = \frac{\text{事象 A の起こる場合の数}}{\text{起こりうる全ての場合の数}} \qquad \left(0 \leq P(A) \leq 1\right)$$

三角関数

直角三角形による定義

$$\sin\theta = \frac{b}{c} \quad \cos\theta = \frac{a}{c} \quad \tan\theta = \frac{b}{a}$$

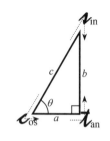

単位円を用いた定義

$\sin\theta = $ 点 P の y 座標

$\cos\theta = $ 点 P の x 座標

$\tan\theta = $ 原点と点 P を通る直線の傾き

$$\tan\theta = \frac{\sin\theta}{\cos\theta}$$

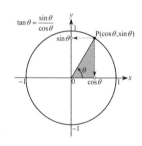

三平方の定理

$$\sin^2\theta + \cos^2\theta = 1$$

三角関数の加法定理

$$\sin(\alpha + \beta) = \sin\alpha \cdot \cos\beta + \cos\alpha \cdot \sin\beta$$
$$\sin(2\alpha) = 2\sin\alpha \cdot \cos\alpha$$
$$\sin(\alpha - \beta) = \sin\alpha \cdot \cos\beta - \cos\alpha \cdot \sin\beta$$
$$\cos(\alpha + \beta) = \cos\alpha \cdot \cos\beta - \sin\alpha \cdot \sin\beta$$
$$\cos(2\alpha) = \cos^2\alpha - \sin^2\alpha = 2\cos^2\alpha - 1 = 1 - 2\sin^2\alpha$$
$$\cos(\alpha - \beta) = \cos\alpha \cdot \cos\beta + \sin\alpha \cdot \sin\beta$$
$$\tan(\alpha + \beta) = \frac{\tan\alpha + \tan\beta}{1 - \tan\alpha \cdot \tan\beta}$$
$$\tan(2\alpha) = \frac{2\tan\alpha}{1 - \tan^2\alpha}$$
$$\tan(\alpha - \beta) = \frac{\tan\alpha - \tan\beta}{1 + \tan\alpha \cdot \tan\beta}$$
$$\sin\alpha + \sin\beta = 2\sin\left(\frac{\alpha + \beta}{2}\right) \cdot \cos\left(\frac{\alpha - \beta}{2}\right)$$

数学公式

$$\sin\alpha - \sin\beta = 2\sin\left(\frac{\alpha-\beta}{2}\right)\cdot\cos\left(\frac{\alpha+\beta}{2}\right)$$

$$\cos\alpha + \cos\beta = 2\cos\left(\frac{\alpha+\beta}{2}\right)\cdot\cos\left(\frac{\alpha-\beta}{2}\right)$$

$$\cos\alpha - \cos\beta = -2\sin\left(\frac{\alpha+\beta}{2}\right)\cdot\sin\left(\frac{\alpha-\beta}{2}\right)$$

$$\sin(3\alpha) = 3\sin\alpha - 4\sin^3\alpha \qquad \cos(3\alpha) = 4\cos^3\alpha - 3\cos\alpha$$

$$\sin\frac{\alpha}{2} = \sqrt{\frac{1}{2}(1-\cos\alpha)} \qquad \cos\frac{\alpha}{2} = \sqrt{\frac{1}{2}(1+\cos\alpha)}$$

微分

平均の変化率 $= \dfrac{f(x+\Delta x) - f(x)}{(x+\Delta x) - x} = \dfrac{\Delta y}{\Delta x}$

極限 $\quad \lim\limits_{\Delta x \to 0} \Delta x = \mathrm{d}x$

導関数 $\quad f'(x) = \lim\limits_{\Delta x \to 0} \dfrac{f(x+\Delta x) - f(x)}{\Delta x} = \dfrac{\mathrm{d}f(x)}{\mathrm{d}x}$

$$\mathrm{d}f(x) = f'(x)\cdot \mathrm{d}x$$

$\dfrac{\mathrm{d}x^n}{\mathrm{d}x} = n\cdot x^{n-1} \qquad \dfrac{\mathrm{d}C}{\mathrm{d}x} = 0 \ (C \text{ は定数}) \qquad \dfrac{\mathrm{d}\mathrm{e}^x}{\mathrm{d}x} = \mathrm{e}^x$

$\dfrac{\mathrm{d}\ln x}{\mathrm{d}x} = \dfrac{1}{x} \qquad \dfrac{\mathrm{d}\log x}{\mathrm{d}x} = \dfrac{1}{x}\cdot \log \mathrm{e} \qquad \dfrac{\mathrm{d}a^x}{\mathrm{d}x} = a^x \cdot \ln a$

$\dfrac{\mathrm{d}\sin x}{\mathrm{d}x} = \cos x \qquad \dfrac{\mathrm{d}\cos x}{\mathrm{d}x} = -\sin x \qquad \dfrac{\mathrm{d}\tan x}{\mathrm{d}x} = \sec^2 x$

定数倍 $\quad \dfrac{\mathrm{d}\{k\cdot f(x)\}}{\mathrm{d}x} = k\cdot \dfrac{\mathrm{d}f(x)}{\mathrm{d}x} = k\cdot f'(x) \ (k \text{ は定数})$

和 $\quad \dfrac{\mathrm{d}\{f(x) + g(x)\}}{\mathrm{d}x} = f'(x) + g'(x)$

差 $\dfrac{d\{f(x)-g(x)\}}{dx} = f'(x) - g'(x)$

積 $\dfrac{d\{f(x) \cdot g(x)\}}{dx} = f'(x) \cdot g(x) + f(x) \cdot g'(x)$

商 $\dfrac{d\left\{\dfrac{f(x)}{g(x)}\right\}}{dx} = \dfrac{f'(x) \cdot g(x) - f(x) \cdot g'(x)}{\{g(x)\}^2}$

合成関数 $\dfrac{dy}{dx} = \dfrac{dy}{dz} \times \dfrac{dz}{dx}$ 　　　逆関数 $\dfrac{dy}{dx} = \dfrac{1}{\dfrac{dx}{dy}}$

$\dfrac{d\,e^{kx}}{dx} = k \cdot e^{kx}$ 　　　　　　　　　$\dfrac{d\ln(k \cdot x)}{dx} = k \cdot \dfrac{1}{k \cdot x} = \dfrac{1}{x}$

$\dfrac{d\sin(k \cdot x)}{dx} = k \cdot \cos(k \cdot x)$ 　　　　　$\dfrac{d\cos(k \cdot x)}{dx} = -k \cdot \sin(k \cdot x)$

積分

不定積分

$F'(x) = f(x)$ のとき 　$\int f(x) \cdot dx = F(x) + C$ 　　C は積分定数

定積分

$F'(x) = f(x)$ のとき 　$\int_a^b f(x) \cdot dx = \left[F(x)\right]_a^b = F(b) - F(a)$

和・差・定数倍

$\int \{k \cdot f(x) \pm l \cdot g(x)\} \cdot dx = k \cdot \int f(x) \cdot dx \pm l \cdot \int g(x) \cdot dx$ 　　(k, l は定数)

$$\int k \cdot \mathrm{d}x = k \cdot x \qquad\qquad \int x^n \cdot \mathrm{d}x = \frac{1}{n+1} \cdot x^{n+1} (n \neq -1)$$

$$\int k \cdot x^n \cdot \mathrm{d}x = k \cdot \int x^n \cdot \mathrm{d}x = \frac{k}{n+1} \cdot x^{n+1} (n \neq -1)$$

$$\int \frac{1}{x} \cdot \mathrm{d}x = \ln x \qquad\qquad \int \frac{k}{x} \cdot \mathrm{d}x = k \cdot \int \frac{1}{x} \cdot \mathrm{d}x = k \cdot \ln x$$

$$\int \mathrm{e}^x \cdot \mathrm{d}x = \mathrm{e}^x \qquad\qquad \int \mathrm{e}^{k \cdot x} \cdot \mathrm{d}x = \frac{\mathrm{e}^{k \cdot x}}{k}$$

$$\int x \cdot \mathrm{e}^{k \cdot x} \cdot \mathrm{d}x = \frac{x}{k} \cdot \mathrm{e}^{k \cdot x} - \frac{\mathrm{e}^{k \cdot x}}{k^2}$$

$$\int a^x \cdot \mathrm{d}x = \frac{a^x}{\ln a} \qquad\qquad \int a^{b \cdot x} \cdot \mathrm{d}x = \frac{a^{b \cdot x}}{b \cdot \ln a}$$

$$\int \sin x \cdot \mathrm{d}x = -\cos x \qquad\qquad \int \cos x \cdot \mathrm{d}x = \sin x$$

級数展開

$$f(x+a) = f(x) + a \cdot f'(x) + \frac{a^2}{2!} \cdot f''(x) + \cdots + \frac{a^n}{n!} \cdot f^{(n)}(x) \cdots \quad (\text{テイラー級数})$$

$$(1+x)^a = 1 + a \cdot x + \frac{a \cdot (a-1)}{2!} \cdot x^2 + \frac{a \cdot (a-1) \cdot (a-2)}{3!} \cdot x^3 + \cdots \quad (|x|<1)$$

$$\mathrm{e}^x = 1 + x + \frac{x^2}{2!} + \frac{x^3}{3!} + \frac{x^4}{4!} + \cdots$$

$$\ln(1+x) = x - \frac{x^2}{2} + \frac{x^3}{3} - \frac{x^4}{4} + \cdots \qquad (|x| \leq 1, \quad x \neq -1)$$

$$\sin x = x - \frac{x^3}{3!} + \frac{x^5}{5!} - \frac{x^7}{7!} + \cdots \qquad\qquad \cos x = 1 - \frac{x^2}{2!} + \frac{x^4}{4!} - \frac{x^6}{6!} + \cdots$$

三輪　嘉尚（みわよしひさ）
1944年生
1970年　京都大学大学院薬学研究科修士過程修了
1972年　京都大学大学院薬学研究科博士過程中途退学
薬学博士
専門：分子構造化学
趣味：音楽鑑賞，読書

青木　宏光（あおきひろみつ）
1967年生
1990年　京都大学薬学部卒業
1991年　京都大学大学院薬学研究科修士過程中途退学
1991年　京都大学薬学部助手
1998年　三栄源エフ・エフ・アイ株式会社
2005年　広島国際大学薬学部准教授
2017年　広島国際大学薬学部教授
博士（薬学）
専門：物性物理化学
趣味：ゴルフ，テニス，ボウリング，音楽鑑賞

京都廣川 "パザパ" 薬学演習シリーズ❷

物 理 化 学 演 習　第 4 版

定価（本体 4,800 円＋税）

2008年 9 月15日　初 版 発 行 ©
2015年10月 1 日　第 2 版発行
2021年 8 月30日　第 3 版発行
2025年 3 月 3 日　第 4 版発行

著　　者　　三　輪　嘉　尚
　　　　　　青　木　宏　光

発 行 者　　廣　川　重　男

印刷・製本　日本ハイコム
表紙デザイン　㈲羽鳥事務所

発行所　**京 都 廣 川 書 店**
　　　東京事務所　東京都千代田区神田小川町 2-6-12 東観小川町ビル
　　　　　　　　　TEL 03-5283-2045　FAX 03-5283-2046
　　　京都事務所　京都市山科区御陵中内町　京都薬科大学内
　　　　　　　　　TEL 075-595-0045　FAX 075-595-0046

URL：https://www.kyoto-hirokawa.co.jp/

ISO14001 取得工場で印刷しました

基本的物理定数 (CODATA2018)

名称	記号	値	単位
光の速度	c	$2.997\,924\,58 \times 10^{8}$	$\mathrm{m \cdot s^{-1}}$
電気素量	e	$1.602\,176\,63 \times 10^{-19}$	C
プランク定数	h	$6.626\,070\,15 \times 10^{-34}$	$\mathrm{J \cdot s}$
	$\hbar = h/2\pi$	$1.054\,571\,82 \times 10^{-34}$	$\mathrm{J \cdot s}$
ボルツマン定数	k_B	$1.380\,649 \times 10^{-23}$	$\mathrm{J \cdot K^{-1}}$
気体定数	$R = N_\mathrm{A} \cdot k_\mathrm{B}$	$8.314\,462\,62$	$\mathrm{J \cdot K^{-1} \cdot mol^{-1}}$
		$8.314\,462\,62 \times 10^{-2}$	$\mathrm{L \cdot bar \cdot K^{-1} \cdot mol^{-1}}$
		$8.205\,736\,61 \times 10^{-2}$	$\mathrm{L \cdot atm \cdot K^{-1} \cdot mol^{-1}}$
		$6.236\,359\,82 \times 10$	$\mathrm{L \cdot Torr \cdot K^{-1} \cdot mol^{-1}}$
ファラデー定数	$F = N_\mathrm{A} \cdot e$	$9.648\,533\,21 \times 10^{4}$	$\mathrm{C \cdot mol^{-1}}$
アボガドロ定数	N_A	$6.022\,140\,76 \times 10^{23}$	$\mathrm{mol^{-1}}$
質量			
電子	m_e	$9.109\,383\,70 \times 10^{-31}$	kg
プロトン	m_p	$1.672\,621\,92 \times 10^{-27}$	kg
中性子	m_n	$1.674\,927\,50 \times 10^{-27}$	kg
原子質量単位	u	$1.660\,539\,07 \times 10^{-27}$	kg
真空の透磁率	μ_0	$4\pi \times 10^{-7}$	$\mathrm{N \cdot A^{-2}}$
真空の誘電率	ε_0	$8.854\,187\,81 \times 10^{-12}$	$\mathrm{C^2 \cdot J^{-1} \cdot m^{-1}}$
ボーア磁子	μ_B	$9.274\,010\,08 \times 10^{-24}$	$\mathrm{J \cdot T^{-1}}$
核磁子	μ_N	$5.050\,783\,75 \times 10^{-27}$	$\mathrm{J \cdot T^{-1}}$
自由電子の g 値		$2.002\,319\,30$	
ボーア半径	a_0	$5.291\,772\,11 \times 10^{-11}$	m
リュードベリ定数	R_H	$1.097\,373\,16 \times 10^{7}$	$\mathrm{m^{-1}}$
	$h \cdot c \cdot R_\mathrm{H}/e$	$13.605\,693\,1$	eV
重力加速度	g	$9.806\,65$	$\mathrm{m \cdot s^{-2}}$

数学的な表記

$\pi = 3.141\ 592\ 653\ 59$ $\qquad$ $e = 2.718\ 281\ 828\ 46$

ギリシャ文字

α	alpha アルファ	ν	nu ニュー
β	beta ベータ	ξ	xi グザイ
γ	gamma ガンマ	o	omicron オミクロン
$\delta,\ \Delta$	delta デルタ	$\pi,\ \Pi$	pi パイ
ε	epsilon イプシロン	ρ	rho ロー
ζ	zeta ゼータ	$\sigma,\ \Sigma$	sigma シグマ
η	eta イータ	τ	tau タウ
θ	theta シータ	υ	upilon ユプシロン
ι	iota イオタ	$\phi,\ \Phi$	phi ファイ
κ	kappa カッパ	χ	chi カイ
$\lambda,\ \Lambda$	lambda ラムダ	ψ	psi プサイ
μ	mu ミュー	$\omega,\ \Omega$	omega オメガ